现代数学基础丛书·典藏版 43

组合矩阵论

（第二版）

柳柏濂 著

科学出版社
北京

内 容 简 介

本书介绍近20余年发展起来的一个新分支——组合矩阵论.内容包括矩阵和图的谱、矩阵的组合性质、非负矩阵的幂序列和矩阵方法与矩阵分析等.本书第一版是国内第一本介绍组合矩阵论的著作,填补了我国在这方面理论的空白.现在作为教育部审定的全国研究生教材重新出版,作者对原著作了增删,并补充了各章的习题和解答、必要的附录,更便于读者的教学和参考.

本书适于作为信息科学、经济数学、计算机网络以及并行计算等方向的研究生教材,同时也是该方向科学工作者极好的参考用书.

图书在版编目(CIP)数据

组合矩阵论/柳柏濂著.—北京:科学出版社,2005.1

(现代数学基础丛书·典藏版;43)

ISBN 978-7-03-014366-2

I.①组… II.①柳… III.①矩阵—组合数学—研究生—教材 IV.①O151.21

中国版本图书馆CIP数据核字(2004)第101653号

责任编辑:张 扬/责任校对:林青梅

责任印制:徐晓晨/封面设计:王 浩

科学出版社 出版

北京东黄城根北街16号

邮政编码:100717

http://www.sciencep.com

北京厚诚则铭印刷科技有限公司印刷

科学出版社发行 各地新华书店经销

*

2005年1月第 一 版 开本:B5(720×1000)

2016年 6 月印 刷 印张:21 1/4

字数:392 000

定价:148.00元

(如有印装质量问题,我社负责调换)

第二版前言

感谢教育部和国务院学位委员会学科评议组的专家们，把此书推荐为全国研究生教学用书.

此书出版后，一再重印. 1998 年被编入程民德院士主编的《现代数学基础丛书》中. 2000 年，正如徐利治教授在初版序言中所期望的，以本书为蓝本的英文版 *Matrices in Combinatorics and Graph Theory* (Bolian Liu and Hong-jian Lai) 在美国出版. 近年来，我有幸参与了国家自然科学基金重点项目"组合矩阵论的研究"，感受到这一理论的蓬勃发展. 因此借本书作为全国研究生用书再版之机，我有责任尽己所能再一次润饰，提炼和丰富它. 我把全书的材料按当前研究的新进展作了补充，为了更适应教学的需要，把原书的论题作了精简，把第 4、5 章调整为一章，并增加了"4.9 线性方程组的符号可解性". 各章配备了习题和解答，书末增加了关于线性代数和图论基础知识的附录.

王元院士为本书第二版题写的书名和徐利治先生为原书所作的序言，对我是一个永远的鞭策和鼓励. 感谢国家自然科学基金和广东省自然科学基金多年来对作者研究工作的支持. 科学出版社从林鹏先生、刘嘉善先生到现在的杨波先生、姚莉丽女士一直关心和扶持本书的修订和出版，周波博士、尤利华博士协助做了文字的校正，借此向他们表示衷心的谢意.

学科的发展，不是一个人、一本书所能概括得了的. 如果本书的出版，能够给读者在学习和探索组合矩阵论这门新兴学科中起到一点引示作用，这便是作者最大的心愿了.

柳柏濂

2004.7 于广州

第一版序言

最近我访问加拿大、美国等地归来,收到了柳柏濂教授寄来的新著《组合矩阵论》,连日展阅,觉得题材内容清新优美,喜不释手.

特别可贵的是,这是一本成果丰硕的创造性著作,其中论述了中国中青年学者对组合矩阵论的一系列最新贡献,包括著者本人与李乔、邵嘉裕二位教授联合获得国家教委科技进步一等奖的合作成果.无疑,这些成果在国际上是居于领先地位的.

矩阵之能作为表现并分析组合论及图论问题的工具,这个很自然的思想,起源甚早,但“组合矩阵论”作为一个新的数学分支,开始被世界数学界所注目,实应归功于 H.J. Ryser 于 1973 年所做的演讲和著作.近年还出现了 Brualdi 和 Ryser 的专著.但柳柏濂的这本著作包含有不少新的题材内容,具有很不相同的特色.

从这本新著可以看出,中国学者对发展“组合矩阵论”这一新分支居于特别重要的地位,而且还为今后的组合论研究工作者开辟出一些很有前途的新方向,故本人乐意为这本新著作序,并希望今后还将见到这本书的英译本能早日问世.

徐利治

1994 年 2 月 16 日

于大连理工大学数学科学研究所

前言

组合矩阵论是一个近 20 余年来兴起并发展迅速的一个数学分支. 它用矩阵论和线性代数来证明组合性定理及对组合结构进行描述和分类. 同时, 也把组合论的思想和论证方法用于矩阵的精细分析及揭示阵列的内在组合性质.

组合矩阵论不仅与众多的数学领域(数论、线性代数、图论和概率论等)有密切的联系, 而且在信息科学、社会学、经济数学和计算机科学等许多方面都有具体的应用背景.

从美国数学家 H. J. Ryser 1973 年 1 月, 在题为"组合矩阵论"的讲演中, 第一次提出这个数学分支开始, 到最近 R. A. Brualdi 和 H. J. Ryser 的第一本专著《组合矩阵论》(*combinatorial matrix theory*)问世, 其间只不过 20 余年, 在国内外数学杂志上, 组合矩阵论的新成果, 新问题, 新概念, 新方法不断涌现, 显示了这个数学新分支的强大生命力和应用前景. 特别值得指出的是, 在这一数学理论的创建和发展中, 留下了很多中国学者领先性工作的记录.

在本书中, 主要介绍了矩阵和图的谱(第 1 章), 矩阵的组合性质(第 2 章), 非负矩阵的幂序列(第 3 章), 矩阵方法与矩阵分析(第 4 章)等主要内容. 可以说, 第 1~3 章论述了组合矩阵论的精髓, 而在随后的章节, 则是运用这一工具的若干专题. 在本书的叙述中, 我们假定读者已具备了线性代数、图论、数论的某些基本知识, 对矩阵论中的一些在每一本专著几乎都能找到的定理(如非负矩阵的 Perron-Frobenius 定理)我们不作详细证明.

本书的写作, 一方面希望向读者介绍组合矩阵论这一迅速崛起的数学分支, 另一方面, 希望吸引更多的学者参加这一理论的研究, 因此, 本书的选材, 大多数是这一理论近年来日趋活跃的课题. 在概述课题的研究进展时, 我们对中国学者包括作者本人的工作, 给予足够的注视, 这也是本书与近年出版的第一本专著《组合矩阵论》(Brualdi and Ryser)不同的另一特色.

1988 年作者在美国 Wisconsin 大学 R. A. Brualdi 教授的指导下开始对组合矩阵论的学习和研究. 从此, 作者萌发了写作本书的计划. 回国后, 在写作此书的过程中, 得到了我的导师徐利治教授、钟集教授的热情鼓励, 得到了我的师长和朋友, 李乔教授、李炯生教授、邵嘉裕教授、徐明曜教授、张福基教授、张克民教授、毛经中教授、张谋成教授的帮助. 李乔教授和邵嘉裕教授与作者合作的获国家教委科技进步一等奖的成果充实了本书的内容,他们的成果给本书提供了借鉴.徐利治教授在百忙中为本书撰写序言,对我无疑是一个扶掖和鞭策.

作者的多年研究,得到国家自然科学基金的资助,本书的出版,得到华南师范大学的支持.我的研究生程波、周波、许亚武诸同志为本书作了大量的文字校正工作.没有我的领导、师长、朋友、学生的支持和帮助,这本书是不可能完成的.在此,向他们表示深切的谢意.

可以肯定,本书的写作跟不上学科发展的速度,成果更新的频密.鉴于作者水平所限,书中错误之处在所难免,希望能够得到更多专家、读者的批评和指正.

最后,我还应该说一句不是多余的话:感谢我的妻子莫慧女士多年来对我的事业的无私奉献和支持,她不谙数学,但是,她知道,她的丈夫正在数学这块田地上默默地耕耘.

柳柏濂

1994.3.于广州

各章阅读流程图

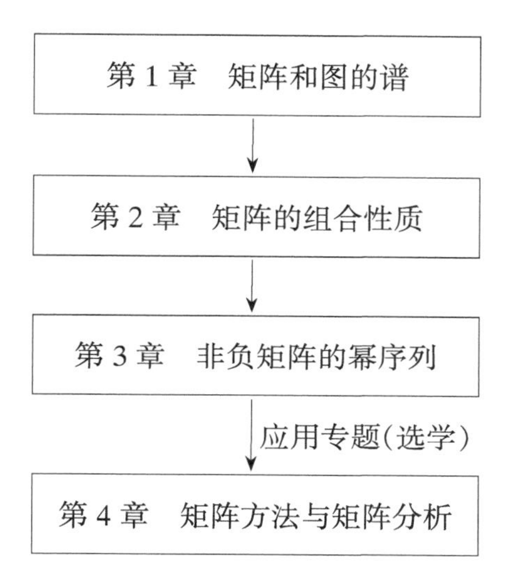

目　　录

第 1 章　矩阵和图的谱

组合矩阵论的核心是矩阵的组合性质. 而刻画这种以矩阵的零位模式所表现出来的组合性质的最好工具则是有向图. 于是, 矩阵和图成为数和形相互联系、完美结合的典范, 在这种结合中, 具有强烈代数性的特征值体现了它的组合性.

1.1　矩 阵 和 图

在考察矩阵的谱所表现出来的组合性质之前, 我们先研究图与矩阵的联系. 在这里, 我们不复述线性代数和图论的一些基本概念. 有需要的读者, 可参阅书末的附录.

一个有向图 $D=(V,X)$, V 为标号顶点集, X 为弧集(在这里, 允许有环和重弧). 对 $v_i, v_j \in V$, 弧 $x=(v_iv_j)$ 表示由 v_i 指向 v_j 的一条弧, x 称为 v_i 的出弧或 v_j 的入弧. v_i 的出（入）弧的条数, 称为 v_i 的出（入）度, 记为 $d^+(v_i)(d^-(v_i))$. $m\{v_i, v_j\}$ 表示顶点 v_i 到 v_j 的弧的条数 $(m\{v_i, v_j\} \geqslant 0)$. 特别地 $m\{v_i, v_i\}$ 表示点 v_i 上环(loop)的个数. 设 $V=\{v_1, v_2, \cdots, v_n\}$, D 的邻接矩阵(adjacency matrix) $A(D)=(a_{ij})_{n\times n}$, 其中 $a_{ij}=m\{v_i, v_j\}$. 若 D 是无向图, 则有弧 (v_iv_j) 当且仅当有弧 (v_jv_i). 显见, 图 D 和它的邻接矩阵是一一对应的, 当 D 是无向图时, $A(D)$ 是对称矩阵.

如无特别声明, 我们考虑的有向图 $D(V,X)$ 是 $m\{v_i, v_j\} \leqslant 1$ 的图, $\forall\, v_i, v_j \in V$. 而图 G 表示图论中研究的简单图.

于是, 有向图 $D(V,X)$, $V=\{v_1, v_2, \cdots, v_n\}$ 就和一个 n 阶邻接矩阵——(0,1)矩阵 $A(D)=(a_{ij})$ 建立起一一对应关系. 这里,

$$a_{ij}=\begin{cases}1, & (v_iv_j)\in X,\\ 0, & \text{否则}.\end{cases}$$

易见, 我们给出一个(0,1)方阵 A, 也对应于一个有向图 $D(A)$, $D(A)$ 叫 A 的伴随有向图(associated diagraph). 于是, 我们建立起矩阵 A 和有向图之间的一个一一对应.

下面给出了一个(0,1)矩阵和它的伴随有向图(见图 1.1.1).

$$A=\begin{pmatrix}0&1&0&1\\0&0&1&0\\0&0&1&1\\1&0&1&0\end{pmatrix}$$

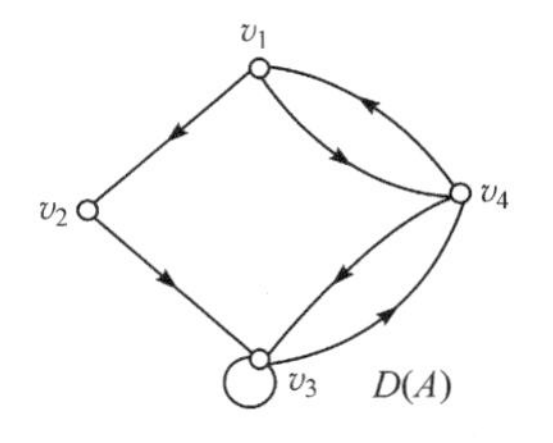

图 1.1.1

在非负矩阵论的研究中,矩阵表现出来的组合性质,仅与矩阵元素分布的零壹模式有关,而与元素数值的大小无关.因此,当我们研究非负矩阵的组合性质时,我们可以把一个非负矩阵转化为一个(0,1)矩阵来研究.从代数结构的观点来看,这种(0,1)矩阵就是布尔(Boole)矩阵,它们按通常方式定义矩阵运算时,矩阵中的元素 0,1 的加法"+"和乘法"·"按下表所示的布尔方式进行:

+	0	1
0	0	1
1	1	1

·	0	1
0	0	0
1	0	1

显然,n 阶布尔方阵一共有 2^{n^2} 个.如果记这个集合为 B_n,则 $\{B_n,\cdot\}$ 就构成一个半群.

由此,我们可以通过(0,1)矩阵,从而通过有向图去研究非负矩阵的组合性质.下面的特征,可以相应地作出等价的刻画.

A 的每一行(列)元素和为 r	$\longleftrightarrow$	$D(A)$每一点的出(入)度是 r
A 是置换矩阵(即每行每列恰有一个 1)	$\longleftrightarrow$	$D(A)$由若干个不交圈组成,每点恰落在一个圈上
$A=(a_{ij})_{n\times n}\leqslant B=(b_{ij})_{n\times n}$(即 $a_{ij}\leqslant b_{ij},i,j=1,2,\cdots,n$)	$\longleftrightarrow$	$D(A)$是 $D(B)$的支撑子图
A 的主子矩阵	$\longleftrightarrow$	相应行对应顶点的导出子图
存在一个置换阵 P 使 $P^{-1}AP=B$(称 A 与 B 置换相似)	$\longleftrightarrow$	$D(A)$的顶点重新标号可得 $D(B)$
A 是迹为零的对称阵	$\longleftrightarrow$	$D(A)$是简单图
A 置换相似于 $\begin{pmatrix}A_1&0\\0&A_2\end{pmatrix}$ (A_1,A_2 是方阵)	$\longleftrightarrow$	$D(A)$不连通(既非强连通,也非弱连通)

A 置换相似于 $\begin{pmatrix} 0 & B \\ B^{\mathrm{T}} & 0 \end{pmatrix}$ $\longleftrightarrow$ $D(A)$是二部图(简单图),B 称为$D(A)$的约化邻接阵(reduced adjacency matrix),$D(A)$称为 B 的约化相伴二部图.

B 是$s\times t$ 矩阵

$A=(a_{ij})$,A^l 的(i,j)元 $a_{ij}^{(l)}>0$ $\longleftrightarrow$ $D(A)$中有从 v_i 到 v_j 的长为 l 的途径(walk).

上述的最后一个性质是容易证明的.事实上,若 $D(A)$中有途径 $v_i=v_{i_0}v_{i_1},\cdots,v_{i_{l-1}}v_{i_l}=v_j$,当且仅当 $a_{ii_1}a_{i_1i_2}\cdots a_{i_{l-1}j}=a_{ij}^{(l)}>0$.

显然,如果 A 不按上述规定的布尔运算,而按普通的加法运算,$a_{ij}^{(l)}$就等于连接 v_i 到 v_j 的长度为 l 的途径的数目.而对于简单图,$a_{ii}^{(2)}$就是 v_i 点的度.$a_{ii}^{(3)}$是以 v_i 为顶点的三角形数目的两倍.

我们看看图的运算的矩阵刻画.

图的积运算(product)与和运算(sum)定义如下①:

设 $G_1=(V_1,X_1)$,$G_2=(V_2,X_2)$是两个简单图,$G_1\times G_2=(V,X)$,$G_1+G_2=(V,Y)$,其中 $V=V_1\times V_2$(笛卡儿积).对(u_1,u_2),$(v_1,v_2)\in V$,(u_1,u_2)和(v_1,v_2)在 $G_1\times G_2$ 中相邻当且仅当$(u_1,v_1)\in X_1$,$(u_2,v_2)\in X_2$.而(u_1,u_2)和(v_1,v_2)在 G_1+G_2 中相邻当且仅当 $u_1=v_1$,$(u_2,v_2)\in X_2$,或者$(u_1,v_1)\in X_1$,$u_2=v_2$.

例如,图 1.1.2 所示.

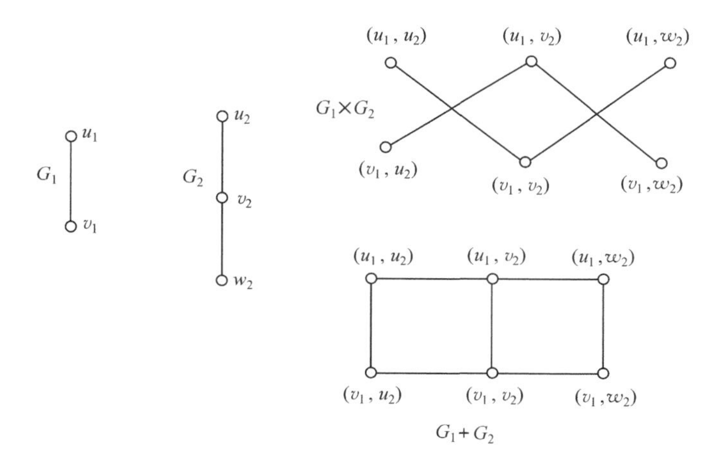

图 1.1.2

① 本书的图运算符号与有些图论著作中的符号含义不同.

为了把上述运算用矩阵"语言"表达出来,我们引入矩阵的 Kronecker 积的概念.

矩阵 $A=(a_{ij})_{m\times n}$和$B=(b_{ij})_{p\times q}$的 Kronecker 积 $A\otimes B$ 是一个 $mp\times nq$ 矩阵,它是把 A 的每个元素 a_{ij}代之以块 $a_{ij}B$ 而得到.即 $A\otimes B$ 的元素由 A 的每个元素和 B 的每个元素的所有 $mnpq$ 个乘积组成. Kronecker 积有时又叫张量积(tensor product),它满足结合律,且有

$$(A_1\otimes\cdots\otimes A_n)\cdot(B_1\otimes\cdots\otimes B_n)\cdots(M_1\otimes\cdots\otimes M_n)$$
$$=(A_1B_1\cdots M_1)\otimes\cdots\otimes(A_nB_n\cdots M_n)\quad(\text{若右边的运算能进行}),$$
$$\operatorname{tr}(A\otimes B)=\operatorname{tr}A\cdot\operatorname{tr}B\qquad(A\text{ 和 }B\text{ 均是方阵}).$$

记 G 的邻接矩阵为$A(G)$,则图 G_1 和 G_2 的积 $G_1\times G_2$ 的邻接矩阵可表示为 $A(G_1)\otimes A(G_2)$,而 G_1 和 G_2 的和 G_1+G_2 的邻接矩阵可表示为 $A(G_1)\otimes I_2+I_1\otimes A(G_2)$,这里 I_1 和 I_2 分别表示与 $A(G_1)$和 $A(G_2)$同阶的单位方阵.

有时,为了书写方便,往往把矩阵的运算代替图的运算记号,如 $G_1\times G_2$ 写成 $G_1\otimes G_2$.

在图论中,我们已经熟知了图的连通性.事实上,对于一个图 G 的顶点来说,连通性是一个等价关系,即顶点之间的连通关系具有反身性、对称性和传递性.由这种等价关系导出的等价类,就是组成 G 的各个连通片,或称为连通支(connected component).即按连通的等价关系,把顶点集 $V(G)$划分为

$$V_1\cup V_2\cup\cdots\cup V_t,$$

连通片即导出子图 $G(V_1),G(V_2),\cdots,G(V_t)$,我们将会看到,研究 G 的很多问题,往往研究它们的连通片已经足够了.

G 的连通性,也能通过矩阵的语言给予描述.我们可以把 G 的邻接阵A 作置换相似变换(即对 A 的行和列作同样的置换)使得 A 成为某些方阵的直和:

$$A_1\dotplus A_2\dotplus\cdots\dotplus A_t,$$

这里,A_i 是连通片$G(V_i)$的邻接矩阵,$i=1,2,\cdots,t$.

现在,我们叙述描述图的另一个重要矩阵——关联矩阵(incidence matrix).

先讨论可以带环及重边的无向图 G 的关联矩阵.

设 $G=(V,X)$, $V=\{v_1,\cdots,v_n\}$, $X=\{x_1,x_2,\cdots,x_q\}$,关联矩阵 $B=(b_{ij})_{n\times q}$, $i=1,\cdots,n$, $j=1,\cdots,q$,其中

$$b_{ij}=\begin{cases}1, & v_i\text{ 是 }x_j\text{ 的端点},\\0, & \text{否则}.\end{cases}$$

图 G 的每一边可看作顶点集的子集.于是 B 的每一列包含至少一个 1 和

至多两个 1, B 中包含恰好一个 1 的列对应于一个环,若有两列完全一样,则 G 出现重边.

对于允许有重边及环的无向图 G,在本节开头我们已经把它的邻接矩阵 $A(G)=(a_{ij})$中的 a_{ij}定义为点 v_i 与 v_j 之间的重边数.特别地,a_{ii}是在顶点 v_i 上的环数,又记

$$C = \begin{pmatrix} \rho_1 & & & 0 \\ & \rho_2 & & \\ & & \ddots & \\ 0 & & & \rho_n \end{pmatrix} = \operatorname{diag}(\rho_1, \rho_2, \cdots, \rho_n),$$

这里 ρ_i 是点 v_i 的度数.于是容易证明如下定理(作为习题).

定理 1.1.1 设 G 是一个 n 阶多重无环无向图,则

$$BB^{\mathrm{T}} = C + A.$$

设 n 阶图 G 的顶点集 $\{v_1, v_2, \cdots, v_n\}$, 边集 $\{x_1, x_2, \cdots, x_q\}$, 我们给 G 中的每条边添上且仅添上一个方向(箭头),并定义一个(0,1,−1)关联矩阵 $B=(b_{ij})_{n\times q}$如下:

$$b_{ij} = \begin{cases} 1, & x_j \text{ 是 } v_i \text{ 的出弧}, \\ -1, & x_j \text{ 是 } v_i \text{ 的入弧}, \\ 0, & v_i \text{ 不是 } x_j \text{ 的端点}. \end{cases}$$

B 称为 G 的定向关联矩阵(oriented incidence). B 的每一列恰有两个非零元,一个是 1,另一个是 −1.

沿用定理 1.1.1 的符号, G 的定向关联矩阵满足

$$BB^{\mathrm{T}} = C - A. \tag{1.1.1}$$

在(1.1.1)式中的矩阵 BB^{T} 称为 Laplace 矩阵,或容许矩阵(admittance matrix),(1.1.1)式表明,Laplace 矩阵与 G 的边的定向标号无关.

定向关联矩阵的秩与 G 的连通片的个数关系如下.

定理 1.1.2 设 G 是 n 阶图, t 是 G 中连通片的个数,则 G 的定向关联矩阵 B 的秩是 $n-t$.事实上,在 B 中删去 t 行,这些行的每一个分别对应于每一连通片的一个顶点,就得到一个秩为 $n-t$ 的子矩阵.

证 记 G 的连通片为

$$G(V_1), G(V_2), \cdots, G(V_t).$$

我们可以标注 G 的顶点和边,使得定向关联矩阵 B 是下列形式的直和

$$B_1 \dotplus B_2 \dotplus \cdots \dotplus B_t, \tag{1.1.2}$$

这里 B_i 是 $G(V_i)$ 的定向关联阵，$i=1;2,\cdots,t$. 设 $G(V_i)$ 包含 n_i 个顶点. 我们将证明：B_i 的秩等于 n_i-1. 于是，由(1.1.2)式，结论便得证.

设 α_j 是 B_i 的行，它对应于 $G(V_i)$ 的顶点 v_j. 因 B_i 的每一列恰有一个1和一个 -1，于是，B_i 的各行之和是一个零向量. 因此 B_i 的秩至多是 n_i-1. 假设有线性关系 $\sum k_j\alpha_j=0$，这里求和取遍 B_i 的某 n_i-1 行且 k_j 不全为零. 不妨设行 α_r 有 $k_r\neq 0$. 这一行有非零元素，此非零元素所在的列对应于与顶点 v_r 关联的边. 对每一个这样的列，恰有一个其它的行 α_l，它在这列亦是非零元. 因此，要上述线性关系成立，必须 $k_r=k_l$. 于是，若 $k_r\neq 0$，则 $k_l=k_r$ 对所有与 v_r 相邻的顶点 v_l 成立. 因 $G(V_i)$ 是连通的，故所有系数 k_j 均相等，便得 $\sum\alpha_j=0$. 因此，$G(V_i)$ 的秩是 n_i-1，并且删去 B_i 的任一行导出一个秩为 n_i-1 的矩阵. 证毕.

设 A 是一个元素是整数的矩阵，若 A 的每一个子方阵的行列式都是0,1或 -1，则矩阵 A 称为全单模的(totally unimodular). 易见，一个全单模矩阵是一个 $(0,1,-1)$ 矩阵.

下列定理以组合的特征，给出了矩阵 A 是单模矩阵的充分条件.

定理1.1.3(Hoffman, Kruskal[1])　设 A 是一个 $m\times n$ 矩阵，它的行被分划为集 R_1 和 R_2，设下列的四个性质成立：

(1) A 的每个元素是0,1或 -1；

(2) A 的每一列包括至多两个非零元；

(3) 若 A 的一列中两个非零元有相同的符号，则一个的行在 R_1 中，另一个的行在 R_2 中；

(4) 若 A 的一列中的两个非零元有相反的符号，则这两个元的行同在 R_1 中或在 R_2 中.

则矩阵 A 是全单模的.

证　A 的任一子矩阵也满足此定理的条件，故只须证满足定理条件的任一个方阵 A 的行列式 $\det(A)=0,1$ 或 -1.

对 n 作归纳法，证明我们的结论.

当 $n=1$，由条件(1)，结论显然成立.

设 A 的每列有两个非零元，则属于 R_1 的行和等于属于 R_2 的行和，且 $\det(A)=0$. 此结论对于 $R_1=\varnothing$ 或 $R_2=\varnothing$ 的情形亦适用.

又，若 A 的某一列均是0，则 $\det(A)=0$. 若 A 的某一列恰有一个非零元，用这列展开 $\det(A)$，由归纳假设，也得 $\det(A)=0,1$ 或 -1. 证毕.

于是 Poincaré 在1901年证明的下列结论便成为定理1.1.3的推论.

推论 1.1.4(Poincaré[2]) 一个图 G 的定向关联矩阵 B 是全单模的.

推论 1.1.5 设 G 是一个多重(无向)图,B 是 G 的关联矩阵,则 G 是二部图当且仅当 B 是全单模的.

若一个 $(0,1,-1)$ 方阵 A 的每一行,每一列的和都是偶整数,则 A 称为 Euler 矩阵(Eulerian matrix).

1965 年,Camion 给出了一个矩阵是全单模的充要条件.这里,我们叙述此定理而不给出它的证明,有兴趣的读者可参阅文献[3].

定理 1.1.6(Camion[3]) 一个 $m \times n$ 的 $(0,1,-1)$ 矩阵 A 是全单模的当且仅当 A 的每一个 Euler 子矩阵的元之和是 4 的倍数.

我们把 $(0,1)$ 矩阵 A 的特征多项式也称作它的伴随有向图 $D(A)$ 的特征多项式,记作

$$\chi_D(\lambda) = \det(\lambda I - A(D)) = \sum_{i=0}^{n} C_i \lambda^{n-i}.$$

若 D 是 n 阶图,设上述多项式的互异根为 $\lambda_1, \lambda_2, \cdots, \lambda_s$,它们的重数分别是 $m_1, m_2, \cdots, m_s$, $\sum_{i=1}^{s} m_i = n$. 自然,A 的谱也称为 $D(A)$ 的谱,记为

$$\mathrm{spec}D(A) = \mathrm{spec}A(D) = \begin{pmatrix} \lambda_1 & \lambda_2 & \cdots & \lambda_s \\ m_1 & m_2 & \cdots & m_s \end{pmatrix}.$$

易知,对简单图 G,$A(G)$ 是对称且迹为 0 的矩阵.故在 $\mathrm{spec}G$ 中,所有 λ_i 都是实数.

记 $t(G,H)$ 为 G 中同构于图 H 的导出子图的数目.下列定理,刻画出 G 的特征多项式的各系数 C_i 与 $t(G,H)$ 之间的关系.有时,我们把 $\det A(H)$ 记为 $\det H$.

定理 1.1.7 设 $\chi_{G(\lambda)} = \sum_{i=0}^{n} C_i \lambda^{n-i}$, 则

$$C_0 = 1,$$

$$C_i = (-1)^i \sum_H \det H t(G,H), \quad i = 1,2,\cdots,n,$$

$\sum_H$ 是对所有 i 阶不同构子图 H 求和.

证 由 $\chi_G(\lambda)$ 的构造,易知 $C_0 = 1$. 又按行列式理论由 $\chi_G(\lambda) = \det(\lambda I - A(G))$,

$$C_i = (-1)^i \sum_{A_i} \det A_i, \quad i = 1,2,\cdots,n,$$

$\sum_{A_i}$ 是对 $A(G)$ 的所有 i 阶主子式 $|A_i|$ 求和.

$\det A_i$ 便是 $G(A)$ 中相应顶点所导出子图的行列式(即导出子图的邻接矩阵的行列式).把同构的子图相应的次合并,其系数是 $t(G,H)$,便得定理结论.证毕.

一般地,对于图 G,Sachs(1964)证明了下列定理[4].

定理 1.1.8　设 $\chi_{G(A)}(\lambda)=\sum_{i=0}^{n}C_i\lambda^{n-i}$,则

$$C_i=\sum_{H}(-1)^{K(H)}\cdot 2^{C(H)},$$

其中 H 是 G 的 i 阶子图,它的连通支(简称支)或是单边,或是圈.$K(H)$ 表示 H 的支数,$C(H)$ 表示 H 的圈数.

利用图 G 的特征多项式,我们还可以描述 G 的途径的个数.

设 G 的顶点集为$\{1,2,\cdots,n\}$,$N_{k,i}$ 表示 G 中起点,终点均在顶点 i 的长为 k 的闭途径数.

令 $N_{k,i}$ 的生成函数

$$H_{G,i}(t)=\sum_{k=0}^{\infty}N_{k,i}t^k,$$

又令 $H_{G,i}^{*}(t)$ 是始点为 i,长为 k 的途径数的生成函数.C. D. Godsil 和 B. D. Mckay[4]得到了下述结果:

$$H_{G,i}(t)=\frac{1}{t}\frac{\chi_{G-i}\left(\frac{1}{t}\right)}{\chi_G\left(\frac{1}{t}\right)},$$

$$H_{G,i}^{*}(t)=\frac{1}{t}\frac{(-1)^n\chi_{G-i}\left(\frac{1}{t}\right)}{\chi_G\left(\frac{1}{t}\right)}\cdot\left[\frac{\chi_{\overline{G}}\left(-\frac{1}{t}-1\right)}{\chi_G\left(\frac{1}{t}\right)}+\frac{\chi_{\overline{G}-i}\left(-\frac{1}{t}-1\right)}{\chi_{G-i}\left(\frac{1}{t}\right)}\right]^{1/2},$$

这里 $\overline{G}$ 表 G 的补图,$G-i$ 表图 G 去掉顶点 i 及与 i 关联的边所得的图.

1.2　谱的图论意义

现在,我们考察 spec$G$ 所表现出来的图论意义.设 n 阶图 G 的 n 个特征值 $\lambda_1(G)\geqslant\lambda_2(G)\geqslant\cdots\geqslant\lambda_n(G)$.

定理 1.2.1　n 阶连通图 G 的直径 $d(G)=d$,则 G 的不同特征值的数目 s

满足

$$n \geqslant s \geqslant d+1.$$

证 若 $s \leqslant d$,则 G 有两个顶点 v_i 和 v_j,它们的距离是 s.

设 A 的最小多项式为 $m_A(\lambda)$.因对称矩阵相似于对角阵,故 $A(G)$ 的最小多项式的次数恰为 G 的不同特征值数目 s,那么 $m_A(\lambda)$ 有首项 λ^s 且

$$m_A(A) = A^s + \cdots.$$

由上节讨论 A^s 的组合意义知,A^s 的 (i,j) 位置的元为正,而对每一个 l,$1 \leqslant l \leqslant s-1$,$A^l$ 的 (i,j) 位置的元为 0.便得 $m_A(A) \neq 0$.矛盾.于是 $s \geqslant d+1$.易知 $s \leqslant n$.证毕.

类似,我们还可以证明(见习题 1.7):若 $A(G)$ 有 s 个不同的特征值,则 $G(A)$ 包含一个长不大于 s 的圈.

近年来的研究表明,特征值可以直接界定某些图类的特征,例如下面的定理.

定理 1.2.2(J. H. Smith[4]) 一个图恰有一个正特征值当且仅当它是一个完全 $k(\geqslant 2)$ 部图.

定理 1.2.3(C. A. Coulson, G. S. Rushbrooke[4]) 图 G 是二部图当且仅当 $\lambda_1 = -\lambda_n$ $\left(\text{等价于 } \lambda_i = -\lambda_{n-i+1}, i = 1, 2, \cdots, \left[\frac{n}{2}\right]\right)$.

定理 1.2.4(D. M. Cvetkovic, M. Doob, I. Gutman[5]) 若 $2 < \lambda_1(G) \leqslant \sqrt{2+\sqrt{5}}$,则 G 是一棵最大度为 3 的树,且仅有一个或两个度为 3 的顶点.

定理 1.2.5(曹大松,洪渊[6]) 设 G 是一个无孤立点的 n 阶简单图,则

(1) $\lambda_2(G) = -1$ 当且仅当 G 是一个至少 2 阶的完全图;

(2) 若 $n \geqslant 3$,$\lambda_2(G) = 0$ 当且仅当 G 是一个完全 k 部图,$2 \leqslant k \leqslant n-1$;

(3) 不存在图 G,使得 $-1 < \lambda_2(G) < 0$.

对于 $\lambda_3(G)$ 的图特征,可参见文献[7],现在我们用特征值来刻画图的内在性质.

定理 1.2.6 若 c 是 G 中长为 k 的闭途径的个数,则

$$c = \mathrm{tr} A^k = \sum_{i=1}^{n} \lambda_i^k.$$

证 令 $A^k = (a_{ij}^{(k)})$,在一般的加法运算下,$a_{ii}^{(k)}$ 是 v_i 到 v_i 长为 k 的闭途径的个数.若 λ 是 A 的特征值,则 λ^k 是 A^k 的特征值.定理得证.

对于图 $G = (V, X)$,$|V| = n$,$|X| = q$,

$k=1,\quad \mathrm{tr}A=\sum_{i=1}^{n}\lambda_i=0$

$k=2,\quad$ 设 $\mathrm{spec}G=\begin{pmatrix}\lambda_1 & \cdots & \lambda_s\\ m_1 & \cdots & m_s\end{pmatrix},\sum_{i=1}^{s}m_i=n$，则

$$\sum_{i=1}^{s}m_i\lambda_i^2=\mathrm{tr}A^2=2q,$$

$$\sum_{i=1}^{n}a_{ii}^{(2)}=\sum_{i=1}^{n}\deg v_i=2q,$$

$k=3,\quad \sum\lambda_i^3=6n(\Delta).$

在 G 中，我们把每一边看作是两条相反方向的弧．于是，对 G 中的每一个三角形，我们可以按每点分别算得两个长为 3 的圈，共 6 个圈．

定理 1.2.6 给我们提供了一个把谱与图相联系的工具．运用这一工具，我们研究整图的结构．

如果一个图的所有特征值均为整数，则这个图称为整图(integral graph)．1976 年 F. C. Bussemaker 和 D. Cvetkovic[4]证明了：恰存在 13 个连通的 3 正则整图．1999 年 D. Seivanovic[8]证明了：一个连通二部 4 正则整图除了 5 种情形外，至多有 1260 个顶点．在这里，我们把上述结果改进为，至多有 560 个顶点．

设 G 是一个 $2n$ 阶连通二部 k 正则($k\geqslant 4$)整图．不难证明(见习题 1.16) $\lambda_1(G)=k$．于是，由定理 1.2.3，

$$\mathrm{spec}G=\begin{pmatrix}\pm k & \pm(k-1) & \pm(k-2) & \cdots & \pm 1 & 0\\ 1 & d_{k-1} & d_{k-2} & \cdots & d_1 & 2d_0\end{pmatrix}.$$

用 $t(G_s)$ 表示图 G 中含有子图 G_s 的个数．P_m 和 C_m 分别表示 m 阶路和圈．$K_{1,m}$ 为 $m+1$ 阶的星图．而 $Q\circ H(Q*H)$ 表示图 Q 中的最小(最大)度点与图 H 中的最小(最大)度点粘合而成的图．记 $G_1=K_{1,3}\circ P_2, G_2=C_4\circ P_2, G_3=C_4\circ P_3, G_4=C_4*P_3$．又令 $Q\odot H$ 表示粘合 Q 中的第二大度点与 H 中的最大度点所成的图．记 $G_5=G_2\odot P_2$(两个 3 度点相邻)，$G_6=G_2\odot P_2$(两个 3 度点不相邻)．最后，记 $G_7=C_6\circ P_2$．于是，有如下引理．

引理 1.2.7　$t(P_2)=nk, t(P_3)=2n\binom{k}{2}, t(P_4)=nk(k-1)^2, t(K_{1,3})=2n\binom{k}{3}, t(K_{1,4})=2n\binom{k}{4}, t(G_1)=6n(k-1)\binom{k}{3}, t(P_5)=nk(k-1)^3-4t(C_4), t(G_2)=4(k-2)t(C_4), t(G_3)\geqslant 4(k-2)^2t(C_4), t(G_4)=4\binom{k-2}{2}t(C_4), t(G_5)$

$=4(k-2)^2t(C_4)$, $t(G_6)\geqslant 2(k-2)(k-3)t(C_4)$, $t(G_7)\geqslant 6(k-3)t(C_6)$.

证 我们证明 $t(P_5)$,其余作为习题.

路 $v_{i_1}v_{i_2}v_{i_3}v_{i_4}v_{i_5}$ 的个数为 $2n\cdot\binom{k}{2}(k-1)^2$. 若 $v_{i_1}=v_{i_5}$,则上述的路成 C_4,并在计算中出现 4 次. 若 $v_{i_1}\neq v_{i_5}$,我们得到 P_5. 于是 $t(P_5)=nk(k-1)^3-4t(C_4)$. 证毕.

用 $G\sim\{m_1H_1, m_2H_2, \cdots\}$ 表示图 G 包含 m_1 个子图 H_1, m_2 个子图 H_2, …… 易见如下结论.

引理 1.2.8 $P_3\sim\{2P_2\}$, $P_4\sim\{2P_3, 3P_2\}$, $K_{1,3}\sim\{3P_3, 3P_2\}$, $K_{1,4}\sim\{4K_{1,3}, 6P_3, 4P_2\}$, $G_1\sim\{K_{1,3}, 2P_4, 4P_3, 4P_2\}$, $P_5\sim\{2P_4, 3P_3, 4P_2\}$, $C_4\sim\{4P_4, 4P_3, 4P_2\}$, $G_2\sim\{C_4, 2P_5, 2G_1, 6P_4, K_{1,3}, 6P_3, 5P_2\}$, $G_3\sim\{G_2, C_4, 4P_5, 3G_1, 8P_4, K_{1,3}, 7P_3, 6P_2\}$, $G_4\sim\{2G_2, C_4, 4P_5, 6G_1, K_{1,4}, 8P_4, 4K_{1,3}, 9P_3, 6P_2\}$, $G_5\sim\{2G_2, C_4, 4P_5, 6G_1, 9P_4, 2K_{1,3}, 8P_3, 6P_2\}$, $G_6\sim\{2G_2, C_4, 6P_5, 4G_1, 8P_4, 2K_{1,3}, 8P_3, 6P_2\}$, $C_6\sim\{6P_5, 6P_4, 6P_3, 6P_2\}$, $G_7\sim\{C_6, 8P_5, 2G_1, 8P_4, K_{1,3}, 8P_3, 7P_2\}$.

引理 1.2.9 $t(C_4)=\frac{1}{4}\left(\sum_{i=1}^{k-1} i^4 d_i-2k^2n+kn+k^4\right)$.

证 设 $s(G_s)$ 为图 G_s 所生成的长为 4 的闭途径数. 由定理 1.2.6,得

$$\begin{aligned}2\left(k^4+\sum_{i=1}^{k-1} i^4 d_i\right) &= t(P_2)s(P_2)+t(P_3)\cdot s(P_3)+t(C_4)s(C_4)\\ &= 2kn+4\cdot 2n\binom{k}{2}+8t(C_4).\end{aligned}$$

整理便得结论. 证毕.

类似的证明,结合引理 1.2.8,便得如下引理.

引理 1.2.10
$$t(C_6)=\frac{1}{6}\left[\sum_{i=1}^{k-1}(i^2-6k+6)i^4d_i+k(7k^2-12k+4)n+k^4(k^2-6k+6)\right].$$

由上述引理,可得下列引理.

引理 1.2.11 (1) $d_o+\sum_{i=1}^{k-1} d_i=n-1$, (2) $\sum_{i=1}^{k-1} i^2 d_i=kn-k^2$,

(3) $\sum_{i=1}^{k-1} i^4 d_i\geqslant 2k^2n-kn-k^4$,

(4) $\sum_{i=1}^{k-1}(i^2-6k+6)i^4d_i \geqslant -k(7k^2-12k+4)n-k^4(k^2-6k+6)$,

(5) $\sum_{i=1}^{k-1}(i^4+(16-8k)i^2+20k^2-76k+43)i^4d_i$

$\geqslant k(14k^3-72k^2+70k-16)n-k^4(k^4-8k^3+36k^2-76k+43)$.

证　(1),(2)显然.(3),(4)可由引理1.2.9,引理1.2.10得出.类似的方法,(5)的证明留作习题.

现在导出我们的结论.

定理1.2.12(张德龙,柳柏濂,谭尚旺[9])　一个连通二部4正则整图至多有560个顶点.

证　设 G 是 $2n$ 阶连通二部4正则整图.由引理1.2.11,

$$\begin{cases} d_0+d_1+d_2+d_3=n-1, \\ d_1+4d_2+9d_3=4n-16, \\ d_1+16d_2+81d_3 \geqslant 28n-256, \\ -17d_1-224d_2-729d_3 \geqslant -272n+512, \\ 44d_1+176d_4-324d_3 \geqslant 32n-15104. \end{cases}$$

设 $\delta_1,\delta_2,\delta_3$ 是非负数,可得线性方程组

$$\begin{pmatrix} 1 & 1 & 1 & 1 & -1 \\ 0 & 1 & 4 & 9 & -4 \\ 0 & 1 & 16 & 81 & -28 \\ 0 & -17 & -224 & -729 & 272 \\ 0 & 44 & 176 & -324 & -32 \end{pmatrix} \begin{pmatrix} d_0 \\ d_1 \\ d_2 \\ d_3 \\ n \end{pmatrix} = \begin{pmatrix} -1 \\ -16 \\ -256+\delta_1 \\ 512+\delta_2 \\ -15104+\delta_3 \end{pmatrix},$$

解得 $n=280-\frac{1}{72}(26\delta_1+2\delta_2+\delta_3)$.于是 $2n \leqslant 560$.证毕.

下面,我们考察,在研究图的结构特征时,谱技巧的运用.

1963年H.Sachs[10]证明了:对所有整数 $r,g \geqslant 2$,度为 r,围长为 g(图中最短的圈的长)的正则图必存在.这种正则图记为(r,g)-图.若令 $f(r,g)$ 表示(r,g)-图的最小阶数.显然,$f(r,g) \geqslant \max\{r+1,g\}$.于是,$f(2,g)=g$(圈 C_g),$f(r,3)=r+1$(K_{r+1}).又由完全二部图 $K_{r,r}$.易知 $f(r,4)=2r$.P.Erdös和H.Sachs[11]证明了

$$r^2+1 \leqslant f(r,5) \leqslant 4(r-1)(r^2-r+1). \tag{1.2.1}$$

(1.2.1)式的证明基本上是图论的方法.对于一个$(r,5)$-图 G,考察 $v_1 \in V(G)$及它的相邻点集 $N(v_1)=\{v_2,v_3,\cdots,v_{r+1}\}$,由 $g=5$ 知,$N(v_1)$的点互

不相邻且它们的 $r-1$ 个邻点(除 v_1 外)亦互不相同,于是, $f(r,5)\geqslant r(r-1)+(r+1)=r^2+1$.

一个有趣的问题是:上式的等号在什么情形下能够成立? 我们可以用矩阵的方法给予回答.

设$(r,5)$图 G 有 r^2+1 个顶点, $V(G)=\{v_i\mid i=1,\cdots,r^2+1\}$,又设 G 的邻接阵是$A=(a_{ij})$,记 $A^2=(a_{ij}^{(2)})$,则

$$A^2+A=J+(r-1)I, \tag{1.2.2}$$

这里 J 和 I 分别是$(r^2+1)\times(r^2+1)$的全1矩阵和单位矩阵. 因由 G 的 r 正则性,(1.2.2)两边的主对角线元均是 r,而当 $a_{ij}=1(i\neq j)$时, $a_{ij}^{(2)}=0$,否则 G 含三角形. 当 $a_{ij}=0(i\neq j)$时,注意到 G 是 r^2+1 阶的$(r,5)$-图,数 v_i 与 v_j 的距离为2,即 $a_{ij}^{(2)}=1$,于是(1.2.2)式成立.

运用行列式的计算技巧,把 $\det|A^2+A-\lambda I|$ 由第二行起每一行都加到第一行去并提取公因式,便得

$$\det(A^2+A-\lambda I)=(r^2+r-\lambda)(r-1-\lambda)^{r^2}.$$

于是, r^2+r 和 $r-1$ 分别是 A^2+A 的1重和 r^2 重特征值.

设 $\lambda_i, i=1,2,\cdots,r^2+1$ 是 A 的特征值,于是 A^2+A 的特征值是 $\lambda_i^2+\lambda_i, i=1,2,\cdots,r^2+1$. 我们有

$$\lambda_1^2+\lambda_1=r^2+r, \tag{1.2.3}$$

$$\lambda_i^2+\lambda_i=r-1,\quad i=2,\cdots,r^2+1. \tag{1.2.4}$$

由(1.2.3)易知 $\lambda_1=r$,可取 r^2+1 维向量$(1,1,\cdots,1)^{\mathrm{T}}$ 为特征向量. 由(1.2.4)知,余下的 r^2 个特征值可取$(-1+\sqrt{4r-3})/2$ 或$(-1-\sqrt{4r-3})/2$. 设有 k 个$(0\leqslant k\leqslant r^2)$特征值取前者, (r^2-k)个特征值取后者. 由特征值的代数和为零的性质得

$$r+\frac{k(-1+\sqrt{4r-3})}{2}+\frac{(r^2-k)(-1-\sqrt{4r-3})}{2}=0,$$

解得

$$2k=\frac{r^2-2r}{\sqrt{4r-3}}+r^2. \tag{1.2.5}$$

注意到 k 是非负整数且 $r\geqslant 2$,则必须有 $r=2$ 或 $4r-3$ 是一奇数的平方. 即 $4r-3=(2m+1)^2$, m 是正整数,这时, $r=m^2+m+1$ 代入(1.2.5)得

$$2k=2m-1+\frac{m^2}{4}\left(2m+3-\frac{15}{2m+1}\right)+(m^2+m+1)^2.$$

因$(m^2,2m+1)=1$,故$2m+1$必整除15.于是$m=1,2,7$对应于$r=3,7,57$,因此,r只能是2,3,7或57中的一个.

已经构造出$r=2,3,7$时,阶数为r^2+1的$(r,5)$-图.长期以来,人们一直不能回答:57^2+1阶的$(57,5)$-图是否存在?

这类(r,g)-极图又称为Moore图.等价地说,邻接方阵满足方程(1.2.2)的一类直径为2的图称为Moore图.如上所证,Moore图仅对于$r=2,3,7,57$可以被构造出来.迄今,虽然未找到$r=57$的Moore图,但人们相信,如果它存在,它的阶数应该是$r^2+1=57^2+1$.

1967年,W.G.Brown在下列定理中,证明了$f(r,5)\neq r^2+2$,即(1.2.5)式的$f(r,5)$取值范围,存在着缺数段.

定理1.2.13(W.G.Brown[12])　不存在具有围长为5的r^2+2阶的r-正则图.

证　设G是一个r-正则图.对某一个顶点v,与v相邻的顶点有r个,与v距离为2的顶点有$r(r-1)$个.如果G的围长是5,则在上述$r+r(r-1)=r^2$个顶点中,必无两个点重合.

又设G的阶是r^2+2.于是G中恰好有一个顶点,它不能由v用长小于3的路可到达.对任一个顶点v,这样的相应顶点记为v^*.显然,$(v^*)^*=v$.于是,我们得下列矩阵方程

$$A^2+A-(r-1)I=J-B,$$

其中A是G的邻接阵,B是主对角线均是零的对称置换方阵.若把G的顶点作适当的标号,可得B是矩阵$\begin{pmatrix}0&1\\1&0\end{pmatrix}$的直和.这又导出:$n$是偶数,且$r\equiv 0(\mathrm{mod}\ 2)$.

直接计算可知(见习题1.6),

$$\mathrm{spec}(J-B)=\begin{bmatrix}n-1 & 1 & -1\\ 1 & \frac{n}{2} & \frac{n}{2}-1\end{bmatrix}.$$

A的任一个对应于特征值k的特征向量也必须是矩阵$J-B$对应于特征值$k^2+k-(r-1)$的特征向量.因为A是实对称的,它必有$\frac{n}{2}$个特征值k,满足$k^2+k-(r-1)=1$,即$k=(-1\pm s)/2$,这里$s=\sqrt{4r+1}$,有$n/2-1$个特征值k,满足$k^2+k-(r-1)=-1$,即$k=(-1\pm t)/2$,这里$t=\sqrt{4r-7}$.

我们讨论下面四种情形.

情形1　s和t均是有理数.这时,s和t只能分别是两个奇正数3和1,即

$r=2$.于是 G 是一个 C_6,其围长是 6 而不是 5.

情形 2 s 和 t 均为无理数.先假设 s 和 t 在有理数域上是线性相关的,则 s^2 和 t^2 有相同的非平方部分因子 α,α 必可整除 $s^2-t^2=8$.又由所设知 $\alpha>1$,故 α 必为偶数.但因 s^2 和 t^2 均为奇数.这便与 α 为偶数矛盾.

于是,s 和 t 必线性无关,这便导出:特征值 $(-1\pm s)/2$ 将成对出现,$(-1\pm t)/2$ 也成对出现.但这是不可能的,因为 $n/2$ 和 $n/2-1$ 必有一个是奇数.

情形 3 s 是无理数,t 是有理数.这里 t 是一个奇整数,则 $-1\pm t$ 是偶数.于是特征值 $(-1\pm s)/2$ 的和是一个整数.这些特征值成对出现,并且它们的和是 $-n/4$.但 $4|n$ 可得出 $r^2\equiv 2(\mathrm{mod}\ 4)$,这是不可能的.

情形 4 s 是有理数,t 是无理数.特征值 $(-1\pm t)/2$ 必须成对出现,因此,它们的和是 $\left(-\frac{1}{2}\right)\left(\frac{n}{2}-1\right)$.设特征值 $(-1+s)/2$ 的重数是 m.因 A 的迹是 0,由定理 1.2.6,

$$0=r+m(-1+s)/2+\left(\frac{n}{2}-m\right)(-1-s)/2+\left(-\frac{1}{2}\right)\left(\frac{n}{2}-1\right).$$

因 $n=r^2+2$ 且 $r=(s^2-1)/4$,代入上式得关于 s 的二次方程.

$$s^5+2s^4-2s^3-20s^2+(33-64m)s+50=0.$$

上式的任一个正有理数解 s 必在 50 的整数因子中,即 1,2,5,10,25,50.而只有其中 3 个可导出整数解如下:

$$\begin{cases}s=1,\\ m=1,\\ r=0,\end{cases}\quad \begin{cases}s=5,\\ m=12,\\ r=6,\end{cases}\quad \begin{cases}s=25,\\ m=6565,\\ r=156.\end{cases}$$

显然,$s=1$ 无意义,它导出一个围长 $=\infty$ 的图.

我们来证明 $s=5$,$s=25$ 也是不可能的.因 G 若有围长是 5,它不可能包含任何三角形.因此,A^3 的主对角线上均是零元.A^3 的特征值又是 A 的特征值的立方,于是 A 的特征值的立方和应是零.但是,容易检验,无论 $s=5$ 还是 $s=25$ 时都不满足这一条件.

至此,我们完成了对定理 1.2.13 的证明.

在(1.1.1)式中,我们定义了图 G 的 Laplace 矩阵

$$Q(G)=BB^{\mathrm{T}}=C-A,$$

$Q(G)$ 是对称,半正定矩阵,其特征值记为 $\lambda'_1(G)\geqslant\lambda'_2(G)\geqslant\cdots\geqslant\lambda'_n(G)=0$.

图 G 的 Laplace 矩阵 $Q(G)$ 的特征值和邻接矩阵 $A(G)$ 的特征值都是图的同构不变量,但前者由于在 $Q(G)$ 的定义中考虑了顶点的度,因此,往往更能反映出 G 的图论性质.

Laplace 矩阵的最初研究及最著名的应用之一,是 Kirchhoff 于 1847 年得到的下列称为矩阵树定理.

定理 1.2.14(Kirchhoff[4]) n 阶图 G 的生成树数目(也称为复杂度)等于其 Laplace 矩阵 $Q(G)$的任一个 $n-1$ 阶子式.

1973 年,Fiedler[13]首先研究了图的 Laplace 矩阵特征值与图不变量间的关系.特别研究了 $\lambda'_{n-1}(G)$与 G 的连通性的联系,并称 $\lambda'_{n-1}(G)$为 G 的代数连通度(algebraic connectivity),记作 $a(G)$.我们不难证明如下定理.

定理 1.2.15(Fiedler[13]) n 阶图 G 连通当且仅当 $a(G)>0$.

在图论中,我们定义了图的(点)连通度 $v(G)$和边连通度 $e(G)$的概念(见附录).并且知道 $v(G)\leqslant e(G)$,下列定理将刻画这两种连通度与代数连通度的关系.

定理 1.2.16(Fiedler[13]) 设 G 是 n 阶图,则

$$a(G)\leqslant v(G)\leqslant e(G).$$

上述定理的证明,留给读者作为一个习题.

Laplace 矩阵研究之所以重要,是因为它的特征值可以用来估计图的诸多不变量.这些不变量的计算往往是非多项式时间的,而 Laplace 矩阵的特征值却可以用多项式理论中渐近求根方法加以计算.

F.R.K.Chang 在 1994 年世界数学家大会(瑞士苏黎世)上的 45 分钟报告[14]及其专著[15]把 Laplace 矩阵的研究推向一个新的层面.

1.3 图的特征值的估计

对大量的图 G,我们还不能直接求出它们的谱.于是,对图的特征值的估值是组合矩阵论中相当活跃的课题.

早在 20 世纪初 Perron 和 Frobenius 先后研究了正方阵和非负方阵的特征值和特征向量的若干性质,得到称为 Perron-Frobenius 定理的经典结果(见 2.3 节).从图论的观点来看,这一结果是对强连通有向图来说的.而连通简单图是强连通有向图的特例.我们可以把相应的 Perron-Frobenius 定理叙述如下.

定理 1.3.1(Perron-Frobenius[16,17]) 若 G 是一个至少有两个顶点的连通图,则

(1) 它的最大特征值 $\lambda_1(>0)$是 $\chi_G(\lambda)$的一个单根;

(2) 对应于特征值 λ_1,其特征向量 X_1 是正特征向量(即所有分量皆正);

(3) 若 λ 是 G 的任一个其它特征值,则 $-\lambda_1\leqslant\lambda<\lambda_1$;

(4) G 的任一条边被删去,最大特征值都将减小.

这个 λ_1 通常称为 G 的谱半径(spectral radius).

在矩阵论中,对特征值的估值往往借助于图的组合模型.在这里,我们先用一般的矩阵技巧讨论图 G 的特征值.

定理 1.3.2(Varga[18]) 设 G 是一个 n 阶连通图且 Y 是任一个正向量,e_j 表示$(0\cdots \underset{(j)}{1} \cdots 0)^{\mathrm{T}}$,$1\leqslant j\leqslant n$.用"·"表两个向量的内积运算,则

$$\frac{(AY)\cdot Y}{Y\cdot Y}\leqslant \lambda_1\leqslant \max_{1\leqslant j\leqslant n}\frac{(AY)\cdot e_j}{Y\cdot e_j},$$

等号成立当且仅当 $Y=kX_1$,其中 k 是一个实数,X_1 是 λ_1 对应的正的特征向量.

证 因 G 的邻接阵是实对称方阵,故 G 的特征值 $\lambda_1>\lambda_2\geqslant\cdots\geqslant\lambda_n$ 所对应的特征向量 $X_1,X_2,\cdots,X_n$ 可选为正交向量,且 X_1 为正向量.

先证明 λ_1 的下界.若 $Y=\sum\limits_i C_iX_i$,则

$$\frac{(AY)\cdot Y}{Y\cdot Y}=\frac{\sum C_i^2\lambda_i}{\sum C_i^2}$$

恰好是特征值 λ_i 的一个加权平均.此平均值显然小于最大值 λ_1,除非 $C_2=C_3=\cdots=C_n=0$.但在 $C_2=C_3=\cdots=C_n=0$ 时,$Y=C_1X_1$,且对每个 j,有 $(AY)\cdot e_j/Y\cdot e_j=\lambda_1$.

再证明 λ_1 的上界.假若 $Y\neq C_1X_1$ 且$(AY)\cdot e_j/Y\cdot e_j<\lambda_1$ 对所有 j 值成立.

因为 Y 不是特征向量,故上面的不等式总有一个 j 值使之不等号成立.令 $X_1=\sum\limits_j b_je_j$,这里每个 $b_j>0$,于是

$$\lambda_1=\frac{C_1\lambda_1}{C_1}=\frac{(AY)\cdot X_1}{Y\cdot X_1}=\frac{\sum b_j((AY)\cdot e_j)}{\sum b_j(Y\cdot e_j)}$$

$$\leqslant \max_{1\leqslant j\leqslant n}\frac{b_j((AY)\cdot e_j)}{b_j(Y\cdot e_j)}<\lambda_1.$$

这一矛盾导出了定理中关于 λ_1 的上界.证毕.

推论 1.3.3 设 G 是一个连通图,则或(1)$2q/n<\lambda_1<\rho_{\max}$;或(2)$2q/n=\lambda_1=\rho_{\max}$,$G$ 是正则且$(1,1,\cdots,1)^{\mathrm{T}}$ 是一个特征向量.

这里 n,q 分别为 G 的顶点数和边数,ρ_i 是顶点 v_i 的度,$\rho_{\max}=\max\limits_{1\leqslant i\leqslant n}\rho_i$.

推论 1.3.4 若 G 是连通图,则

$$\frac{1}{q}\sum\sqrt{\rho_i\rho_j}\leqslant\lambda_1\leqslant\max_{1\leqslant i\leqslant n}\frac{1}{\rho_i}\sum\sqrt{\rho_i\rho_j}.$$

前一个 $\sum$ 对所有的边 v_iv_j 求和,后一个$\sum$ 对所有与 v_i 相邻接的顶点v_j 求和.

下列几个定理,也在不同程度上刻画了图的特征值的界.

定理 1.3.5(Collatz, Sinogowitz[20])　若 G 是n 阶连通图,则

$$2\cos\left(\frac{\pi}{n+1}\right)\leqslant\lambda_1\leqslant n-1,$$

其下界和上界仅当 G 是一条路P_n 和一个完全图K_n 时达到.

定理 1.3.6(Smith[21])　若 G 是一个连通图且$\lambda_1=2$,则 G 或者是$K_{1,4}$,一个圈 C_n,或者是下列树图之一(见图 1.3.1).

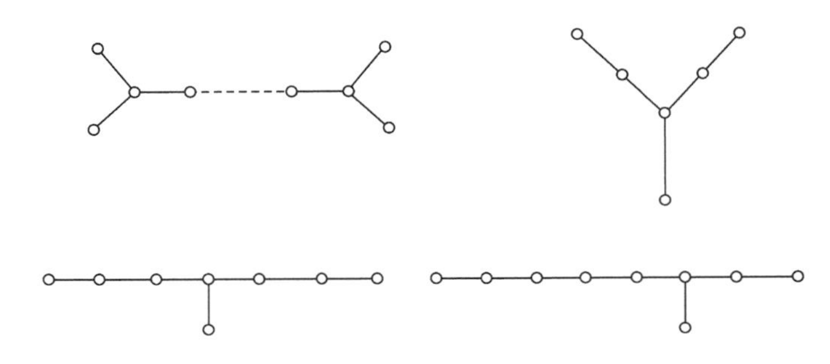

图 1.3.1

同时,若 $\lambda_1<2$,则 G 是这些图中的一个的子图.

我们已经知道,删去 G 的一边将导致λ_1 的减少,于是,对连通图 G 的任一个同阶真子图G',有 $\lambda_1(G)>\lambda_1(G')$.那么,删去一个顶点呢?下面一个称之为内插定理,回答了这个问题.

定理 1.3.7(内插定理[22])　设 G 是一个图,它的谱 $\lambda_1\geqslant\lambda_2\geqslant\cdots\geqslant\lambda_n$,又设 $G-v_1$ 的谱是 $\mu_1\geqslant\mu_2\geqslant\cdots\geqslant\mu_{n-1}$,则后者插入到前者中去,即

$$\lambda_1\geqslant\mu_1\geqslant\lambda_2\geqslant\mu_2\geqslant\cdots\geqslant\mu_{n-1}\geqslant\lambda_n.$$

证　设 $A^*=A(G-\{v_1\}),A=A(G)$,则

$$A=\begin{pmatrix}0 & u\\ u^{\mathrm{T}} & A^*\end{pmatrix},$$

这里 u 是某个$n-1$ 维行向量.我们可以取 G 的一组互相正交的单位特征向量.若 G 有一个重特征根,它的特征向量中至多一个与单位向量 e_1 不正交.

若 X_i 是一个与e_1 正交的特征向量,则去掉 X_i 的第一分量所得到的 $n-1$ 维向量也是 $G-\{v_1\}$的一个特征向量.故 $\mu_i=\lambda_i$.这些相等的向量自然满足定

理的结论.

我们把 G 的剩下的特征值重新标号为$\tilde{\lambda}_1>\tilde{\lambda}_2>\cdots>\tilde{\lambda}_k$,对应的特征向量是 $X_1,X_2,\cdots,X_k$. 设 Y'是A^*对应于某个特征值的特征向量, $Y=\begin{pmatrix}0\\Y'\end{pmatrix}$, A^*的剩下的特征向量可以写成线性组合 $Y=\sum_{i=1}^{k}b_iX_i$.

类似地, $e_1=\sum_{i=1}^{k}C_iX_i$, 这里 $C_i=e_iX_i$.

现在,若 $A^*Y'=\mu Y'$,则

$$AY=(\boldsymbol{u}Y')e_1+\mu Y'=\sum_i b_i\tilde{\lambda}_iX_i.$$

对于每个 j,求上述方程与 X_j 的内积,便得

$$(\boldsymbol{u}Y')C_j+\mu b_j=b_j\tilde{\lambda}_j,$$

即

$$b_j=\frac{-(\boldsymbol{u}\cdot Y')C_j}{\mu-\bar{\lambda}_j}.$$

因 $Y\cdot e_1=0$,便得

$$\sum_j C_jb_j=\sum_j\frac{-(\boldsymbol{u}\cdot Y')C_j^2}{\mu-\bar{\lambda}_j}=0,$$

此关于 μ 的方程在$\tilde{\lambda}_1,\tilde{\lambda}_2,\cdots,\tilde{\lambda}_k$ 有k 条垂直渐近线,故在每个区间$(\tilde{\lambda}_{i+1},\tilde{\lambda}_i)$中有一个根. 于是,有

$$\tilde{\lambda}_1>\tilde{\mu}_1>\tilde{\lambda}_2>\tilde{\mu}_2>\cdots>\tilde{\mu}_{k-1}>\tilde{\lambda}_k.$$

连同上述相等的特征值,便证得此定理. 证毕.

现在,我们考察一些简单的图类的谱半径 λ_1 的估值.

若 G 是n 阶树 T_n,一个熟知的结果[1]是

$$2\cos\frac{\pi}{n+1}\leqslant\lambda_1(T_n)\leqslant\sqrt{n-1},$$

左边等式成立,当且仅当 T_n 是一条n 阶路P_n,右边等式成立,当且仅当 T_n 是星$K_{1,n-1}$.

对于 n 阶单圈图G(即恰含一个圈的图),已经有下列结果(洪渊[23])

$$\lambda_1(C_n)=2\leqslant\lambda_1(G)\leqslant\lambda_1(S_n^3),$$

左边等号成立,当且仅当 G 同构于一个n 阶圈. 右边等号成立,当且仅当 G 同构于星图$K_{1,n-1}$添加一条连接它的两个 1 度点的边所得的图,记为 S_n^3. 注意到当$n>9$时 $\lambda_1(S_n^3)<\sqrt{n}$. 当 $n=9$ 时,$\lambda_1(S_n^3)=\sqrt{n}$. 于是,对任一 n 阶单圈图

G,当 $n\geqslant 9$ 时,有

$$2\leqslant \lambda_1(G)\leqslant \sqrt{n},$$

右边等号成立当且仅当 $n=9$,G 同构于 S_9^3.

近年来,对 G 的特征值的估值已从 λ_1 发展到 λ_2,甚至 λ_k 的估值.

对于 n 树 T,M. Hofemeister[24] 在修正前人错误的基础上,证明了或者 $\lambda_2(T)\leqslant\sqrt{(n-3)/2}$ 或者 T 是用一条路连接两个星图 $K_{1,s}$ 的 s 度点所得的树. 1986 年,洪渊[25]研究了一般 $\lambda_k(T)$ 的上界. 首先我们可以证明下面 3 个引理(作为习题).

引理 1.3.8　设 T 是 n 阶树,则对任意正整数 k,$2\leqslant k\leqslant n-1$,都存在一个顶点 $v\in V(T)$,使得 $T-v$ 的所有连通片(至多一个例外)的阶都不大于 $[(n-2)/k]+1$,例外的一个连通片(如果存在的话)的阶不大于 $n-2-[(n-2)/k]$.

引理 1.3.9　设 T 是 n 阶树,则存在一个顶点 $v\in V(T)$,使得 $T-v$ 的所有连通片的阶数都不大于 $[n/2]$.

引理 1.3.10　设 T 是 n 阶树,则对于任一个正整数 k,$2\leqslant k\leqslant [n/2]$,都存在一个子集 $V'\subseteq V(T)$,$|V'|=k-1$,使得 $T-V'$ 的所有连通片阶数均不大于 $[(n-2)/k]+1$.

现在,我们可以证明关于 $\lambda_k(T)$ 的界.

定理 1.3.11(洪渊[25])　设 T 是 n 阶树,则

$$0\leqslant \lambda_k(T)\leqslant\sqrt{\left[\frac{n-2}{k}\right]}$$

对任何正整数 $k(2\leqslant k\leqslant [n/2])$成立. 此外,若 $n\equiv 1(\mathrm{mod}\ k)$,$\lambda_k(T)$ 的上界是最好可能的.

证　因 T 是一个二部图,故

$$\lambda_i(T)=-\lambda_{n+1-i}(T),\quad i=1,2,\cdots,\left[\frac{n}{2}\right].$$

于是 $\lambda_k(T)\geqslant 0\left(2\leqslant k\leqslant\left[\frac{n}{2}\right]\right)$.

若 T 是一个星,则 $\lambda_k(T)=0$. 由引理 1.3.10,必存在一个非空子集 $V'\subseteq V(T)$,$|V'|=k-1$,使得 $T-V'$ 的所有连通片的阶数不大于 $[(n-2)/k]+1$,于是,由定理 1.3.7,

$$\lambda_k(T)\leqslant\lambda_1(T-V')\leqslant\sqrt{\left[\frac{n-2}{k}\right]}.$$

当 $n\equiv 1(\mathrm{mod}\ k)$,设 $n=lk+1$,此处 $l\geqslant 2$. 可以构造一棵树 T^* 如下:取 k

个不变的星$K_{1,l-1}$和一点 v,把每个星的中心与点 v 相连.显见,T^*-v 有k 个连通片,每片是 $K_{1,l-1}$,于是

$$\lambda_1(T^*-v)=\lambda_2(T^*-v)=\cdots=\lambda_k(T^*-v)=\sqrt{l-1}.$$

由定理 1.3.7,

$$\lambda_i(T^*-v)\geqslant\lambda_{i+1}(T^*)\geqslant\lambda_{i+1}(T^*-v),\quad i=1,2,\cdots,n-2,$$

$$\lambda_k(T^*)=\sqrt{l-1}=\sqrt{\left[\frac{n-2}{k}\right]}.$$

证毕.

邵嘉裕进一步把上述结果精确化,得到了下面深刻的结论.

定理 1.3.12(邵嘉裕[26]) 对于 n 阶树 T:

1. $$\lambda_k(T)\leqslant\sqrt{\left[\frac{n}{k}\right]-1},\quad 2\leqslant k\leqslant\left[\frac{n}{2}\right],\tag{1.3.1}$$

且对所有 $n\not\equiv 0(\bmod k)$时,此上界是最好可能的.

2. 当 $n\equiv 0(\bmod k)$时,上界(1.3.1)中严格不等式成立.但对任意 $\varepsilon>0$,上界 $\lambda_k(T)\leqslant\sqrt{\left[\frac{n}{k}\right]-1-\varepsilon}$一般不成立.

3. 对于 n 阶林(forest)F,有

$$\lambda_k(F)\leqslant\sqrt{\left[\frac{n}{k}\right]-1},\quad 1\leqslant k\leqslant\left[\frac{n}{2}\right].$$

这个界对所有情形都是最好可能的.

在此基础上,吴小军[27]得到 n 阶连通单圈图G 的第k 个特征值的上界

$$\lambda_k(G)\leqslant\sqrt{\left[\frac{n}{k}\right]-\frac{3}{4}}+\frac{1}{2},\quad 2\leqslant k\leqslant\left[\frac{n}{2}\right].$$

对于 $\lambda_k(T)$的下界,1994 年,陈坚胜证明了洪渊提出的下列猜想.

定理 1.3.13(陈坚胜[28]) $\lambda_k(T)\geqslant\lambda_k(S_{n-2k+2}^{2k-2})$,这里 S_{n-2k+2}^{2k-2}是把星$K_{1,n-2k+1}$的 $n-2k+1$ 度点与路 P_{2k-2}的一个 1 度点连接起来所得的图.

1.4 线图和全图的谱

描述一个图 G 的谱与 G 的线图$L(G)$的关系,是运用矩阵技巧的典型例子,从图论中,我们知道,$L(G)$的点集相应于 G 的线集,G 中相应的线邻接时$L(G)$的两个点邻接,进一步,可以引进全图的概念.一个图 $G=(V,X)$的点和线都称为元素.一个图的两个元素是关联的或邻接的则称为邻元素.全图 $T(G)$

以$V(G)\cup X(G)$为点集.当$T(G)$的两个点在G中是邻元素时,它们邻接.下面给出线图及全图的两个例子(见图1.4.1).

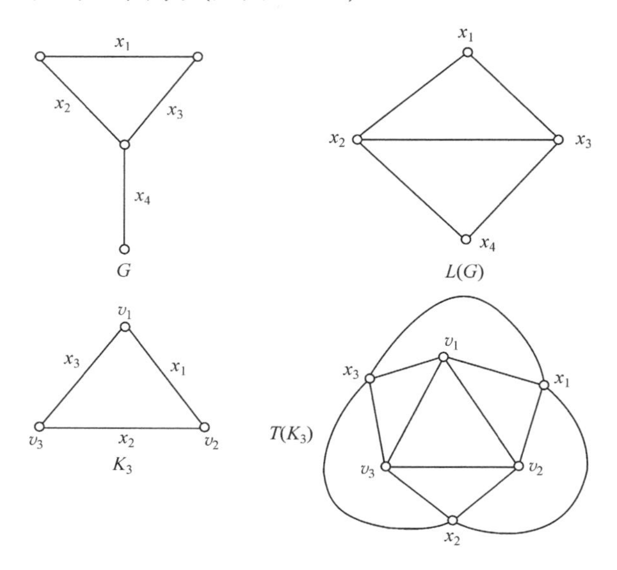

图1.4.1

当然,上述关于线图和全图的概念也适用于有向图D.即$L(D)$的顶点集相应于D的弧集,而(a,b)是$L(D)$中的弧当且仅当在D中存在顶点u,v,w,使$a=(u,v)$且$b=(v,w)$.至于有向全图,也作类似的改变(见图1.4.2).

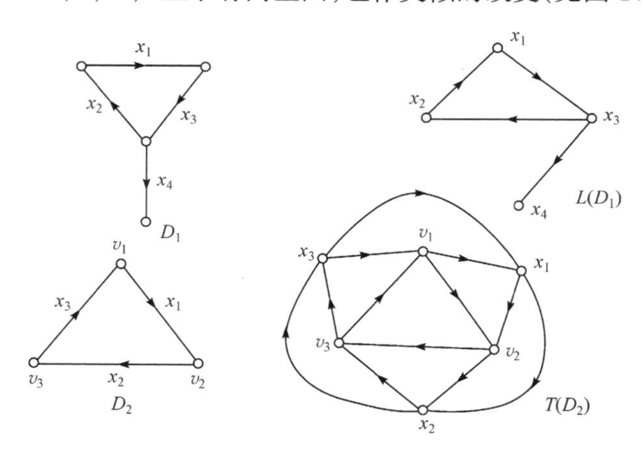

图1.4.2

在 1.1 节中,我们已经引入了图的关联矩阵的概念.

设 n 阶图 G 的邻接矩阵为 $A(G)$,关联矩阵为 B,又 $C=\mathrm{diag}(\rho_1,\rho_2,\cdots,\rho_n)$,$\rho_i$ 是图 G 的顶点 v_i 的度.由定理 1.1.1,及一些简单的计算,我们可以直接得到下列引理.

引理 1.4.1 记 G 的线图为 $L(G)$,G 是 n 阶和带有 q 边的图(简称为 (n,q) 图),则

(1) $A(G)=BB^{\mathrm{T}}-C$;

(2) $A(L(G))=B^{\mathrm{T}}B-2I_q$;

(3) $\chi_{B^{\mathrm{T}}B}(\lambda)=\lambda^{q-n}\chi_{BB^{\mathrm{T}}}(\lambda)$ 且 $B^{\mathrm{T}}B$ 的特征值非负($n\leqslant q$).

上述的(2)可以直接从线图的定义得出.因为当 $i\neq j$ 时,若 G 的边 e_i 和 e_j 有公共顶点,则 $A(L(G))$ 的 (i,j) 位置元是 1,否则,是零.而易见,$B^{\mathrm{T}}B-2I_q$ 的 (i,j) 位置元也有同样的 0,1 关系.

由引理 1.4.1,可得到下面的性质.

定理 1.4.2 若 λ 是线图 $L(G)$ 的特征值,则 $\lambda\geqslant-2$,若 G 的边数 $q>$ 顶点数 n,则 $\lambda=-2$ 是 $L(G)$ 的一个特征值.

证 对称矩阵 $B^{\mathrm{T}}B$ 是半正定的,因此,它的特征值非负.设 X 是 $A(L(G))$ 的一个对应于特征值 λ 的特征向量,由引理 1.4.1 的(2)可得

$$B^{\mathrm{T}}BX=(2+\lambda)X.$$

于是 $\lambda\geqslant-2$.若 G 的边数 $q>$ 顶点数 n,则 $B^{\mathrm{T}}B$ 是奇异的,0 是 $B^{\mathrm{T}}B$ 的一个特征值,即 -2 是 $L(G)$ 的一个特征值.证毕.

若 G 是一个 $k-$正则图,它的边数 $q=\frac{1}{2}nk$,G 的线图 $L(G)$ 是 $2(k-1)$ 正则图.下列定理,刻画了正则图 G 和它的线图 $L(G)$ 的特征多项式之间的关系.

定理 1.4.3(Sachs[29]) 设 G 是 n 阶 k 正则图,则

$$\chi_{L(G)}(\lambda)=(\lambda+2)^{q-n}\chi_G(\lambda+2-k).$$

证 定义两个 $n+q$ 阶的块矩阵

$$U=\begin{pmatrix}\lambda I_n & -B\\ 0 & I_q\end{pmatrix}_{n+q},\quad V=\begin{pmatrix}I_n & B\\ B^{\mathrm{T}} & \lambda I_q\end{pmatrix}_{n+q},$$

$$UV=\begin{pmatrix}\lambda I_n-BB^{\mathrm{T}} & 0\\ B^{\mathrm{T}} & \lambda I_q\end{pmatrix},$$

$$VU=\begin{pmatrix}\lambda I_n & 0\\ \lambda B^{\mathrm{T}} & \lambda I_q-B^{\mathrm{T}}B\end{pmatrix},$$

$$\det UV = \det VU,$$

$$\lambda^q \det(\lambda I_n - BB^{\mathrm{T}}) = \lambda^n \det(\lambda I_q - B^{\mathrm{T}}B),$$

$$\begin{aligned}\chi_{L(G)}(\lambda) &= \det(\lambda I_q - A_L) \quad (\text{定义}) \\ &= \det((\lambda+2)I_q - B^{\mathrm{T}}B) \quad (\text{引理 } 1.4.1) \\ &= (\lambda+2)^{q-n}\det((\lambda+2)I_n - BB^{\mathrm{T}}) \\ &= (\lambda+2)^{q-n}\det((\lambda+2-k)I_n - A) \\ &\quad (\text{引理 } 1.4.1, k\text{- 正则图 } C = kI_n) \\ &= (\lambda+2)^{q-n}\chi_G(\lambda+2-k),\end{aligned}$$

这里 $q=\frac{1}{2}nk$. 证毕.

由定理 1.4.3,我们知道:若

$$\operatorname{spec} G = \begin{pmatrix} k & \lambda_1 & \lambda_2 & \cdots & \lambda_s \\ 1 & m_1 & m_2 & \cdots & m_s \end{pmatrix},$$

则

$$\operatorname{spec} L(G) = \begin{pmatrix} 2k-2 & k-2+\lambda_1 & \cdots & k-2+\lambda_s & -2 \\ 1 & m_1 & \cdots & m_s & q-n \end{pmatrix}.$$

例如

$$\operatorname{spec} K_n = \begin{pmatrix} n-1 & -1 \\ 1 & n-1 \end{pmatrix},$$

$$\operatorname{spec} L(K_n) = \begin{pmatrix} 2n-4 & n-4 & -2 \\ 1 & n-1 & \frac{1}{2}n(n-3) \end{pmatrix}.$$

$L(K_n)$称为三角型图 $T(n)$(triangular graph),它有$\frac{1}{2}n(n-1)$个顶点,每条边都落在一个三角形上.

用图 G 和它的线图$L(G)$特征多项式之间的关系,我们还可以研究正则整线图的存在性.最近,我们证明了[9]:恰好存在着 16 个连通 4-正则整线图.

对于全图,Cvetkovic 得到了下述结果.

定理 1.4.4(Cvetkovic[4])　设 G 是k 正则图,若 λ_i 是 $\chi_G(\lambda)$的根,则对于 G 的全图 $T(G)$,有

$$\chi_{T(G)}(\lambda) = (\lambda+2)^{q-n}\prod_{i=1}^{n}(\lambda^2 - (2\lambda_i + k - 2)\lambda + \lambda_i^2 + (k-3)\lambda_i - k).$$

读者可类似线图的方法,给出上述定理的证明(习题 1.24).

由上述定理,我们知道,$T(G)$有(对 $k>1$)$q-n$ 重特征值 -2,且有下列 $2n$ 个特征值:

$$\frac{1}{2}(2\lambda_i + k - 2 \pm \sqrt{4\lambda_i + k^2 + 4}), \quad i = 1,\cdots,n.$$

直到 1978 年,A. J. Schwenk 和 R. J. Wilson 在他们的综述文章 On the Eigenvalues of a Graph 中[30],还把类似于上述的 D 和 $L(D)$ 的特征多项式之间的关系列为尚未解决的问题之一.

20 世纪 80 年代,中国学者成功地解决了这一问题. 更一般地,我们考虑可含环及重边的有向伪图 $D(V,X)$,$|V|=n$,$|X|=m$. 邻接方阵 $A=A(D)$,$A_L=A(L(D))$. 定义 D 的 $n\times m$ 阶出关联矩阵 B_0 及入关联矩阵 B_I 如下:

$$B_0 = (b_{ij}^0), \quad B_I = (b_{ij}^l),$$

其中

$$b_{ij}^0 = \begin{cases} 1, & \text{弧 } x_j \text{ 是顶点 } v_i \text{ 的出弧}, \\ 0, & \text{其余}; \end{cases}$$

$$b_{ij}^l = \begin{cases} 1, & \text{弧 } x_j \text{ 是顶点 } v_i \text{ 的入弧}, \\ 0, & \text{其余}. \end{cases}$$

引理 1.4.5

$$A(D) = B_0 B_I^{\mathrm{T}},$$
$$A_L = B_I^{\mathrm{T}} B_0.$$

定理 1.4.6(林国宁,张福基[31])

$$\chi_{L(D)}(\lambda) = \lambda^{m-n}\chi_D(\lambda).$$

证 构造

$$U = \begin{pmatrix} \lambda I_n & -B_0 \\ 0 & I_m \end{pmatrix}, \quad W = \begin{pmatrix} I_n & B_0 \\ B_I^{\mathrm{T}} & \lambda I_m \end{pmatrix},$$

$$UW = \begin{pmatrix} \lambda I_n - B_0 B_I^{\mathrm{T}} & 0 \\ B_I^{\mathrm{T}} & \lambda I_m \end{pmatrix},$$

$$WU = \begin{pmatrix} \lambda I_n & 0 \\ \lambda B_I^{\mathrm{T}} & \lambda I_m - B_I^{\mathrm{T}} B_0 \end{pmatrix}.$$

因 $\det UW = \det WU$,故

$$\lambda^m \det(\lambda I_n - B_0 B_I^{\mathrm{T}}) = \lambda^n \det(\lambda I_m - B_I^{\mathrm{T}} B_0).$$

于是

$$\begin{aligned}\chi_{L(D)}(\lambda) &= \det(\lambda I_m - A_L) = \det(\lambda I_m - B_I^{\mathrm{T}}B_0) \\ &= \lambda^{m-n}\det(\lambda I_n - B_0B_I^{\mathrm{T}}) = \lambda^{m-n}\det(\lambda I_n - A) \\ &= \lambda^{m-n}\chi_D(\lambda).\end{aligned}$$

证毕.

由上述证明,我们可以看到,$\chi_{B_0B_I^{\mathrm{T}}}(\lambda)=\lambda^{n-m}\chi_{B_I^{\mathrm{T}}B_0}(\lambda)$,并且有下列两个有趣的推论.

推论 1.4.7　顶点数和弧数相等的有向伪图和它的线图同谱.

推论 1.4.8　对任意 $n\geqslant 4$,存在 n 阶的弱连通同谱有向图对(非同构的).

证　图 1.4.3 对(D_1,D_2)符合要求

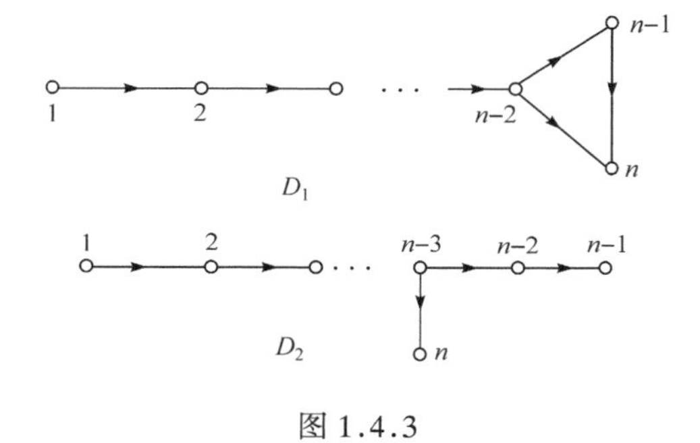

图 1.4.3

因 $D_2\cong L(D_1)$且 D_1 的顶点数与弧数相等,由推论 1.4.7,D_1,D_2 同谱.

对于有向全图 $T(D)$,我们也可得到类似结果.记 $T(D)$的邻接矩阵为 A_T,则由定义

$$A_T = \begin{pmatrix} A & B_0 \\ B_I^{\mathrm{T}} & A_L \end{pmatrix},$$

用引理 1.4.5,我们可以证明如下定理.

定理 1.4.9

$$\chi_{T(D)}(\lambda) = \lambda^{m-n}\det((\lambda I_n - A)^2 - A).$$

证

$$\begin{aligned}\chi_{T(D)}(\lambda) &= \begin{vmatrix} \lambda I_n - A & -B_0 \\ -B_I^{\mathrm{T}} & \lambda I_m - A_L \end{vmatrix} = \begin{vmatrix} \lambda I_n - B_0B_I^{\mathrm{T}} & -B_0 \\ -B_I^{\mathrm{T}} & \lambda I_m - B_I^{\mathrm{T}}B_0 \end{vmatrix} \\ &= \begin{vmatrix} -\lambda I_n - B_0B_I^{\mathrm{T}} & -B_0 \\ -B_I^{\mathrm{T}} - B_I^{\mathrm{T}}(\lambda I_n - B_0B_I^{\mathrm{T}}) & \lambda I_m \end{vmatrix}\end{aligned}$$

$$
= \begin{vmatrix} \lambda I_n - B_0 B_I^{\mathrm{T}} + \dfrac{B_0}{\lambda}[-(1+\lambda) I_n B_I^{\mathrm{T}} + B_I^{\mathrm{T}} B_0 B_I^{\mathrm{T}}] & 0 \\ -(1+\lambda I_n) B_I^{\mathrm{T}} + B_I^{\mathrm{T}} B_0 B_I^{\mathrm{T}} & \lambda I_m \end{vmatrix}
$$

$$
= \lambda^{m-n} \det(\lambda^2 I_n - \lambda B_0 B_I^{\mathrm{T}} - (1+\lambda) I_n B_0 B_I^{\mathrm{T}} + B_0 B_I^{\mathrm{T}} B_0 B_I^{\mathrm{T}})
$$

$$
= \lambda^{m-n} \det(\lambda^2 I_n - \lambda A - (1+\lambda) I_n A + A^2)
$$

$$
= \lambda^{m-n} \det((\lambda I_n - A)^2 - A).
$$

证毕.

由定理1.4.9,如果

$$
\operatorname{spec} D = \begin{pmatrix} \lambda_1 & \lambda_2 & \cdots & \lambda_s \\ m_1 & m_2 & \cdots & m_s \end{pmatrix},
$$

则

$$
\operatorname{spec} T(D) = \begin{pmatrix} 0 & \lambda_1 + \sqrt{\lambda_1} & \lambda_1 - \sqrt{\lambda_1} & \cdots & \lambda_s + \sqrt{\lambda_s} & \lambda_s - \sqrt{\lambda_s} \\ m-n & m_1 & m_1 & \cdots & m_s & m_s \end{pmatrix}
$$

因为对于 A 的 n 个特征值 $\lambda^{(1)}, \lambda^{(2)}, \cdots, \lambda^{(n)}$. 由定理1.4.9,

$$
\chi_{T(D)}(\lambda) = \lambda^{m-n} \prod_{i=1}^{n} ((\lambda - \lambda^{(i)})^2 - \lambda^{(i)})
$$

$$
= \lambda^{m-n} \prod_{i=1}^{n} (\lambda - \lambda^{(i)} + \sqrt{\lambda^{(i)}})(\lambda - \lambda^{(i)} - \sqrt{\lambda^{(i)}}).
$$

与简单图不同,有向图的特征值不一定是实数,即使 D 的特征值是实数,$T(D)$ 的特征值也不一定是实数. 一般来说,若 D 的特征值是 s 个相异的负实数,则 $T(D)$ 的特征值是 s 对共轭复数;若 D 的特征值 λ_i 是正实数,$T(D)$ 对应的特征值亦是实数,且 $\lambda_i \pm \sqrt{\lambda_i} = \left(\sqrt{\lambda_i} \pm \dfrac{1}{2}\right)^2 - \dfrac{1}{4} \geqslant -\dfrac{1}{4}$.

近年来,由于对图谱的研究,线图的概念被进一步拓广. 在定理1.4.2中,所有线图的特征值 λ 都满足 $\lambda \geqslant -2$ 的条件. 当然,这一性质并非线图的充分条件. 1970年,Hoffman[32]引进一类称为广义线图(generalized line graph)的图,它满足 $\lambda \geqslant -2$ 的条件.

在习题1.6中,我们已经介绍过鸡尾酒会图. 它是由完全图 K_{2k} 删去 k 条两两不相邻的边所得的图,我们记它为 $CP(k)$. 特别地,当 $k=0$ 时,约定它为空图(即无顶点的图).

设 G 的顶点集为 $\{1,2,\cdots,n\}$. 一个广义线图 $L(G, k_1, k_2, \cdots, k_n)$ 是一个阶数为 $n+2(k_1+k_2+\cdots+k_n)$ 的图,它的构造如下:一个线图 $L(G)$ 和 n 个不交

的鸡尾酒会图$CP(k_1),CP(k_2),\cdots,CP(k_n)$. 设 x 是$L(G)$中表示 G 中边$\{i,j\}$的点,则把 x 与$CP(k_i),CP(k_j)$的每一点连线. 显见,当 $k_1=k_2=\cdots=k_n=0$ 时,广义线图是 $L(G)$,当 $n=1,k_1=n$ 时,广义线图是鸡尾酒会图 $CP(n)$.

Hoffman 已经证明[32,33]:

(1) 若 λ 是广义线图的特征值,则 $\lambda\geqslant-2$;

(2) 若 G 是一个阶数大于 36 且它的特征值满足 $\lambda\geqslant-2$ 的连通图,则 G 是一个广义线图;

(3) 若 G 是一个阶数大于 28 且特征值 $\lambda\geqslant-2$ 的正则连通图,则 G 或是一个线图,或是一个鸡尾酒会图.

关于广义线图的研究,近年来也是一个相当活跃的课题. 它涉及实根系(real root system)的概念. 有兴趣的读者可参见文献[5].

1.5　同　谱　图

一个图能够被它的邻接矩阵唯一地决定,可是,却不能被它的谱所唯一地确定.

例如,星图 $K_{1,4}$和 $K_1\cup C_4$,它们都有相同的特征多项式$(\lambda^2-4)\lambda^3$. 显然,这两个图是不同构的.

有相同特征多项式的两个不同构的图称为同谱图,对于有向图,同谱图是大量存在的(见推论 1.4.7).

对于简单图 G,上述的两个同谱图是阶数最小的同谱图,易见,这后一图是不连通的. 如果增加连通性,最小同谱图的阶数是 6,例如(见图 1.5.1),

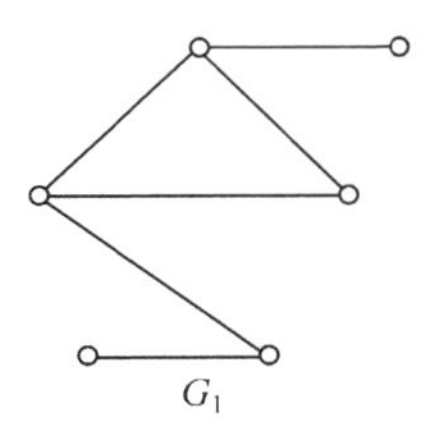

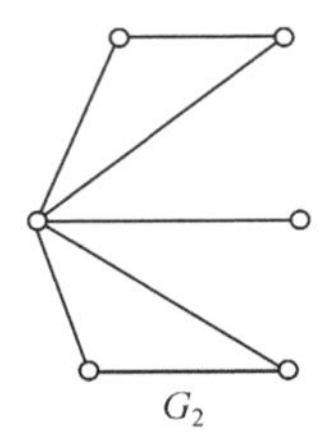

图 1.5.1

$$\chi_{G_1}(\lambda)=\chi_{G_2}(\lambda)=\lambda^6-7\lambda^4-4\lambda^3-7\lambda^2+4\lambda-1,\quad 但\ G_1\ncong G_2.$$

G_1 和 G_2 分别由 4 块和 3 块组成. 已经知道[5]:最小的同谱块有 7 阶,而最小的同谱树有 8 阶(见图 1.5.2).

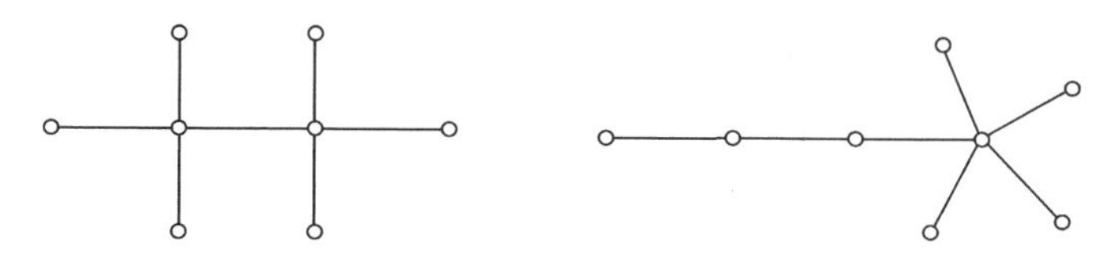

图 1.5.2

Hoffman[34]构造了阶数为 16 的正则二部图. 而最小的同谱正则图(10 阶)也被构造出来了.

下列定理考虑构造一整类同谱图.

定理 1.5.1(Mowshowitz[35]) 对任何正整数 k,存在 k 个连通且正则的同谱图.

证 设 H_1 和 H_2 是两个已知的正则同谱图. 对 $0\leqslant i\leqslant k-1$,令 G_i 是 i 个 H_1 和 $k-i-1$ 个 H_2 的并的补图,显然 $G_0,G_1,\cdots,G_{k-1}$是连通且正则的.

对于一个 ρ- 正则图 G,注意到 G 与 $\overline{G}$ 有相同的特征向量. 我们可以得出关系

$$\chi_{\overline{G}}(\lambda)=(-1)^n\left(\frac{\lambda+\rho+1-n}{\lambda+\rho+1}\right)\chi_G(-\lambda-1).$$

注意到图的谱是各连通支的谱的并,故 $G_0,G_1,\cdots,G_{k-1}$同谱. 证毕.

为了构造出同谱图,Schwenk[36]引进一个"同谱有根"的概念.

设图 G_1 有根点 r_1, G_2 有根点 r_2, G_1 和 G_2 被称为同谱有根的,如果 $\chi_{G_1}(\lambda)=\chi_{G_2}(\lambda)$且 $\chi_{G_1-r_1}(\lambda)=\chi_{G_2-r_2}(\lambda)$.

上述的 G_1 与 G_2 可以是不同构的图,也可以是同构的图,但 r_1,r_2 是不同的根点.

可以证明,如果 G_1,G_2 是同谱有根的,则取一个根图 H(根点 r),把 G_1 与 H 在 r_1 与 r 处粘合,把 G_2 与 H 在 r_2 与 r 处粘合. 两个所得的图仍是同谱的. 这就为我们构造同谱图提供了一个有效的方法.

可是如何判断两个图 G_1 与 G_2 是同谱有根呢? 下面定理给出了一个充要条件.

设 G_1 有正交特征向量 $X_1,\cdots,X_n$, G_2 有正交特征向量 $Y_1,\cdots,Y_n$(若特征根有重根,则要正交化). 若 $\chi_{G_1}(\lambda)=\chi_{G_2}(\lambda)$, $A_1X_i=\lambda_iX_i$, $A_2Y_i=\lambda_iY_i$ 对所有 i 成立. 单位向量 $e_1=(1,0,\cdots,0)$表两个图的根点,则有如下定理.

定理 1.5.2(Herndon, Ellzey[37]) 若 $\chi_{G_1}(\lambda)=\chi_{G_2}(\lambda)$, G_1 和 G_2 是同谱有根的当且仅当$(e_1\cdot X_i)^2=(e_1\cdot Y_i)^2$, $i=1,2,\cdots,n$.

证　回溯到内插定理(定理1.3.7)的证明. 可见:μ 是 G_1-r_1 的特征值当且仅当 μ 满足

$$\sum_{i=1}^{n}\frac{(e_1\cdot X_i)^2}{\mu-\lambda_i}=0.$$

类似地,μ 是 G_2-r_2 的特征值当且仅当 μ 满足

$$\sum_{i=1}^{n}\frac{(e_1\cdot Y_1)^2}{\mu-\lambda_i}=0.$$

这便导出:若 $(e_1\cdot X_i)^2=(e_1\cdot Y_i)^2,\ i=1,2,\cdots,n,\ \chi_{G_1-r_1}(\lambda)=\chi_{G_2-r_2}(\lambda)$(即上述两和有同样根).

反之,若上述两个和有同样的根,即由结构 $\prod_{i=1}^{n}(\mu-\lambda_i)$ 乘两式给出的两个 $n-1$ 次多项式有同根. 于是,这两个多项式的一个是另一个的倍数. 但每个多项式的首项系数

$$\sum_{i=1}^{n}(e_1\cdot X_i)^2=e_1\cdot e_1=1=\sum_{i=1}^{n}(e_1\cdot Y_i)^2,$$

即多项式是恒等的. 在两个多项式中,令 $\mu=\lambda_i,i=1,2,\cdots,n$,便得 $(e_1\cdot X_i)^2=(e_1\cdot Y_i)^2$. 证毕.

近年来,对同谱图的结构的研究有较大的进展. 总的来说,构造同谱图类有两个主要的方法.

其一是"割和粘"的方法. 即移去一"块"图,换上一"块"新的图(也可能是同构的图),使得前后的谱不变,但新的图与旧的图不同构.

其二是"积"的方法. 作图的积(如某种张量积),而积的谱仅依赖于各因子的谱. 于是,一个因子(图)被同谱图代替,产生的积图与原来的图同谱但不同构.

我们看看形成同谱图的一个二部图结构. 设图 G_1,G_2,二部图 B,B 的两部分独立顶点集 $V(B)=R\cup S$,其中 $R\cap S=\varnothing$,$|R|=r$,$|S|=s$. $S_1\subset V(G_1)$,$S_2\subset V(G_2)$. 我们构造一个图 $B(G_1,S_1,G_2,S_2)$ 如下:取 r 个 G_1 的拷贝(copy)和 s 个 G_2 的拷贝,分别对应于 B 的两部分顶点. S_1 的每个顶点与 S_2 的所有顶点有边相联,当且仅当在 B 中,S_1 和 S_2 所在拷贝的对应点是相邻点.

下面,就是这种二部图结构同谱性的一个结果.

定理1.5.3(A. J. Schwenk, W. C. Herndon, M. L. Ellzey, JR.[38])　若满足下列两个条件之一:

(1) $r=s$;

(2) G_1 和 G_2 是同谱.

则 $B(G_1,S_1,G_2,S_2)$和 $B(G_2,S_2,G_1,S_1)$同谱.

证 设 $\lambda_1,\lambda_2,\cdots,\lambda_n$ 是 n 阶图 G 的特征值. G 的邻接矩阵为 A. 令 $M_k=\sum_{i=1}^{n}\lambda_i^k$. 特征值$\{\lambda_1,\cdots,\lambda_n\}$确定 M_k. 而值$\{M_1,\cdots,M_n\}$也确定特征值. 又 $M_k=\mathrm{tr}A^k$,它等于 G 中长为 k 的闭途径的总数. 于是,两个图同谱当且仅当它们当中给定长度的闭途径之间能建立起一一对应.

当满足定理的条件(1)时,我们可以这样建立起这个对应:在 $B(G_1,S_1,G_2,S_2)$中完全在一个 G_i 中的闭途径对应于$B(G_2,S_2,G_1,S_1)$中同样的闭途径(因$r=s$). 而上述第一个图中一条通过几个 G_i 的闭途径可以看作是用B 中的边把G_1 和 G_2 的途径分隔开来的交错序列,于是,在第二个图中的对应的闭途径也可由原来的 G_i 中的路得到.

当满足定理的条件(2)时,因 G_1 和 G_2 是同谱的,故 G_1 的一条闭途径对应于 G_2 的一条闭途径. 于是,我们可以有一个对于全在 G_i 中的闭途径之间的对应. 而对于通过几个 G_i 的闭途径,其结构相同. 证毕.

当然,上述证明并不排斥 $B(G_1,S_1,G_2,S_2)$和 $B(G_2,S_2,G_1,S_1)$同构的可能性.

对于 G_1 是正则图的情形,我们有如下定理.

定理 1.5.4(A. J. Schwenk, W. C. Herndon, M. L. Ellzey, JR.[4]) 若 G_1 是正则图且$|V(G_1)|=2|S_1|$,则 $B(G_1,S_1,G_2,S_2)$和 $B(G_1,V(G_1)\setminus S_1,G_2,S_2)$是同谱的.

证 由 G_1 的正则性及$|S_1|=\frac{1}{2}|V(G_1)|$,$G_1$ 中始点及终点均在 S_1 的途径数必等于始点、终点均在 $V(G_1)\setminus S_1$ 中的途径数. 于是,它们之间可以建立起一个一一对应. 我们可以对 G_1 中始、终点均在 S_1 的途径的每一部分,均用始、终点都在 $V(G_1)\setminus S_1$ 的对应途径来代替,并且移动从 S_1 到 S_2 的一边的一个端点,使得它连接这条新途径. 于是便建立起长为 k 的闭途径之间的一个对应. 证毕.

另一个熟知的构造同谱图的方法是,利用图 G 顶点集的子集的点之间的邻接关系,构造与 G 同谱的图. 设 $S_1\subset V(G)$. 记 $S_2=V(G)\setminus S_1$,构作图 G',使 $V(G')=V(G)$,对于 $i,j\in V(G')$. 若 i,j 同属于S_1 或 S_2,则 i 与j 在G'中相邻当且仅当它们在 G 中相邻. 若 i,j 分别属于S_1 和 S_2,则 i 与j 在G'中相邻当且仅当它们在 G 中不相邻. 如果 G 和G'都是正则图,且每点有同样的度,则 G 和G'是同谱图. 这一方法称为 Seidel 转换法.

最后,我们介绍 C. Godsil 和 B. Mckay 关于构作同谱图的几种新方法.事实上,这是 Seidel 转换的一个推广,称为局部转换法(local switching).

设 $\pi=(S_1,S_2,\cdots,S_k,S)$ 是 G 的顶点集 $V(G)$ 的一个分划.对于每对 i, $j\in\{1,2,\cdots,k\}$,每个点 $v_i\in S_i$ 与同样数量的顶点 $v_j\in S_j$ 相连,又每个点 $v\in S$ 与 S_j 的顶点相连只能有三种可能:(i) v 和 S_j 的全部点相连;(ii) v 与 S_j 的一半点相连;(iii) v 不与 S_j 的点相连.若这样的图记为 G,在 G 中,把与 S_j 中一半顶点相连的点 $v\in S$,换成使 v 与 S_j 的另一半顶点相连,则所成的图记为 G^π,于是,有下列定理.

定理 1.5.5(C. Godsil, B. Mckay[38])　若 G^π 是由图 G 用局部变换方法得到的图,则 G 和 G^π 同谱,它们的补也同谱.

证　设 J 和 j 分别是全 1 矩阵和向量,定义

$$Q_m = \frac{2}{m}J_m - I_m,$$

容易验证

$$Q_m^2 = I_m.$$

若 X 有常数的行和列和,则

$$Q_m X Q_n = X.$$

又设 x 是带有 m 个 1 和 m 个 0 的 $2m$ 维 0,1 向量,则

$$Q_{2m}x = j_{2m} - x.$$

令 $Q=\mathrm{diag}(Q_{n_1},Q_{n_2},\cdots,Q_{n_k},I)$,$A$ 是 G 的邻接矩阵(它的行和列按分划来排序).于是,不难得到 QAQ^{-1}是 G^π 的邻接矩阵.故 G 与 G^π 同谱.

对于图 $\overline{G}$,也有同样的结论.证毕.

事实上,定理 1.5.4 是定理 1.5.5 的特例,只须在定理 1.5.5 中,令 $\pi=(S_1,\cdots,S_r,S)$中,S_i 是图 G_1 的拷贝,S 是 s 个 G_2 的并,就得定理 1.5.4 的结论.

下面列举一些利用张量积构作同谱图的定理.

定理 1.5.6(C. Godsil, B. Mckay[38])　若 G_1 和 G_2 是同谱图,X 和 H 是同阶方阵,则 $H\otimes I+X\otimes G_1$ 和 $H\otimes I+X\otimes G_2$ 同谱.

定理 1.5.7(C. Godsil, B. Mckay[38])　若 G_1 和 G_2 是同谱且它们的补亦同谱,C,D,E 和 F 是同阶方阵,则 $C\otimes I+D\otimes J+E\otimes G_1+F\otimes\overline{G}_1$ 和 $C\otimes I+D\otimes J+E\otimes G_2+F\otimes\overline{G}_2$ 同谱.

上面,我们叙述了一些同谱图构作的重要结果.在同谱图的研究中,下列两

个问题仍然是关键而困难的问题,即(1)如何判断两个图是否同谱,(2)哪些图类可由它的谱所唯一确定.目前,我们仅能通过代数的方法,而很难从图的组合结构上去判定它.而上述的两个问题,后者比前者的难度更大,目前知道的是:几乎所有的树不能由它的谱所唯一确定,而路、完全图、完全二部图、圈、完全图的不交并、路的不交并,可以由它们的谱所唯一确定[39].

1.6 (0,1)矩阵的谱半径

上面,我们主要论述了简单图的谱,用邻接矩阵的观点来看,我们仅仅考虑了迹为零的对称(0,1)矩阵的谱,而对一般(0,1)矩阵的谱的估值自然引起人们的注意.

对一般的矩阵 B,它的谱半径 $\rho(B)$ 被定义为 B 的所有特征值绝对值的最大者.为了研究(0,1)矩阵的谱的范围,主要应对它的谱半径的界作估计,即所谓最大谱半径和最小谱半径问题.

对(0,1)矩阵谱半径的界的研究始于最近 10 年,它主要集中于对 1 的个数有一定限制的对称(0,1)阵(迹不一定为零)和一般(0,1)阵两个方面的工作.

按照非负矩阵的经典 Perron-Frobenius 理论[22]下列的结论是熟知的,对 n 阶(0,1)方阵 B,有如下性质.

性质 1 $\rho(B)$是 B 的一个特征值且有与之对应的非负特征向量 u.若伴随有向图 $D(B)$是强连通的,u 是正向量.($D(B)$是强连通图,称 B 是不可约矩阵)(见 2.3 节).

性质 2 设 B 的行和是$r_1, r_2, \cdots, r_n$,则

$$\min\{r_1, \cdots, r_n\} \leqslant \rho(B) \leqslant \max\{r_1, \cdots, r_n\}$$

(若 $D(B)$强连通且 $r_1, \cdots, r_n$ 不全相等,则不等式严格成立).

性质 3 设 Z 是一个正向量.若 $BZ \geqslant rZ$(或 $BZ \leqslant rZ$),则 $\rho(B) \geqslant r$(或 $\rho(B) \leqslant r$).当且仅当 $D(B)$是强连通且 $BZ = rZ$ 时有 $\rho(B) = r$.

性质 4 设 $B \leqslant C$,则 $\rho(B) \leqslant \rho(C)$.当 $D(C)$是强连通且 $B \neq C$ 时,特征值不等式严格成立.

由上述性质 1.6.1 的结论,1.3 节中所述的,图 G 的谱半径是最大特征值 λ_1.这与本节中更一般的定义是一致的.

我们考察具有一定数量 1 的对称(0,1)矩阵的最大谱半径问题.

先考察以简单图为背景的迹为零的(0,1)对称矩阵.

记 $\varphi(n, e)$是所有迹为零且主对角线上方有 e 个 1 的 n 阶对称(0,1)矩阵

的集合. $\varphi^*(n,e)=\{A=(a_{ij})\in\varphi(n,e)\mid$,若 $i<j$ 且 $a_{ij}=1$,则对于所有 $k<l$,其中$k\leqslant i,l\leqslant j$,有 $a_{kl}=1\}$.

例如,矩阵

$$\begin{pmatrix}0&1&1&1&1\\1&0&1&1&0\\1&1&0&1&0\\1&1&1&0&0\\1&0&0&0&0\end{pmatrix}$$

属于 $\varphi^*(5,7)$.

显然 $e\leqslant\binom{n}{2}$. 我们讨论 $A\in\varphi(n,e)$的 $\rho(A)$,即估计具有 e 边的简单图的谱半径. 记

$$f(n,e)=\max\{\rho(A):A\in\varphi(n,e)\},$$
$$f^*(n,e)=\max\{\rho(A):A\in\varphi^*(n,e)\}.$$

定理 1.6.5(Brualdi, Hoffman[40])　设 $A\in\varphi(n,e)$,则

$$\rho(A)\leqslant f^*(n,e).$$

等式成立,仅当存在一个置换矩阵 P,使得 $PAP^{\mathrm{T}}\in\varphi^*(n,e)$. 特别地,

$$f^*(n,e)=f(n,e).$$

证　设 $A=(a_{ij})\in\varphi(n,e)$,有 $\rho(A)=f(n,e)$,由性质 1.6.1, $\rho(A)$是 A 的一个特征值且有非负特征向量 $X=(x_1,\cdots,x_n)^{\mathrm{T}}$ 使得 $X^{\mathrm{T}}X=1$. 因对矩阵的行和列作同样调换不改变它的特征值,我们可以设 $x_1\geqslant x_2\geqslant\cdots\geqslant x_n\geqslant 0$.

若 $A\notin\varphi^*(n,e)$. 先设存在整数 p 和 q, $p<q$,使得 $a_{pq}=0$ 且 $a_{p,q+1}=1$.

设 $B=(b_{ij})$是由 A 调换元素 a_{pq}和 $a_{p,q+1}$, a_{qp}和 $a_{q+1,p}$所得到的矩阵,则

$$X^{\mathrm{T}}BX-X^{\mathrm{T}}AX=2x_p(x_q-x_{q+1})\geqslant 0,$$

因为 A 是对称矩阵,故 $\rho(B)\geqslant\rho(A)$. 若 $x_p(x_q-x_{q+1})\neq 0$, $\rho(B)>\rho(A)$,因为$\rho(A)=f(n,e)$,我们有 $x_p(x_q-x_{q+1})=0$.

若 $x_p\neq 0$,则 $x_q=x_{q+1}$且 $X^{\mathrm{T}}BX=\rho(A)$. 因此 $BX=\rho(A)X$. 但

$$(BX)_q=(AX)_q+X_p>(AX)_q,$$

矛盾.

于是,必有 $x_p=0$,因而对于某个整数 $s\leqslant p-1$,有 $x_s>0=x_{s+1}=\cdots=x_n$. 因为 $\rho(A)=f(n,e)$,故 A 的左上角的一个 $s\times s$ 的主子矩阵 A'除了对角元之外均为 1,且 $\rho(A)=\rho(A')$. 但由非负矩阵理论知, $f(n,e)\geqslant\rho(A'')>\rho(A')$,这里

$$A''=\left(\begin{array}{cccc|c} & & & & 1\\ & & A & & 0\\ & & & & \vdots\\ & & & & 0\\ \hline 1 & 0 & \cdots & 0 & 0\end{array}\right).$$

又得矛盾!

现在,设存在整数 p 和 q, $p+1<q$,使得 $a_{pq}=0$ 且 $a_{p+1,q}=1$. 记 B 是由 A 调换元 a_{pq} 和 $a_{p+1,q}$, a_{qp} 和 $a_{q,p+1}$,于是

$$X^{\mathrm{T}}BX - X^{\mathrm{T}}AX = 2(x_p - x_{p+1})x_q.$$

如上所述,可得

$$BX = \rho(A)X \quad 和 \quad (x_p - x_{p+1})x_q = 0.$$

若 $x_p=x_{p+1}$,则

$$\rho(A)x_p = (BX)_p = (AX)_p + x_q = \rho(A)x_p + x_q.$$

于是,我们有 $x_q=0$ 且 $x_q=\cdots=x_n=0$. 又得如上类似的矛盾. 证毕.

为叙述方便,我们记完全图 K_k 的邻接阵为 J_k^0,即主对角线元是 0,其余元是 1 的 k 阶方阵. 我们知道 J_k^0 的谱是 $\begin{pmatrix}-1 & k-1\\ k-1 & 1\end{pmatrix}$(见 1.2 节).

下面定理,给出了具有某些特定边数的简单图的最大谱半径.

定理 1.6.6(Brualdi, Hoffman[40]) 设 k 是一个正整数且 $e=\binom{k}{2}$,则

$$f(n,e) = k-1.$$

同时,对 $A\in\varphi(n,e)$, $\rho(A)=k-1$ 当且仅当 A 置换相似于下列形式的矩阵

$$\begin{pmatrix}J_k^0 & 0\\ 0 & 0\end{pmatrix}. \tag{1.6.1}$$

证 设 $A\in\varphi^*(n,e)$. 由定理 1.6.5,只须证 $\rho(A)\leqslant k-1$,且 $\rho(A)=k-1$ 导出 A 置换相似于形如(1.6.1)的矩阵.

对 $A=(a_{ij})$,设

$$a_{12} = \cdots = a_{r-1,r} = a_{r,r+1} = 1,$$

且 $a_{r+1,r+2}=0$. 因 $A\in\varphi^*(n,e)$, A 有下列分块形式

$$\begin{pmatrix}J_r^0 & A_1\\ A_1^{\mathrm{T}} & 0\end{pmatrix}, \tag{1.6.2}$$

这里 A_1 的第1列全1,且 $r\leqslant k-1$.

设 U 是一个使 J_r^0 对角化的正交矩阵.令 $V=U\dotplus I_{n-r}$.容易算得

$$B=VAV^{\mathrm{T}}=\left(\begin{array}{cccc|c} r-1 & & & & \\ & -1 & & 0 & \\ & & \ddots & & B_1 \\ & 0 & & -1 & \\ \hline & & B_1^{\mathrm{T}} & & 0 \end{array}\right),\quad B_1=UA_1.$$

把 B 的主对角线的 -1 换成0,得到矩阵 C.则对每个非零向量 X,$X^{\mathrm{T}}BX\leqslant X^{\mathrm{T}}CX$ 并且 $\rho(B)\leqslant\rho(C)$.

又在 C 中,把所有 B_1,B_1^{T} 中的元换成绝对值,得到的矩阵记为 $D=(d_{ij})$,由非负矩阵理论知 $\rho(C)\leqslant\rho(D)$.因 D 是非负阵,它有一个对应于 $\rho(D)$ 的非负特征向量 $X=(x_1,\cdots,x_n)^{\mathrm{T}}$.我们可以取 $X^{\mathrm{T}}X=1$.对于 $i=r+1,\cdots,n$,令 α_i 是D 中第 i 列的长,显然,它也是 B 中第 i 列的长(即第 i 列1的个数的算术平方根),于是,设

$$E=\left(\begin{array}{cccc|ccc} r-1 & & & & \alpha_{r+1} & \cdots & \alpha_n \\ & 0 & & & & & \\ & & \ddots & & & 0 & \\ & & & 0 & & & \\ \hline \alpha_{r+1} & & & & & & \\ \vdots & & 0 & & & 0 & \\ \alpha_n & & & & & & \end{array}\right)$$

我们将证明 $\rho(D)\leqslant\rho(E)$.令

$$Y=(\sqrt{x_1^2+\cdots+x_r^2},0,\cdots,0,x_{r+1},\cdots,x_n)^{\mathrm{T}},$$

则 $Y^{\mathrm{T}}Y=X^{\mathrm{T}}X=1$,且

$$\begin{aligned} X^{\mathrm{T}}DX &= (r-1)x_1^2+2\sum_{j=r+1}^{n}\sum_{i=1}^{r}x_id_{ij}x_j \\ &= (r-1)x_1^2+2\sum_{j=r+1}^{n}x_j\Big(\sum_{i=1}^{r}x_id_{ij}\Big) \end{aligned}$$

$$\leqslant (r-1)x_1^2 + 2\sum_{j=r+1}^{n} x_j\left(\sqrt{\sum_{i=1}^{r} x_i^2}\sqrt{\sum_{i=1}^{r} d_{ij}^2}\right)$$

$$\leqslant (r-1)x_1^2 + 2\sum_{j=r+1}^{n} x_j\sqrt{\sum_{i=1}^{r} x_i^2\alpha_j}$$

$$\leqslant (r-1)\sum_{i=1}^{r} x_i^2 + 2\sum_{j=r+1}^{n} x_j\sqrt{\sum_{i=1}^{r} x_i^2\alpha_j}$$

$$= Y^{\mathrm{T}}EY,$$

便得 $\rho(D)\leqslant\rho(E)$. 因而 $\rho(A)\leqslant\rho(E)$.

现在计算 $\rho(E)$. 由 E 知,$\rho(E)$等于下列方程的最大根

$$x^2-(r-1)x-\sum_{i=r+1}^{n}\alpha_i^2=0. \tag{1.6.3}$$

因 U 是一个正交矩阵,D 中的第 $r+1,\cdots,n$ 列的长,即 A_1 中相应列的长. 但因 A_1 恰有 $e-\binom{r}{2}$个 1. 它的列的长的平方和是 $e-\binom{r}{2}$. 于是方程(1.6.3)变成

$$x^2-(r-1)x-\left[e-\binom{r}{2}\right]=0.$$

且

$$\rho(E)=\frac{r-1+\sqrt{2k^2-r^2-2k+1}}{2},$$

易证 $\rho(E)\leqslant k-1$. 等号成立当且仅当 $k-r=(k-r)^2$. 于是 $\rho(A)\leqslant k-1$. 设 $\rho(A)=k-1$,则 $\rho(E)=k-1$. 又因 $r\leqslant k-1$,我们有 $r=k-1$. 因 $e=\binom{k}{2}$,(1.6.2)可以被重新分块为(1.6.1)形式. 证毕.

对于 $e=\binom{k}{2}+s$, $s<k$ 的情形. S. Friedland[41]证明了下列定理.

定理 1.6.7(Friedland[41]) 设 $e=\binom{k}{2}+s$, $s<k$,则对于任意 $A\in\varphi(n,e)$,

$$\rho(A)\leqslant\frac{k-1+[(k-1)^2+4s]^{1/2}}{2}.$$

显然,当 $s=0$ 时,定理 1.6.7 就是定理 1.6.6.

特别地,有下列定理.

定理 1.6.8(Friedland[41]) 设 $e=\binom{k}{2}+k-1$, $k\geqslant 2$,则对任意 $A\in\varphi(n,e)$,

$$\rho(A) \leqslant \frac{k-2+(k^2+4k-4)^{1/2}}{2},$$

等式成立当且仅当 A 置换相似于 n 阶矩阵 $H_{k+1}^0 + 0$,其中

$$H_{k+1}^0 = \left(\begin{array}{ccc|cc} & & & 1 & 1 \\ & J_{k-1}^0 & & \vdots & \vdots \\ & & & 1 & 1 \\ \hline 1 & \cdots & 1 & & \\ 1 & \cdots & 1 & \multicolumn{2}{c}{0} \end{array}\right).$$

1988年,P. Rowlinson 证明了 Brualdi 和 Hoffman 在文献[40]中提出的如下猜想.

定理 1.6.9(Rowlinson[42])　对 $A \in \varphi(n,e)$, $e = \binom{k}{2} + s$, $s < k$,具有最大谱半径的 n 阶图 $G(A)$ 是这样构造的:由一个点向一个 k 阶完全图 K_k 中的 s 个点连线,其余的 $n-k-1$ 个点是孤立点.

对于一般的 $A \in \varphi(n,e)$. Stanley 曾给出 $\rho(A)$ 的界.

定理 1.6.10(Stanley[43])　$A \in \varphi(n,e)$,

$$\rho(A) \leqslant \frac{-1+\sqrt{1+8e}}{2}.$$

等号成立当且仅当 $e = \binom{k}{2}$ 且 A 置换相似于(1.6.1)形式的矩阵.

为了更广泛地研究图的谱半径,我们考察 $\varphi(n,e)$ 中的一个特殊类. $M^* = \begin{pmatrix} 0 & M \\ M^{\mathrm{T}} & 0 \end{pmatrix}$,这里 $M = (m_{ij})$ 是一个 n 阶迹为 0 的(0,1)阵, r_i, s_i 分别表它的第 i 行之和,第 i 列之和, $i = 1,2,\cdots,n$,如果 $r_i = s_i = r$, $i = 1,2,\cdots,n$,则有向图 $D(M)$ 称为 r-正则.

定理 1.6.11(沈建,柳柏濂,Gregory[44])　对矩阵 M^*,设 $r = \min\limits_{1 \leqslant i \leqslant n} r_i$, $S = \max\limits_{1 \leqslant i \leqslant n} s_i$, $m = \sum\limits_{1 \leqslant i \leqslant n} r_i$ 且 $-k = \min\limits_{1 \leqslant i \leqslant n}(r_i - s_i)$. 如果 $r \geqslant 0$,则

$$\rho(M^*) \leqslant \sqrt{m - r(n-1) + (r-1)S + k}. \tag{1.6.4}$$

如果 M^* 有一个对应于它的谱半径的特征向量,则等号成立当且仅当 $D(M)$ 或

者是 r-正则有向图,或者是 $K_{1,n-1}$.

证 设 $\rho(M^*)=\rho$,且对某个非零向量$\begin{pmatrix}\boldsymbol{x}\\ \boldsymbol{y}\end{pmatrix}$,有 $M^*\begin{pmatrix}\boldsymbol{x}\\ \boldsymbol{y}\end{pmatrix}=\rho\begin{pmatrix}\boldsymbol{x}\\ \boldsymbol{y}\end{pmatrix}$.则

$$M\boldsymbol{y} = \rho\boldsymbol{x}. \tag{1.6.5}$$

令 $\boldsymbol{x}=(x_1\cdots x_i\cdots x_n)^{\mathrm{T}}$ 且 $\boldsymbol{y}=(y_1\cdots y_i\cdots y_n)^{\mathrm{T}}$. 因 $\rho>0$,由习题 1.27,可设 $\sum\limits_{1\leqslant i\leqslant n} x_i^2 = \sum\limits_{1\leqslant i\leqslant n} y_i^2 = 1$. 由(1.6.5)和 Cauchy-Schwarz 不等式,对每一个 $i=1,2,\cdots,n$,

$$\rho^2 x_i^2 = \Big(\sum_i m_{ij}y_j\Big)^2 = \Big(\sum_{j:m_{ij}\neq 0} m_{ij}y_j\Big)^2 \leqslant \sum_{j:m_{ij}\neq 0} m_{ij}^2 \sum_{j:m_{ij}\neq 0} y_j^2$$
$$= r_i\Big(1-\sum_{j:m_{ij}=0} y_j^2\Big).$$

对 i 求和,得

$$\rho^2 = \sum_i \rho^2 x_i^2 \leqslant \sum_i r_i\Big(1-\sum_{j:m_{ij}=0} y_j^2\Big)$$
$$= m - \sum_i r_i \sum_{j:m_{ij}=0} y_j^2 . \tag{1.6.6}$$

又

$$\sum_i \sum_{j:m_{ij}=0} y_j^2 = \sum_i r_i y_i^2 + \sum_i r_i \sum_{j:j\neq i,m_{ij}=0} y_j^2$$
$$\geqslant \sum_i r_i y_i^2 + r\sum_i \sum_{j:j\neq i,m_{ij}=0} y_j^2$$
$$= \sum_i r_i y_i^2 + r\sum_i (n-1-s_i)y_i^2$$
$$= \sum_i (r_i - s_i)y_i^2 - (r-1)\sum_i s_i y_i^2 + r(n-1)$$
$$\geqslant -k\sum_i y_i^2 - (r-1)S\sum_i y_i^2 + r(n-1)$$
$$= -k-(r-1)S + r(n-1).$$

于是,由(1.6.6),

$$\rho \leqslant \sqrt{m - r(n-1) + (r-1)S + k}.$$

要等式成立,上述推导中所有等式均应成立.事实上,对每一个 $i=1,2,\cdots,n$,

$$r_i \sum_{j:j\neq i,m_{ij}=0} y_j^2 = r\sum_{j:j\neq i,m_{ij}=0} y_j^2,$$
$$(r_i - s_i)y_i^2 = -ky_i^2,$$

且

$$(r-1)s_iy_i^2=(r-1)Sy_i^2.$$

设 $y_i>0$,则 $r_i-s_i=-k$,$(r-1)s_i=(r-1)S$,且 r_i 等于 r 或 $n-1$.因 $\sum_i r_i=\sum_i s_i$,我们有 $r_i=s_i$, $i=1,2,\cdots,n$.故 $D(M)$是 r-正则有向图或星 $K_{1,n-1}$.反之,若 $D(M)$是上述两类图,则易见

$$\rho=\sqrt{m-r(n-1)+(r-1)S+k}.$$

证毕.

作为定理 1.6.11 的推论,我们可得一系列结果(见习题 1.28,1.29).

推论 1.6.12(柳柏濂[45])　设 M 是迹为 0 的 n 阶(0,1)阵,$r=\min\limits_{1\leqslant i\leqslant n}r_i$, $S=\max\limits_{1\leqslant i\leqslant n}s_i$, $m=\sum\limits_{1\leqslant i\leqslant n}r_i$, $-k=\min\limits_{1\leqslant i\leqslant n}(r_i-s_i)$.若 $r\geqslant 1$,则

$$\rho(M)\leqslant\sqrt{m-r(n-1)+(r-1)S+k}.$$

若 M 是不可约阵,则等式成立当且仅当 $D(M)$是 r-正则有向图或星 $K_{1,n-1}$.

推论 1.6.13(洪渊[46])　设 M 是迹为 0 的 n 阶不可约(0,1)阵,$r_i=s_i$, $i=1,2,\cdots,n$,记 $m=\sum\limits_{1\leqslant i\leqslant n}r_i$,则

$$\rho(M)\leqslant\sqrt{m-n+1},$$

等式成立当且仅当 $D(M)$是完全图 K_n 或星 $K_{1,n-1}$.

推论 1.6.14(曹大松[47],柳柏濂[45])　设 G 是一个 n 阶有 e 边的简单连通图,则

$$\rho(G)\leqslant\sqrt{2e-r(n-1)+(r-1)S},$$

等式成立当且仅当 G 是星 $K_{1,n-1}$或正则图.

推论 1.6.15(洪渊[46])　设 G 是 n 阶有 e 边的连通简单图,则

$$\rho(G)\leqslant\sqrt{2e-n+1},$$

等式成立当且仅当 G 是完全图 K_n 或星 $K_{1,n-1}$.

对于简单图 G 的 $\rho(G)$,最近有比推论 1.6.15 更精确的估值.

定理 1.6.16(洪渊,束金龙,方坤夫[48])　设 G 是 n 阶,e 边的简单图.$\delta=\delta(G)$是 G 中顶点的最小度,则

$$\rho(G)\leqslant\frac{\delta-1+\sqrt{(\delta+1)^2+4(2e-\delta n)}}{2},$$

等式成立当且仅当 G 是一个正则图或顶点度仅是 δ 或 $n-1$ 的图.

显见,因 $\delta\geqslant 1$,由上述定理可导出推论 1.6.15.

下面定理将讨论二部图的谱半径,因此,不必在 M^* 中假设 M 是方阵和 $\mathrm{tr}(M)=0$.

定理 1.6.17(沈建,柳柏濂,Gregory[44]) 设 M 是一个 $a\times b$ 矩阵, $r=\min\limits_{1\leqslant i\leqslant a} r_i, R=\max\limits_{1\leqslant i\leqslant a} r_i, s=\min\limits_{1\leqslant i\leqslant b} s_i, S=\max\limits_{1\leqslant i\leqslant b} s_i, m=\sum\limits_{1\leqslant i\leqslant a} r_i$. 则

$$\rho(M^*)\leqslant\begin{cases}\sqrt{m-ar+Sr},\\ \sqrt{m-bs+Rs},\\ \sqrt{m-\dfrac{ar+bs}{2}+\dfrac{Sr+Rs}{2}}.\end{cases}$$

若 M^* 有一个正特征向量,则上述谱半径达到上界当且仅当 $r=R, s=S$(于是, $ar=bs$).

证 我们仅证明第一个不等式,第二式可在 M^* 中用 M 代替 M^t 证得,而第三式可用前面两个式的结果.我们沿用定理 1.6.11 的记号.由(1.6.6)式,

$$\rho^2\leqslant m-\sum_i r_i\sum_{j:m_{ij}=0}y_j^2\leqslant m-r\sum_i\sum_{j:m_{ij}=0}y_j^2$$
$$=m-r\sum_i(a-S)\sum_i y_i=m-ar+Sr.$$

若等式成立且对所有 $i, y_i>0$,则 $r>1$.这就得 $r=R, s=S$.反之,若 $r=R, s=S$ 和 $ar=bs$,则易知

$$M^*\begin{pmatrix}x\\ y\end{pmatrix}=\sqrt{rs}\begin{pmatrix}x\\ y\end{pmatrix},$$

这里 $x_i=\sqrt{b}, y_i=\sqrt{a}, 1\leqslant i\leqslant a, 1\leqslant j\leqslant b$.于是 $\rho=\sqrt{rs}=\sqrt{m-ar+Sr}$.证毕.

对于简单平面图和外可平面图,有如下定理.

定理 1.6.18(Ellingham, Zha[49]) 设 G 是 n 阶简单连通平面图,

$$\rho(G)\leqslant 2+\sqrt{2n-6}.$$

定理 1.6.19(曹大松,Andrew Vince[50]) 设 G 是 n 阶外可平面图,

$$\rho(G)\leqslant 1+\sqrt{2+\sqrt{2}}+\sqrt{n-5}.$$

近年来,对图的 Laplace 矩阵的谱半径的估值成为活跃的课题,有兴趣的读者可参见文献[51].

现在,我们考虑一般的(0,1)矩阵.设 $\mu(n,d)$是恰有 d 个 1 的 n 阶(0,1)矩阵的集合, $\mu^*(n,d)$是 $\mu(n,d)$中的这样的矩阵所成的子集合,它的每一行的 1 都在 0 的左边,每一列的 1 都在 0 的上面.又记

$$g(n,d)=\max\{\rho(A):A\in\mu(n,d)\},$$

$$g^*(n,d) = \max\{\rho(A): A \in \mu^*(n,d)\}.$$

平行于对称的情形,Schwarz 已证明了与定理 1.6.5 相应的结论.

定理 1.6.20(Schwarz[52])　$g(n,d)=g^*(n,d)$.

在对称(0,1)阵的情形,达到最大谱半径的矩阵必属于 $\varphi^*(n,e)$,然而,对非对称(0,1)矩阵,这一结论不成立.例如 $\mu(3,7)$,它的最大谱半径是 $1+\sqrt{2}$,但下列 3 个矩阵的谱半径均可达到 $1+\sqrt{2}$.

$$\begin{pmatrix}1&1&1\\1&1&1\\1&0&0\end{pmatrix},\quad\begin{pmatrix}1&1&1\\1&1&0\\1&0&1\end{pmatrix},\quad\begin{pmatrix}1&1&1\\1&0&1\\1&1&0\end{pmatrix}.$$

显然,它们不全属于 $\mu^*(3,7)$.

迄今,$g(n,d)$尚未完全确定.Brualdi 和 Hoffman[40]证明了一些特殊结果.

定理 1.6.21(Brualdi, Hoffman[40])　设 k 是正整数,则 $g(n,k^2)=k$.同时,对 $A\in\mu(n,k^2)$,$\rho(A)=k$ 当且仅当A 置换相似于$\begin{pmatrix}J_k&0\\0&0\end{pmatrix}$.

定理 1.6.22(Brualdi, Hoffman[40])　设 k 是正整数,则 $g(n,k^2+1)=k$,同时,对 $A\in\mu(n,k^2+1)$,$\rho(A)=k$ 当且仅当A 置换相似于

$$\begin{pmatrix}J_k&*\\ *&*\end{pmatrix}\quad(\text{在 } * \text{ 处恰有一个 } 1), \tag{1.6.7}$$

或

$$\left(\begin{array}{ccc|c}1&1&1&\\1&0&0&0\\1&0&0&\\\hline &0&&0\end{array}\right)\quad(k=2),$$

$$\left(\begin{array}{cc|c}0&1&0\\1&0&\\\hline \multicolumn{2}{c|}{0}&0\end{array}\right)\quad(k=1). \tag{1.6.8}$$

对定理 1.6.21,运用矩阵论的关于特征值的 Schur 不等式[40]不难证明.这里,我们叙述较复杂的定理 1.6.22 的证明.设矩阵 Z 按降序排列的特征值为 $\lambda_1(Z),\cdots,\lambda_n(Z)$.先建立如下引理.

引理 1.6.23　设 A 是一个 n 阶矩阵,B 是A 的一个至少有 3 行的子矩阵.

则

$$\rho(A) \leqslant \sqrt{\operatorname{tr}(AA^{\mathrm{T}}) - \lambda_2(BB^{\mathrm{T}}) - \lambda_3(BB^{\mathrm{T}})}.$$

引理 1.6.23 的证明留作习题,下面我们给出定理 1.6.22 的证明.

定理 1.6.22 的证明 显见, $g(n, k^2+1) \geqslant k$. 因如果 A 有矩阵形式(1.6.7)和(1.6.8),则 $\rho(A)=k$.

设 $A \in \mu(n, k^2+1)$. 仅需证明 $\rho(A) \leqslant k$. 由定理 1.6.20,我们可设 $A \in \mu^*(n, k^2+1)$,且 A 的行和有至少 3 个不同的非零值. 若 A 不包括 4 个非零列,且这些列中至多两列有同样的和,则除去 0 行 0 列,

$$A = \begin{pmatrix} 1 & 1 & 1 \\ 1 & 1 & 0 \\ 1 & 0 & 0 \end{pmatrix}.$$

因 $6 \neq k^2+1$, A 包含 4 列,至多两列有相同和,选择 4 个这样的列,我们可以得到形如下面的子矩阵 B

$$\begin{pmatrix} 1 & 1 & 1 & 1 \\ 1 & 1 & 1 & 0 \\ 1 & 1 & 0 & 0 \end{pmatrix}, \quad \begin{pmatrix} 1 & 1 & 1 & 1 \\ 1 & 1 & 1 & 0 \\ 1 & 0 & 0 & 0 \end{pmatrix}, \quad \begin{pmatrix} 1 & 1 & 1 & 1 \\ 1 & 1 & 0 & 0 \\ 1 & 0 & 0 & 0 \end{pmatrix}. \tag{1.6.9}$$

对于每一个这样的 B,不难证明

$$\lambda_2(BB^{\mathrm{T}}) + \lambda_3(BB^{\mathrm{T}}) > 1.$$

于是,由引理 1.6.23,

$$\rho(A) < \sqrt{(k^2+1)-1} = k.$$

现在,考虑 A 的行和有至多两个不同的非零值的情形,由转置,可设列和有至多两个不同的非零值.

若 A 有主子矩阵等于 J_k,定理成立. 否则由定理 1.6.20, $\rho(A) \leqslant \rho(C)$,其中

$$C = \begin{pmatrix} J & J & J & J \\ J & J & 0 & 0 \\ J & J & 0 & 0 \\ 0 & 0 & 0 & 0 \end{pmatrix} \begin{matrix} a \\ b \\ c \\ d \end{matrix}, \tag{1.6.10}$$
$$\qquad\quad \begin{matrix} a & b & c & d \end{matrix}$$

这里应满足

$$(a+b)^2 + 2ac + bc + ad = k^2+1, \quad a+b \geqslant 1.$$

由简单计算可得

$$\rho(C) = \frac{a + b + \sqrt{(a + b)^2 + 4ac}}{2},$$

且

$$\rho(C) \leqslant k \quad \Leftrightarrow \quad (a + b)(a + b + c - k) + ad \geqslant 1. \tag{1.6.11}$$

若 $a+b+c<k$,则由(1.6.10)得 $\rho(C)<k$,故可设 $a+b+c\geqslant k$.

先考虑 $a+b+c>k$.由(1.6.11)可见 $\rho(C)\leqslant k$,(1.6.11)等式成立导出

$$a + b = 1, \quad c = k, \quad ad = 0. \tag{1.6.12}$$

于是 $\rho(A)\leqslant k$,等式成立仅当(1.6.12)成立.若(1.6.12)成立,则

$$k^2 + 1 = k + 1 \quad (a = 0, b = 1, c = k),$$

或

$$k^2 + 1 = 2k + 1 \quad (a = 1, b = 0, c = k, d = 0).$$

由此 $k=1$ 或 $k=2$,A 置换相似于矩阵(1.6.8)的形式之一.

若 $a+b+c=k$,则由矩阵(1.6.10),注意到 C 有 k^2+1 个1,得 $ad\geqslant 1$.于是用(1.6.11),可得 $\rho(C)\leqslant k$,等式成立导出 $ad=1$,因此,$\rho(A)\leqslant k$,等式成立仅当 $a=d=1$.假设 $\rho(A)=k$ 和 $a=d=1$,则 $c=0$,且 C 的非零行和从而 A 的非零行和是 $k+1$(一行),k(k 行).因为 $\rho(A)=k$,由非负矩阵的 Perron-Frobenius 理论知:A 必有一个 $p\times p$ 的每行每列带 k 个1的不可约子阵(见2.3节).因为 A 仅有 k^2+1 个1,故 A 或置换相似于形式(1.6.7),或 $k=1$,这时 A 置换相似于(1.6.8)的第二种形式.证毕.

对于 $d=k^2+t$,$t\leqslant 2k$ 的情形,S. Friedland[41]证明了下列的结果.

定理 1.6.24(Friedland[41])　对 $A\in\mu(n,d)$,$d=k^2+t$,$1\leqslant t\leqslant 2k$,有

$$\rho(A) \leqslant \frac{k + \sqrt{k^2 + 2t}}{2}. \tag{1.6.13}$$

等式成立当且仅当 $t=2k$ 且 A 置换相似于 $\begin{pmatrix} E_d & 0 \\ 0 & 0 \end{pmatrix}$,其中

$$E_d = \left(\begin{array}{cc|c} & & 1 \\ & J_k & \vdots \\ & & 1 \\ \hline 1 & 1\cdots 1 & 0 \end{array}\right) \begin{array}{l} \left.\vphantom{\begin{array}{c}1\\ \vdots\\ 1\end{array}}\right\}\left[\dfrac{t}{2}\right] \\ \\ \end{array}.$$

定理 1.6.25(Friedland[41])　对 $A\in\mu(n,d)$,$d=k^2+2k-3$,$k>1$,有

$$\rho(A) \leqslant \frac{k - 1 + (k^2 + 6k - 7)^{1/2}}{2}.$$

当 $k>2$,上述等式成立当且仅当 A 置换相似于 $\begin{pmatrix} H_{k+1} & 0 \\ 0 & 0 \end{pmatrix}$,其中

$$H_{k+1}=\left(\begin{array}{ccc|cc} & & & 1 & 1 \\ & J_{k-1} & & \vdots & \vdots \\ & & & 1 & 1 \\ \hline 1 & \cdots & 1 & & \\ & & & & 0 \\ 1 & \cdots & 1 & & \end{array}\right).$$

对于一般情形的最大谱半径,Friedland[41]曾提出下列猜想:设

$$e=\binom{k}{2}+s,\quad 1\leqslant s<k,$$

$$d=k^2+t,\quad 1\leqslant t\leqslant 2k,$$

则存在 $n\times n$ 阶矩阵 $A\in\varphi(n,e)$, $B\in\mu(n,d)$,使 $\rho(A)=f(n,e)$, $\rho(B)=g(n,d)$. 若 B 是对称矩阵,则 A 可以用 0 代替 B 中的对角元 1 得到.

现在,我们讨论(0,1)矩阵谱半径的下界. 为了研究方便,我们通常用 n 阶(0,1)矩阵中所含 0 的个数而不是 1 的个数来分类. 设 $\bar{\mu}(n,\tau)$是恰有 τ 个 0 的 n 阶(0,1)矩阵的集合, $\bar{\mu}^*(n,\tau)$是 $\bar{\mu}(n,\tau)$中的这样的矩阵所成的子集合,在它的每一行中,1 必在 0 的左边,而每一列中 1 必在 0 的下边. 又记

$$\bar{g}(n,\tau)=\min\{\rho(A):A\in\bar{\mu}(n,\tau)\},$$

$$\bar{g}^*(n,\tau)=\min\{\rho(A):A\in\bar{\mu}^*(n,\tau)\}.$$

由 Schwarz 的一个经典结果[52]可知

$$\bar{g}(n,\tau)=\min\{\rho(A):A\in\bar{\mu}^*(n,\tau)\},$$

即 $\bar{\mu}(n,\tau)$中矩阵的最小谱半径必在 $\bar{\mu}^*(n,\tau)$中的矩阵取得.

显见

$$\bar{g}(n,\tau)=0,\qquad \text{当 } \tau\geqslant\binom{n+1}{2}.$$

$$\bar{g}(n,\tau)=1,\qquad \text{当 } \binom{n}{2}\leqslant\tau<\binom{n+1}{2}.$$

因此,剩下的问题是研究 $\tau<\binom{n}{2}$时, $\bar{g}(n,\tau)$的值.

1987 年,Brualdi 和 Solheid[53]研究了 $0\leqslant\tau\leqslant\lfloor n^2/4\rfloor$的情形. 他们引用了 B.

Schwarz 的一个结果.

定理 1.6.26(Schwarz[52]) 设 $A\in\bar{\mu}(n,\tau)$. 则对于某个置换阵 Q,存在一系列矩阵 $A_0=Q^{\mathrm{T}}AQ,A_1,A_2,\cdots,A_s=B$,使得

(1) $B\in\bar{\mu}^*(n,\tau)$;

(2) A_{i+1}是由 A_i 调换某一行紧邻的(0,1)或某一列紧邻的$(1,0)^{\mathrm{T}}$ 而得到$(i=0,1,\cdots,s-1)$;

(3) $\rho(A)\geqslant\rho(A_i)\geqslant\rho(B)(i=1,\cdots,s-1)$.

按上述(2)的方法,我们可以把矩阵的 0 移向每行右边和每列的上边.

运用这一结果,Brualdi 和 Solheid 证明了下列定理.

定理 1.6.27(Brualdi, Solheid[53]) 设 τ 是整数,$0\leqslant\tau\leqslant\lfloor n^2/4\rfloor$,则

$$g(n,\tau)=\frac{1}{2}(n+\sqrt{n^2-4\tau}). \tag{1.6.14}$$

同时,对 $A\in\bar{\mu}(n,\tau)$,$\rho(A)=\bar{g}(n,\tau)$当且仅当 A 置换相似于

$$\begin{pmatrix} J_k & C \\ J_{lk} & J_l \end{pmatrix}, \tag{1.6.15}$$

这里,k,l 是非负整数,$k+l=n$,$J_{l,k}$表示$l\times k$ 的全 1 矩阵,$J_k=J_{k,k}$.

下面,我们采用李庆[54](1990)对上述定理的一个简化证明.

证 设 $A=(a_{ij})\in\bar{\mu}^*(n,\tau)$且 τ_i 表A 中第 i 行的 0 的个数,则 $\tau_1\geqslant\tau_2\geqslant\cdots\geqslant\tau_n$ 且 $\sum\limits_{i=1}^{n}\tau_i=\tau$.

又设 $X=(x_1,x_2,\cdots,x_n)^{\mathrm{T}}$是对应于$\rho(A)$的一个特征向量,$\sum\limits_{i=1}^{n}x_i=1$. 因 $\rho(A)X=AX$,故

$$\begin{aligned}\rho(A)x_i&=x_1+x_2+\cdots+x_{n-\tau_i}\\&=1-\sum_{j=n-\tau_i+1}^{n}x_j\qquad(i=1,2,\cdots,n).\end{aligned}$$

则 $0\leqslant x_1\leqslant x_2\leqslant\cdots\leqslant x_n$ 且

$$\sum_{j=n-\tau_i+1}^{n}x_j\leqslant\tau_ix_n\quad(i=1,2,\cdots,n), \tag{1.6.16}$$

$$\rho(A)x_n\leqslant 1. \tag{1.6.17}$$

同时

$$\rho(A)x_i=1-\sum_{j=n-\tau_i+1}^{n}x_j\geqslant 1-\tau_ix_n.$$

对 i 求和得

$$\rho(A) \geqslant n - \sum_{i=1}^{n} \tau_i x_n = n - \tau x_n.$$

因为 $\rho(A)>0$,便得

$$[\rho(A)]^2 \geqslant n\rho(A) - \tau\rho(A)x_n \geqslant n\rho(A) - \tau,$$

$$[\rho(A)]^2 - n\rho(A) + \tau \geqslant 0,$$

$$\rho(A) \geqslant \frac{1}{2}(n + \sqrt{n^2 - 4\tau}). \tag{1.6.18}$$

要(1.6.18)成为等式当且仅当(1.6.16)和(1.6.17)均是等式,这时,由(1.6.16),可得

$$\sum_{j=n-\tau_i+1}^{n} x_j = \tau_i x_n.$$

由此得 $x_{n-\tau_i+1} = x_{n-\tau_i+2} = \cdots = x_n$. 同时

$$\rho(A)x_{n-\tau_1+1} = \rho(A)x_{n-\tau_1+2} = \cdots = \rho(A)x_n$$

$$= x_1 + x_2 + \cdots + x_n,$$

且

$$\tau_{n-\tau_1+1} = \tau_{n-\tau_1+2} = \cdots = \tau_n = 0,$$

于是 A 有形式(1.6.15),这里 $k = n - \tau_1$ 和 $l = \tau_1$. 反之,若存在非负整数 k 和 l, $k + l = n$ 使得 $A \in \bar{\mu}^*(n,\tau)$ 有形式(1.6.15), $x_{k+1} = x_{k+2} = \cdots = x_n$ 且 $k \leqslant n - \tau_1 \leqslant n - \tau_2 \leqslant \cdots \leqslant n - \tau_n$,可推导出,(1.6.16)和(1.6.17)的等式成立. 于是,对 $A \in \bar{\mu}^*(n,\tau)$,(1.6.18)成立. 若有等式当且仅当存在非负整数 k 和 l, $k + l = n$. 若 A 有形式(1.6.15),这便得(1.6.14)式.

现在,只须证明:若 $A \in \bar{\mu}(n,\tau) \setminus \bar{\mu}^*(n,\tau)$ 且 A 不置换相似于形式(1.6.15),则 $\rho(A) > \bar{g}(n,\tau)$.

考察这样的一个矩阵 A,并令 $A_0 = Q^{\mathrm{T}}AQ, A_1, \cdots, A_s = B$ 是满足定理 1.6.25 的矩阵. 于是 $\rho(A) = \rho(Q^{\mathrm{T}}AQ) \geqslant \rho(A_i) \geqslant \rho(B)$, $i = 1, 2, \cdots, s-1$. 因 $B \in \bar{\mu}^*(n,\tau)$,若 B 无形式(1.6.15),则由上述叙述知 $\rho(B) > \bar{g}(n,\tau)$,因而 $\rho(A) > \bar{g}(n,\tau)$. 于是可知,存在一个整数 j 使得 $F = A_{j+1}$ 有形式(1.6.15)且 $k = r$,但 $E = A_j$ 对任何的 k 都无形式(1.6.15). F 可从 E 用调换某一行中紧邻的(0,1)和某一列紧邻的$(1,0)^{\mathrm{T}}$ 而得到. 这两种方法是类似的,我们仅考虑后者. 于是

$$E = \begin{pmatrix} J_r & C' \\ J_{n-r,r} & D \end{pmatrix}, \quad F = \begin{pmatrix} J_r & C \\ J_{n-r,r} & J_{n-r} \end{pmatrix},$$

这里,对某个 t,$1 \leqslant t \leqslant n-r$,$C$ 中的(r,t)位置的 0 用 1 来替代便得到 C',而 D 是由 J_{n-r}中$(1,t)$位置的 1 用 0 来替代而得到.

现设 $E=(e_{ij})$及 $X=(x_1,x_2,\cdots,x_n)^{\mathrm{T}}$ 是 E 的对应于特征值 $\rho(E)$的特征向量,其中 $\sum_{i=1}^{n} x_i = 1$. 于是

$$EX = \rho(E)X. \tag{1.6.19}$$

因 E 对任何 k,l 没有形式(1.6.15). 事实上,对 $k=r+1$,C'的第一列包含一个 0. 设 $e_i = 1-e_{i,r+1}$,则 $\sum_{i=1}^{n} e_i > 0$. 因 E 的第$(r+2)$行不包含 0,(1.6.19)的第$(r+1)$个和第$(r+2)$个方程导出 $0 \leqslant x_{r+1} < x_{r+2} = x_{r+3} = \cdots = x_n$. 由(1.6.19)得到

$$\rho(E)x_i = 1 - [(\tau_i - e_i)x_n + e_i x_{r+1}].$$

对 i 求和,得

$$\rho(E) = n - \left(\sum_{i=1}(\tau_i - e_i)x_n + \sum_{i=1}^{n} e_i x_{r+1}\right) > n - \tau x_n.$$

同时

$$[\rho(E)]^2 - n\rho(E) + \tau > 0,$$

于是

$$\rho(E) > \frac{1}{2}\left(n + \sqrt{n^2 - 4\tau}\right) = \bar{g}(n,\tau),$$

则

$$\rho(A) \geqslant \rho(E) > \bar{g}(n,\tau).$$

至此,完成了定理的证明.

对(0,1)矩阵最大和最小谱半径的研究,是近 10 多年才开始的课题,迄今尚未完全解决. 工作的另一个方向是,探索一些特殊类型的(0,1)矩阵的谱半径的估值. R. A. Brualdi 和 E. S. Solheid[55]曾研究过一类称为补无圈矩阵的最大和最小谱半径. 一个 $n \times n$(0,1)矩阵 A,我们把它看成是两部分(行和列)点$\{x_1,\cdots,x_n\}$和$\{y_1,\cdots,y_n\}$的二部图 $G_0(A)$,但 $A=(a_{ij})_{n\times n}$中的 $a_{ij}=0$ 当且仅当 x_i 和 y_j 中有边. 若 $G_0(A)$中无圈,则称 A 为补无圈矩阵(complementary acyclic matrix). 若 $G_0(A)$是一棵树,则 A 称为补树矩阵(complementary tree matrix). 在文献[55]中,Brualdi 和 Solheid 证明了,对 n 阶补无圈(0,1)矩阵 A,$\rho(A) \geqslant n-$

2,并给出等号成立的 A 的特征.对 n 阶补树(0,1)矩阵 A,$\rho(A)\leqslant n-1$,并给出等号成立的 A 的特征.特别地,当 A 是不可约阵,A 的最大谱半径是多项式 $\lambda^3-(n-2)\lambda^2-(n-3)\lambda-1$ 的最大根.

这一章,我们着重从矩阵与图的联系上去描述谱的图论背景.除了上述的基本结论外,还有一些更为深刻的刻画.例如,对于连通图 G,它的点色数 $\chi_{(G)}$ 与特征值 $\lambda_1\geqslant\lambda_2\geqslant\cdots\geqslant\lambda_n$ 之间就有明确的关系 $1-\frac{\lambda_1}{\lambda_n}\leqslant\chi_{(G)}\leqslant 1+\lambda_1$(见文献[21]).至于用矩阵的特征值去描述矩阵的其它组合性质(如本原指数),我们在下面章节中将会陆续叙述.当然,应该指出,图所表现出的很多组合性质用矩阵语言表述是相当困难的.例如,什么样的图 G,它的邻接阵 $A(G)$是非奇异的?也就是说,如何用图 G 的性质来描述$A(G)$的秩和奇异性.

除了作为二部图的一般性质外,树还有什么谱性质?对这一问题,近年来开展了普遍的研究,并得到了某些结果[4].

平面图谱特征[50],竞赛图的谱的性质等,这些都是引人注目而尚未完全解决的问题.

习 题 1

1.1 设 $A=A(K_n)$是 n 阶完全图的邻接矩阵,求证

$$A^k=\left(\frac{(n-1)^k-(-1)^k}{n}\right)J+(-1)^kI.$$

1.2 沿用定理 1.1.1 的符号,证明

$$BB^{\mathrm{T}}=C+A.$$

1.3 证明推论 1.1.4.

1.4 证明推论 1.1.5.

1.5 设 G 是 n 阶 q 边的简单图,$m(\triangle)$是 G 中三角形的个数.求证

$$\chi_G(\lambda)=\lambda^n-q\lambda^{n-2}-2m(\triangle)\lambda^{n-3}+\cdots.$$

1.6 验证下列图的谱,其中 K_n,C_n,P_n 分别是 n 阶完全图,圈和路,$K_{r,s}$是两部分点数分别为 r,s 的完全二部图,$m=2k$,J 是 $m\times m$ 阶全 1 矩阵,B 是 k 个矩阵$\begin{pmatrix}0&1\\1&0\end{pmatrix}$的直和.$J-B-I$ 是鸡尾酒会图的邻接矩阵.

(1) $\operatorname{spec}(K_n)=\begin{pmatrix}-1&n-1\\n-1&1\end{pmatrix}$,

(2) $\operatorname{spec}(K_{r,s})=\begin{pmatrix}0&\sqrt{rs}&-\sqrt{rs}\\r+s-2&1&1\end{pmatrix}$,

(3) $\operatorname{spec}(C_n)=\left\{2\cos\left(\frac{2\pi j}{n}\right),\ j=0,1,\cdots,n-1\right\}$,

(4) $\operatorname{spec}(P_n)=\left\{2\cos\left(\frac{\pi j}{n+1}\right),\ j=1,\cdots,n\right\}$,

(5) $\operatorname{spec}(J-B-I)=\begin{pmatrix}-2 & 0 & m-2\\ k-1 & k & 1\end{pmatrix}$,

(6) $\operatorname{spec}(J-B)=\begin{pmatrix}-1 & 1 & m-1\\ k-1 & k & 1\end{pmatrix}$.

1.7　若 $A(D)$有 s 个不同的特征值,求证 D 含一个长不大于 s 的圈.

1.8　证明引理 1.2.7.

1.9　证明引理 1.2.10.

1.10　记 $O(G_s)$为图 G_s 所生成的长为 8 的闭途径数.求在 1.2 节中所定义的图:P_2, $P_3,P_4,K_{1,3},K_{1,4},G_1,P_5,C_4,G_2,G_3,G_4,G_5,G_6,C_6,G_7$ 的 $O(G_s)$.

1.11　利用习题 1.10 证明引理 1.2.11 的(5).

1.12　设 G 是k 正则图,$A(G)$有特征值 $\lambda_1(G)\geqslant\lambda_2(G)\geqslant\cdots\geqslant\lambda_n(G)$,证明 Laplace 矩阵$Q(G)$的特征值是 $k-\lambda_1,k-\lambda_2,\cdots,k-\lambda_n$.

1.13　证明 K_n 的代数连通度是 n.

1.14　证明定理 1.2.15.

1.15　证明定理 1.2.16 中的 $a(G)\leqslant v(G)$.

1.16　证明推论 1.3.3.

1.17　证明推论 1.3.4.

1.18　设 G 是 n 阶连通图($n\geqslant 2$),它的度序列为 $\rho_1\leqslant\rho_2\cdots\leqslant\rho_n$,证明

(1) $\lambda_1(G)\leqslant\left(\max\limits_{1\leqslant i\leqslant n}\sum\limits_{ij\in E(G)}\rho_j\right)^{\frac{1}{2}}$

(2) (H. S. Wilf[19])设$|E(G)|=q$,证明 $\lambda_1(G)\leqslant\sqrt{\frac{2q(n-1)}{n}}$.

1.19　设 G 是$n(n\geqslant 3)$阶图,v_1 是 G 的 1 度点,且 $v_1v_2\in E(G)$.求证

$$\chi_G(\lambda)=\lambda\chi_{G-v_1}(\lambda)-\chi_{G-\{v_1,v_2\}}(\lambda).$$

1.20　求证

$$2\cos\left(\frac{\pi}{n+1}\right)\leqslant\lambda_1(T_n)\leqslant\sqrt{n-1}.$$

左边等式成立当且仅当 $T_n=P_n$,右边等式成立当且仅当 $T_n=K_{1,n-1}$.

1.21　证明引理 1.3.8 和 1.3.9.

1.22　证明引理 1.3.10.

1.23　证明引理 1.4.1 的(2).

1.24　证明定理 1.4.4.

1.25　证明:n 阶路P_n 是由谱唯一决定的图.

1.26　证明定理 1.6.10.

1.27　如果$\begin{pmatrix}0 & M\\ M^{\mathrm T} & 0\end{pmatrix}\begin{pmatrix}X\\ Y\end{pmatrix}=\lambda\begin{pmatrix}X\\ Y\end{pmatrix}$,$\lambda\neq 0$.求证 $X^{\mathrm T}X=Y^{\mathrm T}Y$.

1.28 按定理 1.6.11 的条件,证明 $\rho(M)\leqslant\rho(M^*)$.

1.29 证明推论 1.6.12.

1.30 设 $A\in\varphi(n,e)$,$G(A)$是连通图,证明 $\sum_{i=2}^{n}\lambda_i^2(G)\geqslant n-1$,等式成立当且仅当 G 是 $K_{1,n-1}$或 K_n.

1.31 设 G 是一个 n 阶图,$\overline{G}$ 是 G 的补图,求证:

$$\rho(G)+\rho(\overline{G})<-\frac{1}{2}+\sqrt{2(n-1)^2+\frac{1}{2}},$$

$$\rho(G)\cdot\rho(\overline{G})<\frac{(n-1)^2}{2}-\frac{1}{4}\sqrt{(n-1)^2+\frac{1}{2}}+\frac{3}{16}.$$

1.32 设 A 是 $n\times n$ 矩阵,B 是 A 的 $r\times r$ 子矩阵,$r\geqslant3$,证明:

$$\rho(A)\leqslant\sqrt{\operatorname{tr}(AA^{\mathrm{T}})-\lambda_2(BB^{\mathrm{T}})-\lambda_3(BB^{\mathrm{T}})}.$$

参 考 文 献

[1] A. J. Hoffman, J. B. Kruskal. Integral boundary points of convex polyhedra. Annals of Math. Studies. Princeton:Princeton University Press, 1956. 223~246

[2] H. Poincaré. Second Complèment à lànalysis situs. Proc. London Math. Soc., 1901, 32: 277~308

[3] P. Camion. Charaterizatin of totally unimodular matries. Proc. Amer, Math. Soc., 1965, 16:1068~1073

[4] D. M. Cvetkovic, M. Doob, H. Sachs. Spectra of graphs. New York: Academic Press, 1980

[5] D. M. Cvetkovic, M. Doob, I. Gutman, A. Torgaser. Recent results in the theory of graph spectra. New York:Academic Press, 1989

[6] Dasong Cao, Hong Yuan. Graphs characterized by the second eigenvalue. J. Graph Theory, 1993, 17:325~331

[7] Bolian Liu, ZhouBo. On the third largest eigenvalue of a graph. Linear Algebra Appl., 2000, 317:193~200

[8] D. Seivanovic. Nonexistence of some 4-regular integral graphs. Univ. Beograd. Publ. Elektroeehn. Fak. Ser. Mat., 1999, 10:81~86

[9] Delong Zhang, Bolian Liu, Shangwang Tan. One the 4-regular graphs. Discrete Math., to appear

[10] H. Sachs. Regular graphs with given grith and restricted circuits. J. London Math. Soc., 1963, 38:423~429

[11] P. Erdös, H. Sachs. Reguläre graphen gegebener taillenweite mit minimaler knotenzahl. Wiss. Z. Univ., 1963, Halle 12:251~257

[12] W. Brown. On the non-existence of a type of regular graphs of girth 5. Canad. J. Math., 1967, 19:644～648
[13] M. Fiedler. Algebraic Connectivity of graphs. Czech. Math. J., 1973, 23:298～305
[14] F. R. K. Chung. Eigenvalues of graphs. Proceeding of the International Congress of Mathematicians. Zürich, Switzerland, 1995, 1333～1342
[15] F. R. K. Chung. Spectra graph theory. American Mathematical Society, Providence, Rhode Island, 1997
[16] O. Perron. Zur theorie der matrizen. Math. Ann., 1907, 64:248～263
[17] G. Frobenius. Über matrizen aus nicht negativen elementen. Sitzber, Akad. Wiss. Berlin, 1912, 456～477
[18] R. S. Varga. Matrix iterative analysis. Engelwood Cliffe: Prentice-Hall, 1962
[19] N. L. Biggs. Algebraic graph theory. Cambridge: Cambridge University Press, 1974
[20] L. Collatz, U. Sinogowitz. Spektren endlicher grafen. Abh. Math. Sem. Univ., Hamburg, 1957, 21:63～77
[21] J. H. Smith. Some properties of the spectrum of a graph, in Combinatorial Structures and their Applications. New York: Gordon and Breach, 1970, 403～406
[22] F. R. Gantmacher. Application of the Theory of Matrices, Vol. II. New York and London: Interscience, 1959
[23] 洪渊. 单圈图谱的上界. 华东师范大学学报(自然科学版),1986, 1:31～34
[24] M. Hofemeister. On the two largest eigenvalues of trees. Linear Algeboa Appl., 1997, 260:43～59
[25] Hong Yuan. The kth largest eigenvalue of a tree. Linear Algebra Appl., 1986, 73:151～155
[26] Shao Jiayu. Bounds on the kth eigenvalues of trees and forests. Linear Algebra Appl., 1991, 149:19～34
[27] 吴小军. 单圈图的特征值的上界. 同济大学学报, 1991, 19:221～226
[28] Jiansheng Chen. Sharp bound of the kth eigenvalue of trees. Discrete Math., 1994, 128: 61～72
[29] H. Sachs, Über Teiler. Faktoren und charakteristische polynome von graphen, II. Wiss, Z. Techn, Hochsch. Ilmenau, 1967, 13:405～412
[30] L. W. Beineke and R. J. Wilson. Selected topics in graph theory. Academic Press, 1978
[31] 林国宁, 张福基. 有向线图的特征多项式和一类同谱有向图. 科学通报, 1983, 22: 1348～1350
[32] A. J. Hoffman. $-1-\sqrt{2}$, in Combinatorial Structures and Their Applications. New York: Gordon and Breach, 1970, 173～176
[33] A. J. Hoffman. On graphs whose least eigenvalue exceeds $-1-\sqrt{2}$. Linear Algebra Appl.,

1997, 16:153～165
[34] A. J. Hoffman. On the polynomial of a graph Amer. Math. Monthly, 1963, 70:30～36
[35] A. Mowshowitz. The group of a graph whose adjacency matrix has all distinct eigenvalues. In:Proof Techniques in Graph Theory (ed. F. Harary). New York: Academic Press, 1969, 109～110
[36] A. J. Schwenk. Almost all trees are cospectral. In:New Directions in the Theory of Graphs (ed. F. Harary). New York: Academic Press, 1973, 275～307
[37] W. C. Herndon, M. L. Ellzey, JR. Isospectrnl graphs and molecules. Tetrahedron, 1975, 31:99～107
[38] C. D. Godsil, B. D. Mckay. Constructing cospectral graphs. Aequat. Math, 1982, 25: 257～268
[39] E. R Van Dam, W. H. Haemers. Which graphs are determined by their spectrum? Linear Algebra Appl., 2003, 373:241～272
[40] R. A. Brualdi and A. J. Hoffman. On the spectral radius of (0,1)-matrices. Linear Algebra Appl., 1985, 65:133～146
[41] S. Friedland. The maximal eigenvalue of 0-1 matrices with prescribed number of 1's, Linear Algebra Appl., 1985, 69:33～69
[42] P. Rowlinson. On the maximal index of graphs with a prescribed number of edges. Linear Algebra Appl., 1988, 110:43～53
[43] R. P. Stanley. A bound on the spectral radius of graphs with a edges. Linear Algebra Appl., 1987, 87:267～269
[44] J. Shen, Bolian Liu, D. Gregory. On the spectral radius of bipartite graphs. to appear.
[45] Bolian Liu. On sharp bounds of the spectral radius of graphs. Univ. Beograd. Publ. Elektrotehn, Fak. 1998, 9:55～59
[46] Hong Yuan. Bound on spectral radius of graphs. Linear Algebra Appl., 1998, 108:135～139
[47] Dasong Cao. Bounds on eigenvalues and chramatic numbers. Linear Algebra Appl., 1998, 270:1～13
[48] Yuan Hong, Jin-Long Shu and Kunfu Fang. A sharp upper bound of the spectral radius of graphs. J. Combinatorial Theory B, 2001, 81:177～183
[49] M. N. Ellingham, Xiaoya Zha. The spectral radius of graphs onsurfaces. J. Combin. Theory B, 2000, 78:45～56
[50] Dasong Cao, Andrew Vince. The spectral radius of a planar graph. Linear Algebra Appl., 1993, 187:251～257
[51] 李炯生，张晓东，潘永亮. 图的 Laplace 特征值. 数学进展,2003, 32(2):157～165
[52] B. Schwarz. Rearrangements of square with non-negative elements. Duke Math. J., 1964,

31:45～62

[53] R. A. Brualdi, E. S. Solheid. On the minimum spectral radius of matrices of zeros and ones. Linear Algebra Appl., 1987, 85:81～100

[54] Li ching. A bound on the spectral radius of matrices of zeros and ones. Linear Algebra Appl., 1990, 132:179～183

[55] R. A. Brualdi, E. S. Solheid. On the spectral radius of complementary acyclic matices of zeros and ones. Linear Algebra Appl., 1986, 7:265～272

第2章 矩阵的组合性质

矩阵的组合性质是指仅与矩阵中零元素的位置有关,而与非零元素数值的大小无关的性质.我们更多地着眼于定性(即位置)而非定量的研究.(0,1)矩阵是这一研究常用的代数模型,而有向图则是它的几何模型.在这一章,我们将用数和图结合的技巧,对矩阵的组合性质作出明确的代数刻画.

2.1 矩阵的置换相抵与置换相似

在矩阵研究中,我们最常采用的是相抵变换和相似变换.当我们要研究矩阵的某一个性质或量时,需要采用使这一性质或量保持不变的某一变换.因此,了解某一变换下的不变量与了解它的定义同样重要,后者是理论的依据,而前者是应用的依据.

让我们归纳一下这些变换的性质.

设矩(方)阵 A,下面按通常的矩阵运算考虑问题.

相抵变换:用可逆矩阵 P,Q,使

$$PAQ = I_r \dotplus 0.$$

它的不变量是秩,不变量全系也是秩.

相似变换:用可逆矩阵(方阵)M,使

$$M^{-1}AM = \text{Jordan 标准形}.$$

它的不变量是秩、特征多项式、特征值、代数和几何重数、初等因子等.它的不变量全系是初等因子.

从上面所述,我们看到,相抵变换比相似变换变得更加“厉害”,它可使原来的 A,经变换后,面目全非,但是,它还保持它的秩不变.也就是说,组成 A 的列(行)向量的最大无关组个数不变,因此,我们求 A 的秩或 A^{-1}(如果存在的话),用相抵变换较简单.而相似变换,就所用的变换矩阵 M 来说,不算太严格,但它作用于 A 的形式有某种对称性,因而保持的性质较多.但是,有时,更多不变的性质也不能保证两个矩阵是相似的.例如

$$A = \begin{pmatrix} 0 & 1 \\ 0 & 0 \end{pmatrix}, \qquad B = \begin{pmatrix} 0 & 0 \\ 0 & 0 \end{pmatrix},$$

A 与 B 有相同的迹,行列式的值,相同的特征多项式,特征值,但 A 与 B 并不相似.事实上,两个矩阵相似的不变量全系是全部初等因子.

对于对称矩阵(方阵)A 来说,我们常用所谓合同变换和正交变换.

与相抵变换一样,合同变换也是一种等价关系,而正交变换是一种特殊的合同变换.

合同变换:用可逆方阵 M,使

$$M^{\mathrm{T}}AM = I_p \dotplus (-I_q) \dotplus 0.$$

它的不变量是 A 的秩、对称性、正定性和其它仿射性质.

正交变换:用正交方阵 $T(T^{\mathrm{T}} = T^{-1})$,使

$$T^{\mathrm{T}}AT = T^{-1}AT = \begin{pmatrix} \lambda_1 & & 0 \\ & \ddots & \\ 0 & & \lambda_n \end{pmatrix}.$$

它的不变量是 A 的秩、对称性、正定性、特征值和其它度量性质.

从 Klein 的变换群观点来看,研究这些变换(群)下的不变量,就构成了不同的几何学.变换群越大,图形(A)的不变量越少,对应的几何对象也少.例如,正交变换群是这些变换群中最小的一个群,它所对应的度量几何也就是通常的欧氏几何.在这种几何中,图形无论怎样变动,都不失它的原貌.

在考虑矩阵的组合性质时,我们经常要用到两种特殊的变换.

其一是把矩阵的行和列重新排序,使矩阵原来的结构特点(如 0,1 的位置)更显著地表现出来.从数学的观点看,即对于一个 $m \times n$ 阶矩阵A,找一个 m 阶置换方阵 P_1 和 n 阶置换方阵P_2,使 A 变成P_1AP_2.这是一种相抵变换.但由于 P_1, P_2 都是置换方阵,我们称 A 与P_1AP_2 置换相抵.

另一种变换通常对方阵 A 而言.我们往往希望把 A 的行重排,而列也按照行的重排规律重排.例如 A 调换了第 i, j 行,相应地也需同时调换 i, j 列.从数学观点看,即对一个 n 阶方阵A,找一个置换方阵 P,使 A 变成 $P^{\mathrm{T}}AP = P^{-1}AP$.这是一种相似变换,但由于 P 是置换方阵,我们称 A 与$P^{-1}AP$ 置换相似.

置换相似是一种保留性质较多的变换.对于两个(0,1)方阵 A 和B 来说,若 A 与B 置换相似,我们几乎可以认为它们没有什么两样.因为它们的伴随有向图是同构的.这事实上也提供了判断两个(0,1)方阵置换相似的一个图论方法.

可惜的是,至今仍未找到一个有效的图论方法判断两个矩阵置换相抵.但是,我们知道,在置换相抵下(显然它的变化比置换相似强烈得多),矩阵也有不少不变量,如行和集、列和集、秩、包含的全零子矩阵(即完全不可分性)等.特别

是下一节,我们将要讨论的是在置换相抵下,矩阵的两个重要组合不变量——项秩和线秩.

2.2 项秩与线秩

如果我们考察非负矩阵的组合性质,如前所述,我们可以转而考察相应的(0,1)矩阵.

设 A 是 $m\times n$ 的(0,1)矩阵,它的一行或一列都称为 A 的一条线.

能盖住 A 中所有元素 1 的最小线数,称为 A 的线秩,记为 λ_A.

A 中两两不在同一条线上的 1 的最大个数,称为 A 的项秩,记为 ρ_A. A 中不在同一条线上的元称为无关元.

这两个概念分别以线为主体和以非零元素 1 为主体刻画 A 的一个重要的组合特性.显然,置换相抵不改变矩阵的线秩和项秩.

事实上,这两个概念是可以合二为一的.我们先证明下列由 Frobenius[1](1912)和 König[2](1915)证明的定理,而它的等价形式又由 Hall(1935)得出.

定理 2.2.1 设 A 是 $m\times n$ 矩阵, $m\leqslant n$,则下列性质互相等价.

(1) $\lambda_A<m$;

(2) $\rho_A<m$;

(3) A 含有 $p\times q$ 的零子矩阵,这里 $1\leqslant p\leqslant m$, $1\leqslant q\leqslant n$, $p+q=n+1$.

证 由线秩的定义,易见(1)$\Longleftrightarrow$(3).

现证明(2)$\Longleftrightarrow$(3).分下列两种情形证明.

情形 1 $m=n$,即 A 是 n 阶方阵.

(3) $\Longrightarrow$ (2) 设 A 有 $p\times q$ 的零子矩阵, $1\leqslant p, q\leqslant n$, $p+q=n+1$,则此零子矩阵所在的 p 行至多只有 $n-q=p-1$ 个非零列.

若 $\rho_A=m=n$,即 A 中每行每列恰能取一个 1,于是,上述的 p 行要恰取 p 个不在同一列的 1,但已证仅有 $p-1$ 个非零列;这导致矛盾,故 $\rho_A<m$.

(2) $\Longrightarrow$ (3) 对 n 用归纳法.

当 $n=1$ 时,结论显然成立.

假设结论对小于 n 阶的方阵成立.往证对 n 阶方阵 A,结论亦成立.

若 $A=0$, $\rho_A=0$.

若 $A\neq 0$,则 A 有非零元 a_{ij},记 $A(i|j)$ 是从 A 中划去第 i 行和第 j 列后余下 $n-1$ 阶方阵.因 $\rho_A<n$,故 $\rho_{A(i|j)}<n-1$(因非零元 a_{ij} 及与它所在的行、列的元均划去).

由归纳假设,$A(i|j)$有 $p_1\times q_1$ 的零子矩阵,$1\leqslant p_1,q_1\leqslant n-1$,$p_1+q_1=n$.不妨设此 $p_1\times q_1$ 零子矩阵位于 A 的右上角,记

$$A=\left(\begin{array}{c|c} X & 0 \\ \hline Z & Y \end{array}\right)\begin{array}{l} p_1 \\ n-p_1 \end{array}, \quad \text{列: } p_1 \quad q_1=n-p_1.$$

由 $\rho_A<n$ 可知 $\rho_X<p_1$ 或 $\rho_Y<n-p_1$.

不妨设 $\rho_X<p_1$,由归纳假设 p_1 阶方阵 X 必有 $u\times v$ 的零子矩阵,这里 $1\leqslant u,v\leqslant p_1$,$u+v=p_1+1$.于是,这 u 行,v 列,连同 A 中最右边的 $n-p_1$ 列交会,得到一个 $u\times(v+n-p_1)$的零子矩阵,这里 $u+(v+n-p_1)=p_1+1+n-p_1=n+1$,且 $1\leqslant u,v+n-p_1\leqslant n$.即结论(3)对 A 成立.

情形 2　$m<n$,令

$$\widetilde{A}=\begin{pmatrix} A \\ J \end{pmatrix}_{n\times n},$$

这里 J 是$(n-m)\times n$ 的全 1 矩阵.

易见

$$\begin{aligned}\rho_A<m &\Longleftrightarrow \rho_{\widetilde{A}}<n \Longleftrightarrow \widetilde{A}\text{有 } p\times(n-p+1)\text{的零子矩阵},1\leqslant p\leqslant m \\ &\Longleftrightarrow A \text{ 有 } p\times(n-p+1)\text{的零子矩阵},1\leqslant p\leqslant m.\end{aligned}$$

证毕.

作为定理 2.2.1 的一个直接应用,我们来看 n 阶方阵的完全不可分性(fully indecomposable).A 是完全不可分的,如果对于满足 $1\leqslant r\leqslant n-1$ 的任一整数 r,A 不包含一个 $r\times(n-r)$型的全零子矩阵.由定理 2.2.1 的(3),我们立即可知如下结论.

推论 2.2.2　若 A 是完全不可分的,则 $\rho_A=n$.

下面,我们证明项秩与线秩的等价定理.

定理 2.2.3 (König[3],1950)　对任一矩阵 A,

$$\lambda_A=\rho_A.$$

证　设 A 是 $m\times n$ 矩阵.不妨设 $m\leqslant n$,否则可以讨论 A 的转置矩阵 A^{T},易知 $\rho_A=\rho_{A^{\mathrm{T}}}$,$\lambda_A=\lambda_{A^{\mathrm{T}}}$.

先证明 $\lambda_A\geqslant\rho_A$.因 A 的非零元能被 λ_A 条线盖住,这 λ_A 条线含有 A 的 ρ_A 个无关元,但每条线至多只能有其中的一个无关元,故 $\lambda_A\geqslant\rho_A$.

又证 $\rho_A\geqslant\lambda_A$.若 $\lambda_A=m$,则由定理 2.2.1 可知 $\rho_A=m$,否则 $\rho_A<m$ 将导出 $\lambda_A<m$.故只须证明 $\lambda_A<m$ 的情形.这时,设 A 的所有非零元被 e 行(线)和 f

列(线)所盖住. $e+f=\lambda_A$. 不妨设这是 A 的最上 e 行和最左的 f 列. 于是, A 分块成

$$\begin{array}{c} \quad\ \ f \quad\ n-f \\ A=\left(\begin{array}{c|c} X & Y \\ \hline Z & W \end{array}\right) \end{array} \qquad \begin{array}{l} e \\ m-e \end{array}.$$

易知 $W=0$. 往证 $\rho_Y=e$.

若 $e=0$, 则 $Y=0$. 从而 $\rho_Y=e$.

若 $e>0$, 由 $e+f=\lambda_A<m\leqslant n$ 得 $e<n-f$. 假若 $\rho_Y<e$, 则由定理 2.2.1 可推知 $\lambda_Y<e$, 由线秩的定义及注意到 $W=0$, $\lambda_A\leqslant f+\lambda_Y<f+e$, 这与 $\lambda_A=e+f$ 矛盾, 故 $\rho_Y=e$.

把 A 转置得

$$\begin{array}{c} \quad\ \ e \quad\ n-e \\ A^{\mathrm{T}}=\left(\begin{array}{c|c} X^{\mathrm{T}} & Z^{\mathrm{T}} \\ \hline Y^{\mathrm{T}} & 0 \end{array}\right) \end{array} \begin{array}{l} f \\ n-f \end{array},$$

由 $f<n-e$, 同理证得 $\rho_{z^{\mathrm{T}}}=f$, 即 $\rho_z=f$.

显然 $\rho_A\geqslant\rho_Y+\rho_z=e+f$, 即 $\rho_A\geqslant\lambda_A$.

综上所述, $\rho_A=\lambda_A$. 证毕.

König 定理的组合解析是: $m\times n$ 的(0,1)阵 A, 能盖住 A 中全部 1 的最少的线数等于 A 中两两不在同一线上的 1 的最大可能个数.

当我们用(0,1)矩阵描述子集系时, König 定理还可以作出集合论的解析. 这一点, 在 4.2 节中将会论及.

由于我们引进了矩阵中线的概念, 我们将要研究从一个矩阵中划去一些线后所得到的子矩阵. 为方便叙述, 我们约定下列记号.

设 A 是 $m\times n$ 矩阵, 对 $1\leqslant i_1<\cdots<i_k\leqslant m$, $1\leqslant j_1<\cdots<j_l\leqslant n$, 记

$$\alpha=(i_1,\cdots,i_k),\ \beta=(j_1,\cdots,j_l).$$

$$A(i_1,\cdots,i_k\,|\,j_1,\cdots,j_l)=A(\alpha\,|\,\beta)$$

表示 A 中第 $i_1,\cdots,i_k$ 行及第 $j_1,\cdots,j_l$ 列所组成的 $k\times l$ 阶子矩阵.

$$A(i_1,\cdots,i_k\,|\,j_1,\cdots,j_l)=A(\alpha\,|\,\beta)$$

表示从 A 中划去第 $i_1,\cdots,i_k$ 行及第 $j_1,\cdots,j_l$ 列后余下的 $(m-k)\times(n-l)$ 阶子矩阵.

类似地, 我们用 $A[\alpha\,|\,\beta)$ 或 $A(\alpha\,|\,\beta]$ 表“取”和“删”某些线后, 所得的子矩阵.

最后,我们讨论(0,1)方阵 A 的项秩的图论意义.我们首先定义 $D(A)=(V,X)$的一个覆盖弧集和最大覆盖弧集的概念.

设弧集 R 是$D(A)$的弧集的子集.点 $v\in V(D)$称为弧集 R 上的点,如果 v 是 R 中某一条弧上的点(入点或出点).若弧集 R 的所有点在R 中的入度都不大于 1,出度也不大于 1,则 R 称为$D(A)$的一个覆盖弧集.$D(A)$中含弧数最多的覆盖弧集,称为最大覆盖弧集,记为 $\bar{R}_D$.

由 ρ_A 的定义不难证明,$\rho_A=|\bar{R}_{D(A)}|$.

例如,下面一个图 D 的最大覆盖弧集由粗黑线所示(非唯一).它对应(0,1)阵的项秩是 3(见图 2.2.1).

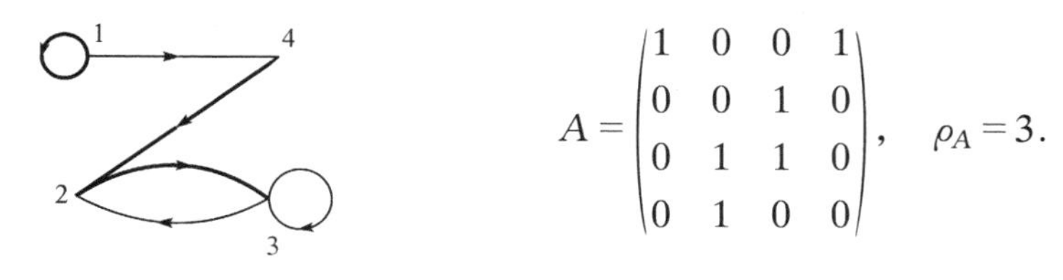

$$A=\begin{pmatrix}1&0&0&1\\0&0&1&0\\0&1&1&0\\0&1&0&0\end{pmatrix},\quad \rho_A=3.$$

图 2.2.1

对于简单图,最大覆盖弧集的弧数就是它的最大无关边数的两倍.而简单图的完美匹配就是它一个最大覆盖弧集(每边看作两条弧).若记简单图 G 的最大无关边数为$\beta_e(G)$,则容易得到如下定理.

定理 2.2.4 [4] $\rho_{A(G)}\geqslant 2\beta_e(G)$.

若 G 是二部图,$\rho_{A(G)}=2\beta_e(G)$.

2.3 不可约方阵和完全不可分方阵

非负矩阵可以分为两大类:可约矩阵和不可约矩阵.

n 阶方阵A 称为可约的(reducible),如果有置换方阵 P,使

$$P^{\mathrm{T}}AP=\begin{pmatrix}B&0\\C&D\end{pmatrix},$$

其中 B 是l 阶方阵,$1\leqslant l\leqslant n-1$,右上角是 $l\times(n-l)$的零矩阵.不是可约的方阵称为不可约的(irreducible).

由定义,每个 1 阶方阵都是不可约方阵.在有些文献中,把可约和不可约称为可分解(decomposable)和不可分解(indecomposable).

不可约方阵有很多等价的定义.

定理 2.3.1 设 $A=(a_{ij})$是 $n(>1)$阶非负方阵,则下列性质是互相等价

的.

(1) A 不可约.

(2) 不存在 $1\leqslant i_1<\cdots<i_l\leqslant n, 1\leqslant l\leqslant n-1$,使

$$A[i_1,i_2,\cdots,i_l\mid i_1,i_2,\cdots,i_l)=0.$$

(3) A^{T} 不可约.

(4) $D(A)$强连通,即 $D(A)$任两个不同顶点 i,j,有由 i 到 j 的有向路.

(5) $(I+A)^{n-1}>0$.

(6) 存在某个(复系数)多项式 $f(x)$,使 $f(A)>0$.

(7) $I+A+\cdots+A^{m-1}>0$,此处 m 是 A 的最小多项式 $m_A(\lambda)$的次数.

(8) $(I+A)^{m-1}>0$.

(9) 对每个(i,j),存在一个整数 k,使 $a_{ij}^{(k)}>0$.

证 显然(1) $\Longleftrightarrow$ (2) $\Longleftrightarrow$(3).

我们证明(1)$\Longleftrightarrow$(4).

若 A 可约,则有 $1\leqslant i_1<\cdots<i_l\leqslant n, 1\leqslant l\leqslant n-1$ 使 $A[i_1\cdots i_l\mid i_1\cdots i_l)=0$.

即把 $D(A)$的顶点集 $V=\{v_1,\cdots,v_n\}$划分为两个非空的子集 $V'=\{i_1,\cdots,i_l\}$和 $V''=V\setminus V'$,且 $D(A)$中没有起点属于 V',终点属于 V''的弧(但有可能有 V''到 V'的弧),故 V'中的任一点不能到达 V''中的点,$D(A)$不是强连通.

若 $D(A)$非强连通,则其顶点集按互相可达关系可划分成 $k(>1)$个非空等价类 $V_1,V_2,\cdots,V_k$,因此,这 k 类中至少有一类,不妨 V_1,使 $D(A)$中没有起点属于 V_1 而终点不属于 V_1 的弧,即 V_1 无出弧,否则在不同类中将存在有向回路.记 $V_1=\{i_1,\cdots,i_l\}$,其中 $1\leqslant i_1<\cdots<i_l\leqslant n, 1\leqslant l\leqslant n-1$,则 $A[i\cdots i_l\mid i_1\cdots i_l)=0$. A 是可约的.

再证明(4)$\Longleftrightarrow$(5).

$D(A)$强连通$\Longleftrightarrow$任意 $i,j,i\neq j$,$D(A)$中有从 v_i 到 v_j 的路,设路长 $l\leqslant n-1\Longleftrightarrow a_{ij}^{(l)}>0$,其中 $A^l=(a_{ij}^{(l)})\Longleftrightarrow I+A+\cdots+A^{n-1}>0\Longleftrightarrow$(5).

(5) $\Longrightarrow$ (6) 显然.

(6) $\Longrightarrow$ (7) 设多项式 $f(x)$,使 $f(A)>0$.

由 $f(x)=g(x)m_A(x)+r(x)$,这里 $m_A(x)$是 A 的最小多项式,次数是 m,$r(x)$的次数 $\deg r(x)<m$,便得 $f(A)=r(A)>0$.注意到 $r(x)$是次数小于 m 的多项式.令

$$r(x)=b_1x^{m-1}+\cdots+b_{m-1}x+b_m,\quad b=\max_{1\leqslant i\leqslant m}|b_i|>0,$$

得 $b(I+A+\cdots+A^{m-1})\geqslant r(A)>0$.便得(7).

其余,我们易见(7)$\Longrightarrow$(8)$\Longrightarrow$(9)$\Longrightarrow$(1).证毕.

从定理 2.3.1 中,借助图论意义,不可约矩阵有些组合性质是一目了然的.例如,A 的可约性与 A 的主对角线上的元素无关.从图的意义上,即 $D(A)$的强连通性与每个点是否有环无关.

下述定理,描述了不可约阵的特征向量.

定理 2.3.2　不可约矩阵的非负特征向量是严格正的.

证　设 n 阶不可约阵 A,$n\geqslant 2$,X 是 A 的非负特征向量

$$AX=\lambda X,\quad X\neq 0,\quad X\geqslant 0.$$

显然,λ 必非负.

不妨设 X 的 k 个坐标是正数,其它坐标是零,$1\leqslant k<n$.由上式得

$$(I_n+A)X=(1+\lambda)X, \tag{2.3.1}$$

于是$(1+\lambda)X$ 同样有 $n-k$ 个零坐标.

我们考察$(I_n+A)X$.令 P 是置换阵,使 $Y=PX$ 的前 k 个坐标是正数,后 $n-k$ 个坐标为 0.因 $A\geqslant 0$,在$(I_n+A)X=X+AX$ 中零坐标的个数不多于 $n-k$.设它等于 $n-k$,即 $x_i=0$ 时有$(AX)_i=0$,即当$(PX)_i=0$ 时有$(PAX)_i=0$.但 $PX=Y$,因此,假定$(I_n+A)X$ 与 X 有同样个数的零坐标,等价于$(PAP^{\mathrm{T}}Y)_i=0$,对 $i=k+1,k+2,\cdots,n$.

令 $B=(b_{ij})=PAP^{\mathrm{T}}$,则

$$(BY)_i=\sum_{j=1}^{n}b_{ij}y_j=\sum_{j=1}^{k}b_{ij}y_j=0,$$

对 $i=k+1,k+2,\cdots,n$.但 $y_j>0$,对 $1\leqslant j\leqslant k$.故 $b_{ij}=0$ 对 $i=k+1,k+2,\cdots,n$ 和 $j=1,2,\cdots,k$.于是若$(I_n+A)X$ 与 X 的零坐标个数相同,都是 $n-k$ 个,则 A 必可约.这就证明了$(I_n+A)X$ 有多于 k 个正坐标,即小于 $n-k$ 个零坐标.

由此,(2.3.1)式不成立,X 必是正的.证毕.

关于不可约非负方阵的谱性质,不是本章的论述重点.作为这类性质的主要内容(即 Perron-Frobenius 定理)是:

不可约方阵的最大(绝对值)特征根 $\rho(A)$是一个正根,其代数重数为 1,且有相应的正特征向量.$r_{\min}\leqslant\rho(A)\leqslant r_{\max}$,其中 $r_{\min}$,$r_{\max}$分别是 A 的行和的最小值和最大值[5].

上面,我们用置换相似的变换,把非负矩阵划分为可约与不可约两大类.如果我们把置换相似改为置换相抵,那么,非负矩阵将可以划分为部分可分和完全不可分的两大类.

定义　n 阶方阵 A 称为部分可分的(partly decomposable),如果当 $n>1$ 时,

有置换方阵 P 和 Q 使

$$PAQ=\begin{pmatrix} B & 0 \\ C & D \end{pmatrix},$$

其中 B 和 D 都是非空(即阶数为正)的方阵,1 阶方阵 $A=(0)$ 也是部分可分的. 不是部分可分的方阵称为完全不可分的(fully indecomposable).

我们容易得到完全不可分方阵的两个等价定义.

定理 2.3.3 设 A 是 $n(>1)$ 阶非负方阵,则下列性质是互相等价的:

(1) A 完全不可分.

(2) A 不含有 $r\times(n-r)$ 的零子矩阵,其中 $1\leqslant r<n$.

(3) 对 $D(A)$ 顶点集的任一个真子集 $X\subset V(D)1\leqslant|X|<n$, $|N(X)|>|X|$,其中 $N(X)$ 是由 X 的顶点的出弧所到达的顶点集.

证 由定义,易见(1)$\Longleftrightarrow$(2),而(3)只不过是(2)的图论解析.

定理 2.3.4 设

$$A=\begin{pmatrix} A_1 & B_1 & 0 & \cdots & 0 \\ 0 & A_2 & B_2 & \cdots & 0 \\ \vdots & \vdots & \ddots & \ddots & \vdots \\ 0 & 0 & \cdots & A_{r-1} & B_{r-1} \\ B_r & 0 & \cdots & 0 & A_r \end{pmatrix}$$

是 n 阶非负方阵,其中 A_i 是完全不可分的 $n_i\times n_i$ 矩阵,$B_i\neq 0$, $i=1,2,\cdots,r$, 则 A 是完全不可分阵.

证 设 A 是部分可分,则有 $A[\alpha|\beta]=0$, $|\alpha|=s$, $|\beta|=t$, $s+t=n$. 又设 α 有 s_j 行,β 有 t_j 列与子矩阵 A_j 相交,$j=1,\cdots,r$. 因 $\sum\limits_{i=1}^{r}s_i=s\geqslant 1$,故至少有一个 s_j 是正的. 同理,至少有一个 t_j 是正的.

又因每个 A_j 完全不可分且含 $s_j\times t_j$ 零子阵(除非 $s_j=0$ 或 $t_j=0$),故必有 $s_j+t_j\leqslant n_j$,仅当 $s_j=0$ 或 $t_j=0$ 时等号成立. 但 $n=s+t=\sum\limits_{j=1}^{r}s_j+\sum\limits_{j=1}^{r}t_j=\sum\limits_{j=1}^{r}(s_j+t_j)\leqslant\sum\limits_{j=1}^{r}n_j=n$. 于是,对每个 j, $s_j+t_j=n_j$,故对 $j=1,\cdots,r$,不是 $s_j=0$ 就是 $t_j=0$,但不是一切 s_j 也不是一切 t_j 都是 0,故必存在一整数 k,使得 $s_k=n_k$ 和 $t_{k+1}=n_{k+1}$(下标按模 r 化简). 于是,B_k 是一个零子阵,与已知条件矛盾. 证毕.

关于完全不可分矩阵与不可约矩阵的关系. 由定义,易见如下性质.

性质 1　若 A 是完全不可分阵,则 A 必是不可约阵.

证　若 $n=1, A=(1)$是完全不可分的,也是不可约的.

若 $n>1$,因 A 不含 $r\times(n-r)$的零子矩阵,当然,也不含 $A[i_1,\cdots,i_r|i_1,\cdots,i_r)=0, 1\leqslant r<n$.

此结论的逆命题不真.例如

$$A=\begin{pmatrix}0&1&0&1\\1&0&1&0\\0&1&0&1\\1&0&1&0\end{pmatrix}$$

是一个不可约阵,但它是部分可分的.

性质 2　若 A 的主对角线元均正,A 是完全不可分当且仅当 A 是不可约阵.

证　只须证$\Leftarrow$.

易见,$n=1$ 时,命题成立.

若 $n>1$ 时,A 部分可分,则 A 含 $r\times(n-r)$零子矩阵,因主对角线均正,故此零子矩阵必不含对角线的元.于是便有形如 $A[i_1,\cdots,i_r|i_1,\cdots,i_r)=0$,这与 A 不可约性矛盾.证毕.

性质 2 等价于下列结论:方阵 A 是不可约的当且仅当 $A+I$ 是完全不可分的.

下列性质是 Brualdi,Parter 和 Schneider 于 1966 年得到的一个更一般的结果[6].

性质 3　A 是完全不可分方阵,当且仅当 A 置换相抵于一个有正主对角线的不可约方阵.

证　设 A 是完全不可分方阵,则 A 的项秩等于 n,故 A 置换相抵于一个正主对角线方阵,此方阵也是完全不可分的,由性质 2,它是不可约阵.易见,此推理是可逆的.证毕.

由定理 2.3.3,我们可以推证:一个完全不可分 n 阶方阵的项秩等于 n.一个 n 阶(0,1)方阵 A 的 n 个元素(或者说 n 个元素所在的位置),如果无两个元属于同一行或者同一列的位置,则这 n 个元素称为 A 的一条对角线(diagonal),这是通常方阵主对角线概念的推广.A 的一条非零对角线就是不含零元的对角线.如果 G 是一个二部图,则它的约化邻接矩阵 $A(G)$(见 1.1 节)的非零对角线一一对应 G 的一个完备匹配(perfect match).A 有非零对角线的等价命题是存在一个 n 阶置换矩阵 Q,使 $Q\leqslant A$.

从这一组合学观点,(0,1)矩阵是完全不可分矩阵的充要条件可叙述成下列定理[6].

定理 2.3.5 (Brualdi, Parter, Schneider[6]) 设 A 是一个 n 阶($n\geqslant 2$)(0,1)矩阵,则 A 是完全不可分方阵当且仅当 A 的每个 1 属于它的一条非零对角线,A 的每个 0 属于一条恰有一个 0 的对角线(其余元均是 1).

2.4 矩阵置换相似标准形和置换相抵标准形

从不可约方阵和完全不可分方阵,我们可以研究矩阵置换相似和置换相抵的标准形.

定理 2.4.1 设 A 是 n 阶方阵,则 A 置换相似于如下的分块下三角形

$$\left(\begin{array}{ccc|ccc} A_1 & & 0 & & & \\ & \ddots & & & \mathbf{0} & \\ 0 & & A_g & & & \\ \hline A_{g+1,1} & \cdots & A_{g+1,g} & A_{g+1} & & 0 \\ \vdots & & \vdots & \vdots & \ddots & \\ A_{k_1} & \cdots & A_{k_g} & A_{k,g+1} & \cdots & A_k \end{array}\right), \tag{2.4.1}$$

其中 $A_1,\cdots,A_g,A_{g+1},\cdots,A_k$ 都是不可约方阵,而且对 $g<q\leqslant k$,$A_{q_1},\cdots,A_{q,q-1}$不全是零矩阵.(2.4.1)形式称为 A 的一个置换相似标准形.记 A_i 的阶是 n_i,$1\leqslant i\leqslant k$,则 k,g 和 n_i 都由 A 所唯一确定.

证 我们用 A 的伴随有向图 $D(A)$ 证明此定理.

把 $D(A)$ 的顶点按互相连通的等价关系分成等价类 $V_1,\cdots,V_k$($k\geqslant 1$).当 $k=1$ 时,结论显然.以下考察 $k>1$ 的情形.

① V_i 的生成子图$\langle V_i\rangle$是 $D(A)$ 的强连通支.

② 把 V_i 收缩成一个点 u_i,就得到有 k 个点 $u_1,u_2,\cdots,u_k$ 的有向图 D^*,其连接关系相当于 $V_1,V_2,\cdots,V_k$ 之间的连接关系.

③ D^* 必无回路,否则 V_i 就不是强连通支.于是,D^* 中必有末端点(即无出弧的点).

④ 设 D^* 的 g 个末端点 $u_1,\cdots,u_g$.

若 $g<k$,则 $D^*-\{u_1,\cdots,u_g\}$ 仍无回路,其末端点 $u_{g+1},\cdots,u_{g+h}$.类似方法,讨论图

$$D^* - \{u_1, \cdots, u_g\} - \{u_{g+1}, \cdots, u_{g+h}\}.$$

如此继续,可将 $u_1, u_2, \cdots, u_k$ 重新编号使

$$u_1, \cdots, u_g, \cdots, u_k,$$

其中 $u_1, \cdots, u_g$ 是 D^* 的末端点,且对 u_g 以后的点 u_q, $g < q \leqslant k$,对比它标号小的点 u_i,有弧 $(u_q u_i)$, $i < q$,存在比它标号大的 u_j,无 $(u_q u_j)$, $j > q$.

若 $g = k$, $u_1, \cdots, u_g$ 是 g 个孤立点.

⑤ 把 u_i 换回 $V_i = \{u_j \mid j \in K_i\}$,其中 K_i 是 $\{1, \cdots, n\}$ 的一个非空真子集,易见 $A[K_i \mid K_i]$ 是不可约的(其对应有向图是强连通支). 而 $A[K_i \mid K_i)$ 是 0, $i = 1, \cdots, g$,对 $g < q < r \leqslant k$, $A[K_q \mid K_r] = 0$ (即右下角块的零). 而 $A[K_q \mid K_1], \cdots, A[K_q \mid K_{q-1}]$ 不全为零矩阵.

从图的同构观点, $D(A)$ 的连通支及大小是唯一确定的. 因此,在置换相似的意义下, A_i 的阶 n_i, $1 \leqslant i \leqslant k$,及 k 和 g 是由 A 所唯一确定的. 证毕.

n 阶矩阵 A 形如(2.4.1)的形式(有时写成上三角形式)也称为 A 的 Frobenius 标准形式(Frobenius normal form). 当然,矩阵 A 是不可约的当且仅当它的 Frobenius 标准形式恰存在一个不可约块. 在 A 的 Frobenius 标准形中,位于主对角线上的不可约块的序的唯一性取决于 A_{ij} ($g < i \leqslant k$, $1 \leqslant j < k$). 例如

$$A = \begin{pmatrix} \begin{matrix} 0 & 1 \\ 1 & 0 \end{matrix} & \mathbf{0} \\ X & \begin{matrix} 1 & 1 \\ 1 & 1 \end{matrix} \end{pmatrix},$$

则 A 是 Frobenius 标准形式,且

$$A_1 = \begin{pmatrix} 0 & 1 \\ 1 & 0 \end{pmatrix}, \quad A_2 = \begin{pmatrix} 1 & 1 \\ 1 & 1 \end{pmatrix}.$$

若 X 是一个零阵,我们可以改变主对角线上块 A_1 和 A_2 的次序,得到 A 一个不同的 Frobenius 标准形. 可是,若 X 不是一个零阵,则 A 的 Frobenius 标准形是唯一的(仅对下三角或上三角而言).

我们知道,一个不可约 n 阶方阵 A,在置换相似变换(行与列作同样的置换)下,保持它的不可约性. 可是,如果把 A 作任意的行或列变换,它是有可能变为可约方阵的. 例如,不可约方阵

$$A = \begin{pmatrix} 0 & 1 & 1 \\ 1 & 0 & 0 \\ 1 & 0 & 0 \end{pmatrix},$$

若把 A 的第 1 行和第 2 行对调,得到下列的可约方阵

$$B=\begin{pmatrix}1&0&0\\0&1&1\\1&0&0\end{pmatrix}.$$

这就告诉我们:有可能把一个可约方阵通过某些行(或列)置换化成一个不可约方阵.1979 年,Brualdi[7]得到了这类方阵的组合特征.注意到,对于置换方阵 P 和 Q,$PAQ=(PAP^{\mathrm{T}})PQ$,故下列定理仅需讨论对矩阵的列变换.

定理 2.4.2 (Brualdi) 设 A 是一个 n 阶矩阵,则存在一个 n 阶置换方阵 Q,使得 AQ 是一个不可约方阵当且仅当 A 的每行、每列至少有一个非零元.

证 若 A 有零行或零列,则对每一个 n 阶置换方阵 Q,AQ 也有零行或零列,因此 AQ 是可约的.

设 A 无零行,零列.不失一般性,设 A 是下列的 Frobenius 标准形式

$$\begin{pmatrix}A_1&&&\\A_{21}&A_2&&\\\vdots&\vdots&\ddots&\\A_{k1}&A_{k2}&\cdots&A_k\end{pmatrix}.$$

若 $k=1$,则 A 是不可约的,这时可取 $Q=I$.若 $k>1$,设 $D(V_1),D(V_2),\cdots,D(V_k)$是 A 的伴随有向图D 中分别对应于不可约子阵$A_1,A_2,\cdots,A_k$ 的强连通片,任何一条弧都是从顶点集 V_i 到顶点集 $V_{i-1}\cup\cdots\cup V_1(2\leqslant i\leqslant k)$.对每个 $i=1,2,\cdots,k$,选择 V_i 的一个顶点a_i.

设 B 是把A 对相应于顶点$a_1,a_2,\cdots,a_k$ 的列作循环置换所得到的矩阵,B 的伴随有向图记为D'.D'可以从D 用下面方法得到:把 a_i 的入弧改为a_{i-1}的入弧($i=2,\cdots,k$),把 a_1 的入弧改为 a_k 的入弧.我们将证明:D'是强连通图,即 B 是不可约阵.

为了叙述方便,约定 a_0 即 a_k 点.

若 D 的每个强连通片的阶数大于 1 或阶数等于 1 且是一个环,则每个强连通片 $D(V_i)$都有一系列始点与终点都在 a_i 的闭途径 $\gamma_{i_1},\gamma_{i_2},\cdots,\gamma_{it_i},t_i\geqslant 1$,当然,这些闭途径长度非零,$i=1,2,\cdots,k$.$V_i$ 的每一点都属于至少一个闭途径,这些闭途径可以选择得使 a_i 仅仅出现在始点和终点.用重复使用途径的办法,我们可以使所有 $t_i=t,i=1,2,\cdots,k$,在 D'中,上述这些途径中的最后的弧进入a_{i-1}.

设 γ'_{ij}是在D'中,把途径 γ_{ij}的最终的顶点a_i 换成为a_{i-1}后所得到的有向途

径,当然,此途径的最后的弧也用 a_{i-1} 的入弧来替代($1\leqslant i\leqslant k$).于是

$$\gamma'_{k1}\gamma'_{k2}\cdots\gamma'_{kt}\gamma'_{k-1,1}\gamma'_{k-1,2}\cdots\gamma'_{k-1,t}\cdots\gamma'_{11}\gamma'_{12}\cdots\gamma'_{1t}$$

是 D' 的一条闭有向途径,它通过 D' 的每一个顶点至少一次.于是 D' 是一个强连通图.

对于一般情形,即 D 的强连通片可能是非环的弧立点的情形.因为 A 无零行和零列,故第一个连通片 $D(V_k)$ 和最后一个连通片 $D(V_1)$ 都不是弧立点.要证明 D' 是强连通图,只须证明:对 D' 的每一个顶点 a,从 a_k 到 a,从 a 到 a_k 都有有向途径.

设 a 是 V_i 的一个顶点,不妨设 $i<k$.要得到 a_k 到 a 的有向途径,只须得到一条由 a_k 到 a_i 的有向途径.因为 A 的对应于 a_{i+1} 的列包含一个1,故 D' 中从 $V_k\cup\cdots\cup V_{i+1}$ 的某一点 b 到 a_i 必有一条弧.于是,在 D' 中,从 V_k 的 a_k 到 b 有一条有向途径,因此,从 a_k 到 a 便有一条有向途径.

用类似的议论,注意到 A 的每一行有一个1.可证:在 D' 中,有一条从 a 到 V_1 中的点 c 的有向途径.于是,从 a 到 a_k 也有一条有向途径.

由此证得:D' 是一个强连通图.证毕.

在2.2节中,我们已证明,若 A 是完全不可分时,项秩 $\rho_A=n$,易知,此结论的逆不真.

我们考虑项秩 $\rho_A=n$ 的 n 阶方阵,在置换相抵变换下的标准形.

定理 2.4.3　设 A 是 n 阶方阵,项秩 $\rho_A=n$,则 A 置换相抵于如下的分块下三角形

$$\left(\begin{array}{ccc|ccc} A_1 & & & & & \\ & \ddots & & & 0 & \\ & & A_g & & & \\ \hline A_{g+1,1} & \cdots & A_{g+1,g} & A_{g+1} & & 0 \\ \vdots & & \vdots & & \ddots & \\ A_{k_1} & \cdots & A_{k_g} & A_{k,g+1} & & A_k \end{array}\right), \tag{2.4.2}$$

其中 $A_1,\cdots,A_g,A_{g+1},\cdots,A_k$ 都是非空的完全不可分方阵,而且对于 $g<q\leqslant k$,$A_{q1},\cdots,A_{q,q-1}$ 不全是零矩阵,(2.4.2)称为 A 的一个置换相抵标准形.记 A_i 的阶数为 n_i,$1\leqslant i\leqslant k$,则 n_i 及 k,g 都由 A 所唯一确定.

在证明这个定理之前,我们比较一下标准形(2.4.1)和(2.4.2).它们的形式是完全一样的,其区别在于 A_i 是不可约的还是完全不可分的.

证　因 $\rho_A=n$,故必可调换 A 的行使 A 的主对角线全非零.即存在一置换

方阵 P_1,使 $P_1A=\hat{A}$的主对角线元素都不为 0. 再对$\hat{A}$作置换相似变换,即取置换方阵 P_2,使 $P_2\hat{A}P_2^{\mathrm{T}}$ 变成形如(2.4.1)的标准形,其中 $A_1,A_2,\cdots,A_k$ 都是不可约的,由 2.3 节的性质 2,可知 $A_1,\cdots,A_k$ 是完全不可分的,即 $P_2P_1AP_2^{\mathrm{T}}$ 是(2.4.2)的标准形. 证毕.

关于标准形(2.4.2)在置换相抵意义下的唯一性,我们有更强的结论,即若 A 又置换相抵于下列标准形

$$\left(\begin{array}{ccc|ccc} \widetilde{A}_1 & & & & & \\ & \ddots & & & 0 & \\ & & \widetilde{A}_h & & & \\ \hline & & & \widetilde{A}_{k+1} & & \\ & * & & & \ddots & \\ & & & & & \widetilde{A}_l \end{array}\right),$$

则 $k=l,g=h$,并分别有$\{1,\cdots,g\}$上的置换 σ 和$\{g+1,\cdots,k\}$上的置换 τ,使$\widetilde{A}_{\sigma(i)}$和 $A_i(i=1,\cdots,g)$以及$\widetilde{A}_{\tau(j)}$和 $A_j(j=g+1,\cdots,k)$都是由 A 的同样的一些行与一些列所组成.

对于这一结论的证明,我们主要用到一些矩阵线覆盖的知识(详细论证可见文献[8]p.112).

对一般的 $m\times n$ 矩阵 $m\neq n$ 或 n 阶方阵 A,$\rho_A<n$ 的情形,也有置换相抵标准形. 下面给出一个主要结论.

定理 2.4.4 设 A 是 $m\times n$ 矩阵,A 没有零行或零列,则 A 置换相抵于下列分块下三角形

$$\begin{pmatrix} A_r & & & & \\ & A_1 & & 0 & \\ & & \ddots & & \\ & * & A_k & & \\ & & & & A_H \end{pmatrix}. \tag{2.4.3}$$

A_r 是一个竖块,即规格 $r_V\times s_V$,$r_V>s_V$,且 $\rho_{A_r}=s_V$,A_H 是一个横块,即规格 $r_H\times s_H$,$r_H<s_H$ 且 $\rho_{A_H}=r_H$,A_i,$i=1,2,\cdots,k$,是非空完全不可分方阵.

一个 n 阶(0,1)矩阵 A,若它的每个 1 都属于一条非零对角线,则称 A 有全支撑(total support). 若 $A=0$,则 A 有全支撑.

对于一个如下形式的 n 阶(0,1)矩阵

$$A=\begin{pmatrix} X & Z \\ 0 & Y \end{pmatrix},$$

X,Y 分别是 k,l 阶方阵.不存在包含 Z 中的1的非零对角线,因为对于 Z 的位于 A 的 (i,j) 位置的1,删去此1所在的行和列得到一个 $n-1$ 阶矩阵 B,用 $k-1$ 行和 $l-1$ 列的线能盖住 B 的所有1,这里 $(k-1)+(l-1)=n-2$.由定理2.2.3,$\rho(B)\leqslant n-2$.因此,不可能有一条包含 (i,j) 位置1的非零对角线.

由此,并结合定理2.4.3,可以知道:当 $A\neq 0$ 时,A 有全支撑当且仅当 A 置换相抵于完全不可分矩阵的直和.

在有全支撑的(0,1)矩阵类中,有连通约化相伴二部图的矩阵(见1.2节)与完全不可分阵有着紧密的联系.

定理2.4.5 设 A 是 n 阶非零的(0,1)矩阵,A 有全支撑,A 的约化相伴二部图为 G,则 A 是完全不可分矩阵当且仅当 G 是连通图.

证 若 A 不是完全不可分,则 A 置换相抵于两个或两个以上完全不可分阵的直和,则 G 不连通.

反之,设 G 不连通,则存在置换方阵 P 和 Q,使

$$PAQ=\begin{pmatrix} A' & 0 \\ 0 & A'' \end{pmatrix},$$

这里 A' 是 $p\times q$ 阵,$1\leqslant p+q\leqslant 2n-1$.不失一般性,设 $p\leqslant q$.易见,A 有 p 行和 $n-q$ 列组成的线覆盖,这里 $p+(n-q)=n-(q-p)$.因 A 有全支撑且 $A\neq 0$,故 $\rho(A)=n$,即 $p=q$.于是,A 有 $p\times(n-p)$ 的零子阵.A 不是完全不可分阵.证毕.

2.5 几乎可约矩阵和几乎可分矩阵

下面,我们研究不可约矩阵类的子类——几乎可约矩阵类和完全不可分矩阵类的子类——几乎可分矩阵类.

我们知道,当研究(0,1)矩阵的组合性质时,我们希望矩阵中的元素1尽可能地少.如果把一个不可约矩阵(完全不可分矩阵)中的某个1用0来代替,仍是不可约矩阵(完全不可分矩阵),则后者当然比前者简单得多.然而,继续这种“剥皮”过程,我们将会得到这样的一个矩阵,当它的任一个元素1用0来代替,它将变成不同类的矩阵.

我们就(0,1)矩阵而言,给出下列定义.

不可约(0,1)矩阵 $A=(a_{ij})$称为几乎可约的(nearly reducible),如果对每个 $a_{pq}>0$,矩阵 $A-E_{pq}$是可约的,这里 E_{pq}表示除了 $a_{pq}>0$ 外,其余元素均为 0 的矩阵.约定:1 阶零方阵是几乎可约方阵.

完全不可分的(0,1)矩阵 $A=(a_{ij})$称为几乎可分的(nearly decomposable),如果对每个 $a_{pq}>0$,矩阵 $A-E_{pq}$是部分可分的.

不可约矩阵的伴随有向图是强连通图,而几乎可约矩阵的伴随有向图称为极小强连通图(minimally strong diagraph).它是一强连通图,但是删去它的任一条弧,就不再是强连通的了.下面一些都是极小强连通图(见图 2.5.1).

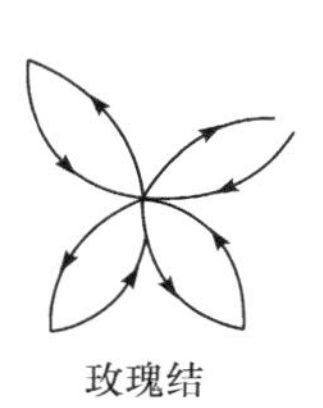

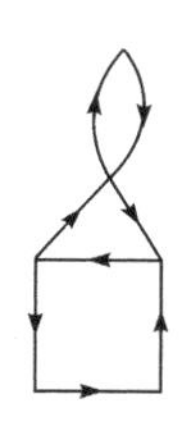
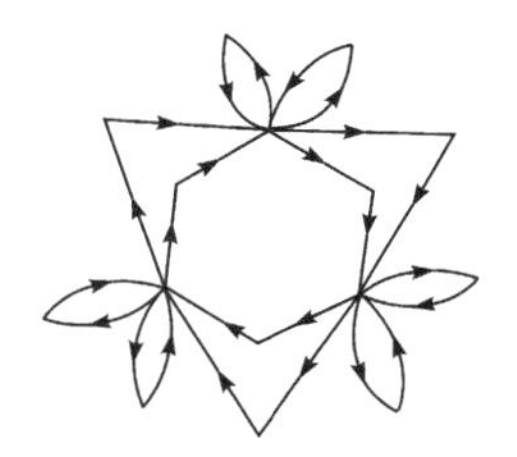

图 2.5.1

极小强连通图有下列一些图论性质.

性质 1　极小强连通图没有环点.

性质 2　极小强连通图的每个长大于 3 的回路都没有弦.即对于任何圈 $v_1v_2v_3\cdots v_kv_1(k\geqslant 3)$,不存在弧 v_jv_i, $j-i>1$.

性质 3　极小强连通图的导出子图若也是强连通的,则此导出子图也是极小强连通图.

性质 4　至少 2 阶的极小强连通图 D 必包含一个顶点 x,使 $d^+(x)=d^-(x)=1$,此点称为圈点(cyclic vertex).若 D 的所有点都是圈点,则 D 是一个圈.

上述性质,从定义可直接证明.

性质 5　设 W 是极小强连通图 D 的顶点集的子集,则 W 收缩(即从 D 中删去连接 W 的任意两个顶点弧,并把 W 的一切顶点看作与它们之一相同的单个点而得到的图)记为 $D(\otimes W)$.又记 W 的生成子图为 $D[W]$.若 $D[W]$是强连通的,则 $D[W]$和 $D(\otimes W)$都是极小强连通图.

证　$D[W]$是极小强连通图的证明留作习题(习题 2.3).

设 α 是 $D(\otimes W)$中的一条弧.先设 α 也是 D 的一条弧.若从 $D(\otimes W)$删去 α 剩下一个强连通图,则从 D 删去 α 也剩下一个强连通图.设 α 是连接 W 的顶

点和集 $V(D)-W$ 某个顶点 a 的弧. 不难证明, α 的重数不能大于 1. 否则因 $D[W]$强连通, 只要从 D 中贡献给 α 重数的弧中删去一条, 剩下的图仍是强连通的. 因此, α 在 $D(\otimes W)$的重数是 1, 即 $D(\otimes W)$是一个(无重弧的)有向图. 设 α' 是 D 中连接 W 的某个顶点的弧, 它对应于 $D(\otimes W)$中的弧 α. 因 $D[W]$强连通, 若从 $D(\otimes W)$中删去 α 得到一个强连通图, 则从 D 中删去 α' 亦得一强连通图. 因已知 D 是极小强连通的, 这便证明了: 从 $D(\otimes W)$删去任一条弧都不能得到一个强连通图. 即 $D(\otimes W)$是一个极小强连通图. 证毕.

由性质 5 可知: 在一个极小强连通图 D 中, 连接一个有向圈的顶点的唯一的弧, 就是此有向圈上的弧.

性质 6　设 D 是 n 阶($n\geqslant 2$)极小强连通图, 则 D 有至少两个圈点.

证　因 D 是强连通的, 在 D 中必有一个有向圈. 若 D 是一个有向圈, 则它的所有顶点都是圈点. 当 $n=2$ 时, 命题得证. 现设 $n>2$, 对 n 作归纳法证明. 若 D 的所有有向圈的长度均是 2, 则我们可以把一棵树中的边$\{a,b\}$用弧(a,b)和(b,a)来代替得到图 D. 而阶数 $n>2$ 的树至少有两个悬挂点. 这正对应于图 D 的圈点.

若 D 有长度为 $m\geqslant 3$ 的有向圈 C_m 因 D 不是一个有向圈, 故 $m\leqslant n-1$. 令 W 是 C_m 中的顶点所成的集. 则子图 $D[W]$不含有 C_m 以外的弧. $D(\otimes W)$的阶是 $n-m+1\geqslant 2$. 由归纳假设, 它至少有两个圈点. $D(\otimes W)$的一个不在 W 中的圈点也是 D 的圈点. 若 $D(\otimes W)$的两个圈点中的一个是 W, 则在 D 中, 恰有一条弧(a,c), $a\in W$, $c\in V(D)\setminus W$, 也恰有一条弧(d,b), $d\in V(D)\setminus W$, $b\in W$, 故在 W 中有一个异于 a 和 b 的顶点 e. 而 e 是 D 的圈点, 于是 D 包含至少两个圈点. 证毕.

下面我们定义一个枝(branch)的概念.

一个有向图 $D=(V,X)$中, 有向途径

$$a_0\to a_1\to\cdots\to a_{m-1}\to a_m \quad (m\geqslant 1)$$

称为一个枝, 如果下面三个条件成立:

(1) a_0 和 a_m 不是圈点;

(2) 集 $W=\{a_1,\cdots,a_{m-1}\}$都是圈点;

(3) 有向子图 $D[V\setminus W]$是强连通的.

注意: 一个枝可以是闭途径, W 也可以是空集. 若在 D 中删去弧(a,b)后得一个强连通图, 则 $a\to b$ 是一个枝. 在一个极小强连通图中, 一个枝的长度不能为 1, 因此, 一个枝包含至少一个圈点. 若 D 是一个有向圈, 因它的所有点都是圈点, 故 D 没有枝.

性质 7 若 n 阶($n\geqslant 3$)极小强连通图 D 不是一个有向圈,则 D 有一个长为 $k\geqslant 2$ 的枝.

证 因 D 不是有向圈,它至少有一个非圈点.我们定义一个图 $D^*(V^*,X^*)$ 如下:V^* 是 D 中非圈点的集合,$\forall a,b\in V^*$,有弧 $\alpha^*=(a,b)$ 当且仅当在 D 中,由 a 到 b 有一条有向途径 α,且 α 中除了 a,b 点外都是圈点.易见,D^* 是强连通的且不含圈点.

若 D^* 有一个环或一重弧 α^*,则 α 是 D 的枝.其余情况,D^* 是一个阶数至少是 2 且不含圈点的强连通图.由性质 6,D^* 不是极小强连通图.因而,有一条弧 α^*,把它从 D^* 删去能得到一个强连通图.于是,有向途径 α 是 D 的一个枝.证毕.

由性质 7 可知,任何一个极小强连通图都可以从一个有向图开始,用逐步增加枝的办法构造出来.于是,用这种办法构造出来的有向图是强连通的,但不一定是极小强连通的.

回到矩阵的观点,对于几乎可约矩阵.我们有下列的递归结构.

定理 2.5.1 (Hartfiel[9]) 设 A 是一个 n 阶几乎可约(0,1)矩阵,$n\geqslant 2$,则 A 置换相似于下列形式的 n 阶方阵

$$\left(\begin{array}{cccccc|c} 0 & 0 & 0 & \cdots & 0 & 0 & \\ 1 & 0 & 0 & \cdots & 0 & 0 & \\ 0 & 1 & 0 & \cdots & 0 & 0 & F_1 \\ 0 & 0 & 1 & \cdots & 0 & 0 & \\ \vdots & \vdots & \vdots & \ddots & \vdots & \vdots & \\ 0 & 0 & 0 & & 1 & 0 & \\ \hline & & & F_2 & & & A_1 \end{array}\right), \tag{2.5.1}$$

这里,A_1 是一个 m 阶几乎可约方阵,$1\leqslant m\leqslant n-1$.$F_1$ 恰有一个 1,且此 1 在第一行,不妨设在 F_1 的 $(1,j)$ 位置,$1\leqslant j\leqslant m$.F_2 又恰好有一个 1,且此 1 在最后一列,不妨设在 F_2 的 $(i,n-m)$ 位置,$1\leqslant i\leqslant m$,A_1 的 (i,j) 位置恰好是一个零元.

证 若有向图 $D(A)$ 是一个有向圈,则易见,A 置换相似于一个形如(2.5.1)的矩阵.这时,A_1 是 1 阶零矩阵.若 $D(A)$ 不是一个有向圈,则 $n\geqslant 3$ 且由性质 7,$D(A)$ 有一个枝.由枝的定义可知,A 置换相似于定理所述的形式(2.5.1)的矩阵.证毕.

注意,形如定理 2.5.1 所述的矩阵不一定是几乎可约方阵.例如,$n=6$,

$m=5$.考察

$$A=\begin{pmatrix}0&0&0&1&0&0\\1&0&1&0&0&0\\0&0&0&0&0&1\\0&0&1&0&0&0\\0&0&0&0&1&0\\0&1&0&0&1&0\end{pmatrix},$$

用0替换 A 中第2行第3列的1,所得到的矩阵是不可约的,因此,A 不是一个几乎可约阵.可是,给定一个 m 阶($m\geqslant1$)的几乎可约(0,1)矩阵 A_1,可以选择矩阵 F_1,F_2,使得形如(2.5.1)的矩阵是几乎可约阵.事实上,我们只须选择 F_1 在(1,1)位置是1,而 F_2 在 $(1,n-m)$ 位置是1,便能得到一个 n 阶的几乎可约方阵($n>m$).

上述关于极小强连通图的递归结构,可以帮助我们得到极小强通图的弧数的界,即几乎可约矩阵中1的个数的界.

定理 2.5.2 (Brualdi, Hedrick[10])　设 D 是 n 阶($n\geqslant2$)极小强连通图,则 $n\leqslant m(D)\leqslant2(n-1)$,这里 $m(D)$ 是 D 的弧数. $m(D)=n$ 当且仅当 D 是一个长为 n 的圈,$m(D)=2(n-1)$ 当且仅当 D 是一个 n 阶树,每条边都由两条方向相反的弧组成,简记为树 $\overleftrightarrow{T}$(把一个无向图 G 的每边写成两条相反方向的弧所得的图记为 $\overleftrightarrow{G}$).

证　对 n 阶极小强连通图 D, $n\geqslant2$,因每个点都是一条弧的始点,故 $m(D)\geqslant n$.

若 $m(D)=n$,则每个顶点恰是一条弧的始点,由此可知,D 是一个长为 n 的圈.

往证 $m(D)\leqslant2(n-1)$,且等式成立当且仅当 $D=\overleftrightarrow{T}$.对 n 作归纳法.

若 $n=1,2$,结论显然.设 $n>2$.由上述所列的关于极小强连通图的性质,对于 D 中的一条途径 $u,v_1,\cdots,v_t,w,v_i\neq v_j,i\neq j$,且 v_i 均是圈点.令 $D'=D\setminus\{v_1,\cdots,v_t\}$,则 D' 亦是极小强连通图.于是

$$m(D)\leqslant(t+1)+m(D').$$

由归纳假设,

$$m(D')\leqslant2(n-t-1).$$

于是

$$m(D)\leqslant(t+1)+2(n-t-1)=2(n-1)-(t-1).$$

因 $t\geqslant1$, $m(D)\leqslant2(n-1)$.

设 $m(D)=2(n-1)$,则 $t=1$. 由归纳假设,存在一棵 $n-1$ 阶的树 T' 使 $D'=\overleftrightarrow{T'}$. 假设 $u\neq w$,则在 T' 中,有一条路 $w=x_1,\cdots,x_p=u(p\geqslant 2)$ 连接 w 和 u. 于是在 D 中,$u,v_1,x_1,\cdots,x_p$ 是一个圈. 弧 (x_2,x_1) 是 D' 的一条弧,也是 D 的一条弧. 从 D 中删去它便得一个强连通图,这与 D 是极小强连通图的假设矛盾. 因而 $u=w$. 记 T 是由 T' 添顶点 v_1 和边 uv_1 得到的图,则 T 是一棵树使 $D=\overleftrightarrow{T}$.

现假设 D 是阶为 n 的有向图,$n\geqslant 2$. 若 $m(D)=n$ 且 D 是圈,则显然,D 是极小连通图. 假若 $m(D)=2(n-1)$ 且存在一个 n 阶树 T 使 $D=\overleftrightarrow{T}$. 令 (x,y) 是 D 的弧,则在从 D 中删去弧 (x,y) 得到的有向图中,从 x 到 y 没有路. 这就导出:D 是极小连通图. 证毕.

推论 2.5.3 设 $n\geqslant 2$ 且 k 是一个正整数,则存在一个 n 阶极小强连通有向图 D,使 $m(D)=k$ 当且仅当 $n\leqslant k\leqslant 2(n-1)$.

证 由定理 2.5.2 知,若 D 是 n 阶带有 k 条弧的极小强连通图,则 $n\leqslant k\leqslant 2(n-1)$. 现假设 $n\leqslant k\leqslant 2(n-1)$. 令 T 是一棵 n 阶树,其顶点集是 $\{v_1,v_2,\cdots,v_n\}$,$n-1$ 条边是 $v_1v_2,v_2v_3,\cdots,v_{n-1}v_n$. 设 D_k 是下面的有向图,其中用反向的两条弧代替 T 中的边 $v_1v_2,\cdots,v_{k-n}v_{k-n+1}$ 其余顶点连上弧 $(v_{k-n+1},v_{k-n+2}),\cdots,(v_{n-1},v_n),(v_n,v_{k-n+1})$,则 D_k 是极小强连通且

$$m(D_k)=2(k-n)+n-(k-n+1)+1=k.$$

证毕.

记 $\sigma(A)$ 是(0,1)矩阵 A 的元素 1 的个数. 我们有与推论 2.5.3 等价的定理.

定理 2.5.4 设 A 是 n 阶几乎可约矩阵,$n\geqslant 2$,则

$$n\leqslant\sigma(A)\leqslant 2(n-1).$$

A 是具有 $\sigma(A)=n$ 的 n 阶几乎可约阵当且仅当 A 置换相似于

$$\begin{pmatrix} 0 & 1 & 0 & \cdots & 0 \\ 0 & 0 & 1 & \cdots & 0 \\ \vdots & & & \ddots & \\ 0 & 0 & 0 & \cdots & 1 \\ 1 & 0 & 0 & \cdots & 0 \end{pmatrix}.$$

A 是具有 $\sigma(A)=2(n-1)$ 的 n 阶几乎可约阵当且仅当存在一棵 n 阶树,其邻接矩阵是 A.

如果 k 是一个正整数,则存在一个具有 $\sigma(B)=k$ 的 n 阶几乎可约矩阵 B 当且仅当 $n\leqslant k\leqslant 2(n-1)$.

从 2.3 节的论述中,我们也可以用图论的语言描述几乎可分矩阵.一个几乎可分矩阵 A,其伴随有向图 $D(A)$只要任意删去一条弧变成图 D'就可能出现下列两种情形:

(1) D'是非强连通的;

(2) D'虽是强连通,但存在 D'顶点集的一个真子集 X,使 $|N(X)|\leqslant|X|$.

设

$$A=(a_{ij}),\qquad B=(b_{ij}),$$

$A\leqslant B$ 当且仅当 $a_{ij}\leqslant b_{ij}$.

定理 2.5.5　设 A 是 n 阶几乎可分矩阵,则存在置换阵 P,Q,使 $I\leqslant PAQ$,且对所有这样的 $P,Q,PAQ-I$ 是一个几乎可约矩阵.

证　设 A 是 n 阶几乎可分矩阵,则 A 是完全不可分的.由 Frobenius-König 定理(定理 2.2.1)可知,存在置换矩阵 P 和 Q 使 $I\leqslant PAQ$,即 PAQ 的主对角线是非零元.因 A 几乎可分当且仅当 PAQ 也是几乎可分.不失一般性,设 $I\leqslant A$.由 2.3 节的性质 2,矩阵 $A-I$ 是不可约的.设

$$C\leqslant A-I,\qquad C\neq A-I,$$

且 C 是一个不可约矩阵,则由 2.3 节的性质 2 知,$C+I$ 是完全不可分的.因

$$C+I\leqslant A,\qquad C+I\neq A,$$

这与 A 是几乎可分的事实矛盾.于是,$A-I$ 是几乎可约的.证毕.

若 $B=(b_{ij})$是 n 阶几乎可约阵,则必有

$$b_{ii}=0,\qquad i=1,\cdots,n.$$

由 2.3 节性质 2,$B+I$ 是完全不可分的.但是,它不一定是几乎可分的,例如

$$B=\begin{pmatrix}0&1&1\\1&0&0\\1&0&0\end{pmatrix},\qquad A=I+B=\begin{pmatrix}1&1&1\\1&1&0\\1&0&1\end{pmatrix}.$$

B 是几乎可约的,但 A 不是几乎可分的.因为,在 A 中去掉一个 1 后,得

$$\begin{pmatrix}0&1&1\\1&1&0\\1&0&1\end{pmatrix},$$

仍是完全不可分的.从 2.3 节性质 2 可知:若 $C\leqslant B+I$,C 是完全不可分的,则 $B\leqslant C$.

我们可以利用定理 2.5.1 中已得到的几乎可约矩阵的递归结构,得出几乎可分矩阵的递归结构.首先建立下面两个引理.

引理 2.5.6　设 B 是下列形式的 n 阶(0,1)矩阵

$$\left(\begin{array}{cccccc|c} 1 & 0 & 0 & \cdots & 0 & 0 & \\ 1 & 1 & 0 & \cdots & 0 & 0 & \\ 0 & 1 & 1 & \cdots & 0 & 0 & F_1 \\ \vdots & \vdots & \ddots & \ddots & \vdots & \vdots & \\ 0 & 0 & 0 & \cdots & 1 & 0 & \\ 0 & 0 & 0 & \cdots & 1 & 1 & \\ \hline & & & F_2 & & & B_1 \end{array}\right), \tag{2.5.2}$$

这里,B_1 是完全不可分矩阵,F_1 在第一行有一个 1,F_2 在最末一列有一个 1,则 B 是完全不可分矩阵.

证 由定理 2.4.5,只须证明,B 有全支撑且 B 的约化伴随二部图 G 是连通的就可以了.由定理 2.3.5,B 的每个 1 属于一条非零对角线.由定理 2.4.5,B_1 的约化伴随二部图 G_1 是连通的.而 G 是用路连接 G_1(或以 G_1 为生成子图的图)的两个顶点所得到的.故 G 也连通.证毕.

引理 2.5.7 设在引理 2.5.6 中的矩阵 B 是几乎可分矩阵,则在形如(2.5.2)的矩阵中的 B_1 是几乎可分的且 F_1 和 F_2 分别恰含一个 1.设 F_1 中的唯一的 1 位于 F_1 的第 j 列,F_2 的唯一的 1 位于 F_2 的第 i 行.若 B_1 的阶至少是 2,则 B_1 中(i,j)位置是一个 0.

证 若在 B_1 中用 0 代替某一个 1,得到一个完全不可分矩阵,则由引理 2.5.6,在 B 中用 0 代替那个 1 也得到一个完全不可分矩阵.矛盾!因此,B_1 必须是几乎可分矩阵.由引理 2.5.6 也可知,F_1 和 F_2 分别恰含有一个 1.

现设 B_1 的阶至少是 2.令 G_1 是 B_1 的约化相伴二部图.又设 B_1 的(i,j)位置元素是 1.用 0 来代替这个 1,我们便可以分别从 B_1 和 B 中得到 B'_1 和 B'.因 B_1 的阶至少是 2,B'_1 不是一个零阶阵.B_1 的每一条非零对角线可以扩充成一条 B 的非零对角线,这只要增加如(2.5.2)形式矩阵中所列出的主对角线上的 1 便可.

因 B_1 是完全不可分的,故 B_1 有包含(i,j)位置上 1 的非零对角线,把这条非零对角线上(i,j)位置的 1 删去,添上 F_1 和 F_2 的 1 及矩阵(2.5.2)中列出的主对角线下面的 1,我们便得到一条 B 的非零对角线.由此可见,B' 有全支撑,B' 的约化相伴二部图 G' 是连通的.因为它是从 G_1 中用连结两个顶点的路代替一条边而得到.由定理 2.4.5,B' 是完全不可分的,这便和条件 B 是几乎可分矛盾.于是 B_1 的(i,j)位置的元素等于 0.证毕.

下列定理是 Hartfiel 得到的关于几乎可分矩阵的递归结构.

定理 2.5.8 (Hartfiel[9])　设 A 是一个几乎可分的 n 阶(0,1)矩阵, $n\geqslant 2$, 则 A 置换相抵于一个形如(2.5.2)的 n 阶矩阵,其中, B_1 是一个 m 阶几乎可分矩阵, $1\leqslant m\leqslant n-1$, 矩阵 F_1 恰含一个 1 且在第一行上,不妨设在 $(1,j)$ 位置, $1\leqslant j\leqslant m$, 矩阵 F_2 也恰含一个 1 且在最末一列上,不妨设在 $(i,n-m)$ 位置是 1, $1\leqslant i\leqslant m$. 如果 $m\geqslant 2$, 则 $m\neq 2$ 且 B_1 在 (i,j) 位置上的元素必是 0.

证　因 A 是完全不可分,故它的项秩等于 n. 我们置换 A 的行和列,可得到一个对角线元全是 1 的几乎可分矩阵 B. 由定理 2.5.5,矩阵 $B-I$ 是几乎可约的. 由定理 2.5.1,存在一个 n 阶置换阵 P,使得

$$P(B-I)P^{\mathrm{T}}=PBP^{\mathrm{T}}-I=\left(\begin{array}{cccccc|c} 0 & 0 & 0 & \cdots & 0 & 0 & \\ 1 & 0 & 0 & \cdots & 0 & 0 & \\ 0 & 1 & 0 & \cdots & 0 & 0 & F_1 \\ \vdots & \vdots & \ddots & \ddots & \vdots & \vdots & \\ 0 & 0 & 0 & \cdots & 1 & 0 & \\ \hline & & & F_2 & & & A_1 \end{array}\right)$$

这里, A_1 是一个 m 阶几乎可约矩阵, $1\leqslant m\leqslant n-1$. 矩阵 F_1 恰包含一个 1 且位于第 1 行第 j 列, $1\leqslant j\leqslant m$. 矩阵 F_2 也恰含一个 1 且位于最末一列和第 i 行, $1\leqslant i\leqslant m$. A_1 的 (i,j) 位置元素是 0. 于是, PBP^{T} 有形如(2.5.2)的矩阵,其中 $B_1=A_1+I$. 由定理 2.5.5, B_1 是完全不可分的. 因 B 是几乎可分的,由引理 2.5.7,便得: B_1 是几乎可分的且 B_1 中位置 (i,j) 的元是 0,这里 $m\geqslant 2$. 最后,注意到 $m\geqslant 2$, 则 $m\neq 2$, 因为 2 阶几乎可分矩阵不含 0 元素. 证毕.

注意:满足定理 2.5.8 结论的形如(2.5.2)的矩阵不一定是几乎可分阵. 例如

$$B_1=\begin{pmatrix} 1 & 1 & 0 & 0 \\ 1 & 0 & 1 & 1 \\ 0 & 1 & 1 & 0 \\ 0 & 1 & 0 & 1 \end{pmatrix}$$

是一个几乎可分阵. 可是,矩阵

$$B=\begin{pmatrix} 1 & 1 & 0 & 0 & 0 \\ 0 & 1 & 1 & 0 & 0 \\ 0 & 1 & 0 & 1 & 1 \\ 1 & 0 & 1 & 1 & 0 \\ 0 & 0 & 1 & 0 & 1 \end{pmatrix}$$

却不是几乎可分的.这是因为用 0 换于(3,2),(4,3)位置的 1 后,得到一个完全不可分矩阵.

在定理 2.5.8 中的几乎可分递归结构中的 B_1 可以是任何几乎可分矩阵(除了 2×2 的全 1 矩阵外).当(2.5.2)是 2 阶全 1 矩阵时,这个 1 阶几乎可分阵是 1.

设 B 是 n 阶几乎可分阵($n\geqslant3$),不失一般性,设 B 是形如(2.5.2)的形式且满足定理 2.5.8 的结论,令 A 是矩阵

$$\begin{pmatrix} 1 & E_1 \\ E_2 & B \end{pmatrix},$$

这里 E_1 是 $1\times n$ 的(0,1)矩阵,恰有一个 1,且这个 1 所在的列与 F_1 中的 1 所在的列相同. E_2 是一个 $n\times1$(0,1)矩阵,也恰有一个 1,这个 1 所在的行与 F_2 的 1 所在的行相同.由引理 2.5.6,矩阵 A 是完全不可分的.而由 B 的几乎可分性可导出 A 的几乎可分性.

下面,我们对几乎可分阵的 $\sigma(A)$ 作出估计.

定理 2.5.9 (Minc[11]) 设 A 是 n 阶几乎可分矩阵,则

$$\left.\begin{matrix} n & (n=1) \\ 2n & (n\geqslant2) \end{matrix}\right\} \leqslant \sigma(A) \leqslant \left\{\begin{matrix} 3n-2 & (n\leqslant2) \\ 3(n-1) & (n\geqslant3). \end{matrix}\right.$$

证 设 $I\leqslant A$,由定理 2.5.5, $B=A-I$ 是几乎可约的.由定理 2.5.4, $\sigma(B)\leqslant2(n-1)$,等号成立当且仅当有一棵 n 阶树 T 使 B 是 T 的邻接阵.若 $n=2$, T 存在 2 个悬挂点,若 $n\geqslant3$, T 有至多 $n-1$ 个悬挂点.因而

$$\sigma(B)\leqslant2(n-1),\quad n=2,$$
$$\sigma(B)\leqslant2(n-1)-1,\quad n\geqslant3.$$

故

$$\sigma(A)\leqslant2(n-1)+n=3n-2,\quad n=2,$$
$$\sigma(A)\leqslant2(n-1)-1+n=3(n-1)\quad n\geqslant3.$$

对于 $n\geqslant2$, $\sigma(A)$ 的下界可由下列事实导出:一个 n 阶($n\geqslant2$)完全不可分矩阵在每行中有至少两个 1.对于 $n=1$,结论是显然的.证毕.

对于(0,1)矩阵 A,若 $D(A)$ 是一棵 n 阶树 $T=K_{1,n-1}$.易证, A 是几乎可约的且 $\sigma(A)=2(n-1)$.设 T_0 是在 $T=K_{1,n-1}$ 的 $n-1$ 个悬挂点上添上环,则 T_0 是几乎可分的,且

$$\sigma(A(T_0))=2(n-1)+(n-1)=3(n-1).$$

因而,定理 2.5.9 的上界能达到.可以证明[11],在置换相抵的意义下,具有 $\sigma(A)$

$=3(n-1)(n\geqslant 3)$的几乎可分 n 阶方阵有下面唯一的形式

$$\begin{pmatrix}0 & 1 & 1 & \cdots & 1\\1 & 1 & 0 & \cdots & 0\\1 & 0 & 1 & \cdots & 0\\1 & 0 & 0 & \cdots & 1\end{pmatrix}.$$

一般地,我们有如下定理.

定理 2.5.10　设 n 是正整数,若 $n\leqslant 2$ 且 A 是 n 阶几乎可分阵,则 $\sigma(A)=3n-2$.若 $n\geqslant 3$ 且 k 是整数,$2n\leqslant k\leqslant 3(n-1)$,则存在一个几乎可分阵 A_k,使 $\sigma(A_k)=k$.

证　对 $n\leqslant 2$,结论显然.

设 $n\geqslant 3$ 且 s 是一个整数,$2\leqslant s\leqslant n-1$.我们构造一个如图的 n 阶带 s 个悬挂点的树 T^s.记 T_0^s 是在 T^s 的每个悬挂点添上环所得到的图.易见,$A(T_0^s)$是几乎可分的,且

$$\sigma(A(T_0^s))=2(n-1)+s=2n+s-2.$$

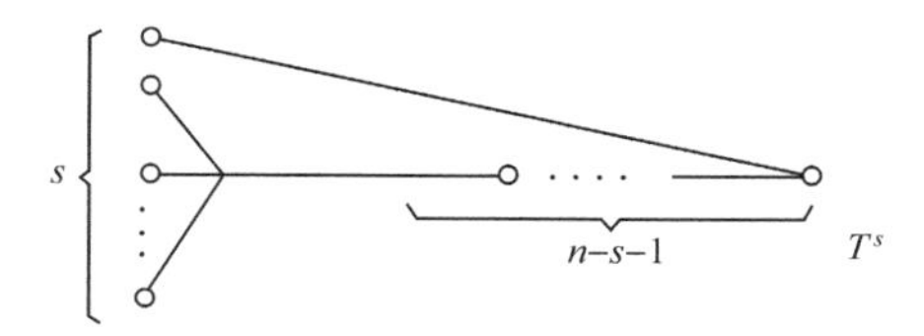

图 2.5.2

当 s 在 2 与 $n-1$ 之间变化时,$2n+s-2$ 就在 $2n$ 和 $3n-3$ 之间变化.定理得证.

顺便指出:几乎可分方阵的约化相伴二部图就是图论中的一类称为最小初等二部图(minimal elementary bipartite graph).关于这类图的组合性质,可参见文献[12].

一个几乎可约矩阵的不可约主子矩阵是几乎可约的,但一个几乎可分矩阵的完全不可分子方阵却不一定是几乎可分阵[10].

与不可约阵和完全不可分阵的关系类似,几乎可约阵与几乎可分阵也有密切的联系.若 A 的所有主对角线元素均为 0 且 $B=A+I$ 是几乎可分的,则 A 必是几乎可约的.若 A 是几乎可约的,则 A 的所有主对角线元素必是 0 且 $B=A+I$ 是完全不可分的,但 B 不一定是几乎可分的.这些结论,如果我们用图论观点,也能得到很明晰的解析.

关于几乎可约与几乎可分两种矩阵的正元素个数之间关系,用有向图的手

法[10]可以证明下列定理.

定理 2.5.11 (Brualdi, Hedrick[10]) 设 n, p, q 是正整数, $n\geqslant 3$, $n\leqslant p\leqslant 2(n-1)$ 且 $2n\leqslant q\leqslant 3(n-1)$, 则存在一 n 阶几乎可约阵 A 和一矩阵 $I'\leqslant I$, 使得

(1) $\sigma(A)=p$,

(2) $\sigma(A+I')=q$,

(3) $A+I'$ 是几乎可分的.

当且仅当下列条件之一成立

(4) $p<2(n-1)$ 且 $2n\leqslant q\leqslant p+n$,

(5) $p=2(n-1)$ 且 $2n\leqslant q\leqslant p+n-1$.

2.6 积 和 式

为了更好地用矩阵来描述组合问题,我们引入一个矩阵置换相抵下的不变量——积和式.

设 $A=(a_{ij})$ 是 $m\times n$ 矩阵($m\leqslant n$),则称和式

$$\operatorname{Per} A = \sum_{i_1, i_2, \cdots, i_m \in P_m^n} a_{1i_1} a_{2i_2} \cdots a_{mi_m} \tag{2.6.1}$$

为 A 的积和式(permanent),这里 P_m^n 表 $\{1,2,\cdots,n\}$ 中所有 m 元排列的集合.

积和式的概念在 1812 年由 Binet 和 Cauchy 提出的. 我们经常用到的是 $m=n$ 的情况. 积和式有深刻的组合意义,例如,当 A 是 n 阶(0,1)方阵时,

$\operatorname{Per}(J)=n!$ 即 n 个元的所有排列数,

$\operatorname{Per}(J-I)=n!\sum_{k=0}^{n}\dfrac{(-1)^k}{k!}$, 即 n 个元的更列(derangement)个数. 所谓更列,就是数列 $(a_1, a_2, \cdots, a_n)$ 是元素 $1,2,\cdots,n$ 的一个排列,且 $a_i\neq i$ $(i=1,2,\cdots,n)$.

于是, Per A 就是具有某一约束条件的排列的个数,当然,我们这里是对(0,1)矩阵 A 而言.

积和式作为矩阵 A 的一种数量函数,它有下面一些明显的性质.

定理 2.6.1 设 A 是 $m\times n$ 矩阵, $m\leqslant n$.

(1) Per A 是 A 的行的多重线性函数.

(2) Per A 是置换相抵下的不变量,即若 P 和 Q 分别是 $m\times m$ 和 $n\times n$ 置换矩阵,则

$$\operatorname{Per}(PAQ)=\operatorname{Per}(A).$$

(3) 若 $m=n$,则 $\mathrm{Per}(A^{\mathrm{T}})=\mathrm{Per}(A)$.

(4) 若 D 和 G 分别是 $m\times m$ 和 $n\times n$ 对角矩阵,则

$$\mathrm{Per}(DAG)=\mathrm{Per}(D)\cdot\mathrm{Per}(A)\cdot\mathrm{Per}(G).$$

特别地,若用数 a 乘 A 的某一行得 A',则

$$\mathrm{Per}(A')=a\ \mathrm{Per}(A).$$

相应的 Laplace 展开定理如下.

定理 2.6.2　设 $A=(a_{ij})$是 $m\times n$ 矩阵,$m\leqslant n$ 对第 $i_1,\cdots,i_k$ 行展开($1\leqslant i_1<i_2<\cdots<i_k\leqslant m$)

$$\mathrm{Per}\ A=\sum_{1\leqslant j_1<\cdots<j_k\leqslant n}\mathrm{Per}\ A[i_1,\cdots,i_k\mid j_1,\cdots,j_k]\mathrm{Per}\ A(i_1,\cdots,i_k\mid j_1,\cdots,j_k).\tag{2.6.2}$$

特别地,对第 i 行展开:

$$\mathrm{Per}\ A=\sum_{j=1}^{n}a_{ij}\mathrm{Per}\ A(i\mid j).\tag{2.6.3}$$

证　记$\{i_1,\cdots,i_k\}=\alpha,\{j_1,\cdots,j_k\}=\beta$,则 $A[\alpha\mid\beta]$的积和式是 $k!$ 个对角线乘积之和,$A(\alpha\mid\beta)$积和式是$\binom{n-k}{m-k}(m-k)!$ 个对角线乘积之和. $A[\alpha\mid\beta]$的对角线积乘以 $A(\alpha\mid\beta)$的对角线积是 A 的对角线积. 于是,对固定的 β,$\mathrm{Per}[\alpha\mid\beta]\cdot\mathrm{Per}\ A(\alpha\mid\beta)$是 A 的$k!\binom{n-k}{m-k}(m-k)!$ 个相异对角线积之和. 又,对不同的序列 β,可得到不同的对角线积. 在列标号集中有$\binom{n}{k}$个不同的β,因此,(2.6.2)式的右边是

$$\binom{n}{k}k!\binom{n-k}{m-k}(m-k)!=\binom{n}{m}m!$$

个这样的对角线积的和,即 A 的所有对角线积之和,从而,与 $\mathrm{Per}\ A$ 相等. 证毕.

积和式 $\mathrm{Per}\ A$ 与 A 的行列式 $\det A$ 的最显著不同是,前者可对 $m\times n$ 矩阵 A 而言,而后者仅对 $m=n$ 的方阵有定义.

如果我们仅考虑 n 阶方阵 A,$\mathrm{Per}\ A$ 和 $\det A$ 都是 A 的数值函数,我们看行列式定义

$$\det A=\sum_{i_1,i_2,\cdots,i_n\in P_n^n}(-1)^t a_{1i_1}a_{2i_2}\cdots a_{ni_n}\tag{2.6.4}$$

t 是 $i_1i_2\cdots i_n$ 的逆序数(见附录).

对照(2.6.1)与(2.6.4),我们发现 $\mathrm{Per}\ A$ 与 $\det A$ 每项的结构相似,都是

$n!$ 个乘积项的和,且每项均是 A 中的不同行不同列的 n 个元素的积. 不同的仅是 $\det A$ 由于 $(-1)^t$,因此 $\frac{n!}{2}$ 项要变号. 既然对 $\det A$ 的计算,我们已经有完整的理论和可行的方法,于是很自然地想到

1° Per A 的计算更简单.

2° Per A 可转化为 $\det A$ 计算.

问题 1°的回答恰恰相反. Per A 的计算极为困难,对于任意的(0,1)矩阵 A 来说,Per A 的计算尚未解决,这等价于:对有任意约束条件的 n 元排列计算问题,仍是一个尚未解决的问题. 困难的原因产生于,Per A 不存在行列式计算中存在的下列两条"宝贵"性质.

(1) $\det AB = \det A \cdot \det B$.

(2) 对 A 的某一行乘上一个常数加到另一行上,行列式的值不变.

至于上述的问题 2°,鉴于 Per A 与 $\det A$ 的定义和性质是如此相似(见定理 2.6.1,2.6.2),一开始,就有人做了尝试,把 Per A 转化为 $\det A$ 计算. 例如,对于 2 阶方阵

$$\mathrm{Per}\begin{pmatrix} a_{11} & a_{12} \\ a_{21} & a_{22} \end{pmatrix} = \det\begin{pmatrix} a_{11} & -a_{12} \\ a_{21} & a_{22} \end{pmatrix},$$

只须把一个元 a_{12} 改变符号即可. 但是,令人失望的是,1913 年 Polya 证明了,对于 $n \geqslant 3$ 的 n 阶方阵的积和式不能通过改变某些元素符号的方法,使 Per A 转化为 $\det A'$. 他的证明如下:设 3 阶方阵 $A = (a_{ij})_{3\times 3}$,

$$\det A = a_{11}a_{22}a_{33} + a_{12}a_{23}a_{31} + a_{13}a_{21}a_{32} - a_{11}a_{23}a_{32} - a_{12}a_{21}a_{33} - a_{13}a_{22}a_{31}.$$

设能改变某些 a_{ij} 的符号,使上述项均正,即有 $\sigma_{ij} = 1$ 或 -1,使 $\det A(\sigma_{ij}a_{ij}) =$ Per $A(a_{ij})$ 对任意 a_{ij} 成立.

从前三项(正项)来看,必须有偶数个 σ_{ij} 等于 $+1$.

从后三项(负项)来看,必须有奇数个 σ_{ij} 等于 -1. 矛盾!

对 $n > 3$,如 n 阶方阵 $A = A_3 \dotplus I_{n-3}$ 就不可能用改变 A 中元的某些符号办法,使积和式的计算转化为行列式计算.

为了证明计算一般 Per A 的 Ryser 公式,我们简述一下带权的容斥原理.

设 S 是一个 n 元集,F 是一个域. 对每个 $a \in S$,定义 $W(a) \in F$,$w(a)$ 称为 a 的权. 又设 $P_1, P_2, \cdots, P_N$ 是与 S 的元素有关的 N 个性质,$P = \{P_1, P_2, \cdots, P_N\}$. 对 P 的一个 r-子集

$$\{P_{i_1}, P_{i_2}, \cdots, P_{i_r}\},$$

令

$$W(P_{i_1},P_{i_2},\cdots,P_{i_r}) \tag{2.6.5}$$

表示 S 中同时具有这 r 个性质的元素的权的和,再以

$$W(r)=\sum W(P_{i_1},\cdots,P_{i_r})$$

表示所有(2.6.5)量之和,其和取遍 P 的 r 子集. $W(0)$表示 S 中所有元素的权的和. 我们有如下原理.

容斥原理　令 $E(m)$表示 S 中恰有 $P_1,\cdots,P_N$ 中 m 个性质的元素的权的和,则

$$E(m)=W(m)-\binom{m+1}{m}W(m+1)+\binom{m+2}{m}W(m+2)$$
$$+\cdots+(-1)^{N-m}\binom{N}{m}W(N). \tag{2.6.6}$$

证　设 $a\in S$,且 a 恰具有 P 中的 t 个性质. 若 $t<m$,则 a 对(2.6.6)右边无贡献. 若 $t=m$,则 a 对(2.6.6)右边贡献 $W(a)$. 若 $t>m$,则 a 对(2.6.6)右边贡献等于

$$\left[\binom{t}{m}-\binom{m+1}{m}\binom{t}{m+1}+\binom{m+2}{m}\binom{t}{m+2}\right.$$
$$\left.-\cdots+(-1)^{t-m}\binom{t}{m}\binom{t}{t}\right]W(a). \tag{2.6.7}$$

但是

$$\binom{k}{m}\binom{t}{k}=\binom{t}{m}\binom{t-m}{t-k}\quad(m\leqslant k\leqslant t).$$

(2.6.7)可化为

$$\binom{t}{m}\left[\binom{t-m}{t-m}-\binom{t-m}{t-(m+1)}+\binom{t-m}{t-(m+2)}\right.$$
$$\left.-\cdots+(-1)^{t-m}\binom{t-m}{t-t}\right]W(a)$$
$$=\binom{t}{m}0\cdot W(a)=0.$$

即当 $t>m$ 时,a 对(2.6.6)式右边无贡献.

于是

$$E(m)=\sum_{\substack{a\in S\\ a\text{恰有}P\text{中的}m\text{个性质}}}W(a).$$

证毕.

推论

$$E(0)=W(0)-W(1)+W(2)-\cdots+(-1)^{N}W(N), \qquad (2.6.8)$$

这里 $E(0)$是 S 中不具有 P 中任何性质的元的权的和.

现在,我们叙述一种计算 Per A 的方法.

定理 2.6.3 (Ryser[13]) 设 A 是 $m\times n$ 矩阵, $m\leqslant n$, 把 A 的某 r 列改成 0 后所得的 $m\times n$ 矩阵记为 Ar, 并记这个 Ar 的 m 个行的行和的乘积为 $S(Ar)$. 再令 $\sum S(Ar)$ 为所有可能取得的 Ar 的 $S(Ar)$之和, 则

$$\begin{aligned}\text{Per } A &= \sum S(A_{n-m})-\binom{n-m+1}{1}\sum S(A_{n-m+1})\\&\quad+\binom{n-m+2}{2}\sum S(A_{n-m+2})-\cdots\\&\quad+(-1)^{m-1}\binom{n-1}{m-1}\sum S(A_{n-1}).\end{aligned} \qquad (2.6.9)$$

证 设 S 是正数 $1,2,\cdots,n$(列号)的所有 m 组合

$$(j_1,j_2,\cdots,j_m) \qquad (2.6.10)$$

的集合. 令(2.6.10)的权为

$$a_{1j_1}a_{2j_2}\cdots a_{mj_m}.$$

记性质 P_i 是 S 的元(2.6.10)不包含整数 i, $i=1,2,\cdots,n$(即不取第 i 列).

若 Ar 是在 A 中把 $i_1,i_2,\cdots,i_r$ 列改为 0 后所得到的矩阵, 则

$$W(P_{i_1},P_{i_2},\cdots,P_{i_r})=S(Ar),$$

从而

$$W(r)=\sum S(Ar).$$

Per A 即 S 中恰有 $n-m$ 个性质 $P_i(i=1,2,\cdots,n)$的元素的权的和. 由容斥原理(2.6.6), 即得(2.6.9). 证毕.

推论 2.6.4 设 A 是 n 阶方阵, 则

$$\text{Per } A=S(A)-\sum S(A_1)+\sum S(A_2)-\cdots+(-1)^{n-1}\sum S(A_{n-1}).$$

定理 2.6.3 虽然提供了计算 Per A 的一般方法. 然而, 由于 $\sum S(Ar)$计算起来繁琐, 因此运用起来不方便.

于是, 问题的焦点在于寻求一些特殊的且有应用背景的矩阵积和式的计算公式.

例如, 一些有规律的限位排列问题, 可以归结为拉丁长方的计算问题, 也等

价于(0,1)方阵的积和式的计算.

设 $S=\{1,2,\cdots,n\}$,一个 $r\times n$ 长方阵列 A,如果 A 的每一行都是 S 的一个排列,每一列又是 S 的 n 个元素的 r 排列.若把 A 的第一行作自然顺序 1,2,$\cdots$,n.则此拉丁长方称为规范拉丁长方,以 $K(r,n)$ 记规范的 $r\times n$ 拉丁长方的个数.于是

$$K(2,n)=\mathrm{Per}(J-I)=D_n.$$

这就是形式为 $\begin{bmatrix}1 & 2 & 3 & \cdots & n\\ * & * & * & \cdots & *\end{bmatrix}$ 的 $2\times n$ 规范拉丁长方个数,也是前面我们提到的更列个数.

如果设 P_n 是每一行等于$(0,1,0,\cdots,0)$的 n 阶循环方阵,于是

$$\mathrm{Per}(J-I-P_n)$$

即形为 $\begin{bmatrix}1 & 2 & 3 & \cdots & n\\ n & 1 & 2 & \cdots & n-1\\ * & * & * & \cdots & *\end{bmatrix}$ 的 $3\times n$ 规范拉丁长方个数.

1934 年 J. Touchard[13]得到了

$$\mathrm{Per}(J-I-P_n)=n!\ -\frac{2n}{2n-1}\binom{2n-1}{1}(n-1)!\ +\frac{2n}{2n-2}\binom{2n-2}{2}(n-2)!$$
$$-\cdots+(-1)^n\frac{2n}{n}\binom{n}{n}0!\qquad(n>1).$$

易见 $\mathrm{Per}(J-I-P_n-P_n^2)$,$\mathrm{Per}(J-I-P_n-P_n^2-P_n^3)$是一类 $3\times n$,$4\times n$ 规范拉丁长方的个数.迄今,我们只能求出上述特殊的规范拉丁长方个数及 $K(3,n)$ 的计算公式.

积和式同样有明确的图论意义.若 n 阶有向图 D 的邻接矩阵是 A,则 $\mathrm{Per}\,A$ 就是 D 的由不交有向圈组成的生成子图的个数.如果 D 是一个 $2m$ 阶的简单二部图,$A=\begin{bmatrix}0 & B\\ B^{\mathrm{T}} & 0\end{bmatrix}$,这里 B 是 m 阶方阵,则 $\mathrm{Per}\,B$ 就是 D 的 1-因子(完备匹配)的个数[13].

当然,对 $m\times n$ 的(0,1)矩阵 A 来说,$(m\leqslant n)$当 $\rho_A<m$ 时,$\mathrm{Per}\,A=0$,而当 $\rho_A=m$ 即 A 不含有 $s\times t$ 零子阵,$s+t=n+1$ 时,$\mathrm{Per}\,A>0$ 且等于 A 的最大无关元组的个数.然而,这仅是对 $\mathrm{Per}\,A$ 定义的另一种描述,也是 Frobenius-König 定理(定理 2.2.1)的等价命题,对计算上并没有大的帮助.

于是,人们的注意力转向了对 $\mathrm{Per}\,A$ 的上界和下界的估值上.

我们仅考虑(0,1)矩阵,下面是关于 $\mathrm{Per}\,A$ 下界的重要结论.

定理 2.6.5 (Hall-Mann-Ryser[14])　设 A 是每行至少有 t 个 1 的 $m\times n(0,1)$矩阵，$m\leqslant n$，则当 $t\geqslant m$ 时，$\operatorname{Per} A\geqslant t!\ /(t-m)!$；

当 $t\leqslant m$ 且 $\operatorname{Per} A>0$ 时，$\operatorname{Per} A\geqslant t!$.

证　由习题 2.6 的结论，我们可假设对一切满足 $0<t\leqslant n$ 的 t 值，有 $\operatorname{Per} A>0$.

对 m 用归纳法.

若 $m=1$，则 $t\geqslant m$ 且 $\operatorname{Per} A=t=t!\ /(t-m)!$

假设 $m>1$ 且对小于 m 行的一切A，定理成立. 因 $\operatorname{Per} A>0$，A 不含$k\times(n-k+1)$零子阵. 于是 A 的每个$k\times n$ 子阵至少含k 个非零列. 先设对某个 h，$1\leqslant h\leqslant m-1$，$A$ 存在一个恰好有$n-h$ 个零列的$h\times n$ 子阵，即 A 置换相抵于

$$h\left\{\left(\overbrace{\begin{array}{c|c} B & 0 \\ \hline C & D \end{array}}^{h}\right)\right., \tag{2.6.11}$$

此阵的前 h 行的t 个正元必包含在B 中，于是 B 的每行至少有 t 个 1，且 $t\leqslant h\leqslant m-1$. 此外

$$\operatorname{Per} A=\operatorname{Per} B\cdot\operatorname{Per} D>0,$$

故

$$\operatorname{Per} B>0\quad 和\quad \operatorname{Per} D>0.$$

由归纳假设 $\operatorname{Per} B\geqslant t!$. 于是

$$\operatorname{Per} A=\operatorname{Per} B\cdot\operatorname{Per} D\geqslant t!\ \operatorname{Per} D\geqslant t!.$$

若 A 不是置换相抵于形如(2.6.11)的矩阵，则 A 的每个$k\times n$ 子阵$(1\leqslant k\leqslant m-1)$至少有 $k+1$ 个非零列，由习题 2.7 知，每个$(m-1)\times(n-1)$子阵$A(s|t)$有正积和式，此外，$A(s|t)$的每行至少有 $t-1$ 个 1. 由归纳假设

$$\operatorname{Per}(A(s|t))\geqslant\begin{cases}(t-1)!, & 当\ t-1\leqslant m-1, \\ (t-1)!\ /(t-m)!, & 当\ t-1\geqslant m-1.\end{cases}$$

但当 $t\leqslant m$ 时，$t-1\leqslant m-1$；当 $t\geqslant m$ 时，$t-1\geqslant m-1$. 因此，当 $t\leqslant m$ 时，有

$$\begin{aligned}\operatorname{Per} A &=\sum_{j=1}^{n} a_{1j}\operatorname{Per}(A(1\mid j))\geqslant\sum_{j=1}^{n} a_{1j}(t-1)! \\ &=(t-1)!\sum_{j=1}^{n} a_{1j}\geqslant t!,\end{aligned}$$

这里，用到 $\sum\limits_{j=1}^{n} a_{1j}\geqslant t$. 同理，当 $t\geqslant m$，有

$$\begin{aligned}\text{Per } A &\geqslant \sum_{j=1}^{n} a_{1j}(t-1)!/(t-m)! = ((t-1)!/(t-m)!)\sum_{j=1}^{n} a_{1j}\\ &\geqslant t!/(t-m)!.\end{aligned}$$

证毕.

在上述定理中,我们用到了一个必不可少的条件 Per $A>0$. 由部分可分矩阵(方阵)的定义和 Frobenius-König 定理,我们容易知道:对于完全不可分矩阵(方阵)A,必有 Per $A>0$. 于是,不难证明(见习题 2.8,2.9)如下定理.

定理 2.6.6 (Minc[15])　设 A 是完全不可分的 n 阶(0,1)矩阵,则

$$\text{Per } A \geqslant \sigma(A) - 2n + 2, \tag{2.6.12}$$

其中 $\sigma(A)$表示 A 的一切元素之和.

推论 2.6.7　设 A 是完全不可分的 n 阶非负整数矩阵,它的所有元素之和记为 $\sigma(A)$,则

$$\text{Per } A \geqslant \sigma(A) - 2n + 2. \tag{2.6.13}$$

当 $n\geqslant 2$ 时,(2.6.13)的等式成立当且仅当 A 置换相抵于下列 n 阶矩阵

$$\begin{bmatrix} A_3 & A_1 \\ A_2 & 0 \end{bmatrix},$$

其中 A_3 是$(n-p)\times(p+1)$的非负整数矩阵,$0\leqslant p\leqslant n-1$. A_1^{T} 和 A_2 是每行恰有两个零的(0,1)矩阵,由 A 的完全不可分性可推导出 A_1^{T} 和 A_2 是树图的关联矩阵[16].

1972 年,Gibson 对(2.6.12)的下界作了改进,得到了如下定理.

定理 2.6.8 (Gibson[17])　设 A 是每行至少有 t 个 1 的 n 阶完全不可分(0,1)矩阵,则

$$\text{Per } A \geqslant \sigma(A) - 2n + 2 + \sum_{i=1}^{t-1}(i! - 1). \tag{2.6.14}$$

求 Per A 的上界,一个重要的结果是利用矩阵 A 行和的估值,这是由 Minc 在 1963 年提出猜想[18],由 Bregman 在 1973 年给出了完全的证明[19].

在叙述 Bregman 定理之前,我们先证明两个引理.

设 r_i 是 n 阶矩阵 $A=(a_{ij})$的第 i 个行和,$i=1,2,\cdots,n$.

引理 2.6.9　若 $t_1,\cdots,t_n$ 是非负实数,则

$$\left(\frac{1}{n}\sum_{k=1}^{n} t_k\right)^{\sum_{k=1}^{n} t_k} \leqslant \prod_{k=1}^{n} t_k^{t_k}, \tag{2.6.15}$$

此处约定 $0^0=1$.

证 由函数 $x\log x$ 的凸性,可知

$$\left(\frac{1}{n}\sum_{k=1}^{n}t_k\right)\log\left(\frac{1}{n}\sum_{k=1}^{n}t_k\right)\leqslant\frac{1}{n}\sum_{k=1}^{n}t_k\log t_k,$$

于是

$$\log\left(\frac{1}{n}\sum_{k=1}^{n}t_k\right)^{\sum\limits_{k=1}^{n}t_k}\leqslant\log\prod_{k=1}t_k^{t_k},$$

便得(2.6.15).证毕.

引理 2.6.10 设 $A=(a_{ij})$是 n 阶(0,1)矩阵,Per $A>0$, S 是对应于 A 的正对角线的置换的集合,即 $\sigma\in S$ 当且仅当 $\prod\limits_{i=1}^{n}a_{i\sigma_i}=1$,则有

$$\prod_{i=1}^{n}\prod_{a_{ik}=1}(\mathrm{Per}\ A(i\mid k))^{\mathrm{Per}\ (A(i\mid k))}=\prod_{\sigma\in S}\prod_{i=1}^{n}\mathrm{Per}\ (A(i\mid\sigma_i))\tag{2.6.16}$$

和

$$\prod_{i=1}^{n}r_i^{\mathrm{Per}\ A}=\prod_{\sigma\in S}\prod_{i=1}^{n}r_i.\tag{2.6.17}$$

证 对给定的 i 和 k,在(2.6.16)的左边因子 Per($A(i|k)$)的个数当 $a_{ik}=1$ 时是 Per($A(i|k)$),其余是 0.而在(2.6.16)右边因子 Per($A(i|k)$)的个数等于 S 中满足 $\sigma_i=k$ 的置换 σ 的个数.这个数,当 $a_{ik}=1$ 时是 Per ($A(i|k)$),而当 $a_{ik}=0$ 时,是 0.

易见,对给定的 i,(2.6.17)两边因子 r_i 的个数都是 Per A,证毕.

下面的定理,我们采用 Schrijver 所提供的证明方法[20].

定理 2.6.11 (Minc-Bregman) 设 $A=(a_{ij})$是行和为 $r_1,\cdots,r_n$ 的 $n\times n$ (0,1)阵,则

$$\mathrm{Per}\ A\leqslant\prod_{i=1}^{n}(r_i!)^{1/r_i}.\tag{2.6.18}$$

证 对 n 作归纳法.由引理 2.6.9,

$$\begin{aligned}(\mathrm{Per}\ A)^{n\mathrm{Per}\ A}&=\prod_{i=1}^{n}(\mathrm{Per}\ A)^{\mathrm{Per}\ A}\\&=\prod_{i=1}^{n}\left(\sum_{k=1}^{n}a_{ik}\mathrm{Per}\ A(i\mid k)\right)^{\sum a_{ik}\mathrm{Per}\ A(i\mid k)}\\&\leqslant\prod_{i=1}^{n}\left(r_i^{\mathrm{Per}\ A}\prod_{\substack{k\\a_{ik}=1}}(\mathrm{Per}\ A(i\mid k))^{\mathrm{Per}\ A(i\mid k)}\right).\end{aligned}$$

由引理 2.6.10,

$$(\text{Per } A)^{n\text{Per } A} \leqslant \prod_{\sigma \in S} \left[\left(\prod_{i=1}^{n} r_i\right)\right]\left[\prod_{i=1}^{n} \text{Per } A(i \mid \sigma_i)\right].$$

现对每个 $A(i|\sigma_i)$应用归纳假设

$$\begin{aligned}\prod_{i=1}^{n} \text{Per } A(i \mid \sigma_i) &\leqslant \prod_{i=1}^{n}\left[\prod_{\substack{j \neq i \\ a_{j\sigma_i}=0}} r_j!^{1/r_j}\right] \times \left[\prod_{\substack{j \neq i \\ a_{j\sigma_i}=1}} (r_j - 1)!^{1/(r_j-1)}\right] \\ &= \prod_{j=1}^{n}\left(\prod_{\substack{i \neq j \\ a_{j\sigma_i}=0}} r_j!^{1/r_j}\right) \times \left(\prod_{\substack{i \neq j \\ a_{j\sigma_i}=1}} (r_j - 1)!^{1/(r_j-1)}\right) \\ &= \prod_{j=1}^{n} r_j!^{(n-r_j)/r_j} \cdot (r_j - 1)!^{(r_j-1)/(r_j-1)}.\end{aligned}$$

上述第一个等式是交换乘法次序的结果,第二个等式是由计算因子 $r_j!^{1/r_j}$和因子$(r_j-1)!^{1/(r_j-1)}$的个数得到的. 显然,对固定的 σ 和 j,满足 $i \neq j$ 和 $a_{j\sigma_i}=0$ 的 i 的个数是 $n-r_j$,满足 $i \neq j$ 和 $a_{j\sigma_i}=1$ 的 i 的个数是 r_j-1(因 $a_{j\sigma_j}=1$). 因此

$$\begin{aligned}(\text{Per } A)^{n\text{Per } A} &\leqslant \prod_{\sigma \in S}\left(\left(\prod_{i=1}^{n} r_i\right)\left(\prod_{j=1}^{n} r_j!^{(n-r_j)/r_j} \times (r_j - 1)!\right)\right) \\ &= \prod_{\sigma \in S}^{n}\left(\prod_{i=1}^{n} r_j!^{n/r_j}\right) = \left(\prod_{i=1}^{n} r_i!^{1/r_i}\right)^{n\text{Per } A},\end{aligned}$$

便得(2.6.18)式. 证毕.

运用定理 2.6.11,Foregger 得到了完全不可分的非负整数矩阵积和式的一个上界. 在叙述 Foregger 的结果之前,我们先证明下列引理.

引理 2.6.12　设 $A=(a_{ij})$是 n 阶完全不可分的非负整数矩阵($n \geqslant 2$),则存在一个整数 $j \geqslant 0$ 和一个 n 阶完全不可分(0,1)矩阵 B,$B \leqslant A$ 使得

$$\text{Per } A \leqslant 2^j \text{ Per } B - (2^j - 1), \tag{2.6.19}$$

这里 $\sigma(A) - \sigma(B) = j$.

证　若 A 是一个(0,1)矩阵,则 $B=A$ 且 $j=0$,满足(2.6.19).

现设 A 存在一个元 a_{rs},$a_{rs} \geqslant 2$. A'是把 A 的元 a_{rs}减去 1 得到的矩阵. 由习题 2.11 的结论,得

$$\text{Per } (A(r|s)) \leqslant \frac{(\text{Per } A - 1)}{2}. \tag{2.6.20}$$

又

$$\text{Per } A = \text{Per } A' + \text{Per } (A(r|s)), \tag{2.6.21}$$

由(2.6.20)和(2.6.21)得

$$\text{Per } A \leqslant 2\text{Per } A' - 1. \tag{2.6.22}$$

易见,对于和 $\sum(a_{ij}-1), a_{ij}\geqslant 2, i=1,2,\cdots,n, j=1,2,\cdots,n$ 作归纳法便可完成引理的证明.证毕.

定理 2.6.13 (Foregger[21]) 设 A 是一个 n 阶完全不可分的非负整数矩阵,它的元素的和为 $\sigma(A)$,则

$$\text{Per } A \leqslant 2^{\sigma(A)-2n} + 1. \tag{2.6.23}$$

证 若 $n=1$,不等式(2.6.23)成立.

现设 $n\geqslant 2$ 并对 n 作归纳法.若 A 是一个(0,1)矩阵且 A 的每行的行和 $r_i \geqslant 3$,则由(2.6.18)式可推导出(2.6.23)成立.

现设 A 是一个(0,1)阵且至少有一行的行和等于 2.不失一般性,设 A 的第一行是 $1,1,0,\cdots,0$.于是

$$\text{Per } A = \text{Per }(A(1|1)) + \text{Per }(A(1|2)) = \text{Per } A',$$

这里 A' 是把 A 的第 1 列加到第 2 列上,然后删去第 1 行第 1 列所得到的矩阵. A' 是完全不可分的且 $\sigma(A') = \sigma(A) - 2$.由归纳假设,得

$$\text{Per } A = \text{Per } A' \leqslant 2^{\sigma(A')-2(n-1)} + 1 = 2^{\sigma(A)-2n} + 1.$$

若 A 至少有 1 个元大于 1,设矩阵 B 和整数 j 满足引理 2.6.12 的条件,应用上述已证明的对于完全不可分(0,1)矩阵 B 的结论,得

$$\begin{aligned}\text{Per } A &\leqslant 2^j \text{Per } B - (2^j - 1)\\ &\leqslant 2^j(2^{\sigma(B)-2n} + 1) - (2^j - 1)\\ &= 2^{\sigma(A)-2n} + 1.\end{aligned}$$

定理得证.证毕.

在定理 2.6.13 的证明中,若 A 是所有行和至少等于 3 的完全不可分(0,1)矩阵,则(2.6.23)可由(2.6.18)推出.若某一行和等于 2,则(2.6.23)是比(2.6.18)更好的界.例如

$$A = \begin{pmatrix} 1 & 0 & 1 & 0\\ 1 & 1 & 0 & 1\\ 0 & 1 & 1 & 0\\ 0 & 0 & 1 & 1 \end{pmatrix},$$

则 $\text{Per } A = 3$ 且(2.6.23)得到 $\text{Per } A \leqslant 3$.但由(2.6.18)得到 $\text{Per } A \leqslant 2^{3/2}3^{1/3} = 4.079\cdots$.不等式(2.6.23)对非负整数矩阵成立.但(2.6.18)在 A 不是(0,1)矩阵时不一定成立.

注意到(见 2.4 节)一个有全支撑的矩阵置换相抵于 t 个完全不可分矩阵子块的直和,定理 2.6.15 的条件可以用“全支撑”的条件代替.于是有如下定理(见

习题2.14).

定理 2.6.14 (Brualdi, Gibson[16]) 设 A 是一个有全支撑的 n 阶非负整数矩阵, t 是 A 的完全不可分子块的个数,则

$$\operatorname{Per} A < 2^{\sigma(A)-2n+t}. \tag{2.6.24}$$

1984年Donald等[22]再次改进了(2.6.23),证明了:若 n 阶完全不可分非负整数矩阵 A 有行和 $r_1,\cdots,r_n$ 和列和 $s_1,\cdots,s_n$,则

$$\operatorname{Per} A \leqslant 1+\min\left\{\prod_i (r_i-1), \prod_i (s_i-1)\right\}.$$

对于Per A 的上界,近年来,还有下面一些进一步的结果.

Brualdi等考虑了在(0,1)矩阵 A 的1(或0)个数在一定范围内,Per A 的上界.

设 σ 是 n 阶(0,1)阵 A 的1的个数, τ 是零的个数,($\tau=n^2-\sigma, 0\leqslant\tau\leqslant n^2$).记 $\mathscr{U}(n,\tau)$ 是恰具有 τ 个0的 n 阶(0,1)阵的集合

$$\mu(n,\tau)=\max\{\operatorname{Per} A : A\in\mathscr{U}(n,\tau)\}.$$

显然,若 $\tau>n^2-n$,则 $\mu(n,\tau)=0$,于是仅需考察 $\tau\leqslant n^2-n$ 的情形.

定理 2.6.15[23] 设 A 是 $\mathscr{U}(n,\tau)$ 中的矩阵, $\tau\leqslant n^2-n$,则

$$\operatorname{Per} A \leqslant (r!)^{(nr+n-\sigma)/r}((r+1)!)^{(\sigma-nr)/(r+1)}, \tag{2.6.25}$$

这里 $r=\left[\dfrac{\sigma}{n}\right], \sigma=n^2-\tau$.

在证明上述定理前,先证明如下引理.

引理 2.6.16 设 m 和 t 是整数 $m\geqslant 2$ 且 $t\geqslant 1$,则

$$((m+t-1)!)^{\frac{1}{m+t-1}}(m!)^{\frac{1}{m}} > ((m+t)!)^{\frac{1}{m+t}}((m-1)!)^{\frac{1}{m-1}}. \tag{2.6.26}$$

证 设 $k\geqslant 2$,由

$$k^2>(k-1)(k+1)$$

得

$$k^{2k(k-1)}>[(k-1)(k+1)]^{k(k-1)}.$$

于是

$$\frac{k^{(k+2)(k-1)}}{(k-1)^{(k+1)(k-2)}} > \frac{(k+1)^{k(k-1)}(k-1)^2}{k^{(k-1)(k-2)}}, \tag{2.6.27}$$

$$\prod_{k=2}^{s}\frac{k^{(k+2)(k-1)}}{(k-1)^{(k+1)(k-2)}} > \prod_{k=2}^{s}\frac{(k+1)^{k(k-1)}(k-1)^2}{k^{(k-1)(k-2)}},$$

得

$$s^{(s+2)(s-1)}>(s+1)^{s(s-1)}((s-1)!)^2. \tag{2.6.28}$$

用 $s^{s^2-s}((s-1)!)^{2s^2-2}$乘(2.6.28)两边且两边再做 $1/s(s-1)(s+1)$次乘方,得

$$(s!)^{2/s}>((s-1)!)^{1/(s-1)}((s+1)!)^{1/(s+1)},$$

$$\prod_{s=m}^{m+t-1}(s!)^{2/s}>\prod_{s=m}^{m+t-1}((s-1)!)^{1/(s-1)}((s+1)!)^{1/(s+1)},$$

便得(2.6.26).证毕.

现在,我们证明定理 2.6.15.

定理 2.6.15 的证明 由引理 2.6.16 知,

$$\max\left\{\prod_{i=1}^{n}(r_i!)^{1/r_i}: r_i\text{ 是正整数},\sum_{i=1}^{n}r_i=\sigma\right\}$$

在下列条件下可以达到,其中有 a 个 r_i 等于 $r=\lfloor\frac{\sigma}{n}\rfloor$,$b$ 个 r_i 等于 $r+1$,这里

$$\begin{cases}a+b=n,\\ ar+b(r+1)=\sigma.\end{cases} \tag{2.6.29}$$

(2.6.29)的唯一解是

$$\begin{cases}a=nr+n-\sigma,\\ b=\sigma-nr.\end{cases}$$

于是,从 Bregman 不等式(定理 2.6.11)得

$$\begin{aligned}\mu(n,\tau)&=\max\{\mathrm{Per}\,A: A\in\mathcal{U}(n,\tau)\}\\&\leqslant\max\left\{\prod_{i=1}^{n}(r_i!)^{1/r_i}: r_i\text{ 为正整数},\sum_{i=1}^{n}r_i=\sigma\right\}\\&=(r!)^{a/r}((r+1)!)^{b/(r+1)}.\end{aligned}$$

证毕.

(2.6.25)的界有时是可以达到的.例如,设 $a=(nr+n-\sigma)/r$ 和 $b=(\sigma-nr)/(r+1)$,a,b 整数.令 $A=A_1\dotplus A_2$,这里 A_1 是 a 个 J_r 的直和,A_2 是 b 个 J_{r+1}的直和,则 $A\in\mathcal{U}(n,\tau)$且 $\mathrm{Per}\,A=(r!)^a((r+1)!)^b$.因而,定理 2.6.15 的等式成立.可见,当 a,b 是整数时,$\mu(n,\tau)$有显估计式$(r!)^a((r+1)!)^b$.

用数学归纳法等技巧,还可以证明下列结果.

定理 2.6.17[23] 设 n,τ 是整数且 $n>3$,$n^2-2n\leqslant\tau\leqslant n^2-n$,则

$$\mu(n,\tau)=2^{\lfloor\frac{\sigma-n}{2}\rfloor},$$

这里 $\sigma=n^2-\tau$.

通过细致的分析,我们可以刻画出定理 2.6.17 的集合

$$\{A \in \mathcal{U}(n,\tau): \text{Per } A = \mu(n,\tau) = 2^{\lfloor \frac{\sigma-n}{2} \rfloor}\}$$

(见文献[23]).

2.7　具有一定行和、列和向量的(0,1)矩阵类

设 m 和 n 是正整数，$R=(r_1,\cdots,r_m)$ 和 $S=(s_1,\cdots,s_n)$ 是非负整数向量，$\mathcal{U}(R,S)$ 表示满足下列条件的 $m\times n$ 阶(0,1)矩阵 $A=(a_{ij})$ 的集合

$$\sum_{j=1}^{n} a_{ij} = r_i, \quad i = 1,\cdots,m,$$

$$\sum_{i=1}^{m} a_{ij} = s_j, \quad j = 1,\cdots,n,$$

即 $\mathcal{U}(R,S)$ 是具有行和向量 R 和列和向量 S 的 $m\times n$ 阶(0,1)矩阵的集合.

从20世纪50年代开始，H. J. Ryser，D. R. Fulkerson 等数学家对矩阵类 $\mathcal{U}(R,S)$ 进行了研究. $\mathcal{U}(R,S)$ 的存在性，结构和计数，一直是组合矩阵理论的重要课题.

如果我们把矩阵的行和列分别看作二部图的两个顶点集，则 $\mathcal{U}(R,S)$ 存在问题的一个明显的图论意义是：给定 $R=(r_1,\cdots,r_m)$ 和 $S=(s_1,\cdots,s_n)$，在什么条件下，有一个二部图 $G=(X,Y;E)$ 存在，使 r_i 是顶点 $x_i\in X$ 的次数，$i=1,\cdots,m$，而 s_j 是顶点 $y_j\in Y$ 的次数，$j=1,\cdots,n$.

当然，我们还可以给出其它的组合解析. 例如，不妨设 $r_i>0$，$i=1,\cdots,m$；$s_j>0$，$j=1,\cdots,n$. 若集合 T 存在两个分划

$$T = F_1\cup\cdots\cup F_m = G_1\cup\cdots\cup G_n,$$

其中 $|F_i|=r_i$，$|G_j|=s_j$，$|F_i\cap G_j|=0$ 或 1，$i=1,\cdots,m$；$j=1,\cdots,n$，则矩阵

$$A=(a_{ij})\in\mathcal{U}(R,S),$$

其中 $a_{ij}=|F_i\cap G_j|$. 反过来，由 $\mathcal{U}(R,S)$ 的一个矩阵，也可相应地确定 T 的两个分划，使它们的各部分分别是 R 和 S 的分量. 易见 $|T|$ 就是 $\mathcal{U}(R,S)$ 中1的总数.

首先，我们考虑 $\mathcal{U}(R,S)$ 的存在性. 1957年，Gale[24] 和 Ryser[25] 分别独立地得到了 $\mathcal{U}(R,S)$ 非空的充分必要条件. 在证明这一结果之前，我们先引入两个必要的概念.

若 n 维行向量

$$\delta_i=(1,1,\cdots,1,0,\cdots,0), \quad i=1,2,\cdots,m,$$

其中 δ_i 的前 r_i 个分量是 1,其余是 0,则称 δ_i 为极左向量.形如

$$\bar{A} = \begin{pmatrix} \delta_1 \\ \delta_2 \\ \vdots \\ \delta_m \end{pmatrix}$$

称为具有行和向量 $R=(r_1,\cdots,r_m)$的极左矩阵.极左矩阵 $\bar{A}$ 的列和向量记为$\bar{S}=(\bar{s}_1,\cdots,\bar{s}_n)$.易见,给定 R 的 $m\times n$ 极左矩阵的列向量是唯一确定的,记这个矩阵为 $\bar{A}(R,n)$.我们可以由 R 直接求出极左矩阵的$\bar{S}$.

$$\bar{s}_j = \sum_{1\leqslant i\leqslant m} \operatorname{sgn}[\max(r_i - j + 1,0)], \quad 1\leqslant j\leqslant n. \qquad (2.7.1)$$

事实上,若 $r_i>j-1$,则 $r_i\geqslant j$.在计算 $\bar{s}_j$ 时,$\bar{A}$ 的第 i 行 δ_i 贡献一个 1.这时

$$1=\operatorname{sgn}(r_i-j+1)=\operatorname{sgn}[\max(r_i-j+1,0)].$$

若 $r_i\leqslant j-1$,在计算 $\bar{s}_j$ 时,$\bar{A}$ 的第 i 行贡献一个 0.这时

$$0=\operatorname{sgn}(0)=\operatorname{sgn}[\max(r_i-j+1,0)].$$

更直接,(2.7.1)式可写成 $\bar{s}_j=|\{i:r_i\geqslant j,i=1,\cdots,m\}|,j=1,\cdots,n$.

易见,对于 $A\in\mathscr{U}(R,S)$必对应于一个 $\bar{A}(R,n)$这种对应是可逆的且通过移动每行的 1 而完成.一个自然的问题是:对于一个 $\bar{A}(R,n)$,$\bar{A}$ 的 1 向右移动,能够成什么样的矩阵?换言之,不是任何的 $\mathscr{U}(R,S)$中的元,都能由上述的 $\bar{A}$ 产生.那么,S 要满足什么条件,才能通过一个 $\bar{A}(R,n)$产生一个 $A\in\mathscr{U}(R,S)$呢?用 Gale 和 Ryser 的研究结果表述:就是向量 $\bar{S}$ 必须优于 S 向量.

我们先表达两个向量的优超关系.

设两个 n 维单调非增实向量$S=(s_1,s_2,\cdots,s_n)$和 $\bar{S}=(\bar{s}_1,\bar{s}_2,\cdots,\bar{s}_n)$,其中$s_1\geqslant\cdots\geqslant s_n$,$\bar{s}_1\geqslant\cdots\bar{s}_n$.如果

$$s_1+s_2+\cdots+s_i\leqslant\bar{s}_1+\bar{s}_2+\cdots+\bar{s}_i, \quad i=1,2,\cdots,n$$

且当 $i=n$ 时,等式成立,称为向量 $\bar{S}$ 优于(majorized)向量 S,或说 S 劣于$\bar{S}$(be majorized),记作

$$S\prec\bar{S} \quad 或 \quad \bar{S}\succ S.$$

优超关系满足自反性和传递性,但它不是一个偏序关系.若两向量不是单调非增,我们说它们的优超关系是指两向量分量重新排序后的优超关系.

定理 2.7.1 (Gale,Ryser) 设 $R=(r_1,\cdots,r_m)$和 $S=(s_1,\cdots,s_n)$分别是非负整数向量,$r_i\leqslant n$,$i=1,\cdots,m$,则 $\mathscr{U}(R,S)$非空的充要条件是

$$S\prec\bar{S}.$$

证 不妨设 R,S 都是单调非增的,否则可分别重排 R 和 S 的各分量的次

序,使重排后的向量 R' 和 S' 是单调非增. 于是对 $A'\in\mathscr{U}(R',S')$,必有相应的 m 阶和 n 阶置换阵 P 和 Q,使 $PA'Q\in\mathscr{U}(R,S)$.

充分性是定理 2.7.2 的推论.

必要性. 若 $A\in\mathscr{U}(R,S)$,则显然,A 的前 j 列元素之和不大于 $\bar{A}(R,n)$ 的前 j 列元素之和,即

$$s_1+\cdots+s_j\leqslant\bar{s}_1+\cdots+\bar{s}_j,\quad j=1,\cdots,n$$

且

$$s_1+\cdots+s_n=\bar{s}_1+\cdots+\bar{s}_n.$$

即 $S\prec\bar{S}$. 证毕.

Ryser 等关于上述定理的证明是构造性的[24,25],但不能对 $\mathscr{U}(R,S)$ 的个数作出估计,1982 年,魏万迪[26]引入了一个全链概念,从而导出 $|\mathscr{U}(R,S)|$ 的一个非平凡正下界.

定义向量 S' 到向量 S'' 的全链概念如下.

向量 $S'=(s_1',s_2',\cdots,s_n')$, $S''=(s_1'',s_2'',\cdots,s_n'')$ 是两个单调非增向量,其分量是非负整数,且 $S''\prec S'$. 又 λ 是使 $s_\lambda''-s_\lambda'>0$ 的最小下标,μ 是使 $s_\mu'-s_\mu''>0$ 的最大下标,即

$$\begin{matrix} s_1'\geqslant s_2'\cdots s_{\mu-1}'\geqslant s_\mu'\geqslant s_{\mu+1}'\cdots\geqslant s_{\lambda-1}'\geqslant s_\lambda'\geqslant\cdots\geqslant s_n' \\ \veebar \quad \cdots \quad \veebar \quad \vee \quad \| \qquad \| \qquad \wedge\cdots \\ s_1''\geqslant s_2''\cdots s_{\mu-1}''\geqslant s_\mu''\geqslant s_{\mu+1}''\cdots\geqslant s_{\lambda-1}''\geqslant s_\lambda''\geqslant\cdots\geqslant s_n'' \end{matrix}$$

当 $s_\mu'-s_\mu''\geqslant s_\lambda''-s_\lambda'>0$ 时(情形 1),令

$$\begin{aligned} S^{(1)}&=(s_1^{(1)},\cdots,s_n^{(1)})\\ &=(s_1',s_2',\cdots,s_{\mu-1}',s_\mu'-(s_\lambda''-s_\lambda'),s_{\mu+1}',\cdots,s_{\lambda-1}',s_\lambda'',\cdots,s_n'). \end{aligned}$$

当 $s_\lambda''-s_\lambda'>s_\mu'-s_\mu''>0$ 时(情形 2),令

$$\begin{aligned} S^{(1)}&=(s_1^{(1)},s_2^{(1)},\cdots,s_n^{(1)})\\ &=(s_1',\cdots,s_{\mu-1}',s_\mu'',s_{\mu+1}',\cdots,s_{\lambda-1}',s_\lambda'+(s_\mu'-s_\mu''),s_{\lambda+1}',\cdots,s_n'). \end{aligned}$$

把 $S^{(1)}$ 分别与 S',S'' 作比较,可得(见习题 2.15)

$$S''\prec S^{(1)}\prec S'. \tag{2.7.2}$$

但 $S^{(1)}$ 与 S'' 之相同分量的个数比 S'' 与 S' 之相同分量的个数至少多一个. 于是,又可依上述过程,由 $S^{(1)}$ 作出 $S^{(2)}$,使有性质

$$S''\prec S^{(2)}\prec S^{(1)},$$

并且 $S^{(2)}$ 与 S'' 的对应相等的分量个数至少又增加一个. 此过程继续有限次(至多 n 次)后必停止. 于是有

$$S''=S^{(k)}\prec S^{(k-1)}\prec\cdots\prec S^{(2)}\prec S^{(1)}\prec S^{(0)}=S'.$$

我们称上述形式为由 S' 到 S'' 的全链. 特别地, 当 $k=0$ 时, $S'=S''$.

若两个单调非增, 非负整数向量 $S'=(s'_1,\cdots,s'_n)$ 和 $S''=(s''_1,\cdots,s''_n)$, $S''\prec S'$. 设 λ 是使 $s''_\lambda-s'_\lambda>0$ 成立的最小下标, μ 是使 $s'_\mu-s''_\mu>0$ 成立的最大下标, 则定义这两个向量的一个数值函数 W 为

$$W(S'',S')=\begin{bmatrix} s'_\mu-s'_\lambda \\ \min(s'_\mu-s''_\mu,s''_\lambda-s'_\lambda)\end{bmatrix}.$$

定理 2.7.2 (魏万迪[26]) 在上述假定下, 若 $S\prec\bar{S}$, 不妨设 S 是单调非增, 则

$$|\mathscr{U}(R,S)|\geqslant\prod_{0\leqslant i\leqslant k-1}W(S,S^{(i)})\geqslant 1,$$

其中 $S^{(i)}$ 是从 $\bar{S}$ 到 S 的全链中除 $S^{(k)}=S$ 以外的全部向量.

证 设(0,1)矩阵 $A'=(a'_{ij})$ 的列和向量为 S', 行和向量为 R. 又 S'' 为上述全链中的向量, $S''\prec S'$, 在上述全链定义的假设下考察 A' 中的第 μ,λ 列所组成的子矩阵 $B'(s'_\mu>s'_\lambda)$

$$B'=\begin{bmatrix} a'_{1\mu} & a'_{1\lambda} \\ a'_{2\mu} & a'_{2\lambda} \\ \vdots & \vdots \\ a'_{n\mu} & a'_{n\lambda}\end{bmatrix}.$$

可知, B' 中至少有 $s'_\mu-s'_\lambda\geqslant 2$ 个形如(1,0)的行. 又 B' 的列和向量 (s'_μ,s'_λ) 在上述全链定义中构造 $S^{(1)}$ 的过程意味着在 A' 中进行变换, 使 B' 中某些原来为(1,0)的行改变为(0,1)状的行. 对应于 S'' 的构造方式知, 结果是使 B' 的列和向量与 (s''_μ,s''_λ) 至少有一个对应分量相等. 若情形(1), 变换 $s''_\lambda-s'_\lambda$ 个(1,0), 若情形(2), 变换 $s'_\mu-s''_\mu$ 个(1,0). 于是把 $\min(s'_\mu-s''_\mu,s''_\lambda-s'_\lambda)$ 个形如(1,0)的行改变为形如(0,1)的行. 不同变换方法有 $W(S'',S')$ 个.

设由 $\bar{S}$ 到 S 的全链是

$$S^{(k)}=S\prec S^{(k-1)}\prec S^{(k-2)}\prec\cdots\prec S^{(2)}\prec S^{(1)}\prec S^{(0)}=\bar{S}.$$

而具有列和向量 $\bar{S}$ 的是唯一的极左矩阵 $\bar{A}$. 对应于 $\bar{S}$ 到 $S^{(1)}$ 的变换要由 $\bar{A}$ 作出具有列和向量 $S^{(1)}$ 且不改变其行和向量的矩阵 $A^{(1)}$, 由上面证明知, 这样矩阵 $A^{(1)}$ 的个数至少是 $W(S,S^{(0)})$ 个.

又由每个 $A^{(1)}$ 出发, 得出具列和向量 $S^{(2)}$ 的矩阵 $A^{(2)}$ 时, 至少有 $W(S,S^{(1)})$ 种不同的方式得出至少 $W(S,S^{(1)})$ 个不同的 $A^{(2)}$.

如此继续,总共可得至少 $\prod_{i=0}^{k-1} W(S,S^{(i)})$ 个不同的且具有行、列和向量 R,S 的矩阵 $A=A^{(k)}$. 证毕.

从下列例子,我们考察如何运用定理 2.7.2 求 $|\mathscr{U}(R,S)|$ 的下界.

例 2.7.1

$$R=(7,5,5,4,4,3,2,2,1),$$
$$S=(7,6,4,4,4,4,4),$$

易得

$$\bar{S}=(9,8,6,5,3,1,1).$$

易检验

$$S\prec\bar{S}.$$

下面得出由 $\bar{S}$ 到 S 的全链.

$$S^{(0)}=\bar{S}=(9,8,6,5,3,1,1),$$
$$W(S,S^{(0)})=\binom{2}{1}$$

(对照 S,可见 $s'_{\mu}=5, s'_{\lambda}=3, s_{\mu''}=4, s_{\lambda''}=4$),

$$S^{(1)}=(9,8,6,4,4,1,1),\qquad W(S,S^{(1)})=\binom{5}{2},$$

$$S^{(2)}=(9,8,4,4,4,3,1),\qquad W(S,S^{(2)})=\binom{5}{1},$$

$$S^{(3)}=(9,7,4,4,4,4,1),\qquad W(S,S^{(3)})=\binom{6}{1},$$

$$S^{(4)}=(9,6,4,4,4,4,2),\qquad W(S,S^{(4)})=\binom{7}{2},$$

$$S^{(5)}=S=(7,6,4,4,4,4,4).$$

由定理 2.7.2,

$$|\mathscr{U}(R,S)|\geqslant\binom{2}{1}\binom{5}{2}\binom{5}{1}\binom{6}{1}\binom{7}{2}=12600.$$

1984 年万宏辉提出了两个保优(majorized)向量间极小保优对应段和分解列的概念,对魏万迪的全链结构作了更精细的研究,改进了定理 2.7.2 所给出的下界[27].

在定理 2.7.2 的证明中,我们把矩阵中的两列的(1,0)换为(0,1),这是不改变矩阵行和的一种变换. 设 $A\in\mathscr{U}(R,S)$,考察 A 的如下二阶子方阵

$$A_1=\begin{pmatrix}1&0\\0&1\end{pmatrix},\qquad A_2=\begin{pmatrix}0&1\\1&0\end{pmatrix}.$$

把 A 中某个形如A_1(或 A_2)的子方阵换成 A_2(或 A_1)同时不改动 A 的所有其它元素的变换称为A 的对换. 显然 A 经过一次对换后仍属于 $\mathscr{U}(R,S)$. 下面的定理表明,在 $\mathscr{U}(R,S)$中的任两个矩阵都可通过对换从一个变成另一个.

定理 2.7.3 (Ryser[25]) 设 $A,A'\in\mathscr{U}(R,S)$,则可经过有限次对换把 A 变成 A'.

证 不妨设 R 与 S 都是单调非增的,我们对向量 S 的维数作归纳法. $n=1$ 是平凡情形,结论显然成立. 设结论对 $n-1$ 成立($n>1$),记 $A=(a_{ij})$, $A'=(a'_{ij})$均为 $m\times n$ 的(0,1)阵. 考察由它们的最后一列所构成的矩阵

$$M(A,A')=\begin{pmatrix}a_{1n}&a'_{1n}\\ \vdots&\vdots\\ a_{mn}&a'_{mn}\end{pmatrix}.$$

该矩阵的行只有 4 种类型(1,0)(0,1)(0,0)(1,1). 因 A 与A'的列和相同,故形如(1,0),(0,1)的行必成对出现. 考虑下列两种情形.

(1) 若 $M(A,A')$中仅有(1,1)(0,0)行,则

$$\begin{pmatrix}a_{1n}\\ \vdots\\ a_{mn}\end{pmatrix}=\begin{pmatrix}a'_{1n}\\ \vdots\\ a'_{mn}\end{pmatrix}.$$

(2) 若 $M(A,A')$中有(1,0)(0,1)行,记 $j=J(A,A')$是 $M(A,A')$中具有(0,1)或(1,0)的行的最小行序数. 不妨设这是 j,且$(a_{jn}a'_{jn})=(0,1)$.

由 j 的最小性知,在$\{a_{in}\mid j+1\leqslant i\leqslant n\}$中至少有 1 个 1,设 $a_{kn}=1,j+1\leqslant k\leqslant n$. 又因 $a'_{jn}=1$,故知在 A 的同一行的元 $a_{j1},a_{j2},\cdots,a_{jn-1}$中,至少有一个是 1,记其中为 1 的元素是 $a_{ji_1},a_{ji_2},\cdots,a_{ji_\lambda}$,显然 $1\leqslant\lambda\leqslant r_j$.

又由 R 的单调性知$r_j\geqslant r_k$,但 $a_{jn}=0,a_{kn}=1$,故 $a_{ki_1},a_{ki_2},\cdots,a_{ki_n}$中至少有一个是 0,不妨 $a_{ki_\mu}=0$,于是 A 中存在一个二阶子方阵,形如

$$\begin{pmatrix}a_{ji_\mu}&a_{jn}\\ a_{ki_\mu}&a_{kn}\end{pmatrix}=\begin{pmatrix}1&0\\0&1\end{pmatrix},$$

对此子方阵作一次对换后,由 A 得到一个新的矩阵$A_1\in\mathscr{U}(R,S)$,但

$$J(A_1,A')\geqslant j+1=J(A,A')+1.$$

如此,对原矩阵偶(A,A')可经过一次对换,得到一对新矩阵偶(A_1,A'_1),其最后一列相同元素个数比(A,A')多 1. 依此类推,至多经 m 次对换,即得出一对

最后一列全同的矩阵偶. 即由 A 经有限次对换后可得到 A' 有全同的最后一列的矩阵 $\overline{A}$，把 $\overline{A}$ 及 A' 的最后一列去掉，得到具有 $(n-1)$ 列的有同行同列向量的两个矩阵，由归纳假设它们可经有限次对换互化，故 A 和 A' 也可经有限次对换互化. 证毕.

由定理 2.7.3 不难得到如下推论.

推论 2.7.4　设 $\mathscr{U}(R,S)$ 的最小项秩和最大项秩分别为 $\tilde{\rho}$ 和 $\bar{\rho}$，则对区间 $[\tilde{\rho},\bar{\rho}]$ 的任一整数 ρ，必有 $A\in\mathscr{U}(R,S)$，使 $\rho_A=\rho$.

证　因对 $\mathscr{U}(R,S)$ 中的矩阵每进行一次对换，其项秩至多增减 1，故从项秩为 $\tilde{\rho}$ 的矩阵经过一系列对换变成项秩为 $\bar{\rho}$ 的过程中，必遍历从 $\tilde{\rho}$ 到 $\bar{\rho}$ 的所有整数. 证毕.

事实上，我们经常研究的矩阵类 $\mathscr{U}(R,S)$，是考虑 R 和 S 是单调非增的情形，这种情形的非空类 $\mathscr{U}(R,S)$ 常称为规范矩阵类 $\mathscr{U}(R,S)$.

若 $A=(a_{ij})\in$ 规范类 $\mathscr{U}(R,S)$，元素 $a_{ef}=1$ 经任意的对换都不能把它变成 0，则 $a_{ef}=1$ 称为 A 的恒 1(或不变量 1). 由定理 2.7.3 知，若 A 有恒 1，则 $\mathscr{U}(R,S)$ 的每个矩阵都有恒 1. 于是 $\mathscr{U}(R,S)$ 被分为有恒 1 和无恒 1 的两大类. 它的判别准则是如下定理.

定理 2.7.5　规范类 $\mathscr{U}(R,S)$ 有恒 1 的条件是：$\mathscr{U}(R,S)$ 中任一个矩阵 A 都可表为

$$A=\begin{bmatrix} J & * \\ * & 0 \end{bmatrix}, \tag{2.7.3}$$

这里 J 是元素全是 1 的 $e\times f$ 矩阵 $(0<e\leqslant m;0<f\leqslant n)$，而 0 则表示零阵，整数 e,f 不一定是唯一的，但它们都由行和向量 R 与列和向量 S 所确定，并与 A 在 $\mathscr{U}$ 中的选取无关.

证　若 $\mathscr{U}(R,S)$ 中任一矩阵 A 均可写成(2.7.3)形式，显然 J 中的每个元均是恒 1. 充分性得证.

设规范类 $\mathscr{U}$ 有恒 1，设 a_{ef} 是一个恒 1，它使 $e+f$ 达到最大. 对 $\mathscr{U}$ 中的任一矩阵 A，记

$$A=\begin{pmatrix} W & X \\ Y & Z \end{pmatrix}, \tag{2.7.4}$$

其中 W 是 $e\times f$ 矩阵，则 W 必等于 J，且 W 的全部元素都是恒 1. 否则若 W 中有 0 元，由 $\mathscr{U}$ 的规范性，至多经两次对换便可把 a_{ef} 变为 0.

我们往证 $Z=0$，因 $e+f$ 最大，可以在 $\mathscr{U}$ 中取一个 A，使 A 成(2.7.4)的形式且在 X 的第 1 列上有 0(A 的第 e 行第 $f+1$ 列元素必是 0). 这时，若在 Z 的

第 t 行中有 1,至多经过一次对换,可使此 1 在 Z 的第一列,于是可假设 $a_{tf+1}=1, e+1\leqslant t\leqslant m$. 由此,可推知 Y 的第 t 行全 1,否则,若 Y 的第 t 行有一个 0,则可用对换(用 $a_{ef+1}=0, a_{tf+1}=1$)改变 W 中的恒 1. 由此,我们证得 Y 的第 t 行的所有 1 都是恒 1,这便与 $e+f$ 的最大性矛盾. 于是,$Z=0$. A 如(2.7.3)形式. 故 $\mathscr{U}$ 的每个矩阵都有(2.7.3)形式. 证毕.

上面定理,有很多应用. 例如,我们可以进一步研究由 $\mathscr{U}(R,S)$ 中的矩阵的线性组合形式所形成的格结构(lattice)

$$\mathscr{L}(\mathrm{R},\mathrm{S}) := \left\{ \sum_{i=1}^{t} c_i A_i \mid A_i \in \mathscr{U}(R,S), c_i \in \mathbf{Z}, \quad i = 1,2,\cdots,t \right\},$$

见文献[28].

利用万宏辉所提出的极小保优对应段和分解列的概念,可以解决 $\mathscr{U}(R,S)$ 中恒 1 的分布和计数问题[27].

关于矩阵类 $\mathscr{U}(R,S)$ 的研究从 20 世纪中开始,现在正方兴未艾. 一个值得注意的工作是,王伯英(1987)用二进位制的技巧给出了 $|\mathscr{U}(R,S)|$ 的一个精确表达式[29]. 我们用 $I(k)$ 表示非负整数 $(k-1)$ 写为二进位时 1 的个数,且令 p_i 表示 $R=(r_1,\cdots,r_m)$ 中分量 i 的个数, $i=0,1,\cdots,n$. 对于 $S=(s_1,\cdots,s_n)$,记 $q_j=s_j-p_n, j=1,\cdots,n-1$,则有如下定理 .

定理 2.7.6 (王伯英[29])

$$|\mathscr{U}(R,S)| = \sum_{t_{ijk}\geqslant 0} \prod_{i,j=1}^{n-1} \prod_{k=1}^{2j-1} \binom{n_{ijk}}{m_{ijk}},$$

其中 n_{ijk}, m_{ijk} 是 p_i, p_j 和 t_{ijk} 的函数,由下列递推式给出

$$n_{i11} = p_i,$$

$$m_{ijk} = \begin{cases} t_{ijk}, & \text{若 } i+j-n \leqslant I(k) < i \ (i,k \text{ 不同时为 } 1), \\ 0, & \text{若 } I(k) \geqslant i, \\ n_{ijk}, & \text{若 } I(k) < i+j-n, \end{cases}$$

$$n_{ijk} = \begin{cases} n_{i(j-1)\frac{k+1}{2}} - m_{i(j-1)\frac{k+1}{2}}, & \text{若 } k \text{ 为奇数} (j>1), \\ m_{i(j-1)\frac{k}{2}}, & \text{若 } k \text{ 为偶数}, \end{cases}$$

$$m_{1j1} = q_j - \sum_{i=2}^{n-1} \sum_{k=1}^{2^{j-1}} m_{ijk},$$

$$k = 1,\cdots,2^{j-1}; i = 2,\cdots,n-1; j = 1,\cdots,n-1.$$

诚然,上述公式仍是 R 和 S 一个复杂的函数,但对较小的 n,可以得到简洁

的表达式.

推论 2.7.7　当 $n=3$ 时,

$$|\mathscr{U}(R,S)|=\sum_{t\geqslant 0}\binom{p_1}{q_1-t}\binom{p_2}{t}\binom{p_1-q_1+2t}{q_2-p_2+t}.$$

当 $n=2$ 时,

$$|\mathscr{U}(R,S)|=\binom{p_1}{q_1}.$$

关于 $\mathscr{U}(R,S)$研究的问题、方法和现状,可参见 R. A. Brualdi 的长篇综述[30].

2.8　随机矩阵与双随机矩阵

作为 König 定理的应用,我们考察随机矩阵的组合性质.

一个非负方阵称为随机(方)阵(stochastic matrix),如果它的每一行上元素之和都是 1.

随机矩阵在有限齐次马尔可夫链理论中有着重要的应用,它刻画所谓 n 个状态的齐次马尔可夫链.

设某系统具有 n 个可能状态 $S_1,S_2,\cdots,S_n$. 若对任意 $i,j=1,2,\cdots n$,此过程从状态 i 移到状态 j 的概率 p_{ij}与时间无关(即"齐次性")称为一个有限齐次马尔可夫链.

记此系统在时刻 t 处于状态 S_i 的概率是$\pi_i^{(t)}$,$\pi_i^{(t)}\geqslant 0$,

$$\sum_{i=1}^{n}\pi_i^{(t)}=1\quad(i=1,2,\cdots,n),$$

则下一个时刻 $t+1$,处于状态 S_j 的概率等于 $\sum\limits_{i=1}^{n}\pi_i^{(t)}p_{ij}$,如

	S_1	$S_2\cdots$	$S_i\cdots$	$S_j\cdots$	S_n	
t	$\pi_1^{(t)}$	$\pi_2^{(t)}\cdots$	$\pi_i^{(t)}\cdots$	$\pi_j^{(t)}\cdots$	$\pi_n^{(t)}$	$\sum\limits_{i=1}^{n}\pi_i^{(t)}=1$
$t+1$	$\sum\limits_{i=1}^{n}\pi_i^{(t)}p_{i1}=\pi_1^{(t+1)}$	$\sum\limits_{i=1}^{n}\pi_i^{(t)}p_{i2}=\pi_2^{(t+1)}$	$\sum\pi_i^{(t)}p_{ii}=\pi_i^{(t+1)}\cdots$	$\cdots\sum\pi_i^{(t)}p_{ij}=\pi_j^{(t+1)}$	$\sum\pi_i^{(t)}p_{in}=\pi_n^{(t+1)}$	$\sum\limits_{j=1}^{n}p_{ij}=1$

令 $\pi^{(t)}=(\pi_1^{(t)},\pi_2^{(t)},\cdots,\pi_n^{(t)})$，$P=(p_{ij})$，则有

$$\pi^{(t+1)}=\pi^{(t)}P=\cdots=\pi^{(0)}P^{t+1}\quad(t=0,1,2,\cdots).$$

n 阶方阵 $P=(p_{ij})$是一个随机方阵，称为这个齐次马尔可夫链的转移矩阵，一个有限齐次马尔可夫链被它的转移矩阵完全决定，反之，转移矩阵被它所属的链完全决定.这类似于有向图与它的邻接矩阵的关系.

对于随机矩阵.容易得到下列性质.

定理 2.8.1 A 是n 阶随机方阵，

(1) 当且仅当 $AJ=J$，J 是n 阶全 1 方阵.

(2) 当且仅当 $e=(1,1,\cdots,1)^{\mathrm{T}}$ 是对应 A 的最大特征值 1 的一个特征向量.

证 由随机矩阵的定义，显见(1).

(2) 若 e 是A 的特征值为 1 的特征向量，由 $Ae=e$ 知，A 是随机方阵.充分性得证.

要证明必要性，只须证 A 的特征根的最大模$\rho(A)=1$.

对任一正向量 $X=(x_1,\cdots,x_n)^{\mathrm{T}}$，若 $A=(a_{ij})$不可约，记 $Y=\mathrm{diag}(x_1,\cdots,x_n)$，则 $Y^{-1}AY=(a_{ij}x_j/x_i)$的第 i 行之和记作$\dfrac{(AX)_i}{x_i}$，这里$(AX)_i=\sum\limits_{j=1}^{n}a_{ij}x_j$

因 $Y^{-1}AY$ 与A 相似，且同为不可约，由 2.3 节中，用不可约阵的行和对 $\rho(A)$作估值的结论，有

$$\min_{1\leqslant i\leqslant n}\frac{(AX)_i}{x_i}\leqslant\rho(Y^{-1}AY)=\rho(A)\leqslant\max_{1\leqslant i\leqslant n}\frac{(AX)_i}{x_i}.\tag{2.8.1}$$

对一般的非负阵，令 $A_\varepsilon=A+\varepsilon J$，$\varepsilon>0$，则有

$$\min_{x_i>0}\frac{(A_\varepsilon X)_i}{x_i}\leqslant\rho(A_\varepsilon)\leqslant\max\frac{(A_\varepsilon X)_i}{x_i}.$$

令 $\varepsilon\to0$ 得

$$\min_{x_i>0}\frac{(AX)_i}{x_i}\leqslant\rho(A)\leqslant\max_{x_i>0}\frac{(AX)_i}{x_i}.\tag{2.8.2}$$

若 A 是随机阵，因 e 是A 的一个特征向量，便得

$$\rho(A)\leqslant\max_{1\leqslant i\leqslant n}\frac{(Ae)_i}{1}=1.\tag{2.8.3}$$

于是 $\lambda_1=\rho(A)=1$.证毕.

由上述证明，我们推导了对不可约非负阵或一般非负矩阵适用的结论(2.8.1)和(2.8.2).根据(2.8.3)，易见，随机矩阵的任一特征值的模都不大于1，由上述定理，易得如下结论.

推论 2.8.2　随机矩阵的乘积也是随机矩阵.

一个非负方阵称为双随机的(doubly stochastic),如果它的每个行和与列和都是1.

双随机矩阵在数学和物理学上有许多重要的应用.我们从一个有趣的数学竞赛题谈起.

问题 1　若干个小孩围在圆桌而坐,每人手中有偶数块糖,若按下列法则作为一次调整:

(1) 每个小孩把手中的糖的一半分给右邻的小孩.

(2) 若某一小孩手中的糖变成奇数块,则向老师多要一块糖.

求证:经过有限次调整后,所有小孩手中的糖块都一样多.例如图2.8.1.

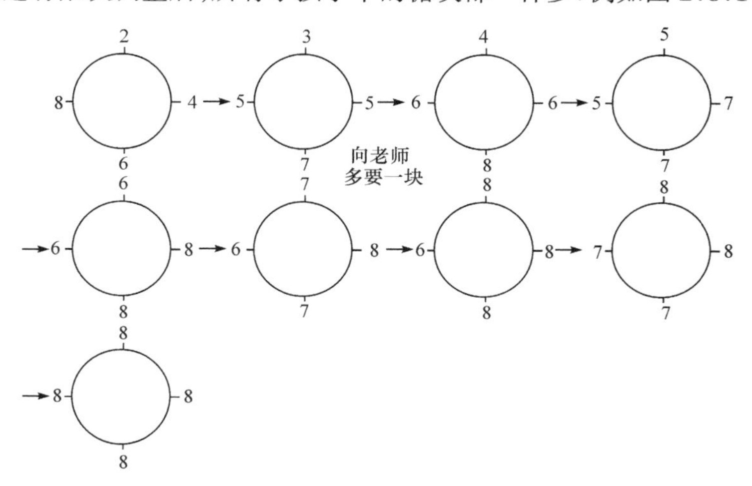

图 2.8.1

我们把问题从离散的形式变为连续的形式,即把小孩手中的糖块变为砂糖,这就不存在奇、偶性及整除性的问题.于是问题转化为问题2.

问题 2　若干小孩围圆桌而坐,每人手中有砂糖若干.我们称为一次调整是把每人手中的砂糖分一半给右邻.求证:经过不断调整,所有小孩手中的砂糖(重量)一样多.

在小孩个数不多的情形下,我们看如何用极限的方法解决问题.

不妨设3个小孩手中的砂糖的初始重量为 $a_0=a$, $b_0=b$, $c_0=c$,经过第 i 次调整后,他们手中的糖的量分别是 $a_i, b_i, c_i (i=0,1,\cdots)$.

我们将证明:

$$\lim_{n\to\infty} a_n = \lim_{n\to\infty} b_n = \lim_{n\to\infty} c_n = (a+b+c)/3.$$

由调整法则,

$$\begin{cases} a_n = \dfrac{a_{n-1}+c_{n-1}}{2}, \\ b_n = \dfrac{b_{n-1}+a_{n-1}}{2}, \quad n=1,2,3,\cdots. \\ c_n = \dfrac{c_{n-1}+b_{n-1}}{2}, \end{cases}$$

于是 $a_n+b_n+c_n = a_{n-1}+b_{n-1}+c_{n-1} = \cdots = a_0+b_0+c_0 = a+b+c$. 令 $d = \dfrac{a+b+c}{3}$,于是

$$\begin{aligned} a_n - d &= \frac{a_{n-1}+c_{n-1}}{2} - d = \frac{a_{n-2}+c_{n-2}+c_{n-2}+b_{n-2}}{4} - d \\ &= \frac{3d}{4} + \frac{1}{4}\cdot\frac{c_{n-3}+b_{n-3}}{2} - d = -\frac{1}{8}(a_{n-3}-d). \end{aligned}$$

于是,当 $n=3k+r$, $r=0,1,2$,得递归

$$a_n - d = \left(-\frac{1}{8}\right)^k (a_r - d).$$

当 $n\to\infty$, $a_n - d\to 0$,即 $a_n\to d = \dfrac{a+b+c}{3}$.

对于一般情形,即 n 个小孩的情形,我们把每次调整对应于一个非负矩阵

$$A = \begin{pmatrix} \frac{1}{2} & \frac{1}{2} & 0 & \cdots & 0 \\ 0 & \frac{1}{2} & \frac{1}{2} & \cdots & 0 \\ \vdots & & \ddots & \ddots & \\ 0 & 0 & \cdots & \frac{1}{2} & \frac{1}{2} \\ \frac{1}{2} & 0 & \cdots & 0 & \frac{1}{2} \end{pmatrix} \tag{2.8.4}$$

设每个小孩最初手中的糖量是 $x_1, x_2, \cdots, x_n$,令 $X = (x_1, x_2, \cdots, x_n)^{\mathrm{T}}$,于是,第一次调整,便是

$$AX = \left(\frac{x_1+x_2}{2}, \frac{x_2+x_3}{2}, \cdots, \frac{x_n+x_1}{2}\right)^{\mathrm{T}}.$$

第 m 次调整是A^mX.我们要证明

$$\lim_{m\to 0}A^mX=\left(\frac{x_1+x_2+\cdots+x_n}{n},\cdots,\frac{x_1+x_2+\cdots+x_n}{n}\right)^{\mathrm{T}},$$

只须证

$$\lim_{m\to\infty}A^m=\frac{1}{n}J$$

或记

$$A^{\infty}=\frac{1}{n}J.$$

更一般地,我们不采取"分给右边小孩一半"的调整方法,而采用"分给其它每个小孩若干使每个小孩分给右边第 i 个同伴的比例都一样"的方法,则我们的调整矩阵便是如下的双随机矩阵

$$A=\begin{pmatrix} m_1 & m_2 & \cdots & m_n \\ m_n & m_1 & \cdots & m_{n-1} \\ \vdots & & \ddots & \\ m_2 & m_3 & \cdots & m_1 \end{pmatrix}, \tag{2.8.5}$$

其中 $m_i\geqslant 0$, $\sum\limits_{i=1}^{n} m_i=1$.于是,第一次调整便是

$$AX=\begin{pmatrix} m_1x_1+m_2x_2+\cdots+m_nx_n \\ m_nx_1+m_1x_2+\cdots+m_{n-1}x_n \\ \vdots \\ m_2x_1+m_3x_2+\cdots+m_1x_n \end{pmatrix}.$$

易见(2.8.5)是一个循环双随机矩阵,即把每一行依次向右移位,便得到下面各行.当 $m_1=m_2=\dfrac{1}{2}$, $m_i=0$, $i=3,4,\cdots,n$,(2.8.5)便是(2.8.4).这种双随机矩阵所描述的变换,称为磨光变换.

仿照推论 2.8.2 有如下定理.

定理 2.8.3　双随机矩阵的积是双随机矩阵.

定理 2.8.4　双随机矩阵的积和式是正的.

证　若 n 阶双随机阵 A 的积和式是零,则由 Frobenius-König 定理(定理 2.2.1)A 置换相抵于下列矩阵

$$B=\begin{pmatrix} X & Y \\ 0 & Z \end{pmatrix},$$

其中左下角是 $p\times q$ 的零子阵，$p+q=n+1$. 令 $\sigma(M)$表矩阵 M 的元素之和，则

$$n=\sigma(B)\geqslant\sigma(X)+\sigma(Z)=p+q=n+1.$$

矛盾！证毕.

可约双随机阵与不可约双随机阵有着特别简单的联系，其结构特点表现在下面的定理.

定理 2.8.5 可约双随机矩阵置换相似于双随机矩阵的直和.

定理的证明留给读者(见习题 2.18). 运用定理 2.8.5，我们有如下推论.

推论 2.8.6 一个可约双随机矩阵置换相似于一些不可约双随机阵的直和.

注意到不可约方阵的最大特征值 $\rho(A)$的代数重数是 1(见 2.3 节)可得下面的推论.

推论 2.8.7 双随机矩阵对应的最大特征值 1 的初等因子是线性的.

类似地，我们可以证明关于部分可分双随机阵的定理.

定理 2.8.8 一个部分可分的双随机矩阵置换相抵于一些双随机矩阵的直和.

推论 2.8.9 一个部分可分的双随机矩阵置换相抵于一些完全不可分的双随机阵的直和.

下列定理揭示了随机矩阵的一个重要组合性质.

定理 2.8.10 (Birkhoff[31]) 设 A 是 n 阶双随机阵，A 可表为若干个 n 阶置换方阵的凸线性组合，即

$$A=\sum_{i=1}^{t}c_iP_i,$$

这里 P_i 是 n 阶置换阵，$c_i(i=1,2,\cdots,t)$是正数且 $\sum\limits_{i=1}^{t}c_i=1$.

证 由定理 2.8.4 知项秩 $\rho_A=n$，我们对 A 的正元素个数$\sigma(A)$用归纳法. $\sigma(A)\geqslant n$.

(i) 若 $\sigma(A)=n$，A 是置换方阵. 定理成立.

(ii) 若 $\sigma(A)>n$. 因 $\rho_A=n$，故 A 中必有含 n 个正元素的无关组$\{a_{1j_1},a_{2j_2},\cdots,a_{nj_n}\}$，记 $c_1=\min\{a_{1j_1},a_{2j_2},\cdots,a_{nj_n}\}$，则 $0<c_1<1$. 令 $P_1=(p_{ij})$是置换方阵，且恰好 $p_{ij_i}=1$, $i=1,2,\cdots,n$，则$\tilde{A}=\dfrac{1}{1-c_1}(A-c_1P_1)$是一个双随机阵. 但$\sigma(\tilde{A})<\sigma(A)$，则归纳假设

$$\tilde{A}=c'_2P_2+c'_3P_3+\cdots+c'_tP_t,$$

其中 $c_i'>0, i=2,\cdots,t$, $\sum_{i=2}^{t} c_i'=1, P_1,\cdots,P_t$ 是置换阵. 于是

$$A=c_1P_1+(1-c_1)(c_2'P_2+\cdots+c_t'P_t).$$

易见 $c_1+(1-c_1)\sum_{i=2}^{t} c_i'=1$. 证毕.

定理 2.8.4 指出,对于双随机方阵 A, Per $A>0$,下面一个著名的定理,进一步指出 Per A 的最小值.

定理 2.8.11 (Van der Waerden-Фаликман-Егорынев[32,33])　设 A 是 n 阶双随机方阵,则

$$\mathrm{Per}\ A \geqslant \frac{n!}{n^n}. \tag{2.8.6}$$

上述定理的猜想,是 1926 年著名数学家 Van der Waerden 提出来的. 几十年来,为了证明这一猜想,促进了对积和式的研究. 直到 1980 年,两位前苏联数学家 Фаликман(Falikman)和 Егорынев(Egorysev)各自独立证明了这一猜想. 关于此定理的较简单证明,可见文献[5]或[8].

注意到当 $A=\frac{1}{n}J_n$ 时,(2.8.6)的等式成立. 定理 2.8.11 也可以等价地叙述为: $\frac{1}{n}J_n$ 是所有 n 阶双随机阵中,积和式最小的唯一矩阵.

如果把双随机阵的非零元素换为 1,则得到与原来矩阵有相同零位模式的 (0,1)矩阵,我们称为双随机型的(0,1)阵. 由 Birkhoff 定理,我们有相应的双随机型(0,1)阵的图论描述,对每个 n 阶置换方阵,都存在某个整数 k, $1\leqslant k\leqslant n$,使该方阵的伴随有向图是由 n 个顶点组成的 k 个不交圈的并. 我们称它为 k-圈集图. 于是,我们有如下定理.

定理 2.8.12　若 A 是双随机型的(0,1)阵, A 的伴随有向图的弧集合是某一组 k_j-圈集图的并,其中 $j=1,2,\cdots,r$, $k_1,k_2,\cdots,k_r\in\{1,2,\cdots,n\}$.

运用定理 2.8.12,我们回顾上述一些关于双随机阵的性质(如定理 2.8.4, 2.8.5 等),不难作出一些图论的证明方法.

在非负矩阵中,我们有时考虑类似随机矩阵的一类 $m\times n$ 矩阵($m\leqslant n$),它们的每行行和都等于 r,每列列和都等于 s. 我们亦有 Birkhoff 型的下列定理.

定理 2.8.13　设 A 是 $m\times n$ 的非负矩阵($m\leqslant n$), A 的每行行和都等于 r,每列列和都等于 s,则

$$A=c_1P_1+c_2P_2+\cdots+c_tP_t, \tag{2.8.7}$$

其中 P_i 是置换矩阵，c_i 是非负实数($i=1,2,\cdots,t$).

证 若 A 不是方阵，$m<n$，则把 A 换成

$$A'=\begin{pmatrix}\frac{1}{r}A\\ \frac{1}{n}J\end{pmatrix},$$

这里 J 是元素全 1 的 $(n-m)\times n$ 矩阵. 易见，A' 的行和与列和都是 1. 由 Birkhoff 定理，A' 是若干个 n 阶置换方阵的凸组合，便得(2.8.7). 证毕.

记每行和每列都恰有 k 个 1 的 n 阶(0,1)方阵集合为 $\mathscr{U}_n(k)$，因 $A\in\mathscr{U}_n(k)$，$\frac{1}{k}A$ 是双随机的，$\mathscr{U}_n(k)$ 的矩阵称为双随机型(0,1)阵. 由 Birkhoff 定理，我们有如下定理.

定理 2.8.14 若 $A\in\mathscr{U}_n(k)$，则

$$A=\sum_{i=1}^{k}P_i,$$

其中 P_i 是置换方阵.

上述定理肯定地回答了下列问题：在一个 k-正则二部图中，若两部分的点都是 n 个，则必存在一个完备匹配，其中每一置换矩阵 P_i 对应于一种完备匹配.

运用 Hall-Mann-Ryser 定理(定理 2.6.5)我们立即有下面的定理.

定理 2.8.15 若 $A\in\mathscr{U}_n(k)$，则

$$\operatorname{Per} A\geqslant k!.$$

这是与 n 无关的一个下界. 运用定理 2.8.11，得如下定理.

定理 2.8.16 若 $A\in\mathscr{U}_n(k)$，则

$$\operatorname{Per} A\geqslant\frac{n!\ k^n}{n^n}\sim\left(\frac{k}{e}\right)^n\sqrt{2\pi n}. \tag{2.8.8}$$

当 $k=3$ 时，(2.8.8)式已被改进为

$$\operatorname{Per} A\geqslant 6\left(\frac{4}{3}\right)^{n-3}.$$

然而，迄今，对于 $A\in\mathscr{U}_n(k)$，还未有关于 $\operatorname{Per} A$ 的下确界的任何结果.

2.9 Birkhoff 定理的拓广

我们知道，一个 n 阶图对应于一个邻接矩阵 $A=(a_{ij})_{n\times n}$(有时，用 A_{ij} 表示 a_{ij}). 图 G 和 H 同构，当且仅当，它们的邻接矩阵是置换相似的. 若用 A 和 B 分

别表G和H的邻接阵，G和H同构，存在置换阵P，使得

$$A = PBP^{\mathrm{T}} \iff AP = PB.$$

一个同构可以看作是一个实n^2维空间$\mathbf{R}^{n^2}$的一个点.设$\mathscr{P}$是n阶置换矩阵的集，$\mathscr{P}(A,B)$是G和H的所有同构的集，即$\mathscr{P}(A,B)=\{X\in\mathscr{P}_n \mid AX = XB\}$. $\overline{\mathscr{P}(A,B)}$表空间$\mathbf{R}^{n^2}$的凸多面体(convex hull)，其顶点(extreme points)是G和H的同构

$$\overline{\mathscr{P}(A,B)} = \left\{ \sum c_i P_i \mid \sum c_i = 1,\quad P_i \in \mathscr{P}(A,B) \right\}.$$

显然G和H同构当且仅当$\overline{\mathscr{P}(A,B)}\neq\varnothing$.又设$\Omega_n(A,B)$是$A$与$B$的双随机同构集，即

$$\Omega_n(A,B) = \{X \mid AX = XB, X\text{ 是双随机阵}\}.$$

若记Ω_n是所有的n阶双随机阵集，则有

$$\overline{\mathscr{P}(A,B)} \subseteq \Omega_n(A,B) \subseteq \Omega_n.$$

若$G\cong H$，(即$A=B$)，相应的$\mathscr{P}(A,A)$，$\Omega_n(A,A)$，$\overline{\mathscr{P}(A,A)}$分别记为$\mathscr{P}(A)$，$\Omega_n(A)$，$\overline{\mathscr{P}(A)}$.易见$\mathscr{P}(A)$就是$G$的自同构集.$\overline{\mathscr{P}(A)}$是$\mathscr{P}(A)$的凸包，且$\overline{\mathscr{P}(A)}\subseteq\Omega_n(A)\subseteq\Omega_n$.

一个自然提出的问题是：在什么情况下

$$\overline{\mathscr{P}(A)} = \Omega_n(A)?$$

即每一个A的双随机自同构都可表为A的自同构的凸组合.

为了说明上述的问题有意义，我们证明，确定存在$\overline{\mathscr{P}(A)}\subset\Omega_n(A)$的情形.

考察下图G

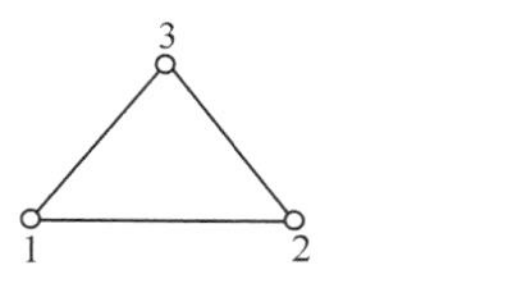

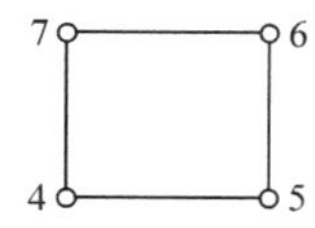

图 2.9.1

G是一个正则2度图.设它的邻接阵为A.因

$$A\cdot\frac{1}{7}J = \frac{1}{7}J\cdot A,$$

则

$$\frac{1}{7}J \in \Omega_7(A).$$

但

$$\frac{1}{7}J \notin \overline{\mathcal{P}(A)},$$

因为$\frac{1}{7}J$不能表为G的自同构(置换阵)的凸组合,这可从G没有从顶点1到顶点4的自同构看出来.

若一个图G的邻接阵是A,且$\overline{\mathcal{P}(A)}=\Omega_n(A)$,则$G$是紧的(compact).

现在,我们考虑的第一个问题是:如何找出紧图族.

紧图族可以认为是 Birkhoff 定理的拓广,或按 Tinhöfer[35] 的说法,是 Birkhoff 型定理.

设G是n阶有n边的图,它的所有边都是环,即$A=I_n$,则$\Omega_n(I_n)=\Omega_n$,且$\mathcal{P}(I_n)$是所有n阶置换阵,则$\Omega_n(I_n)=\overline{\mathcal{P}(I_n)}$. 这便是关于双随机矩阵的 Birkhoff 定理.

除了上述的紧图外,完全图$K_n(A=J_n-I_n)$也是紧图. 又记K_n^*是每个点均带环的完全图($A=J_n$),Z_n是没有边的n阶图($A=0$),上述的三种图,均有$\Omega_n(A)=\Omega_n$.

若G是一个紧图,则G的完全补$G^{cc}(J_n-A)$也是一个紧图.

若G是无环的紧图,则G的补$G^{fc}(J_n-I_n-A)$与图$G^*(A+I_n)$也是紧图.

Tinhöfer 证明了如下定理.

定理 2.9.1[35] 圈是紧图.

证 记n阶圈C_n的顶点依次为$1,2,\cdots,n$. C_n的邻接矩阵A满足

$$A_{ij}=\begin{cases}1, & \text{若 } j\equiv i+1 \pmod n \text{ 或 } j=i-1 \pmod n,\\ 0, & \text{其余}.\end{cases}$$

要证明C_n是紧图,即证明$\overline{\mathcal{P}(A)}=\Omega_n(A)$. 因$\overline{\mathcal{P}(A)}\subseteq\Omega_n(A)$,只须证明$\Omega_n(A)\subseteq\overline{\mathcal{P}(A)}$即可.

对$X\in\Omega_n(A)=\{X\mid AX=XA, X \text{ 是双随机阵}\}$,

$$(XA)_{i,j}=(AX)_{i,j},$$

即

$$X_{i+1,j}+X_{i-1,j}=X_{i,j-1}+X_{i,j+1}, \quad 1\leqslant i,\ j\leqslant n.$$

由此得

$$X_{i+1,j-i}-X_{i,j-i-1}=X_{1,j}-X_{n,j-1}, \tag{2.9.1}$$

$$X_{i+1,\ j+i}-X_{i,\ j+i+1}=X_{1,\ j}-X_{n,\ j+1},\qquad (2.9.2)$$
$$1\leqslant i,\ j\leqslant n.$$

对固定的 j,(2.9.1),(2.9.2)右边的表达式是常数.对 n 阶非负矩阵 Q,X 覆盖 Q 意指对所有 $i,\ j$,若 $Q_{ij}>0$,则 $X_{ij}>0$.考察下列的情形.

(1) $X_{1,\ j}-X_{n,\ j-1}>0$.

由此,对 $1\leqslant i\leqslant n$,有 $X_{i+1,\ j-i}>X_{i,\ j-i-1}\geqslant 0$.于是 X 覆盖 P,这里

$$P_{ik}=\begin{cases}1, & 若\ k=j+1-i(\mathrm{mod}\ n),\\ 0, & 其余.\end{cases}$$

易见,P 是 C_n 以过顶点$\dfrac{j+1}{2}$和$\dfrac{n+j+1}{2}$的直线为轴的一个反射.

(2) $X_{1,\ j}-X_{n,\ j-1}<0$.

类似(1),可知 X 覆盖 P,P 是以过顶点$\dfrac{j-1}{2}$和$\dfrac{n+j-1}{2}$的直线为轴的反射.

(3) $X_{1,\ j}-X_{n,\ j+1}>0$.

由此,

$$X_{i+1,\ j+i}>X_{i,\ j+i+1}\geqslant 0.$$

于是,X 覆盖 P,这里

$$P_{ik}=\begin{cases}1, & 若\ k=j-1+i(\mathrm{mod}\ n),\\ 0, & 其余.\end{cases}$$

P 是 C_n 的一个顺时针旋转变换.

(4) $X_{1,\ j}-X_{n,\ j+1}<0$.

类似(3),X 覆盖 P,P 是 C_n 的一个逆时针旋转变换.

对上述4种情形,令 $\varepsilon=\min\{X_{ik}\mid P_{ik}=1\}$.若 $\varepsilon<1$,定义 $Y=\dfrac{X-\varepsilon P}{1-\varepsilon}$.显然,$Y\in\Omega_n(A)$,但 Y 的非零元素个数小于 X 的非零元素个数.

(5) $X_{1,\ j}=X_{n,\ j-1}=X_{n,\ j+1}$,$1\leqslant j\leqslant n$.

这里,对所有 $1\leqslant i,\ j\leqslant n$,

$$X_{i+1,\ j}=X_{i,\ j+1}=X_{i-1,\ j}=X_{i,\ j-1}.$$

因此 $X=U+V$,这里

$$U_{ij}=\begin{cases}\alpha, & 若\ i-j\equiv 0(\mathrm{mod}\ 2),\\ 0, & 其余,\end{cases}$$

$$V_{ij}=\begin{cases}\beta, & 若\ i-j\equiv 1(\mathrm{mod}\ 2),\\ 0, & 其余,\end{cases}$$

如果 $\alpha>0$,则 $U\geqslant$反射变换之和.如果 $\beta>0$, $V\geqslant$旋转变换之和.无论哪种情况,我们都可以如上述(1)~(4)情况进行.即可把 X 分解为

$$X=(1-\varepsilon)Y+\varepsilon P,$$

这里 $P\in\mathscr{P}(A)$, $Y\in\Omega_n(A)$,并且 Y 比 X 至少少一个正元素.如果 $\alpha=\beta=0$,则 $X=0$.

现在,只要对 X 的正元素个数运用归纳法,便可证得:X 可表为 C_n 的自同构的凸组合,即 $X\in\overline{\mathscr{P}(A)}$,因此 $\Omega_n(A)\subseteq\overline{\mathscr{P}(A)}$.证毕.

由于 C_n 是紧图,故 C_n^c, $C_n^{f_c}$, C_n^* 也是紧图.顺便指出,定理 2.9.1 的结论并不能推广到圈的不交并的情形.例如,本节开头已经提供了这样的反例.在文献[35]中,Tinhöfer 还证明了如下定理.

定理 2.9.2 树 T 是紧图.

于是 T^c, T^{f_c}, T^* 均是紧图.

我们考察图 G 的非负自同构(nonnegative automorphism)的概念.

设 G 的邻接阵是 A,若非负方阵 X,使 $XA=AX$,则 X 称为 A 的非负自同构.G 的所有非负自同构的集是一个在 O 的锥(cone),记作

$$\text{Cone}(A)=\{X\mid AX=XA\}.$$

G 的自同构集 $\mathscr{P}(A)$ 生成

$$\hat{\mathscr{P}}(A)=\Big\{\sum_{P\in\mathscr{P}(A)}c_PP:c_P\geqslant0\Big\}.$$

显然

$$\hat{\mathscr{P}}(A)\subseteq\text{Cone}(A).$$

我们感兴趣的是:$\hat{\mathscr{P}}(A)=\text{Cone}(A)$ 的情形.

若 $\hat{\mathscr{P}}(A)=\text{Cone}(A)$,对应的图 G 称为超紧图(supercompact).我们有如下结论.

结论 1 若 $Y\in\hat{\mathscr{P}}(A)$,则 Y 的行和相等,列和也相等,即 $G(Y)$ 是正则.

结论 2 若 $Y\in\hat{\mathscr{P}}(A)$ 且 $Y\neq0$,则有正数 $q>0$,使 $\frac{1}{q}Y\in\overline{\mathscr{P}(A)}$.

证 $Y\in\hat{\mathscr{P}}(A)\Longrightarrow Y=\sum c_iP_i$,令 $\sum c_i=q$,则 $\frac{1}{q}Y=\sum\frac{c_i}{q}P_i$ 由 $\sum\frac{c_i}{q}=1$,得 $\frac{1}{q}Y\in\overline{\mathscr{P}(A)}$.

结论 3 若 $Y\in\hat{\mathscr{P}}(A)$ 且 Y 是双随机阵,则 $q=1$, $Y\in\overline{\mathscr{P}(A)}$.这便是

Birkhoff 定理.

容易推知 K_n 和 K_n^* 是超紧的.

结论 4[36]　若 G 是超紧的,则 G 是紧的和正则的.

证　设 $\hat{\mathscr{P}}(A)=\mathrm{Cone}(A)$,因

$$A\in\mathrm{Cone}(A)\Longrightarrow A\in\hat{\mathscr{P}}(A),$$

由结论 1,A 有相等的行和与相等的列和,且 G 是正则.

现令 $X\in\Omega_n(A)$,因

$$\Omega_n(A)\subseteq\mathrm{Cone}(A),$$

故有

$$X\in\mathrm{Cone}(A),$$

故

$$X\in\overline{\mathscr{P}(A)}.\qquad\text{(结论 3)}$$

于是

$$\Omega_n(A)\subseteq\overline{\mathscr{P}(A)},$$

而因

$$\Omega_n(A)\supseteq\overline{\mathscr{P}(A)}.$$

故

$$\Omega_n(A)=\overline{\mathscr{P}(A)}\quad\Longrightarrow\quad G\text{ 是紧的}.$$

证毕.

确实存在不是超紧的紧图.例如 n 阶的星图($n\geqslant 3$)是紧的,但却不是超紧的(见习题 2.23,2.25).一般地,一个不小于 3 阶的树是紧的但非超紧.

那么,一个紧图 G 且是正则的,则 G 是否必是超紧呢?不是.试看下列反例.

例 2.9.1　G 是如下的 4 阶图,它是正则的.

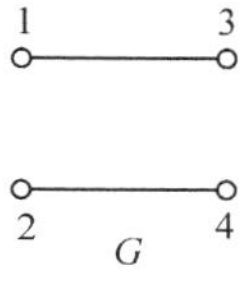

$$A=\begin{pmatrix}0&0&1&0\\0&0&0&1\\1&0&0&0\\0&1&0&0\end{pmatrix},$$

图 2.9.2

非负阵

$$X=\begin{pmatrix}1&0&0&0\\0&0&0&0\\0&0&1&0\\0&0&0&0\end{pmatrix}$$

满足 $XA=AX$,因而 $X\in \mathrm{Cone}(A)$. 因 X 的所有行(列)和不等于一个常数,故 $X\notin \hat{\mathscr{P}}(A)$,$G$ 不是超紧. 易证 G 是紧的.

定理 2.9.3[36] 圈是超紧图.

证 设 A 是 n 阶圈 C_n 的邻接阵. 又设 $0\neq X=(x_{ij})\in \mathrm{Cone}(A)$,使 X 是一个非负阵且满足 $XA=AX$.

在关于 C_n 是紧图的证明中,已证得:存在一个 C_n 的自同构 σ,它对应的置换阵 $P=(P_{ij})$,使 $x_{i\sigma(i)}>0$ 对 $i=1,2,\cdots,n$. 设 $\varepsilon=\min\{x_{i\sigma(i)}, i=1,2,\cdots,n\}$. 因 $P\in \mathscr{P}(A)$,$(X-\varepsilon P)\in \mathrm{Cone}(A)$,且 $X-\varepsilon P$ 至少比 X 多一个 0 元素.

可用归纳法证明 $X\in \hat{\mathscr{P}}(A)$. 假设非零元素 k 个时,$X\in \hat{\mathscr{P}}(A)$,则当 X 有 $k+1$ 个非零元时,由

$$X-\varepsilon P\in \hat{\mathscr{P}}(A),$$

便得

$$X\in \hat{\mathscr{P}}(A).$$

于是

$$\mathrm{Cone}(A)\subseteq \hat{\mathscr{P}}(A).$$

注意到

$$\mathrm{Cone}(A)\supseteq \hat{\mathscr{P}}(A),$$

故

$$\mathrm{Cone}(A)=\hat{\mathscr{P}}(A).$$

证毕.

下面,我们看,如何从一个超紧图构造一个新的紧图.

定理 2.9.4[36] 设 n 和 k 是正整数 $k\mid n$,又设 H 是一个 k 阶超紧图,且 G 是 n 阶图,其中 G 是 $\frac{n}{k}$ 个图 H 的不交并,则 G 是紧的.

证 设 B 是 k 阶超紧图 H 的邻接阵,则 G 的邻接阵

$$A=\underbrace{B\dotplus\cdots\dotplus B}_{n/k}.$$

设 $X\in\Omega_n(A)$且 X 分拆为k 的子矩阵$X=(X_{ij}\mid 1\leqslant i,\ j\leqslant n/k)$,则

$$XA=AX \implies X_{ij}B=BX_{ij} \quad (1\leqslant i,\ j\leqslant \frac{n}{k}).$$

因 H 是超紧,便得

$$X_{ij}\in\hat{\mathscr{P}}(B) \quad (1\leqslant i,\ j\leqslant \frac{n}{k}).$$

特别地,有非负数 q_{ij},使 X_{ij}的行(列)和等于 $q_{ij}(1\leqslant i,\ j\leqslant\frac{n}{k})$.因 X 是双随机阵,则$\frac{n}{k}$阶阵$Q=(q_{ij})$是双随机阵.由 Birkhoff 定理,有一个置换阵

$$P=(p_{ij})_{\frac{n}{k}\times\frac{n}{k}},$$

它对应于$\left\{1,\cdots,\frac{n}{k}\right\}$的一个置换$\sigma$,使 $q_{s\sigma(s)}>0,\ s=1,2,\cdots,\frac{n}{k}$.因 $X_{s,\sigma(s)}\in\hat{\mathscr{P}}(B)$,故存在 H 的一个自同构σ_s(对应于置换阵 P_s)使 $X_{s,\sigma(s)}$的(u,v)元是正数,其中 $\sigma_s(u)=v(1\leqslant u,v\leqslant k,s=1,2,\cdots,\frac{n}{k})$.

设 $R=(R_{i,j}\mid 1\leqslant i,\ j\leqslant\frac{n}{k})$是一个 n 阶置换阵,其中 $R_{s,\sigma(s)}=P_s(s=1,2,\cdots,\frac{n}{k})$且其余 $R_{i,j}=0$.因

$$P_sB=BP_s \quad (s=1,2,\cdots,\frac{n}{k}),$$

便得 $RA=AR$ 且R 是G 的一个自同构.在 R 有 1 的位置上,X 的元均正.

设 ε 是这些位置的元的最小数.

若 $\varepsilon=1$,则 $X=R$.

若 $\varepsilon<1$,因 $X,R\in\Omega_n(A)$,便得 $Y=\frac{1}{1-\varepsilon}(X-\varepsilon R)\in\Omega_n(A)$,且 Y 比X 至少多一个 0 元.对非 0 元的个数用归纳法,便证得 $X=\overline{\mathscr{P}(A)}$,即 $\Omega_n(A)\subseteq\overline{\mathscr{P}(A)}$.证毕.

推论 2.9.5　设 G 是由k 阶圈的点不交并组成的图,则 G 是紧的.

当 $k=1$ 时,这便是 Birkhoff 定理.于是推论 2.9.5 可看作是 Birkhoff 定理的拓广.

推论 2.9.6　设 G 是k 阶完全图K_k 的不交并(或 K_k^* 的不交并),则 G 是紧的.

G. Tinhöfer[37]已把上述结论推广为:同一个紧图的不交并也是一个紧图.

一个 n 阶图称为完全k 等价分拆图(complete k-equipartite)简称为 $C.k$-e

图.如果 $k\mid n$,则 G 的点集可分拆为 $m=\dfrac{n}{k}$ 个集 $V_1,V_2,\cdots,V_m$,每个集有基数 k,两个不同的点有边相连当且仅当它们属于不同的集.

设 G 是一个 n 阶 $C.k$-e 图.若 $k=1$,则 $G=K_n$.若 $k=\dfrac{n}{2}$, 则 G 是一个完全二部图 $K_{\frac{n}{2},\frac{n}{2}}$.

推论 2.9.7 $C.k$-e 图(特别地 $K_{\frac{n}{2},\frac{n}{2}}$)是紧的.

证 一个 $C.k$-e 图是 K_k^* 的不交并的完全补,由推论 2.9.6,因 K_k^* 的不交并是紧的,故 $C.k$-e 图也是紧的.

由推论 2.9.6 还可知,1 因子图(1-factor)是紧图,它的补是完全 2-等价分拆图,也是紧图.

我们将证明:完全二部图的 1 因子的补也是紧的.

定理 2.9.8[36] 设 $n=2m$ 是一个正偶数,$K_{m,m}^*$ 是由二部图 $K_{m,m}$ 删去一个 1 因子的边所得到的图,则 $K_{m,m}^*$ 是一个紧图.

证 K_{22}^* 是 1 因子图,故是紧图.

设 $m>2$, 取 $K_{m,m}^*$ 的顶点集是 $V_1\cup V_2$,这里

$$V_1=\{1,2,\cdots,m\},$$
$$V_2=\{m+1,m+2,\cdots,2m\}.$$

$K_{m,m}^*$ 的边连 i 和 $m+j$,$1\leqslant i, j\leqslant m$,$i\neq j$.$K_{m,m}^*$ 的自同构 σ 有两类:

(Ⅰ)τ 是 $\{1,2,\cdots,m\}$ 的任一置换

$$\begin{cases}\sigma(i)=\tau(i),\\ \sigma(m+i)=m+\tau(i),\end{cases}\quad i=1,2,\cdots,m.$$

(Ⅱ)τ 是 $\{1,2,\cdots,m\}$ 的置换

$$\begin{cases}\sigma(i)=m+\tau(i),\\ \sigma(m+i)=\tau(i),\end{cases}\quad i=1,2,\cdots,m.$$

$\widetilde{K}_{m,m}^*$ 的邻接阵

$$A=\begin{pmatrix}0 & J_m-I_m\\ J_m-I_m & 0\end{pmatrix},$$

设 $X\in\Omega_n(A)$ 且 X 分拆为 m 阶块

$$X=\begin{pmatrix}X_1 & X_2\\ X_3 & X_4\end{pmatrix}.$$

因 $XA=AX$ 得

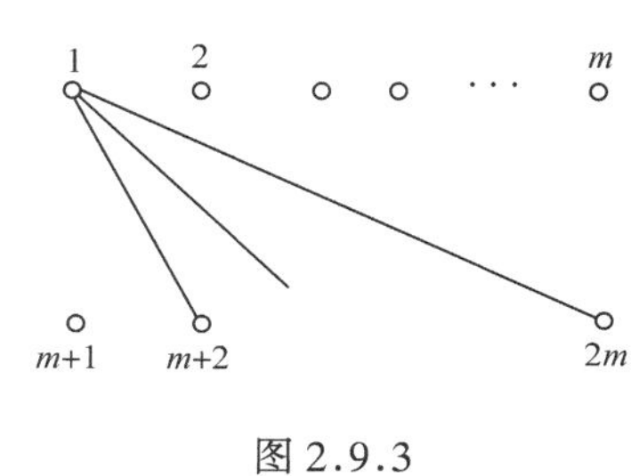

图 2.9.3

$$\begin{cases} X_1(J_m - I_m) = (J_m - I_m)X_4, \\ X_4(J_m - I_m) = (J_m - I_m)X_1. \end{cases} \tag{2.9.3}$$

两式相加

$$(X_1 + X_4)J_m = J_m(X_1 + X_4).$$

由此得到:有一个非负数 a,使 $X_1 + X_4$ 的所有行和与列和均为 a.类似可得:有一个非负数 b,使 $X_2 + X_3$ 的所有行和与列和均为 b.

因 X 是双随机,故 $a + b = 2$.

设 X_1 的行和分别是 $r_1, \cdots, r_m$,列和分别是 $s_1, \cdots, s_m$,则 X_4 的行和分别是 $a - r_1, \cdots, a - r_m$. X_4 的列和分别是 $a - s_1, \cdots, a - s_m$.由(2.9.3)第一式得

$$X_1 - X_4 = X_1 J_m - J_m X_4 - (r_i + s_j - a : 1 \leqslant i, j \leqslant m). \tag{2.9.4}$$

设 X_1 的(i, j)元是 $z_{ij}(1 \leqslant i, j \leqslant m)$.由(2.9.4)式 X_4 的(i, j)元是 $z_{ij} + a - r_i - s_j$.因

$$J_m(X_1 + X_4) = aJ_m,$$

故

$$\begin{aligned} a &= \sum_{i=1}^{m}(z_{ij} + z_{ij} + a - r_i - s_j) \\ &= 2s_j + ma - (r_1 + \cdots + r_m) - ms_j \quad (1 \leqslant j \leqslant m). \end{aligned}$$

因 $m > 2$,由上述方程得

$$(m - 2)s_j = (m - 1)a - (r_1 + \cdots + r_m)$$

$$s_j = \frac{1}{m - 2}\left[(m - 1)a - \sum_{i=1}^{m} r_i\right], \quad j = 1, 2, \cdots, m.$$

s_j 与 j 无关,即 $s_1 = s_2 = \cdots = s_m$.类似,可得 $r_1 = r_2 = \cdots = r_m$.于是,可知,存在一个非负数 a_1 和 a_4,使 $a_1 + a_4 = a$ 且 X_1 的所有行和,列和等于 a_1, X_4 的所有行和列和等于 a_4.由(2.9.4)得

$$X_4 = X_1 + (a - 2a_1)J_m. \tag{2.9.5}$$

比较行,列和得

$$a - a_1 = a_4 = a_1 + m(a - 2a_1).$$

于是

$$(m - 1)(a - 2a_1) = 0.$$

因 $m > 2$,由上式得 $a = 2a_1$.又由(2.9.5)得 $X_1 = X_4$(因 $a_1 + a_4 = a, a = 2a_1 \Longrightarrow a_1 = a_4$).类似方法可得 $X_2 = X_3$.

于是

$$X=\begin{pmatrix}X_1 & X_2\\ X_2 & X_1\end{pmatrix},$$

此处 X_i 的行、列和是 $a_i(i=1,2)$ 且 $a_1+a_2=1$. 先设 $a_1\neq 0$, 则存在 $\{1,2,\cdots,m\}$ 的置换 $\mathscr{P}$ 它对应于置换阵 Q, 使 X_1 中对应于 Q 中 1 的位置的元是正数.

设 ε 是这些正数中的最小者, 则 $P=Q+Q$ 是 $K_{n,n}^*$ 的 I 型自同构矩阵 $\dfrac{1}{1-\varepsilon}(X-\varepsilon P)$, 它比 X 至少多 2 个 0. 若 $a_2\neq 0$, 则存在 $K_{n,n}^*$ 的一个有同样性质的Ⅱ型自同构 P, 对 X 中的正元个数, 用归纳法, 可得 $X\in\overline{\mathscr{P}(A)}$. 于是 $\Omega_n(A)\subseteq\overline{\mathscr{P}(A)}$. 定理得证.

上面, 我们已经论述了因子图是紧图, 下面, 我们证明如下定理.

定理 2.9.9(周波, 柳柏濂[38]) $n(n\geqslant 4)$ 阶 1 因子图不是超紧图.

证 设 G 是 $n(n\geqslant 4)$ 阶 1 因子图, 分两种情形.

(1) $n\equiv 0(\mathrm{mod}\ 4)$

G 的邻接阵置换相似于 $A=\begin{pmatrix} & & & I_2\\ & & I_2 & \\ & \iddots & & \\ I_2 & & & \end{pmatrix}$. 取 $(0,1)$ n 阶方阵 $X=\begin{pmatrix}Y & & & \\ & Y & & \\ & & \ddots & \\ & & & Y\end{pmatrix}$, 其中 $Y=\begin{pmatrix}1 & 0\\ 0 & 0\end{pmatrix}$. 显然有 $AX=XA$, 故 $X\in\mathrm{Cone}(A)$, 但 X 的行和、列和不等于同一个常数, 故 $X\notin\hat{\mathscr{P}}(A)$, 于是 $\hat{\mathscr{P}}(A)\neq\mathrm{Cone}(A)$, G 非超紧.

(2) $n\equiv 2(\mathrm{mod}\ 4)$

G 的邻接阵置换相似于

$$A=\begin{pmatrix} & & & & & I_2\\ & & & & I_2 & \\ & & & \iddots & & \\ & & \begin{pmatrix}0 & 1\\ 1 & 0\end{pmatrix} & & & \\ & \iddots & & & & \\ & I_2 & & & & \\ I_2 & & & & & \end{pmatrix}.$$

取 n 阶(0,1)阵

$$X = \begin{pmatrix} Y & & & & & & \\ & Y & & & & & \\ & & \ddots & & & & \\ & & & I_2 & & & \\ & & & & \ddots & & \\ & & & & & Y & \\ & & & & & & Y \end{pmatrix},$$

其中

$$Y = \begin{pmatrix} 1 & 0 \\ 0 & 0 \end{pmatrix}.$$

显然有 $AX = XA$. 由类似(1)的讨论, G 非超紧. 证毕.

由定理 2.9.3 知 C_4 是超紧的,但 C_4^c 是 1 因子图. 由定理 2.9.9,它不是超紧的. 由超紧的定义知, $C_4^{f_c}$ 也不是超紧的.

考察另一个例子: $C_5, C_5^c, C_5^{f_c}$ 均是超紧的. 因此,可以说,一个超紧图的补及完全补不一定是超紧图.

现在,我们把圈拓广,得到一个新的超紧族.

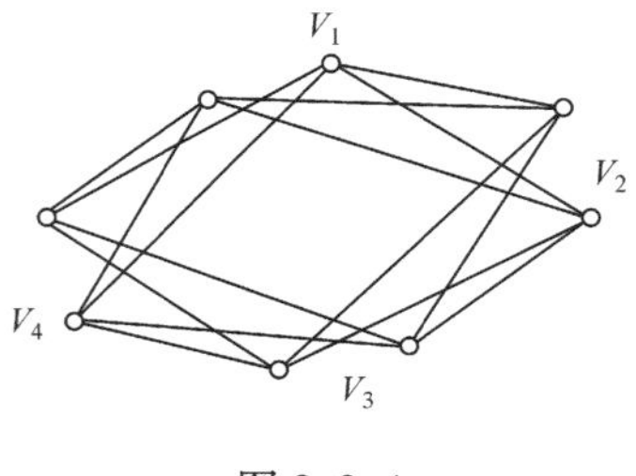

图 2.9.4

设 k 和 n 是正整数, $k < n$ 且 $k \mid n$, $m = \frac{n}{k}$. n 阶图 G 称为一个 (n,k) 圈,若它的顶点集可分拆为 $V_1, V_2, \cdots, V_m$, $|V_i| = k$, $i = 1,2,\cdots,m$. G 中的两点有边相连当且仅当一个点在 V_i,另一个点在 V_{i+1}, $i = 1,2,\cdots,n \pmod{m}$.

易见 $(n,1)$ 圈是 C_n, $(8,2)$ 圈如图 2.9.4.

一个 (n,k) 圈的邻接阵等于下列张量积(见 1.2 节)

$$A = B \otimes J_k,$$

其中 B 是 $m = \frac{n}{k}$ 阶圈的邻接阵,上图的邻接阵是

$$\begin{pmatrix} 0 & J_2 & 0 & J_2 \\ J_2 & 0 & J_2 & 0 \\ 0 & J_2 & 0 & J_2 \\ J_2 & 0 & J_2 & 0 \end{pmatrix}.$$

定理 2.9.10[36] 设 n 和 k 是正整数, $k\mid n$, $m=\frac{n}{k}\geqslant 2$, $k=1$ 或 $k\geqslant 2$ 且 $m=4$ 或 $k\geqslant 2$ 且 $m\not\equiv 0\ (\mathrm{mod}\ 4)$,则 (n,k) 圈是超紧的.

证 一个 $(n,1)$ 圈是超紧的.

当 $m=2$ 或 $m=4$, (n,k) 圈是完全二部图,故是超紧.

设 $k\geqslant 2$, $m\geqslant 3$ 且 $m\not\equiv 0(\mathrm{mod}\ 4)$.

令 A 是 (n,k) 圈 G 的邻接阵. 设 $X\in \mathrm{Cone}(A)$ 且分拆 X 为 k 阶块, $X=(X_{ij}:1\leqslant i,\ j\leqslant m)$. 由 $XA=AX$,得

$$(X_{1j}+X_{1,\ j+2})J_k=J_k(X_{2,\ j+1}+X_{m,\ j+1}),\quad j=1,2,\cdots,m,\text{下标 mod } m. \tag{2.9.6}$$

由(2.9.6)得

$$X_{1j}+X_{1,\ j+2}\text{有常数行和},\ j=1,\cdots,m. \tag{2.9.7}$$

因 $m\not\equiv 0(\mathrm{mod}\ 4)$,(2.9.7)得出, X_{1j} 有常数行和, $j=1,2,\cdots,m$. 类似可知 X_{ij} 有常数行和与列和,对每个 $i,\ j$, $1\leqslant i,\ j\leqslant m$. 于是,存在非负数 Y_{ij} 使 X_{ij} 所有行和、列和 $=Y_{ij}(1\leqslant i,\ j\leqslant m)$.

设

$$Y=(Y_{i,\ j}:1\leqslant i,\ j\leqslant m).$$

由 $X\in \mathrm{Cone}(A)$ 得 $Y\in \mathrm{Cone}(B)$,此处 B 是 C_m 的邻接阵. 由定理 2.9.3 可得 $Y\in\hat{\mathscr{P}}(B)$.

于是,有一个 C_m 的自同构 σ,使 $Y_{i\sigma(i)}>0(1\leqslant i\leqslant m)$.

因 $X_{i\sigma(i)}$ 有常数行和与列和等于 $Y_{i\sigma(i)}$,有一个置换阵 P_i 使 $X_{i\sigma(i)}$ 在 P_i 是 1 的位置上的元是正的 $(1\leqslant i\leqslant m)$.

设 ε_i 是 $X_{i\sigma(i)}$ 这些正元中的最小者 $(1\leqslant i\leqslant m)$ 并且设 $\varepsilon=\min\{\varepsilon_1,\cdots,\varepsilon_m\}$,则矩阵

$$Q=(Q_{ij}:1\leqslant i,\ j\leqslant m),$$

此处 $Q_{i\sigma(i)}=P_i(1\leqslant i\leqslant m)$ 且 $Q_{ij}=0\ (0\leqslant i,\ j\leqslant m, i\neq j)$ 是 G 的一个自同构. 矩阵 $\frac{1}{1-\varepsilon}(X-\varepsilon Q)$ 是 G 的一个非负自同构,且至少比 X 多一个 0 元. 对 X 的正元个数用归纳法,得 $X\in\hat{\mathscr{P}}(A)$. 定理得证.

作为上述定理的一个注记,我们可以指出:当 $k\geqslant 2$ 且 $m\equiv 0(\mathrm{mod}\ 4)$, $m>4$ 的一个 (n,k) 圈 G, 不是紧的,因而不是超紧的.

例如，$k=2$ 且 $m=8$ 时，矩阵

$$X=(x_{ij}:1\leqslant i,\ j\leqslant 8),$$

此处

$$X_{ij}=\begin{pmatrix}\frac{1}{4} & 0\\ 0 & 0\end{pmatrix},\quad 若\ j-i\equiv 0\ 或\ 1(\mathrm{mod}\ 4),$$

$$X_{ij}=\begin{pmatrix}0 & 0\\ 0 & \frac{1}{4}\end{pmatrix},\quad 若\ j-i\equiv 2\ 或\ 3(\mathrm{mod}\ 4)$$

属于 $\Omega(A)$ 但不属于 $\overline{\mathscr{P}(A)}$，故 G 非紧.

在文献[39]中，Godsil 对线图及正则图的紧性作了研究. 最近，王平和李炯生[40]对 3-正则，4-正则紧图的特征作了刻画.

在结束这一节之前，我们提出几个值得进一步探索的问题.

1. 还有哪些图类是紧图?

2. 还有没有其它方法，由超紧图构作新的紧图?

我们已知道，k 阶超紧图的并是紧图，完全 k-等价分拆图是紧图. $K_{m,m}$ 删去一个 1 因子是紧图等.

3. 如何构造超紧图?

例如 $C.k$-e 图，$k=1$ 是超紧，$k=2$ 是紧，$k=3$ 呢?

4. 能否发现另一个层次的图使它与超紧图的关系类似于超紧与紧的关系呢?

习　题　2

2.1　设 A 是形如(2.4.1)的 Frobenius 标准形式. 证明：A 有一条非零对角线，当且仅当每个 A_i 有一条非零对角线.

2.2　证明 2.5 节中的性质 1～4.

2.3　设 D 是一个极小强连通图，$W\equiv V(D)$ 且 $D[W]$ 是强连通的，求证 $D[W]$ 是极小强连通图.

2.4　求证

$$\mathrm{Per}(J_n-I_n)=n!\sum_{k=0}^{n}\frac{(-1)^k}{k!}.$$

2.5　矩阵 $A=(a_{ij})_{n\times n}$，若 $j-i>0$ 时 $a_{ij}=0$，即得所谓 Hessenberg 方阵. 求证. 一个 Hessenberg 矩阵 A 的某些元作符号的改变后得矩阵 $\widetilde{A}$，可计算 $\mathrm{Per}A=\det\widetilde{A}$.

2.6　设 $A=(a_{ij})$ 是 $m\times n(0,1)$ 矩阵($m\leqslant n$). 若对每个 i，$\sum_{j=1}^{n}a_{ij}\geqslant m$，求证 $\mathrm{Per}(A)>0$.

2.7　设 A 是 $m\times n(0,1)$矩阵($m\leqslant n$).若 A 的每个 $k\times n$ 子阵($1\leqslant k\leqslant m-1$)至少有 $k+1$ 个非零列,证明 A 的每个$(m-1)\times(n-1)$子阵 A',有 $\text{Per}(A')>0$

2.8　设 A 是几乎可分的 n 阶(0,1)矩阵.记 $\sigma(A)$为 A 的一切元之和.求证

$$\text{Per}(A)\geqslant\sigma(A)-2n+2.$$

2.9　证明定理 2.6.6 .

2.10　证明推论 2.6.7 .

2.11　设 $A=(a_{ij})$是 n 阶完全不可分的非负整数矩阵($n\geqslant 2$),其中元 $a_{rs}\geqslant 2$,求证

$$\text{Per}(A(r\mid s))\leqslant\frac{\text{Per}(A)-1}{2}.$$

2.12　设 $n\geqslant 3$,证明 $n!<2^{n(n-2)}$.

2.13　设 A 是一个 n 阶完全不可分的非负整数矩阵,若 A 的每一行和至少是 3,求证

$$\text{Per}(A)<2^{\sigma(A)-2n}.$$

2.14　证明定理 2.6.14 .

2.15　证明 2.7 节中的(2.7.2).

2.16　设 $R=S=(k,k,\cdots k)$是两个 n 维向量,$k\mid n$.求证$|\mathscr{U}(R,S)|\geqslant(n!)^k/(k!)^n$.

2.17　证明推论 2.8.2 和定理 2.8.3 .

2.18　证明定理 2.8.5 .

2.19　验证矩阵 $A=\begin{pmatrix}1&1\\0&1\end{pmatrix}$不是双随机型矩阵.

2.20　证明定理 2.8.16 .

2.21　设 G 是一个 n 阶恰有 m 个孤立点的无向图(无重边但可有环).G_1 是从 G 中删去所有孤立点所得的子图.若 G 是紧的,求证 G_1 也是紧的.

2.22　设 G_1 是无孤立点的 $n-1$ 阶图,G 是 G_1 和一个孤立点的不交并,若 G_1 是紧的且$A(G_1)$是非奇异的,求证 G 也是紧的.

2.23　求证定理 2.9.2 结论的特例:星图 $K_{1,n-1}$是紧的.

2.24　求证 K_n 和K_n^* 是超紧的.

2.25　求证 $K_{1,n-1}$不是超紧的.($n\geqslant 3$).

2.26　求证轮图 W_{n+1}($n\not\equiv 0 \bmod 3$)是紧的.

参考文献

[1] G. Frobenius. Über Matrizen aus nicht negativen Elementen. Akad. Wiss. Berlin: S-B. K. Preuss, 1912, 456～477

[2] D. König. Vonalrendszerek és detrminánsok (graphs and determinafs). Mat. Természettud. Ertesitö, 1915, 33: 221～229

[3] D. König. Theorie der Endlichen und Unendlichen Grahen. New York: Chelsea, 1950

[4] 李乔,冯克勤. 论图的最大特征根. 应用数学学报, 1979, 2: 167～175

[5] H. Minc. Nonnegative Matrices. New York: John Wiley & Sons, 1988
[6] R. Brualdi, S. Parter and H. Schneider. The diagonal matrix. J. Math. Anal Appl., 1966, 16: 31～50
[7] R. A. Brualdi. Matrices permutation equivalent to irreducible matrices and application. Linear and Multilin. Alg., 1979, 7: 1～12
[8] 李乔. 矩阵论八讲. 上海: 上海科技出版社, 1988
[9] D. J. Hartfiel. A simplified form for nearly reducible and nearly decomposable matrices. proc. Amer math. Soc., 1970, 24: 388～393
[10] R. A. Brualdi and M. B. Hedrick. A unified treatment of nearly reducible and nearly decomposable matrices. Liear Algebra Appl., 1979, 24: 51～73
[11] H. Minc. Nearly decomposable matrices. Linear Algebra Appl., 1972, 5: 181～187
[12] L. Lovasz and M. D. Plummer. Matching Theory. Elsevier Science, 1986
[13] H. Minc. Permanents. Addison-Wesley, Reading Massachuselts, 1978
[14] H. B. Mann and H. J. Ryser. Systems of distinct representations. Amer. Math., Monthly. 1953, 60: 397～401
[15] H. Minc. On lower bound for permanents of (0,1)-matrices. Proc. Amer. Math. Soc., 1969, 22: 117～123
[16] R. A. Brualdi and P. M. Gibson. Convex polyhedra of doubly stochstic matrices I, Applications of the permanent function. J. Combin. Theory, Ser. A, 1977, 22: 194～230
[17] P. M. Gibson. A lower bound for the permanent of a (0,1)-matrix. Proc. Amer. Math. Soc., 1972, 33: 245～246
[18] H. Minc. Upper bounds for permanents of (0,1)-matrices. Bull Amer. math. Soc., 1963, 69: 789～791
[19] L. M. Bregman. Certain properties of nonnegative matrices and their permanents. Dokl. Akad Nauk SSSR, 1973, 211: 27～30 (in Russian) Translated in Soviet Math Dokl, 1973, 14: 945～949
[20] A. Schrijver. A short proof of Minc's conjecture. J. Combin. Theory, Ser. A,1978, 25: 80～81
[21] T. H. Foregger. An upper bound for the permanent of a fully indecomposable matrix. Proc. Amer. Math. Soc., 1975, 49: 319～324
[22] J. Donald, J. Elwin, R. Hager and P. Salomon. A graph theoretic upper bound on the permanent of a nonnegative integer matrix. I. Linear Algebra Appl., 1984, 61: 187～198
[23] R. A. Brualdi. J. L. Coldwasser and S. T. Michael. Maximum permanents of matrices of zeros and ones. J. Combin. Theory, Ser. A, 1988, 49: 207～245
[24] D. Gale. A theorem on flows in networks. Pacific J. Math., 1957, 7: 1073～1082
[25] H. J. Ryser. Combinatorial properties of matrices of zeros and ones. Canada J. Math.,

1957, 9: 371～377

[26] Wei Wan-di. The class $\mathscr{U}(R,S)$ of (0,1) matrices. Discrete Math., 1982, 39: 301～305

[27] 万宏辉. Structure and cardinality of the class $\mathscr{U}(R,S)$of (0,1) – matrices.数学研究与评论,1984,1:87～93.数学学报,1987,30:289～302

[28] R. A. Brualdi and Bolian Liu, A lattice generated by (0,1) matrices. Ars Combinatoria, 1991, 31: 183～190

[29] 王伯英. (0,1)-矩阵类 $\mathscr{U}(R,S)$ 中矩阵个数的精确数. 中国科学, 1987, 5: 463～468

[30] R. A. Brualdi. Matrices of zeros and ones with fixed row and column sum vectors, Linear Algebra Appl., 1980, 33: 159～231

[31] G. Birkhoff. Tres observaciones sobre el algebra lineal. Univ. Nac. Tucumàn Rev. Sor. A, 1946, 5: 147～150

[32] B. L. Van der Waerden, Aufgabe 45, Jber. Deutsch, Math. -Verein., 1926, 35: 117

[33] D. I. Falikman. A proof of van der Waerden's conjecture on the permanent of a doubly stochastic matrix. Mat. Zametki, 1981, 29: 931～938 (in Russian). Translated in Math. Notes, 1981, 29: 475～479

[34] G. P. Egoryčev. A solution of van der Waerden's permanent problem. Dokl. Akad. Nank SSSR, 1981, 258: 1041～1044 (in Russian). Translated in soviet Math. Dokl, 1981, 23: 619～622

[35] G. Tinhöfer. Graph isomorphism and theorems of Birkhoff type, Computing, 1986, 36: 285～300

[36] R. A. Brualdi. Some application of doubly stochastic matrices. Linear Algebra Appl., 1988, 107: 77～100

[37] G. Tinhöfer. A note on compact graphs. Discrete Appl. Math., 1991, 30: 253～264

[38] Zhou Bo and Liu Bolian. Some results on compact graphs and supercompact graphs. J. Math. Study, 1999, 32: 133～136

[39] C. D. Godsil. Compact graph and equitable partitions. Linear Algebra Appl., 1997, 255: 259～266

[40] P. Wang and J. S. Li. On a-regular compact graph.

第 3 章　非负矩阵的幂序列

非负矩阵幂序列的研究是从静态到动态探索矩阵组合性质的典型课题.在理论上,这是对有限集中二元关系所成的有限半群的研究,在实践上,则在计算机科学、通讯理论、运筹学等方面有强烈的应用背景.本章所运用的数论,图论,矩阵论,组合论等方法,则是组合矩阵论的常用技巧.

3.1　非负方阵与布尔方阵的幂序列

我们已经指出,在研究非负方阵的组合性质时,可以把非负方阵的非零元改为1,转化为布尔方阵来研究.

布尔矩阵是定义在布尔运算下的(0,1)矩阵.矩阵中的元素0,1的乘法是通常的乘法运算,而加法,仅仅是$1+1=1$有别于通常的加法而已(见1.1节).如果从两点连通的意义表作1来说,两点之间有一条弧相连,或有多条弧相连,其"连通"意义还是一样的.

易见,n阶布尔方阵一共有2^{n^2}个,它们对布尔矩阵的乘法构成半群,记为B_n.

设A是n阶布尔方阵,则在A的幂序列

$$I,A,A^2,A^3,\cdots$$

中,必然要出现相等的项.记最先重复出现的一对幂是$A^k=A^{k+p}$(k是非负整数,p是正整数).则易知序列$\langle A^j\rangle$,$j=0,1,2,\cdots$,从第$k+1$项A^k起,按周期p作周期性变化:

$\langle A^j\rangle=I,A,A^2,\cdots,A^{k-1},|A^k,\cdots,A^{k+p-1}|A^k,\cdots,A^{k+p-1}|\cdots$,其中前$k+p$个幂$I,A,A^2,\cdots,A^{k+p-1}$两两不等.由半群的定义及性质可知$\{I,A,\cdots,A^{k+p-1}\}$是一个$k+p$阶半群.而$\{A^k,\cdots,A^{k+p-1}\}$对矩阵乘法构成$p$阶循环群,其单位元是$A^e$,生成元是$A^{e+1}$,这里$e\in[k,k+p-1]$且$e\equiv0(\mathrm{mod}\ p)$.

我们称$p=p(A)$是A的幂振动周期,简称为周期,$k=k(A)$是A的幂收敛指数,简称为指数或幂敛指数.简言之,$k(A)$是使$A^k=A^{k+t}$,t是某个正整数,成立的最小非负整数,而$p=p(A)$是使$A^k=A^{k+p}$成立的最小正整数.

布尔方阵及其幂可以作为表述和解决多种问题的数学模型,而幂序列$\langle A^j\rangle$总的变化状态可被A的周期$p(A)$和指数$k(A)$所决定.为了了解它们的应用,

我们介绍两个典型的例子.

1. 自动机的状态.

设 $S=\{\sigma_1,\sigma_2,\cdots,\sigma_n\}$ 是 n 个状态的集,其中指定 σ_1 为初始状态,所谓状态集是 S 的一个不确定自动机 $\mathscr{A}$,就是一个从 S 到自身的多值映射 $\mathscr{A}(\sigma_i)=S_i\subseteq S(i=1,\cdots,n)$.

记 S 的所有子集的族为 Σ,则上述多值映射 $\mathscr{A}$ 可以自然拓广为从 Σ 到自身的单值映射

$$\mathscr{A}(M)=\bigcup_{\alpha_i\in M}S_i \qquad (M\in\Sigma).$$

初始状态集 $\{\sigma_1\}$ 在 $\mathscr{A}$ 作用下成为 $\mathscr{A}(\{\sigma_1\})=S_1$,再继续作用 $\mathscr{A}$ 得 $\mathscr{A}^2(\{\sigma_1\})$, $\mathscr{A}^3(\{\sigma_1\}),\cdots$,这一系列子集的族 Σ_0 是 Σ 的子族,它也是含有 $\{\sigma_1\}$ 且在映射 $\mathscr{A}$ 作用下不变的最小子族. $\mathscr{A}$ 在 Σ_0 上的限制是状态集为 Σ_0 的一个所谓确定的自动机 $\mathscr{A}_0$,

$$\mathscr{A}_0:\Sigma_0\to\Sigma_0,$$

从 $\mathscr{A}$ 转化到 $\mathscr{A}_0$ 称为 $\mathscr{A}$ 的确定化. 现在 $\mathscr{A}_0$ 的状态集是 Σ_0. 人们希望能对 $\mathscr{A}_0$ 的状态个数 $|\Sigma_0|$ 有一个估计. 为此定义 n 阶布尔方阵

$$A=(a_{ij}),\quad 1\leqslant i,j\leqslant n,$$

$$a_{ij}=\begin{cases}1, & 若\ \sigma_i\in S_j,\\ 0, & 若\ \sigma_i\notin S_j,\end{cases}$$

S 的子集 $\{\sigma_{j1},\cdots,\sigma_{jt}\}$ 可以用其对应列向量 $e_{j1}+\cdots+e_{jt}$ 表示,这里 e_j 是 n 维单位列向量,它的第 j 个分量是 1,其余分量都是 0. $\mathscr{A}(\{\sigma_j\})=S_j$ 的对应向量正是 A 的第 j 列 $A_{\cdot j}$,从而 $\mathscr{A}(\{\sigma_j,\cdots,\sigma_{jt}\})=S_{j1}\cup\cdots\cup S_{jt}$ 的对应向量是 $A_{j1}+\cdots+A_{jt}=A(e_{j1}+\cdots+e_{jt})$,这里等式两边的矩阵运算都是布尔运算.

Σ_0 的元素是

$$\{\sigma_1\},\mathscr{A}(\{\sigma_1\}),\mathscr{A}^2(\{\sigma_1\}),\cdots,$$

它们所对应的向量是

$$e_1,Ae_1,A^2e_1,\cdots.$$

所以,如果幂序列 $\langle A^j\rangle$ 的周期是 $p(A)$,指数是 $k(A)$,则序列 $e_1,Ae_1,A^2e_1,\cdots$ 中不同的向量至多有 $k(A)+p(A)$ 个,从而 $\mathscr{A}_0$ 的状态个数至多有 $k(A)+p(A)$ 个.

2. 若 n 个选手作循环赛,每两个选手都决出胜负,易知,共赛 $\frac{1}{2}n(n-1)$ 局,若把 n 个选手作点,两点 A,B 之间有弧 (A,B),当且仅当 A 胜 B,于是得到一个有向完全图,称为竞赛图 T_n. 例如,图 3.1.1 所示的 6 阶竞赛图 T_6 就表

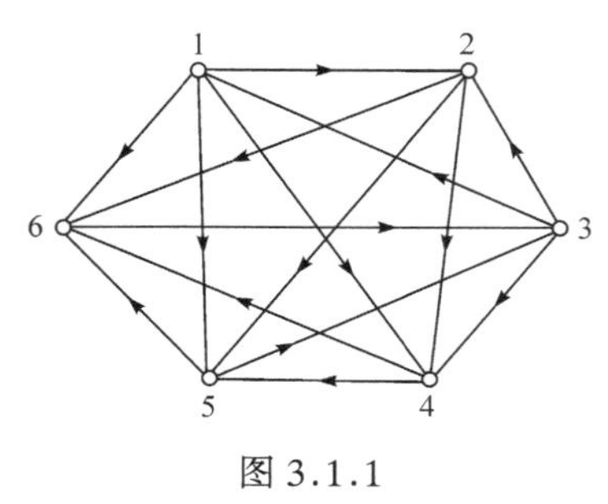

图 3.1.1

示 6 个选手比赛的结果.

那么,如何从图上分出竞赛者的名次呢? 根据竞赛图的图论性质,每个 T_n 都存在至少一条 Hamilton 路,如果找出一条 Hamilton 路,把始点作冠军,不是依次可排出名次吗? 但是,问题在于:一个竞赛图往往存在不止一条 Hamilton 路,用这种办法,会得出不同的名次排列顺序来.一个较好的办法是计算每个选手的得胜局数,加以比较.每个选手的得胜局数作为分量,就组成一个 n 维向量,称为得分向量.例如图 3.1.1 的得分向量是

$$S_1=(4,3,3,2,2,1).$$

仍然存在的问题是:不能区别选手 2 和 3 的名次,选手 4 和 5 的名次.于是再考虑所谓二级得分向量,它是由每个选手手下败将的得分之和,有

$$S_2=(8,5,9,3,4,3).$$

根据 S_2,选手 3 应该名列第一.继续这个过程得

$$S_3=(15,10,16,7,12,9),$$
$$S_4=(38,28,32,21,25,16),$$
$$S_5=(90,62,87,41,48,32),$$
$$S_6=(183,121,193,80,119,87).$$
$$\cdots\cdots$$

由向量的序列分析,选手名次的排列在不同的向量中有所变化,例如在 S_1,S_4,S_5 中,选手 1 在选手 3 之前,但在 S_2,S_3,S_6 中却恰相反.一个自然提出的问题是:当我们一直做下去,即 $n\to\infty$ 时,S_n 是否趋向于一个固定的次序呢? 如果是的话,这将是各个选手名次排列的最合理的结果.

可以证明:当竞赛图 T_n 是强连通图且 $n\geqslant4$ 时,得分向量必具有这一性质.

如果把图 T_n 的直径记作 d.设 A 是 T_n 的邻接阵,则不难证明下列结论:

(1) 若 T_n 是强连通($n\geqslant5$),则 $A^{d+3}>0$.换言之,幂序列 $A,A^2,\cdots,A^d,A^{d+1},A^{d+2}\cdots$在 A^{d+3}以后却都成为 J_n(全 1 阵).这种存在一个 k,使 $A^k>0$ 的实阵 A,称为本原阵.

(2) T_n 的邻接阵 A 是本原的当且仅当 T_n 是强连通且 $n\geqslant4$.

于是,我们可看到,T_n 的第 i 级得分向量由 $S_i=A^ie$,$e=(1,\cdots,1)^{\mathrm{T}}$ 给出,若 A 是本原的.由 Perron-Frobenius 定理:A 具有最大绝对值的特征值是正实数

r(谱半径),且

$$\lim_{i\to\infty}\left(\frac{A}{r}\right)^{i}e=S,$$

这里,S 是 A 对应于 r 的正特征向量,根据上述结论(2),若 T_n 是强连通($n\geqslant 4$),则正规化向量 $\bar{S}$(各元素之和为 1)可以作为 T_n 中表示各选手相对实力的向量,如图 3.1.1 中的例,可以求得(近似地)

$$r=2.232 \quad 和 \quad \bar{S}=(0.238,0.164,0.231,0.113,0.150,0.104).$$

于是,便排得各选手的名次依次为 1,3,2,5,4,6.

3.2 一次不定方程的 Frobenius 问题

为了研究布尔方阵的幂序列的周期与幂敛指数,我们将遇到一次不定方程的一类非负整数解的存在问题.

设 $s\geqslant 2$,$a_i(i=1,2,\cdots,s)$都是正整数,且它们的公因子$(a_1,\cdots,a_s)=1$,问,对于 s 元线性型$a_1x_1+\cdots+a_sx_s$,是否存在一个仅与 $a_1,\cdots,a_s$ 有关的最小整数 $N(a_1,\cdots,a_s)$,凡大于 $N(a_1,\cdots,a_s)$之整数,必可表为 $a_1x_2+\cdots+a_sx_s(x_i\geqslant 0,i=1,\cdots,s)$的形状?

这是一个源于 19 世纪的古典问题,下列众所周知的定理给予上述问题肯定的回答.

定理 3.2.1 设 $s\geqslant 2$,n 和 $a_i(i=1,\cdots,s)$都是正整数,且$(a_1,\cdots,a_s)=1$,存在仅与 $a_1,\cdots,a_s$ 有关的整数$N(a_1,\cdots,a_s)$.当 $n>N(a_1,\cdots,a_s)$时,方程

$$a_1x_1+\cdots+a_sx_s=n \tag{3.2.1}$$

有非负整数解 $x_1\geqslant 0,\cdots,x_s\geqslant 0$.

证 对 s 作归纳法.

1° $s=2$,我们证明 $N(a_1,a_2)=(a_1-1)(a_2-1)-1$.因

$$a_1x_1+a_2x_2=n, \tag{3.2.2}$$

由数论知识知,上式的全部解可表为

$$\begin{cases}x_1=x'_1+a_2t,\\ x_2=x'_2-a_1t,\end{cases}$$

其中 x'_1,x'_2 是(3.2.2)的一组解,t 为任意整数.易见,可取 t,使

$$0\leqslant x_2=x'_2-a_1t<a_1,$$

即

$$0\leqslant x'_2-a_1t\leqslant a_1-1,$$

又由 $n>a_1a_2-a_1-a_2$ 可得

$$\begin{aligned}(x'_1+a_2t)a_1&=n-(x'_2-a_1t)a_2\\&>a_1a_2-a_1-a_2-(a_1-1)a_2=-a_1,\end{aligned}$$

即

$$x'_1+a_2t>-1,$$

故对上述 t 来说

$$x_1=x'_1+a_2t\geqslant 0,$$

即对 $n>a_1a_2-a_1-a_2$,(3.2.2)存在整数解 $x_1\geqslant 0,x_2\geqslant 0$.

设 $s-1$ 个元时定理成立,往证 s 元时定理也成立.设 $(a_1,\cdots,a_{s-1})=d$, $a_i=a'_id$, $i=1,\cdots,s-1$,由 $(a_1,\cdots,a_s)=1$ 可知 $(d,a_s)=1$,从而可把(3.2.1)化成:存在 $0\leqslant b_s\leqslant d-1$,使 $a_sb_s\equiv n(\mathrm{mod}\ d)$,由(3.2.1)得

$$a'_1x+\cdots+a'_{s-1}x_{s-1}=\frac{n-a_sb_s}{d}. \tag{3.2.3}$$

因 $(a'_1,\cdots,a'_s)=1$,由归纳假设,存在整数 $N(a'_1,\cdots,a'_{s-1})$,当 $\dfrac{n-a_sb_s}{d}\geqslant\dfrac{n-a_s(d-1)}{d}>N(a'_1,\cdots,a'_{s-1})$ 时,(3.2.3)有非负整数解 $x_1=b_1,\cdots,x_{s-1}=b_{s-1}$,即当

$$n>dN(a'_1,\cdots,a'_{s-1})+a_s(d-1)=N(a_1,\cdots,a_s)$$

时,(2.3.1)有非负解 $x_1=b_1,\cdots,x_{s-1}=b_{s-1},x_s=b_s$.证毕.

由定理 3.2.1 可知,对 s 元($s\geqslant 2$)的线性型 $a_1x_1+\cdots+a_sx_s$, a_i 是正整数, $(a_1,\cdots,a_s)=1$,存在一个仅与 $a_1,\cdots,a_s$ 有关的整数 $\phi(a_1\cdots a_s)$,凡不小于 $\phi(a_1,\cdots,a_s)$ 的整数必可表为 $a_1x_1+\cdots+a_sx_s$(整数 $x_i\geqslant 0,i=1,\cdots,s$)的形式,而 $\phi(a_1,\cdots,a_s)-1$ 不能表为 $a_1x_1+\cdots+a_sx_s$($x_i\geqslant 0$, $i=1,\cdots,s$)的形式. $\phi(a_1,\cdots,a_s)$ 称为 Frobenius 数.求 $\phi(a_1,\cdots,a_s)$ 的问题称为 Frobenius 问题.当 $s=2$ 时,下面定理表明,Frobenius 问题已告解决.

定理 3.2.2　设 $(a_1,a_2)=1$, a_1,a_2 为正整数,则

$$\phi(a_1,a_2)=(a_1-1)(a_2-1).$$

证　在定理 3.2.1 中,已证当 $n\geqslant(a_1-1)(a_2-1)$ 时, n 可表为 $a_1x_1+a_2x_2$($x_i\geqslant 0,i=1,2$)的形式.现在,只须证明 $n=(a_1-1)(a_2-1)-1=a_1a_2-a_1-a_2$ 时,

$$a_1x_1+a_2x_2=n$$

无非负整数解 x_1,x_2.

若存在非负整数解 x_1,x_2,则由

$$a_1a_2-a_1-a_2=a_1x_1+a_2x_2$$

得

$$a_1a_2=(x_1+1)a_1+(x_2+1)a_2.$$

因$(a_1,a_2)=1$可得

$$a_1|(x_2+1),\qquad a_2|(x_1+1).$$

因 $x_2+1>0, x_1+1>0$,故

$$x_2+1\geqslant a_1,\qquad x_1+1\geqslant a_2.$$

得 $a_1a_2=(x_1+1)a_1+(x_2+1)a_2\geqslant 2a_1a_2$,不可能.证毕.

对于 $s\geqslant 3$,一般地只能找到 $\phi(a_1,\cdots,a_s)$的一些算法.求 $\phi(a_1,\cdots,a_s)$的一般表达式仍是一个未解决的问题.

在应用上,对 $\phi(a_1,\cdots,a_s)$上界的估计有重要的意义.我们常设 $a_1>a_2>\cdots>a_s$.由定义易知:若$(a_{s-2},a_{s-1},a_s)=1$,则

$$\phi(a_1,\cdots,a_s)\leqslant\phi(a_{s-2},a_{s-1},a_s).$$

因此,我们可以先研究 $s=3$ 的情形.

定理 3.2.3 (柯召[1])

$$\phi(a_1,a_2,a_3)\leqslant\frac{a_1a_2}{(a_1,a_2)}+a_3(a_1,a_2)-a_1-a_2-a_3+1.\qquad(3.2.4)$$

当 $a_3>\frac{a_1a_2}{(a_1,a_2)^2}-\frac{a_1}{(a_1,a_2)}-\frac{a_2}{(a_1,a_2)}$时,(3.2.4)等式成立.显然,以上 a_1,a_2,a_3 可以轮换.

在证明上述定理之前,我们可以证明(见习题 3.2)下列引理.

引理 3.2.4 设$(a,b,c)=1,(a,b)=d,a=da_1,b=db_1$,不定方程

$$ax+by+cz=n\qquad(3.2.5)$$

的全部解可表为

$$\begin{aligned}x&=x_0+b_1t_1-u_1ct_2,\\ y&=y_0-a_1t_1-u_2ct_2,\\ z&=z_0+dt_2,\end{aligned}\qquad(3.2.6)$$

其中 x_0,y_0,z_0 是(3.2.5)的一组解,u_1,u_2 满足 $a_1u_1+b_1u_2=1$,t_1,t_2 为任意整数.

现在,我们可以证明定理 3.2.3,如下.

证 由引理 3.2.4 可知,$a_1x+a_2y+a_3z=n$ 的全部解可表为

$$x=x_0+a'_2t_1-u_1a_3t_2,\quad y=y_0-a'_1t_1-u_2a_3t_2,$$

$$z=z_0+dt_2,$$

其中 x_0,y_0,z_0 是 $a_1x+a_2y+a_3z=n$ 的一组解,$(a_1,a_2)=d$,$a_1=da'_1$,$a_2=da'_2$,u_1,u_2 满足 $a'_1u_1+a'_2u_2=1$,t_1,t_2 为任意整数.易知,可取整数 t_2,使

$$0\leqslant z=z_0+dt_2\leqslant d-1,$$

对于这样的 t_2,还可取适当的 t_1,使得

$$0\leqslant x=x_0+a'_2t_1-u_1a_3t_2\leqslant a'_2-1,$$

对于上面选定的 t_1,t_2,在 $n\geqslant\dfrac{a_1a_2}{(a_1,a_2)}+a_3(a_1,a_2)-a_1-a_2-a_3+1$ 时,有

$$\begin{aligned}&a_2(y_0-a'_1t_1-u_2a_3t_2)=n-a_1x-a_3z\\&\geqslant n-a_1(a'_2-1)-a_3(d-1)\\&=n-a_1a'_2-a_3d+a_1+a_3\\&=n-\frac{a_1a_2}{(a_1,a_2)}-a_3(a_1,a_2)+a_1+a_3>-a_2,\end{aligned}$$

即得 $y>-1$,于是

$$y=y_0-a'_1t_1-u_2a_3t_2\geqslant 0.$$

这就证明了(3.2.4).

若

$$a_3>\frac{a_1a_2}{(a_1,a_2)^2}-\frac{a_1}{(a_1,a_2)}-\frac{a_2}{(a_1,a_2)},\tag{3.2.7}$$

由于$\dfrac{a_1a_2}{(a_1,a_2)}=da'_1a'_2$,$a_3(a_1,a_2)=a_3d$.

假设$\dfrac{a_1a_2}{(a_1,a_3)}+a_3(a_1,a_2)-a_1-a_2-a_3$ 可表,即

$$da'_1a'_2+a_3d-a_1-a_2-a_3=a_1x+a_2y+a_3z,$$

则有

$$a(a'_1a'_2+a_3)=da'_1(x+1)+da'_2(y+1)+a_3(z+1).\tag{3.2.8}$$

因$(d,a_3)=1$,由(3.2.8)推出 $d\mid(z+1)$.令 $z+1=dk$,由 $z\geqslant 0$,故 $k>0$,代入(3.2.8)并两边消去 d,得

$$a'_1a'_2+a_3=a'_1(x+1)+a'_2(y+1)+a_3k,$$

则有

$$a'_1a'_2=a'_1(x+1)+a'_2(y+1)+a_3(k-1).\tag{3.2.9}$$

若 $k=1$,由$(a'_1,a'_2)=1$,(3.2.9)可推出 $a'_1\mid(y+1)$,$a'_2\mid(x+1)$,又 $y+1>0$,$x+1>0$,故 $y+1\geqslant a'_1$,$x+1\geqslant a'_2$,这时(3.2.9)得到矛盾的结果 $a'_1a'_2\geqslant$

$2a'_1a'_2$.

若 $k>1$,由(3.2.9)得到 $a'_1a'_2 \geqslant a'_1+a'_2+a_3$,这与(3.2.7)矛盾.故(3.2.4)的等式成立.证毕.

对于一般的 $\phi(a_1,\cdots,a_s)$,Schur[2]曾经证明了:

$$\phi(a_1,\cdots,a_s) \leqslant (a_1-1)(a_s-1). \tag{3.2.10}$$

Bruaer 和 Sefibinder[3]又把(3.2.10)改进为:设 $d_1=(a_1,a_2)$,$d_2=(a_1,a_2,a_3)$,$\cdots$,$d_{s-1}=(a_1,\cdots,a_s)$,则

$$\begin{aligned}\phi(a_1,\cdots,a_s) \leqslant & a_1a_2/d_1+a_3d_1/d_2+\cdots \\ & +a_{s-1}d_{s-3}/d_{s-2}+a_sd_{s-2}-\sum_{i=1}^{s}a_i+1.\end{aligned} \tag{3.2.11}$$

易见,(3.2.4)是(3.2.11)的特例.

Roberts[4]考察了 $a_0,a_1,\cdots,a_s$ 是等差数列的特殊情形,即 $a_0=a\geqslant 2$,$a_j=a+jd$,$j=0,1,\cdots,s$ 证明了

$$\phi(a_0,a_1,\cdots,a_s)=\left(\left[\frac{a_0-2}{s}\right]+1\right)a_0+(d-1)(a_0-1).$$

1972 年,M. Lewin[2]得到了下列定理.

定理 3.2.5 设 $n=a_1>a_2>\cdots>a_s$,$s>2$,$(a_1,\cdots,a_s)=1$,则

$$\phi(a_1,\cdots,a_s) \leqslant [(n-2)^2/2]. \tag{3.2.12}$$

当 $s=3$ 时,(3.2.12)的等式成立,且对于每个 n,都存在使等式成立的 a_1,a_2,a_3.

在证明定理 3.2.5 时,Lewin 采用了归纳法.他证明了:$s=3$,(3.2.12)成立[2].对一般的 $s>3$,若对 $s-1$,(3.2.12)成立,往证对 s,(3.2.12)也成立.

先证明一个实数序列的结论(见习题 3.3).

对于一个递减实数序列

$$u_1 \geqslant u_2 \geqslant \cdots \geqslant u_\lambda \geqslant 1, \qquad \lambda \geqslant 2,$$

不难得到

$$\sum_{i=1}^{\lambda-1}\left(\frac{u_i}{u_{i+1}}-1\right)+u_\lambda \leqslant u_1. \tag{3.2.13}$$

设 $a_1,\cdots,a_s$ 满足定理 3.2.5 的条件,记 $(a_1,a_2)=d_1$,$(a_1,a_2,a_3)=d_2$,$(a_1,a_2,\cdots,a_{s-1})=d_{s-2}$,$s-1>2$.由(3.2.11)得

$$\begin{aligned}\phi(a_1,\cdots,a_s) \leqslant & \frac{a_1a_2}{d_1}+a_3\frac{d_1}{d_2}+\cdots+a_{s-1}\frac{d_{s-3}}{d_{s-2}} \\ & +a_sd_{s-2}-\sum_{i=1}^{s}a_i+1\end{aligned}$$

$$< \frac{a_1 a_2}{d_1} + a_3 \left[\sum_{i=1}^{s-3} \left(\frac{d_i}{d_{i+1}} - 1 \right) + d_{s-2} \right].$$

由(3.2.13),得

$$\phi(a_1, \cdots, a_s) < \frac{a_1 a_2}{d_1} + a_3 d_1. \tag{3.2.14}$$

若 $a_1, \cdots, a_s$ 中有 $s-1$ 个元是互素的,则由归纳假设,可得(3.2.12)成立.否则,有 $d_1 > 1$.设 $d_1 = p^\alpha$,此处 p 是素数,$\alpha > 0$,则 $d_{s-2} = p^\beta, 0 < \beta < \alpha$.但由假设$(a_1, a_2, a_s) > 1$ 且$(a_1, a_2, a_s) = p^\gamma, \gamma > 0$,则

$$(a_1, a_2, \cdots, a_s) = p^\delta, \quad \delta = \min\{\beta, \gamma\} > 0.$$

矛盾! 于是 d_1 至少有两个不同的素因子.便得 $d_1 \geqslant 6, a_2 \leqslant a_1 - d_1, a_3 \leqslant a_2 - 2 \leqslant n - 8$. $d_1 | a_2$ 导出 $d_1 \leqslant \frac{1}{2} n$.由(3.2.14),有

$$\phi(a_1, \cdots, a_s) < \frac{n(n - d_1)}{d_1} + (n - d_1 - 2) d_1. \tag{3.2.15}$$

上式右边第一项是 d_1 的递减函数,取 $d_1 = 6$,便得$\frac{n(n-d_1)}{d_1} < \frac{(n-2)^2}{4}$,而(3.2.15)右边的第二项不大于$\frac{(n-2)^2}{4}$,于是由(3.2.15),便得 $\phi(a_1, \cdots, a_s) < \frac{1}{2}(n-2)^2$.

上面概述了定理 3.2.5 的证明,其中当 $s > 3$ 时作了较详细的推导.事实上,当 $s = 3$ 时,需要作更精细的分析和一些数论同余的技巧;读者可参见文献[2],在此不再详述.

在 20 世纪 70 年代,几个数学家先后对 Frobenius 数的上界作进一步改进.

定理 3.2.6 设 $a_1 > a_2 > \cdots > a_s s \geqslant 3, (a_1, a_2, \cdots, a_s) = 1$,则

$$\phi(a_1, \cdots, a_s) \leqslant \left[\frac{1}{2}(a_1 - 2)(a_2 - 1) \right], \qquad \text{(Lewin[5])}$$

$$\phi(a_1, \cdots, a_s) \leqslant 2a_1 \left[\frac{a_s}{s} \right] - a_s + 1, \qquad \text{(Erdös, Graham[6])}$$

$$\phi(a_1, \cdots, a_s) \leqslant 2a_2 \left[\frac{a_1}{s} \right] - a_1 + 1, \qquad \text{(Selmer[7])}$$

$$\phi(a_1, \cdots, a_s) \leqslant \left[\frac{1}{2}(a_{s-1} - 1)(a_1 - 2) \right]. \qquad \text{(Vitek[8])}$$

此处$[x]$是不大于 x 的最大整数(有时写作$\lfloor x \rfloor$).对 $s = 3$, Vitek 的界即 Lewin 的界.

定理 3.2.7 (Vitek[8]) 设 $a_1>a_2>\cdots>a_s$,$(a_1,a_2,\cdots,a_s)=1$,i 是使 $a_i\neq\lambda a_s$(λ 是整数)成立的最大下标. 若有一个 a_j,使得对所有非负整数 μ,γ,有 $a_j\neq\mu a_s+\gamma a_i$,则

$$\phi(a_1,\cdots,a_s)\leqslant\left[\frac{1}{2}a_s\right](a_1-2).$$

否则

$$\phi(a_1,\cdots,a_s)=(a_s-1)(a_i-1).$$

1996 年沈建[9]对定理 3.2.7 作了推广. 最近,M. Beck 和 S. Zacks[10]用限制分拆函数(restricted partition fuction)提出一种计算 $\phi(a_1,\cdots,a_s)$上界的新方法.

关于 Frobenius 数的下界. J. L. Davison[11]得到下列结果

$$\phi(a_1,a_2,a_3)\geqslant\sqrt{3a_1a_2a_3}-a_1-a_2-a_3+1.$$

3.3 矩阵幂序列的振动周期

我们先研究不可约方阵的振动周期.

对于 n 阶不可约方阵 A,若存在正整数 k,使 $A^k>0$,称 A 为本原方阵,否则,称 A 为非本原不可约阵.

我们已经知道,若 A 是不可约阵,A 的伴随有向图 $D(A)$ 必是强连通图. 现在,我们探索矩阵幂序列的周期的图论意义.

一个强连通图 D 的所有闭途径的长的最大公约数 d,称为 D 的回路性指标. 注意到任一闭途径之长又是若干个圈(或称初等回路)之长的和. 因此,D 的回路性指标也可以等价的定义为 D 中所有圈长的最大公约数.

我们首先证明本原矩阵的下列充要条件.

定理 3.3.1 若 A 是本原矩阵,当且仅当

(i) $D(A)$ 是强连通;

(ii) $D(A)$ 的回路性指标 $d=1$,即 $(r_1,\cdots,r_\lambda)=1$,这里 $\{r_1,\cdots,r_\lambda\}$ 是 D 的不同圈长的集合.

证 必要性. 由定义,A 是本原,则 A 必不可约,即 $D(A)$ 是强连通. 又因 A 本原,即存在正整数 r,使对所有 $k\geqslant r$,有 $A^k>0$,这等价于 $D(A)$ 中的所有点对之间,存在长为 k 的途径,$k\geqslant r$,又,D 中任一点 v 到 v 的闭途径的长必是若干圈长之和,从而必为公因子 $(r_1,\cdots,r_\lambda)$ 的倍数,即 $r,r+1$ 都是 $(r_1,\cdots,r_\lambda)$ 的倍数,便得 $(r_1,\cdots,r_\lambda)=d=1$.

充分性. 设 $D(A)$ 满足条件(i)(ii). 因 $d=1$,即 $(r_1,\cdots,r_\lambda)=1$,知 Frobenius

数 $\phi(r_1,\cdots,r_\lambda)$存在,对任意 $u,v\in VD(A)$,由 $D(A)$的强连通性,存在由 u 到 v 的经过所有 V 中的点的途径 $W(u,v)$. 记 $W(u,v)$的长为 $d(u,v)$.

设 a 是D 中若干个圈长的非负整数系数线性组合,因 $W(u,v)$过 D 中所有顶点,故 $d(u,v)+a$ 也是D 中从u 到 v 的途径长.

令

$$\gamma=\max_{u,v\in V(D)}d(u,v)+\phi(r_1,\cdots,r_\lambda),$$

则对 D 中的任意一对点(i,j),有

$$\gamma\geqslant d(i,j)+\phi(r_1,\cdots,r_\lambda).$$

即 γ 可表为$\gamma=d(i,j)+a$,其中 $a\geqslant\phi(r_1,\cdots,r_\lambda)$. 由 $\phi(r_1,\cdots,r_\lambda)$的定义,知 a 是D 中若干圈长的非负整数系数线性组合. 故 D 中存在从i 到j 的长为γ 的途径,于是 $A^k>0,k\geqslant\gamma,A$ 是本原阵. 证毕.

对不可约非本原矩阵 $A(p>1)$,我们将证明,它的幂振动周期 $p(A)$恰是 $D(A)$的回路性指标. 为了证明这点,我们先建立如下引理.

引理 3.3.2　设 D 是强连通有向图,D 的顶点集 $V=\{v_1,\cdots,v_n\}$,D 的回路性指标为 d,D 中所有通过顶点 v_i 的闭途径的长的最大公约数为 $d_i(i=1,\cdots,n)$,则

(i) $d_1=\cdots=d_n=d$.

(ii) 任给两点 $v_i,v_j\in V$,从 v_i 到v_j 的所有途径的长模d 同余.

(iii) 可将 V 划分为d 部分,$V=V_1\cup\cdots\cup V_{d-1}\cup V_d$,使得 D 中任一起点在 V_i,终点在 V_j 的途径的长 $l\equiv j-i(\mathrm{mod}\ d)$.

证　(i) 任取 $v_i\in V$,设过 v_i 的闭途径通过v_j 点,不妨设 v_i 到v_j 的途径长为 s,v_j 到v_i 的途径长为t,则此闭途径的长为 $s+t$. 又若在 v_j 点增加一个闭途径,设其长为 h_j,则由 v_i 到v_i 又有一个闭途径长为$s+t+h_j$. 依 d_i 的定义知,$d_i\mid h_j$. 因 h_j 可看作是过v_j 的任一圈之长,故 $d_i\mid d_j$. 又由 D 的强连通性,v_j 可取作D 中的任一点,于是有 $d_1=d_2=\cdots=d_n=d'$,显然 $d\mid d'$.

反之,易见,d'必整除D 中任一组圈长的最大公约数d. 于是 $d_1=d_2=\cdots=d_n=d$.

(ii) 设 P_1,P_2 分别是从 v_i 到v_j 的两条途径,它们的长分别是 l_1,l_2. 又设从 v_j 到v_i 的一条途径长为m,则过 v_i 和v_j 有两个闭途径,其长分别是 l_1+m 和l_2+m,由上述(i)的证明,有

$$l_1+m\equiv l_2+m(\mathrm{mod}\ d).$$

于是

$$l_1 \equiv l_2 (\mathrm{mod}\ d).$$

(iii) 定义 V 的如下子集

$$V_i = \{v_j \in V \mid \text{从 } v_1 \text{ 到 } v_j \text{ 的所有途径的长} \equiv i (\mathrm{mod}\ d)\}. \quad (3.3.1)$$

易见 $V_1, V_2, \cdots, V_{d-1}, V_d$ 是 V 的一个分划. 设 $v_i \in V_i, v_j \in V_j$, 由 v_i 到 v_j 的一条途径长为 l. 又记 v_1 到 v_i 的一条途径长为 l_1, 则 v_1 到 v_j 有一条途径长为 $l_1 + l$. 由分划定义

$$l_1 \equiv i (\mathrm{mod}\ d),$$

$$l_1 + l \equiv j (\mathrm{mod}\ d).$$

两式相减得 $l \equiv j - i (\mathrm{mod}\ d)$. 证毕。

我们从非本原不可约矩阵的下列标准形式中,可以粗见振动周期的组合意义.

定理 3.3.3 设 A 是不可约矩阵, $D(A)$ 的回路性指标为 $d > 1$, 则 A 可置换相似于如下的分块形式

$$\begin{bmatrix} 0 & A_1 & & & \\ & 0 & A_2 & & \\ & & \ddots & \ddots & \\ & & & & A_{d-1} \\ A_d & & & & 0 \end{bmatrix}, \quad (3.3.2)$$

对角线上诸零子块均为非空方阵, 且 $A_i (i = 1, 2, \cdots, d)$ 均无行列为零向量, $\prod_{i=1}^{d} A_i$ 是个本原阵.

证 把 $VD(A)$ 作一个如(3.3.1)的分划, $V = V_1 \cup \cdots \cup V_d$. 由引理 3.3.2 的(iii)知, 从 $D(A)$ 的任 $v_i \in V_i$ 为起点的弧, 其终点必在 V_{i+1} 上(即取 $l = 1$) $(V_{d+1} = V_1)$. 把 $D(A)$ 的顶点标号重新排列(置换相似于 A)使 V_i 中的点在 V_{i+1} 的点前面, 相应的矩阵形式 PAP^{T}(P 为置换阵)必有如(3.3.2)的形式. 注意到 A 是不可约阵, 故 A 无零行零列, 即 A_i 亦无零行零列.

现在只须证明, 诸方阵 A_i 的乘积 $\prod_{i=1}^{d} A_i$ 是本原阵.

设 $\{r_1, \cdots, r_\lambda\}$ 是 $D(A)$ 中所有不同圈长的集合, 因 $d = (r_1, \cdots, r_\lambda)$ 即 $\left(\frac{r_1}{d}, \cdots, \frac{r_\lambda}{d}\right) = 1$. 于是(见 3.2 节)对任一整数 k, $k \geqslant \phi\left(\frac{r_1}{d}, \frac{r_2}{d}, \cdots, \frac{r_\lambda}{d}\right)$, k 可表为 $\frac{r_1}{d}, \cdots, \frac{r_\lambda}{d}$ 的非负整数线性组合, kd 亦可表为 $r_1, \cdots, r_\lambda$ 的非负整数线性组合.

取 $v_1 \in V_1$, 及任意 $v_2 \in V_1$, 由 $D(A)$ 的强连通性, 有 v_1 到 v_2 且经过 V 中所有点的途径 $W(v_1, v_2)$, 记它的长是 $l(v_1, v_2)$. 由上述分划定义 $l(v_1, v_2) \equiv 0 (\mathrm{mod}\ d)$.

注意到 $W(v_1,v_2)$经过 V 中所有点,故添加任意个圈于 $W(v_1,v_2)$上,仍是 v_1 到 v_2 的一条途径.设 a 是 $r_1,r_2,\cdots,r_\lambda$ 的某一非负整数线性组合,则 $l(v_1,v_2)+a$ 也是 v_1 到 v_2 的某条途径之长.

取

$$t=\max_{v_1,v_2\in V_1}\frac{l(v_1,v_2)}{d}+\phi\left(\frac{r_1}{d},\cdots,\frac{r_\lambda}{d}\right),$$

则对于 V_1 中的任两点 u,v,t 可表为

$$t=\frac{l(u,v)}{d}+k,$$

这里 $k\geqslant\phi\left(\frac{r_1}{d},\cdots,\frac{r_\lambda}{d}\right)$.

由上面已证得 kd 可表为$r_1,\cdots,r_\lambda$ 的非负整数线性组合,从而 $td=l(u,v)+kd$,即在 $D(A)$中存在从 u 到v 的长为td 的途径.注意到 t 与u,v 无关,故 V_1 中任一对点间均有长为 td 的途径,即$(PAP^{\mathrm{T}})^{td}$的左上角子块均为正元素.

因 PAP^{T} 是(3.3.2)形式,故$(PAP^{\mathrm{T}})^{td}$ 左上角子块是 $\prod_{i=1}^{d}A_i$, 即 $(PAP^{\mathrm{T}})^{td}$ 左上角子块是$\left(\prod_{i=1}^{d}A_i\right)^t>0$,故$\prod_{i=1}^{d}A_i$ 是本原阵.证毕.

若记

$$B_j=\prod_{i=j}^{d+j-1}A_i,\quad j=1,2,\cdots,d$$

(下标在 mod d 的意义下). (3.3.3)

在定理 3.3.3 中,我们已证明:B_1 是本原的,事实上,我们还可类似地证明 B_i,$i=1,2,\cdots,d$,都是本原的,于是,我们有如下推论(见习题 3.11).

推论 3.3.4 设 A 是不可约阵,$D(A)$的回路性指标是 $d>1$,则 A 的振荡周期也是d.

于是,对于 n 阶不可约布尔方阵A,A 的周期等于A 所决定的有向图$D(A)$中所有有向闭途径(或有向圈)长的最大公约数 d.

我们可以写成如下形式.

推论 3.3.5 设 A 是n 阶不可约布尔方阵,则 A 的周期$p(A)=1$ 当且仅当 A 是本原的.若 $p(A)>1$,则有置换阵 P,使

$$PAP^{\mathrm{T}}=\begin{pmatrix}0 & A_1 & & \\ & \ddots & \ddots & \\ & & \ddots & A_{p-1}\\ A_p & & & 0\end{pmatrix}.$$

上述方阵称为 A 的一个非本原标准形.

p 也称为 A 的非本原性指标. 由上述讨论知, A 的非本原性指标就是 $D(A)$ 的回路性指标.

我们可以证明, 定理 3.3.3 的逆定理同样是正确的, 即若 A 置换相似于 (3.3.2) 的形式, 则 A 必是不可约阵, 它的非本原性指标 (回路性指标) 是 d. 我们先证明下列引理.

引理 3.3.6 设布尔矩阵 A 有 (3.3.2) 的形式, 对角线上诸零子块均为非空方阵, 且 $A_i(i=1,2,\cdots,d)$ 均无零行及零列, $\prod_{i=1}^{d} A_i$ 是不可约, 则 A 也是不可约且其回路性指标 $d(A)$ 是 d 之倍.

证 如 (3.3.3) 式的约定, 由 (3.3.2) 形式可得

$$A^d=\begin{pmatrix} B_1 & & 0 \\ & B_2 & \\ 0 & & \ddots & \\ & & & B_d \end{pmatrix}.$$

因 B_1 是不可约, 由定理 2.3.1, 存在某个多项式 $f(x)$, 使 $f(B_1)>0$. 记 $g(x)=xf(x)$, 则

$$g(B_i)=B_if(B_i)=(A_iA_{i+1}\cdots A_d)f(B_1)(A_1A_2\cdots A_{i-1}),\quad i=1,2,\cdots,d.$$

因 A_i 无零行及零列, 且 $f(B_1)>0$, 便得

$$g(B_i)>0,\qquad i=1,\cdots,d.$$

直接计算 (3.3.2) 矩阵, 可见

$$(I+A+\cdots+A^{d-1})g(A^d)>0.$$

由定理 2.3.1 的 (6) 知, A 是不可约的.

往证 $d(A)$ 是 d 的倍数. 由 (3.3.2) 形式知, 当且仅当 A^{td} (t 为非负整数) 才有非零对角块. 但 $D(A)$ 的每个长为 r 的闭途径意味着 A^r 中有一个非零对角元. 于是 r 必须是 d 的倍数. 即 $D(A)$ 的回路性指标也是 d 的倍数.

定理 3.3.7 (定理 3.3.3 之逆) 若 n 阶布尔方阵 A 置换相似于 (3.3.2) 形式, 对角线上诸零子块均为非空方阵, A_i ($i=1,\cdots,d$) 均无零行, 零列, 且 $\prod_{i=1}^{d} A_i$ 是本原阵, 则 A 是一个具有回路性指标 d 的非本原矩阵.

证 由已知条件, A 置换相似于 (3.3.2) 形式的矩阵 $\widetilde{A}$. 由引理 3.3.6, $\widetilde{A}$ 是不可约阵, 且 $d(\widetilde{A})$ 是 d 的倍数. 现只须证 d 也是 $d(\widetilde{A})$ 的倍数. 易知

$$(\widetilde{A})^d = \begin{pmatrix} B_1 & & 0 \\ & \ddots & \\ 0 & & B_d \end{pmatrix},$$

B_i 的意义见(3.3.3). 因 B_i 是本原阵,于是存在某正整数 k,使 $B_1^k>0, B_1^{k+1}>0$. 即$(\widetilde{A})^{kd}$与$(\widetilde{A})^{(k+1)d}$的左上角元素是正. 于是 $D(\widetilde{A})$的点有长为 kd 和长为$(k+1)d$的闭途径,但 kd 与$(k+1)d$ 都是回路性指标$d(\widetilde{A})$的倍数,故它们的差 d 也是$d(\widetilde{A})$的倍数.

于是 $d=d(\widetilde{A})$,从而 $d=d(A)$. 证毕.

现在,我们知道,对于不可约布尔矩阵 A,非本原性指标、回路指标及振动周期都是一样的. 如果我们进一步考虑矩阵的谱特征,结合 Perron-Frobenius 关于不可约非负矩阵谱性质的定理(见 1.3 节),我们可以证明:不可约布尔方阵 A 可以分成两类. 设 A 有 k 个模为$\rho(A)$的特征值,当 $k=1$ 时,A 便是本原阵;而当 $k>1$ 时,A 是非本原的.

从这个意义上,不可约方阵的振动周期表现在谱性质上,就是 A 中模为$\rho(A)$的特征值的个数.

对于 A 是可约方阵的情形. 我们知道:A 置换相似于下列分块三角方阵:

$$\begin{pmatrix} A_{11} & & & 0 \\ A_{21} & A_{22} & & \\ \vdots & \vdots & \ddots & \\ A_{m1} & A_{m2} & \cdots & A_{mm} \end{pmatrix},$$

其中每个主对角块 $A_{ii}(i=1,\cdots,m)$都是不可约方阵,称为 A 的不可约分块,相应于 $D(A)$的强连通分支. 因此,在每个分块可能分别各自作置换相似的意义下,A 的 m 个不可约分块$A_{11},\cdots,A_{mm}$是由A 所唯一确定的.

由上述结构分析,我们不难推证出下列定理:

定理 3.3.8　设 n 阶布尔方阵 A 有不可约分块 $A_{11}, A_{22},\cdots,A_{mm}$,则 A 的周期 $p(A)$是各不可约分块的周期 $p(A_{11}), p(A_{22}),\cdots,p(A_{mm})$的最小公倍数.

我们知道,n 阶本原矩阵 A 经过置换相似变换(相伴有向图改变顶点编号)仍是本原矩阵. 但是,若把 A 作任意的行或列调换,不一定得到一个本原矩阵. 例如

$$A = \begin{pmatrix} 0 & 0 & 1 & 1 & 0 \\ 1 & 0 & 0 & 0 & 0 \\ 0 & 1 & 0 & 0 & 0 \\ 0 & 0 & 0 & 0 & 1 \\ 0 & 1 & 0 & 0 & 0 \end{pmatrix}$$

是本原阵.若把 A 的第一列移放到原来的 3 列与 4 列之间,得下列矩阵

$$A_1=\begin{pmatrix}0&1&0&1&0\\0&0&1&0&0\\1&0&0&0&0\\0&0&0&0&1\\1&0&0&0&0\end{pmatrix},$$

容易检验,A_1 不是本原的.

那么,什么样的(0,1)矩阵,才可以通过随意的行(或列)调换得到一个本原矩阵呢?下列的定理,回答了这个问题.我们可以看到,这是与定理 2.4.2 平行的一个定理.

定理 3.3.9 (邵嘉裕[12]) 设 A 是一个 n 阶(0,1)阵,存在一个 n 阶置换阵 Q,使 AQ 是一个本原阵当且仅当下列三个条件成立:

(i) A 在每行,每列至少有一个 1;

(ii) A 不是一个置换阵;

(iii) A 不是下列矩阵

$$\begin{pmatrix}0&1&\cdots&1\\1&&&\\\vdots&&0&\\1&&&\end{pmatrix}$$

或由此矩阵经过行(列)置换所得到的矩阵.

若 B_n 表示所有 n 阶(0,1)矩阵的集合,P_n 表所有 n 阶本原(0,1)阵的集合,于是

$$\frac{|P_n|}{|B_n|}=\frac{|P_n|}{2^{n^2}}.$$

Moon 和 Moser(1966[13])证明了:几乎所有的 n 阶(0,1)矩阵是本原阵,即

$$\lim_{n\to\infty}\frac{|P_n|}{2^{n^2}}=1.$$

并且几乎所有 n 阶(0,1)矩阵 A 是本原的且 $A^2=J$.

因为本原矩阵是不可约的,故也可以认为,几乎所有 n 阶(0,1)矩阵都是不可约阵.

3.4 本原指数

若 A 是本原矩阵,则使 $A^k>0$ 的最小正整数 k,称为 A 的本原指数,简称为指数(exponent),记为 $\gamma(A)$.

$\gamma(A)$的图论意义是这样的最小整数,使 $D(A)$中的任两点 i,j,都存在长为$k\geqslant\gamma(A)$的途径.

我们通常引进 $D(A)$的局部指数,对任意 $i,j\in VD(A)$,局部指数 $\gamma(i,j)$是这样的最小整数,使从 i 到j 存在长为$k\geqslant\gamma(i,j)$的途径.若把 $D(A)$的所有圈长的集记为 $L=\{r_1,\cdots,r_\lambda\}$,由 i 到j,接触到 L 中每个不同长的圈的最短途径长记为$d_L(i,j)$,则 $\gamma(i,j)\leqslant d_L(i,j)+\phi(r_1,\cdots,r_\lambda)$.

显见 $\gamma(A)=\max_{i,j\in VD(A)}\gamma(i,j)$.

对本原指数研究的重要问题是 $\gamma(A)$的上界及 $\gamma(A)$的集.

1950 年,Wielandt 给出了 $\gamma(A)$的上确界.在证明这个结果之前,我们先叙述 Dulmage 和 Mendelsohn 给出的下列结果,称为本原指数的 Dulmage-Mendelsohn 型的界.

定理 3.4.1[14]　设 D 是一个 n 阶本原有向图,s 是D 的最小圈长,则

$$\gamma(D)\leqslant n+s(n-2).$$

证　设 C_s 是D 中一个长为s 的圈.D 是n 阶本原矩阵A 的伴随有向图.

对 C_s 的任一点 w,在 $D(A^s)$中,w 是一个环,于是,w 到$D(A^s)$的任一点,都有长恰为 $n-1$ 的途径(当然也有恰为 $k,k\geqslant n-1$,的途径).于是,在 D 中,C_s 的任一点到其它的点,都有长恰为 $s(n-1)$的途径.

现考察 D 的任一点i,i 用长为$n-s$ 的途径必可到达C_s 中的一点,而此点到 D 的各点有长恰为$s(n-1)$的途径.于是,从 i 到D 中的每一点都有长恰为$n-s+s(n-1)=n+s(n-2)$的途径,便得

$$\gamma(D)\leqslant n+s(n-2).$$

证毕.

由定理 3.4.1,我们立即得到下面的定理.

定理 3.4.2(Wielandt[15])　D 为任一n 阶本原有向图,则

$$\gamma(D)\leqslant(n-1)^2+1,$$

且上界是可以达到的.

证　$n=1$,结论显然成立.对于 $n\geqslant2$,因 D 是本原图,故必有 $s\leqslant n-1$.由定理 3.4.1,

$$\gamma(D) \leqslant n+(n-1)(n-2)=(n-1)^2+1.$$

容易验证,如图 3.4.1 的有向图 D_1 是本原有向图,且

$$\max_{i,j\in VD_1}\gamma(i,j)=\gamma(n,n)=n+\phi(n,n-1)$$
$$=n+(n-1)(n-2)=(n-1)^2+1,$$

即 $\gamma(D)$的上界是可达到的.证毕.

从同构的观点看,当 $s=n-1$ 时,除了有 D_1 的形式外,还可有如 D_2 的图(见图 3.4.2).

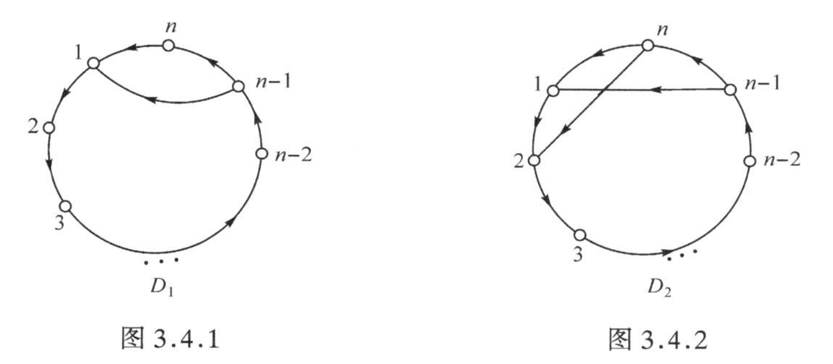

图 3.4.1　　　　图 3.4.2

容易验证(见习题 3.13),$\gamma(D_2)=(n-1)^2$.

由定理 3.4.1,当 $s\leqslant n-2$ 时,

$$\gamma(D) \leqslant n+(n-2)(n-2)=n^2-3n+4.$$

这就告诉我们:

(1) 当 $\gamma(D)=(n-1)^2+1$ 时,当且仅当 $D\cong D_1$;

(2) 当 $\gamma(D)=(n-1)^2$ 时,当且仅当 $D\cong D_2$;

(3) 不存在这样的本原有向图 D,使

$$n^2-3n+4<\gamma(D)<(n-1)^2. \tag{3.4.1}$$

即由 1 到$(n-1)^2+1$ 之间的所有整数中(我们把它记为$[1,(n-1)^2+1]^\circ$),并不是每个整数,都可以是本原矩阵的指数.例如(3.4.1)式就表明,$(n^2-3n+4,(n-1)^2)$之间的整数就不能是某个 n 阶本原阵的指数,我们把它称为缺数段(gaps).因此,找出本原矩阵 A 的所有指数集(或找出它们的所有缺数段)就成了本原指数研究的另一个重要而复杂的问题.

由定理 3.3.1 易知,在主对角线上有至少一个非零元的不可约方阵必然是本原的,这是因为它的伴随有向图必有环.

我们不难证明下列定理.

定理 3.4.3[16]　设 A 是 n 阶不可约矩阵,它的主对角线上有 $d(\geqslant 1)$个非

零元,则 A 是一个本原矩阵且 $\gamma(A)\leqslant 2n-d-1$.

证　A 的伴随有向图 $D(A)$ 是强连通图且有 d 个环.设 W 是 d 个环顶点的集合.对 $D(A)$ 的任一顶点 i,至多用长为 $n-d$ 的路可遇到一个 W 中的点,而由 W 的这一点至多用长为 $n-1$ 的路便可到 $D(A)$ 的任一点,于是

$$\gamma(A)\leqslant(n-d)+(n-1)=2n-d-1.$$

证毕.

可以验证,对任意的整数 d,$1\leqslant d\leqslant n$,存在下列含有 d 个正对角元的 n 阶本原矩阵 A,使 $\gamma(A)=2n-d-1$,

$$A=\begin{pmatrix} 1 & 1 & & & & \\ 0 & \ddots & \ddots & & & \\ \vdots & & 1 & \ddots & & \\ \vdots & & & 0 & \ddots & \\ 0 & & & & \ddots & 1 \\ 1 & & & & & 0 \end{pmatrix}\begin{matrix} \left.\begin{matrix} \\ \\ \\ \end{matrix}\right\} d\text{ 个} \\ \\ \\ \\ \end{matrix}.$$

如果我们把恰含 d 个正对角元的 n 阶本原矩阵的集合记为 $P_n(d)$,则我们有如下定理.

定理 3.4.4(柳柏濂[29])　对任意自然数 d 和 k,其中 $1\leqslant d\leqslant n-1$,$k\in\{2,3,\cdots,2n-d-1\}$,$n\geqslant 2$,存在 $A\in P_n(d)$,使 $\gamma(A)=k$.

证　当 $2\leqslant k\leqslant n$ 时,对任意 $k\in\{2,3,\cdots,n\}$,

(1) 若 $1\leqslant d<k\leqslant n$,考察具有有向图 $D(A)$ 的矩阵 A(见图 3.4.3),图中无向边表示双向连通(即有弧 (i,j) 及 (j,i)).

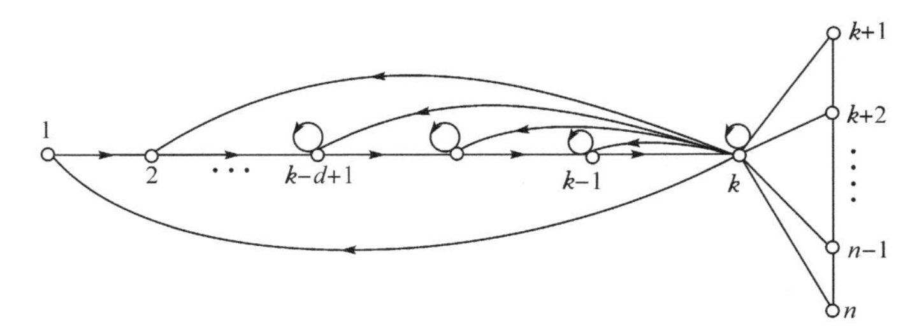

图 3.4.3

易见,$\gamma(1,1)=k$,而其余 $\gamma(i,j)\leqslant k$,故 $\gamma(D(A))=\max_{i,j\in V(D)}\gamma(i,j)=k$,即 $\gamma(A)=k$.

(2) 若 $k\leqslant d\leqslant n-1$,不妨设 $d=k+l$,$0\leqslant l\leqslant n-k-1$,考察具有如图 3.4.4 的有向图 $D(A)$ 的矩阵 A.同(1)的议论,可证 $\gamma(A)=k$.

当 $k>n$ 时,对任意 $k\in\{n+1,n+2,\cdots,2n-d-1\}$(注意:这时必有 $d<n-1$),考察具有图 3.4.5 的有向图 $D(A)$的矩阵 A,设 $k=2n-l$,其中 $d+1\leqslant l<n$.易见 $\gamma(l,n)=2n-l$,而其余 i,j,有 $\gamma(i,j)\leqslant 2n-l$,故

$$\gamma(A)=\gamma(D(A))=\max_{i,j\in V(D)}\gamma(i,j)=2n-l=k.$$

证毕.

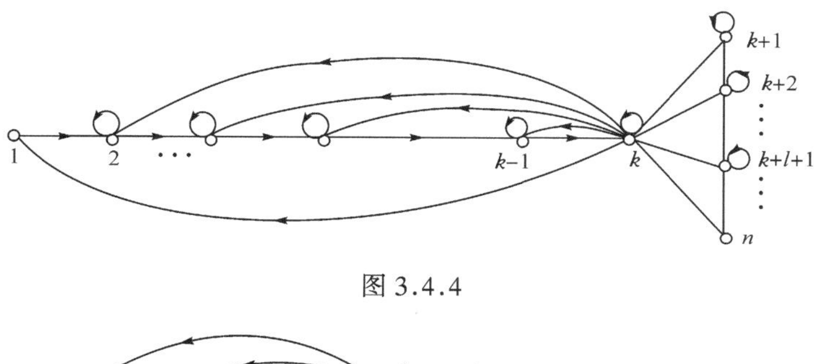

图 3.4.4

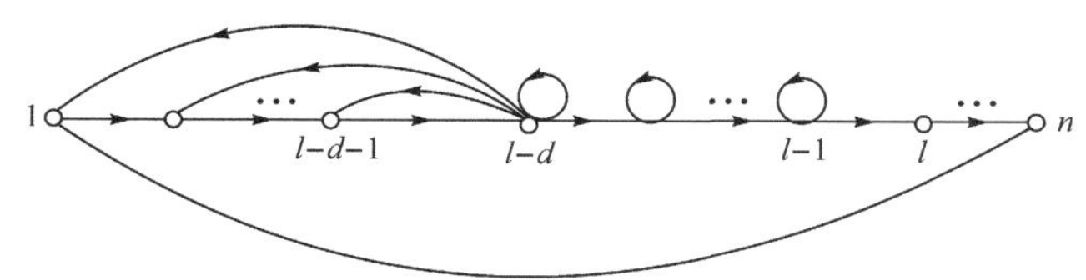

图 3.4.5

这一定理说明,$P_n(d)$,$1\leqslant d\leqslant n-1$ 的本原指数集为$\{2,3,\cdots,2n-d-1\}$.对于 $P_n(n)$,我们只需考察图 3.4.6 中所示有向图[29]所表示的矩阵 A(图中每一点都带环),不难证明,对任意自然数 $k\in\{1,2,\cdots,n-1\}$,存在 $A\in P_n(n)$,有 $\gamma(A)=k$,即 $P_n(n)$的本原指数集为$\{1,2,\cdots,n-1\}$.

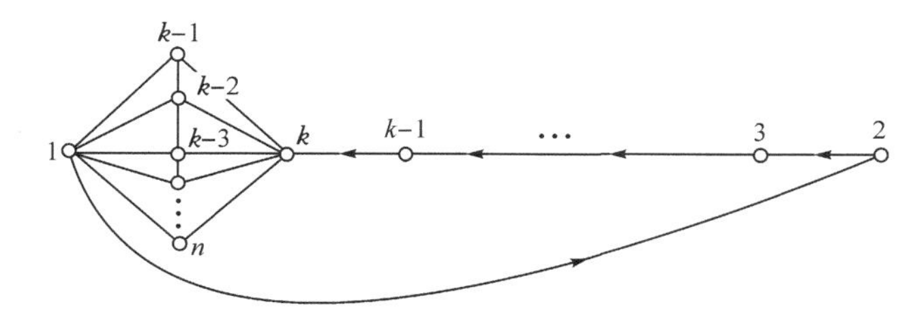

图 3.4.6

由此,可以说,含正对角元的本原指数集是$\{1,2,\cdots,2n-2\}$.至于 $P_n(0)$,它的本原指数集与 n 阶本原矩阵的本原指数集是一致的(见下面 IS 问题).

对于对称的不可约(0,1)矩阵,邵嘉裕证明了下面的定理.

定理 3.4.5(邵嘉裕[23])　设 A 是一个 n 阶对称不可约(0,1)矩阵,则 A 是本原的当且仅当它的伴随有向图 $D(A)$ 有长为奇数的有向圈,若 A 是本原的,则 $\gamma(A)\leqslant 2n-2$,等号成立当且仅当 A 置换相似于

$$\begin{pmatrix} 0 & 1 & 0 & \cdots & 0 & 0 \\ 1 & 0 & 1 & \cdots & 0 & 0 \\ 0 & 1 & 0 & \cdots & 0 & 0 \\ \vdots & \vdots & \vdots & \ddots & \vdots & \vdots \\ 0 & 0 & 0 & \cdots & 0 & 1 \\ 0 & 0 & 0 & \cdots & 1 & 1 \end{pmatrix}. \tag{3.4.2}$$

证　$D(A)$是连通对称有向图(可带环,所有边双向连通)且有长为 2 的有向圈,故 A 是本原的当且仅当 $D(A)$ 有长为奇数的有向圈. 设 A 是本原阵,则 A^2 是本原阵且主对角线上均是 1. 由定理 3.4.3,$(A^2)^{n-1}$是一个 J,于是 $\gamma(A)\leqslant 2n-2$(也可直接由定理 3.4.1,令 $s=1$ 得到).

设 A 是(3.4.2)所示的矩阵,则 $D(A)$ 中由顶点 1 到自身的最小的奇长有向途径的长是 $2n-1$. 于是 $\gamma(A)\geqslant 2n-2$,得 $\gamma(A)=2n-2$.

现设 $\gamma(A)=2n-2$. 注意定理 3.4.3 的证明,可见在 $D(A^2)$中,有两个顶点的距离是 $n-1$. 于是 $D(A^2)$是一条长为 $n-1$ 的路,且在每一顶点上有环. 若在 $D(A)$中有 3 点 a,b,c 均和某一点相邻,则在 $D(A^2)$中必有一个圈 $a\to b\to c\to a$,与 $D(A^2)$是路矛盾! 于是 $D(A)$是长为 $n-1$ 的一条路且带至少一个环. 因$\gamma(A)=2n-2$,故 $D(A)$恰有一个环且在此路的一个端点上. 证毕.

为了研究本原指数集,令 E_n 表示这样的整数 t 的集合,使得存在一个 n 阶本原矩阵 A,有 $\gamma(A)=t$. 由定理 3.4.2 可知,$E_n\subseteq\{1,2,\cdots,w_n\}$,这里 $w_n=(n-1)^2+1$. 下列定理表明,指数集 E_n 形成一个集的不增链.

定理 3.4.6(邵嘉裕[23])　对所有 $n\geqslant 1$,

$$E_n\subseteq E_{n+1}.$$

证　设 A 是一个 n 阶本原(0,1)阵,$\gamma(A)=t$. 构造一个 $n+1$ 阶矩阵 B,它在左上角的 n 阶主子矩阵是 A,又 B 的最后(下)两行相等,最后(右)两列相等. 于是 $D(B)$可以从 $D(A)$增加一个新顶点 $n+1$ 并按下面方式连边而得到:若有弧(i,n),则连$(i,n+1)$;若有弧(n,j)则连$(n+1,j)$. 又,有环$(n+1,n+1)$当且仅当有环(n,n). 从 $D(B)$中容易验证,B 是一个本原阵且 $\gamma(B)=t$. 证毕.

定理 3.4.6 是研究本原指数集的有力工具,从上述证明我们可以看到,指数集的包含关系,事实上是子图与图的包含关系.

为了要全面地考察本原指数的结果,我们对它的研究工作做一个综述.

近40年来,对 $\gamma(A)$的研究集中于下述四个方面:

1. 对各类本原矩阵 $\gamma(A)$上界的估值,我们称 MI 问题(maximum index).

2. 对各类本原矩阵 $\gamma(A)$指数集的刻画,我们称为 IS 问题(set of indices). 所谓某类本原矩阵$\mathbf{A}$ 的指数集E_n,定义为 $E_n(\mathbf{A})=\{m\in\mathbf{Z}^+ \mid$ 存在某个 n 阶本原阵 $A\in\mathbf{A}$,使 $\gamma(A)=m\}$.

3. 对各类本原矩阵中极矩阵集合的描述,我们称为 EM 问题(extremal matrix). 对某一类本原矩阵$\mathbf{A}$,记 $\mathrm{MI}(\mathbf{A})=\max(\gamma(A)\mid A\in\mathbf{A})$,则$\mathbf{A}$ 的极矩阵集合是

$$\mathrm{EM}(A):=\{A\in\mathbf{A}\mid\gamma(A)=\mathrm{MI}(\mathbf{A})\}.$$

4. 具有指数 γ_0 的某一类本原矩阵集合的描述,我们称为 MS 问题(set of matrices). 对于某一类本原矩阵$\mathbf{A}$,设 γ_0 是$\mathbf{A}$ 的本原指数集中的一个元,则我们考虑矩阵集合 $\mathrm{MS}(\mathbf{A},\gamma_0)=\{A\in\mathbf{A}\mid\gamma(A)=\gamma_0\}$.

事实上,EM 问题是 MS 问题的特款. 而这两个问题,也可以看作是矩阵方程 $A^k=J$ 的求解问题.

作为一个研究指南,下面,我们分述各类问题的研究进展.

1.MI 问题

矩阵类	MI	研究者
P_n(n 阶本原阵)	$\gamma(A)\leqslant(n-1)^2+1$ $\gamma(A)\leqslant n+s(n-2)$	Wielandt(1950)[15] Dulmage 和 Mendelsohn(1964)[14]
$P_n(d)$(含 d 个正对角元的 n 阶本原阵)	$\gamma(A)\leqslant 2n-d-1$	Holladay 和 Varga(1958)[16]
T_n(n 阶本原竞赛阵)	$\gamma(A)\leqslant n+2$	Moon 和 Pullman(1967)[17]
F_n(n 阶完全不可分阵)	$\gamma(A)\leqslant n-1$	Schwarz(1973[18])
DS_n(n 阶本原双随机阵)	$\gamma(A)\leqslant\begin{cases}\left[\dfrac{n^2}{4}+1\right], n=5,6\ \text{或}\ n\equiv 0 \pmod 4\\ \left[\dfrac{n^2}{4}\right], \text{其余}\end{cases}$	Lewin(1974)[19]
CP_n(n 阶本原循环阵)	$\gamma(A)\leqslant n-1$	Kim-Bulter 和 Krabill(1974)[20]
NR_n(n 阶本原几乎可约阵)	$\gamma(A)\leqslant n^2-4n+6$ $\gamma(A)\leqslant n+s(n-3)$	Brualdi 和 Ross(1980)[21], Ross(1982)[22]
S_n(n 阶对称本原阵)	$\gamma(A)\leqslant 2n-2$	邵嘉裕(1986)[23]
S_n^0(迹为零的 n 阶对称本原阵)	$\gamma(A)\leqslant 2n-4$	柳柏濂,Mckay,Wormald,张克民(1990)[24]

2. IS问题

自从1950年Wielandt给出了 n 阶本原指数的一般性上界后,便得 $E_n \subseteq \{1,2,\cdots(n-1)^2+1\}$,1964年,Dulmage和Mendelsohn[14]揭示了 E_n 中存在缺数段.若记 $w_n=(n-1)^2+1$,即 $E_n \neq [1,w_n]^\circ$.

1981年,Lewin和Vitek[25]深入研究了 $[1,w_n]^\circ$ 中本原指数的分布情况,求出了其中后段 $\left[\left\lfloor \frac{1}{2}w_n \right\rfloor+1,w_n\right]^\circ$ 中的全部缺数,并猜想在前半段 $\left[1,\left\lfloor \frac{1}{2}w_n \right\rfloor+1\right]^\circ$ 中无缺数.

1985年,邵嘉裕[26]证明了Lewin-Vitek上述猜想当 n 充分大时成立,但当 $n=11$ 时 $48 \notin E_{11}$,从而猜想不成立.同时证明了,在 $\left[1,\left\lfloor \frac{1}{4}w_n \right\rfloor+1\right]^\circ$ 中无缺数.

1987年,张克民[27]在上述工作基础上,利用Erdös在1935年得到的一个数论结论,证明了:除 $n=11$ 外,Lewin-Viteck猜想成立.于是,本原指数集 E_n 完全确定.

对于特殊类矩阵,我们把IS问题结果概述如下:

矩阵类	IS	研究者
$P_n(d)$	$[1,n-1]^\circ, d=n$ $[2,2n-d-1]^\circ, 1\leqslant d<n$	郭忠(1988)[28],柳柏濂(1989)[29]
T_n	$[3,n+2]^\circ(n\geqslant 6)$	Moon和Pullman(1967)[17]
F_n	$[1,n-1]^\circ$	潘群(1991[30])
DS_n	未解决	
CP_n	未解决	
NR_n	已刻画	邵嘉裕,胡志库(1991)[31]
S_n	$[1,2n-2]^\circ \setminus S$ S 是 n 和 $2n-2$ 之间的所有奇数	邵嘉裕(1986)[23]
$S^\circ{}_n$	$[2,2n-4]^\circ \setminus S_1$ S_1 是 $n-2$ 和 $2n-5$ 之间的所有奇数	柳柏濂,Mckay,Wormald, 张克民(1990)[24]

3. EM问题

在本节的开头,我们已经证明了:对一般 n 本原矩阵 A 来说,达到 $\gamma(A)$ 的上确界 $(n-1)^2+1$ 的矩阵,在置换相似的意义下是唯一的.

但是,对于特殊类的本原矩阵,它的极矩阵在置换相似意义下不一定是唯一的,甚至在非零元素个数最小的条件下也不一定是唯一的[29]. 于是,刻画这些极矩阵的特征(充分必要条件)就成为组合矩阵论中的困难问题.

下面列出各类特殊本原阵中已解决和未解决的 EM 问题.

矩阵类	EM	研究者
$P_n(d)$	已解决	柳柏濂,邵嘉裕(1991)[32]
T_n	已解决	Moon 和 Pullman(1967)[17]
F_n	部分解决	潘群(1991)[30]
DS_n	已解决	周波,柳柏濂(1999)[33]
CP_n	已解决	黄道德(1990)[34]
NR_n	已解决	Brualdi 和 Ross(1980)[21]
S_n	已解决	邵嘉裕(1986)[23]
S_n	已解决	柳柏濂,Mckay,Wormald,张克民(1990)[24]

4. MS 问题

这是一个更为困难的问题,从矩阵方程的观点来看,是对任意 $k\in E_n$,求 $A^k=J$的所有本原矩阵解 A. 目前,这一研究尚未全面展开. 国内已有一些个别工作. 如考虑对某一个 $k\in E_n$,求非零元个数最小的 A,使 $\gamma(A)=k$. 对于特殊类本原矩阵,也有类似的工作(见文献[30,35,36]).

对于本原指数的研究,由于采用了有向图的技巧,已把这一课题从矩阵论的领域扩展到图论的领域. 例如,把上述 S_n,S_n^0 的矩阵类扩展为最小奇圈长为 r 的无向图类,从 T_n 矩阵类扩展为一种称为局部半完全有向图类(locally semi-complete diagraph),由于这些研究更偏重于图的背景,我们不在此详述,这类结果可参阅文献[37,38].

3.5 一般幂敛指数

在这一节里,我们将研究非本原的不可约矩阵及可约矩阵的幂敛指数问题.

令 $\mathrm{IB}_{n,p}:=\{A\in \mathrm{IB}_n \mid A$ 是有周期为 p 的不可约阵$\}$,这里 $n>1$,$n\geqslant p\geqslant 1$,自然 $\mathrm{IB}_{n,1}$是本原矩阵集.

记 $\bar{k}(n,p)=\max\{k(A)\mid A\in \mathrm{IB}_{n,p}\}$且 $n=rp+s$,$r=\left[\dfrac{n}{p}\right]$,$0\leqslant s<p$.

1966 年,Heap 和 Lynn 首先研究了 $\bar{k}(n,p)$的上界.

定理 3.5.1[39]

$$\bar{k}(n,p)\leqslant p(r^2-2r+2)+2s, \tag{3.5.1}$$

当 $s=0$ 时,上述的等号可以达到.

易见,当 $p=1$ 时,(3.5.1)便给出了本原矩阵的 Wielandt 上界.

稍后,Schwarz 用二元关系的语言证明了下列定理,改进了(3.5.1)的界.

定理 3.5.2[40]

$$\bar{k}(n,p)\leqslant p\omega_r+s,$$

这里

$$\omega_r=\begin{cases} r^2-2r+2, & \text{若 } r>1,\\ 0, & \text{若 } r=1. \end{cases}$$

现在,我们用文献[41]的方法,给出定理 3.5.2 的证明.

由 3.3 节的讨论知,若 A 是带有周期 p 的不可约非本原布尔矩阵,则 A 置换相似于下列矩阵

$$PAP^{\mathrm{T}}=\begin{pmatrix} 0 & A_1 & & & \\ & 0 & A_2 & & \\ & & & \ddots & \\ & & & & A_{p-1}\\ A_p & & & & 0 \end{pmatrix}, \tag{3.5.2}$$

这里,P 是置换阵,对角线的零块是正方块.在(3.5.2)中,若 A_i 是 $n_i\times n_{i+1}$ 块(下标对 mod p 而言),$i=1,2,\cdots,p$,则把(3.5.2)记为$(n_1,A_1,n_2,\cdots,n_p,A_p,n_1)$.在不引起混乱的情况下,有时记为$(A_1,\cdots,A_p)$.

对于 $n_i\times n_{i+1}$ 的矩阵 $Z_i(i=1,2,\cdots,p)$和任意的非负整数 m,我们定义$(Z_1,Z_2,\cdots,Z_p)_m$ 是一个块分划矩阵$[A_{ij}](1\leqslant i,j\leqslant p)$.其中,块

$$A_{ij}=\begin{cases} Z_i, & \text{若 } j-i\equiv m\ (\mathrm{mod}\ p),\\ 0, & \text{其余}. \end{cases}$$

于是$(A_1,\cdots,A_p)=(A_1,\cdots,A_p)_1$.

因 $k(A)=k(PAP^{\mathrm{T}})$,我们总可以假设 $A=(A_1,\cdots,A_p)$是如(3.5.2)的标准形式.

对于所有 j,令 $A_{j+p}=A_j$ 又定义

$$A_i(m)=A_iA_{i+1}\cdots A_{i+m-1}$$

是 m 个相邻矩阵的积,特别地 $A_i(0)=I_{n_i}$.

用简单归纳可直接证明如下结论.

引理 3.5.3 若 $A=(A_1,\cdots,A_p)$,则

$$A^m=(A_1(m),\cdots,A_p(m))_m. \tag{3.5.3}$$

直接由定义,我们有如下定理(习题 3.14).

定理 3.5.4 设 A,B 是两个 $n\times n$ 布尔矩阵,它们不包含零行和零列使 AB 是本原,则 BA 也是本原,且它们本原指数之差

$$|\gamma(BA)-\gamma(AB)|\leqslant 1.$$

推论 3.5.5 若 $A=(A_1,\cdots,A_p)$是带周期 p 的不可约阵,则每个 $A_i(p)(1\leqslant i\leqslant p)$是本原的且$|\gamma(A_i(p))-\gamma(A_j(p))|\leqslant 1, 1\leqslant i,j\leqslant p$.

下面,我们将用矩阵 $A_i(m)(i=1,\cdots,p)$去研究带周期 p 的不可约矩阵 $A=(A_1,\cdots,A_p)$的幂敛指数 $k(A)$. 注意到,若对于某整数 m,对所有 $1\leqslant i\leqslant p$ 有$A_i(m)=J$,则对所有$t\geqslant m$,有 $A_i(t)=J$. 因为每个 $A_1,\cdots,A_p$ 不包含零行和零列,而因 $A_1(p)$是本原的,故上述的整数 m 必存在.

引理 3.5.6 设 $A=(n_1,A_1,n_2,\cdots,n_p,A_p,n_1)=(A_1,\cdots,A_p)$是一个带周期 p 的不可约布尔阵,则幂敛指数 $k(A)$是最小的整数 $k>0$,使得 $A_i(k)=J$ 对所有$i=1,2,\cdots,p$成立.

证 若 $A_i(k)=J, i=1,2,\cdots,p$,则由引理 3.5.3,有 $A^k=(A_1(k),\cdots,A_p(k))_k$且$A^{k+p}=(A_1(k+p),\cdots,A_p(k+p))_{k+p}$. 现 $A_i(k)=A_i(k+p)=J$, $i=1,\cdots,p$,且 $k+p=k(\mathrm{mod}\ p)$,故 $A^k=A^{k+p}$,即 $k(A)\leqslant k$.

反之,若 $A_j(k-1)\neq J$,对某个 j,则 $A^{k-1}=(A_1(k-1),\cdots,A_j(k-1),\cdots,A_p(k-1))_{k-1}$且 $A^{k-1+p}=(A_1(k-1+p),\cdots,A_j(k-1+p),\cdots,A_p(k-1+p))_{k-1+p}$. 现 $A_j(k-1+p)=J\neq A_j(k-1)$,于是

$$A^{k-1}\neq A^{k-1+p}.$$

因此

$$k(A)>k-1.$$

由上所证,便得 $k(A)=k$. 证毕.

引理 3.5.7 设 $A=(A_1,\cdots,A_p)$是带周期 p 的不可约阵,且 $1\leqslant i_1<i_2<\cdots<i_t\leqslant p$, $\gamma_{i_j}=\gamma(A_{i_j}(p))$是本原矩阵 $A_{i_j}(p)(1\leqslant j\leqslant t)$的本原指数,则

$$k(A)\leqslant p\max(\gamma_{i_1},\cdots,\gamma_{i_t})+p-t.$$

证 令 $h=\max(\gamma_{i_1},\cdots,\gamma_{i_t})$且 $k=ph+p-t$. 因 $\gamma_{i_j}=\gamma(A_{i_j}(p))$和 $h\geqslant\gamma_{i_j}$,我们有

$$A_{i_j}(ph)=[A_{i_j}(p)]^h=J.$$

现在,对 $1 \leqslant l \leqslant p$,考察 $A_l(k)$.因

$$|\{i_1,\cdots,i_t\}| + |\{l,l+1,\cdots,l+p-t\}| = p+1 > p,$$

故存在 j 和 $q(1 \leqslant j \leqslant t, 0 \leqslant q \leqslant p-t)$ 使得 $i_j \equiv l+q(\mathrm{mod}\, p)$.于是

$$A_{i_j} = A_{l+q},$$

且

$$\begin{aligned} A_l(k) &= A_l(q)A_{l+q}(k-q) \\ &= A_l(q)A_{l+q}(ph)A_{l+q+ph}(k-ph-q) \\ &= A_l(q)A_{i_j}(ph)A_{l+q+ph}(p-t-q) \\ &= A_l(q)JA_{l+q+ph}(p-t-q) = J, \quad l=1,2,\cdots,p. \end{aligned}$$

由引理 3.5.6,我们有

$$k(A) \leqslant k = ph + p - t = p\max(\gamma_{i_1},\cdots,\gamma_{i_t}) + p - t.$$

证毕.

推论 3.5.8　设 $A=(n_1,A_1,\cdots,n_p,A_p,n_1)$是不可约的,其周期为 p,又令 $m=\min(n_1,n_2,\cdots,n_p)$,则

$$k(A) \leqslant p(m^2-2m+3)-1.$$

现在,我们可以证明 Schwarz 定理(定理 3.5.2).

定理 3.5.2 的证明　不失一般性,设 A 是不可约非本原矩阵的标准形 $A=(n_1,A_1,\cdots,n_p,A_p,n_1)$,这里 $n_1+\cdots+n_p=n$.

令 $m=\min(n_1,\cdots,n_p)$,则 $m \leqslant r$.

情形 1　$m \leqslant r-1$.由推论 3.5.8,我们有

$$\begin{aligned} k(A) &\leqslant p(m^2-2m+3)-1 \leqslant p(r^2-4r+6)-1 \\ &< p(r^2-2r+2)+s \quad (\text{因 } r \geqslant m+1 \geqslant 2). \end{aligned}$$

情形 2　$m=r$.由 $n_1+\cdots+n_p=n=pr+s$ 且 $0 \leqslant s \leqslant p-1$,容易看到:存在 $p-s$ 个指数 $i_1,\cdots,i_{p-s}$,其中 $1 \leqslant i_1 < i_2 < \cdots < i_{p-s} \leqslant p$,使得 $n_{i_1}=n_{i_2}=\cdots=n_{i_{p-s}}=r$.对于 $j=1,\cdots,p-s$,$A_{i_j}(p)$是一个 $r \times r$ 本原矩阵,且有指数 $\gamma_{i_j}=\gamma(A_{i_j}(p)) \leqslant r^2-2r+2$.

在引理 3.5.7 中取 $t=p-s$,便得

$$k(A) \leqslant p\max(\gamma_{i_1},\cdots,\gamma_{i_{p-s}}) + p-(p-s) \leqslant p(r^2-2r+2)+s.$$

特别地,当 $r=1$ 即 $n=p+s$,$0 \leqslant s \leqslant p-1$ 时,注意到$\{n_1,\cdots,n_p\}$中任意 $s+1$ 个元中至少有一个是 1,故对应的 $A_i,A_{i+1},\cdots,A_{i+s-1}$中至少有一个是 $1 \times n_j$ 或$n_j \times 1$阵且是 J 阵(因无零行,零列),于是 $A_i(s)=A_i\cdots A_{i+s-1}=J$,$i=1$,

$\cdots,p$.由引理 3.5.6,$k(A)\leqslant s$.证毕.

在文献[40]中,Schwarz 仅仅指出:在 $n=7$ 和 $p=2$ 的情形,定理 3.5.2 中不等式的等号是可以达到的.对于一般的 n 和 p,他并没能回答“等号是否能达到”的问题.1987 年,邵嘉裕和李乔[41]完全回答了这个问题.其中的一个结果如下.

定理 3.5.9[41] 设 $A\in \mathrm{IB}_{n,p}$,且 $p=2,n=2r+1,r>1$,则 $k(A)=\bar{k}(n,p)$当且仅当 A 置换于下列 M_1,M_2,M_3 之中的一个.

$$M_1=\begin{pmatrix}0 & H_1\\ Y_1 & 0\end{pmatrix},\quad M_2=\begin{pmatrix}0 & H_1\\ Y_2 & 0\end{pmatrix},\quad M_3=\begin{pmatrix}0 & H_2\\ Y_1 & 0\end{pmatrix},$$

$$H_1=\begin{pmatrix}0 & 1 & & & \\ & 0 & \ddots & & \\ & & \ddots & & \\ & & & \ddots & 1\\ 1 & 0 & & & 0\\ 0 & 1 & 0 & \cdots & 0\end{pmatrix}_{(r+1)\times r},\quad H_2=\begin{pmatrix}0 & 1 & & & \\ & 0 & \ddots & & \\ & & \ddots & & \\ & & & \ddots & 1\\ 1 & 0 & & & 0\\ 1 & 1 & 0 & \cdots & 0\end{pmatrix}_{(r+1)\times r},$$

$$Y_1=\begin{pmatrix}1 & & & \\ & \ddots & & \\ & & 1 & 1\end{pmatrix}_{r\times(r+1)},\quad Y_2=\begin{pmatrix}1 & & & 1\\ & \ddots & & \\ & & 1 & 0\end{pmatrix}_{r\times(r+1)}$$

进一步,还证明了如下定理.

定理 3.5.10[41] 极矩阵集$\{A\in \mathrm{IB}_{n,p}\mid k(A)=\bar{k}(n,p)\}$,当 $r>1,r=1(s>0),r=1(s=0)$时,分别可以被划分为 $2^s+s\cdot 2^{s-1},2^{s-1}$和 1 个置换相似类.

上述定理,论述了非本原不可约矩阵的 MI 问题和极矩阵的 EM 问题.

现在,我们已经求出了非本原不可约阵幂敛指数的 Wielandt 型上界,相应地,我们亦可以考虑它的 Dulmage-Mendelsohn 型上界.

类似于本原指数的处理,在非本原不可约阵的幂敛指数研究中,我们也可以运用“局部化”技巧,引进 $k(A)$的局部化指数.为方便叙述,我们记$(A^k)_{ij}$为矩阵 A^k 的(i,j)元.

设 $A\in \mathrm{IB}_{n,p}$,对 $1\leqslant i,j\leqslant n$.定义局部指数 $k_A(i,j)$是最小的整数 $k\geqslant 0$,使$(A^{l+p})_{i,j}=(A^l)_{i,j}$,对所有 $l\geqslant k$ 成立.又定义一个局部量 $m_A(i,j)$是最小的整数 $m\geqslant 0$,使$(A^{m+ap})_{ij}=1$ 对所有的整数 $a\geqslant 0$ 成立.

我们已经知道:$(A^k)_{ij}\neq 0$ 当且仅当有向图 $D(A)$从顶点 i 到顶点j,存在长为 k 的一条途径.于是,可以考察局部量 $k_A(i,j)$和 $m_A(i,j)$的图论意义:

$k_A(i,j)$是这样最小的非负整数 k,使对于所有的 $l \geqslant k$,从 $D(A)$的顶点 i 到 j 存在一条长为 $l+p$ 的途径,当且仅当存在一条长为 l 的途径.而 $m_A(i,j)$是这样最小的非负整数 m,使对于所有的整数 $a \geqslant 0$,从顶点 i 到 j 存在一条长为 $m+ap$ 的途径.$k(A)$,$k_A(i,j)$和 $m_A(i,j)$的关系可以表述如下.

引理 3.5.11[42]　设 $A \in \mathrm{IB}_{n,p}$,且 $1 \leqslant i,j \leqslant n$,则

(1) $k(A)=\max_{1 \leqslant i,j \leqslant n} k_A(i,j)$;

(2) $k_A(i,j)=m_A(i,j)-p+1$,若 $m_A(i,j) \geqslant p-1$;$k_A(i,j)=0$,若 $m_A(i,j)<p-1$.

证　(1) 的结论显然,我们证明(2).

假设整数 $l \geqslant m-p+1$.

1) 若 $l \equiv m \pmod p$,则 $l \geqslant m$ 且 $l=m+ap$,这里 a 是某一个非负整数.于是,由 m 的定义,$(A^l)_{ij}=(A^{l+p})_{ij}=1$.

2) 若 $l \not\equiv m \pmod p$,由引理 3.3.2(ii),并且注意到在 $D(A)$中,由 i 到 j 存在长为 m 的途径,我们便知:由 i 到 j 不存在长为 l 和长为 $l+p$ 的途径,即 $(A^l)_{ij}=(A^{l+p})_{ij}=0$.

于是,对于所有 $l \geqslant m-p+1$,有$(A^l)_{ij}=(A^{l+p})_{ij}$并且 $k \leqslant m-p+1$.另一方面,由 m 的定义可知,$(A^{m-p})_{ij}=0$ 且$(A^m)_{ij}=1$.因此 $k>m-p$.由上述两个不等式,便得 $k=m-p+1$.证毕.

如果进一步定义 $m(A)=\max_{1 \leqslant i,j \leqslant n} m_A(i,j)$且

$$IM_{n,p}=\{m(A) \mid A \in \mathrm{IB}_{n,p}\},$$

$$I_{n,p}=\{k(A) \mid A \in \mathrm{IB}_{n,p}\},$$

则显然,$k(A)=m(A)-p+1$ 且 $m \in IM_{n,p}$当且仅当 $m-p+1 \in I_{n,p}$.于是,对 $k(A)$(或 $k_A(i,j)$)和 $I_{n,p}$的研究可归结为对 $m(A)$(或 $m_A(i,j)$)和 $IM_{n,p}$的研究.

对于局部指数 $m_A(i,j)$,下列引理给出它的估计方法.

引理 3.5.12[42]　设 $A \in \mathrm{IB}_{n,p}$,$L(A)=\{r_1,\cdots,r_\lambda\}$是有向图 $D(A)$的不同圈长的集,此外$(r_1,\cdots,r_\lambda)=p$.令 $\tilde{\phi}(r_1,\cdots,r_\lambda)$表示广义 Frobenuis 数,$\tilde{\phi}(r_1,\cdots,r_\lambda)=p \cdot \phi\left(\frac{r_1}{p},\cdots,\frac{r_\lambda}{p}\right)$而$d_{L(A)}(i,j)$表示在 $D(A)$中,从点 i 到 j 的接触到长 $r_1,\cdots,r_\lambda$ 的圈的最短途径之长,则我们有

$$m_A(i,j) \leqslant d_{L(A)}(i,j)+\tilde{\phi}(r_1,\cdots,r_\lambda).$$

证　设 W 是在$D(A)$中,从点 i 到 j 的接触到$L(A)$所有圈长的一条最短

途径.则对任意的非负整数 $a_1,\cdots,a_\lambda$, $d_{L(A)}(i,j)+\sum\limits_{i=1}^{\lambda}a_ir_i$ 是从 i 到 j 的一条途径的长,它可以从途径 W 上,附加 a_i 个长为 r_i 的圈($i=1,\cdots,\lambda$)而得到.由 $\tilde{\phi}(r_1,\cdots,r_\lambda)$的定义,对任何的非负整数 a, $d_{L(A)}(i,j)+\tilde{\phi}(r_1,\cdots,r_\lambda)+ap$ 都是从 i 到 j 的一条途径的长.由 $m_A(i,j)$的定义,这就证明了

$$m_A(i,j)\leqslant d_{L(A)}(i,j)+\tilde{\phi}(r_1,\cdots,r_\lambda).$$

证毕.

上述引理告诉我们,对 $m_A(i,j)$(从而对 $k_A(i,j)$)的估值依赖于对 $d_{L(A)}(i,j)$和 $\tilde{\phi}(\gamma_1,\cdots,\gamma_\lambda)$的估值,而对前者,我们可以用图论的技巧,对于后者则更多地采用数论的技巧.

循此方法,邵嘉裕[43]得到了非本原不可约阵幂敛指数 $k(A)$的 Dulmage-Mendelsohn 型上界.

定理 3.5.13[43,44]　设 $A\in \mathrm{IB}_{n,p}$, s 是$D(A)$的最短圈的长,则

$$k(A)\leqslant n+s\left(\frac{n}{p}-2\right).$$

稍后,吴小军、邵嘉裕[45],把上述的界改进为

$$k(A)\leqslant n+s\left(\left\lfloor\frac{n}{p}\right\rfloor-2\right).$$

当然,对于 $D(A)$含至少 3 个不同长的圈的情形,上述的界还可以精确化为如下形式.

定理 3.5.14[43]　设 $A\in \mathrm{IB}_{n,p}$, $n=pr+s(0\leqslant s\leqslant p-1)$,且 $D(A)$含至少 3 个不同长的圈,这些圈长异于 p,则有

$$k(A)\leqslant p\left[\frac{1}{2}(r^2-2r+4)\right]+s.$$

研究了 $\mathrm{IB}_{n,p}$的幂敛指数的最大值及极矩阵后,自然,就应该考虑它的指数集,即 IS 问题.邵嘉裕和李乔[42]在 1988 年首先研究这个问题.

让我们先考察,$I_{n,p}$是否是一个连续整数集.

回答是否定的.在引理 3.5.7 中,我们已经研究了 $k(A)$的上界.下面,我们研究 $k(A)$的下界.把上、下界结合起来,将会发现 $I_{n,p}$的缺数段,这便是我们研究问题的一个方法.

引理 3.5.15[42]　设 $A=(A_1,\cdots,A_p)\in \mathrm{IB}_{n,p}$,且 $\gamma_i=\gamma(A_i(p))$是本原矩阵$A_i(p)=A_iA_{i+1}\cdots A_{i+p-1}$的指数,则

$$k(A)\geqslant p\gamma_i-p+1,\quad i=1,2,\cdots,p.$$

证　$A_i(p(\gamma_i-1))=(A_i(p))^{\gamma_i-1}\neq J$. 于是由引理 3.5.6, $k(A)\geqslant p\gamma_i-p+1$. 证毕.

上述引理,结合引理 3.5.7(取 $t=1$),我们有

$$p\gamma_i-p+1\leqslant k(A)\leqslant p\gamma_i+p-1,\quad 1\leqslant i\leqslant p. \tag{3.5.4}$$

下面定理,给出了 r 阶矩阵本原指数集 $E_r=I_{r,1}$ 的缺数段和指数集 $I_{n,p}$ 的缺数段之间的联系.

定理 3.5.16[42]　设 $n=pr+s, 0\leqslant s\leqslant p-1, r=\left[\dfrac{n}{p}\right]$. 如果 $k\notin E_r, k_1\leqslant k\leqslant k_2$,则 $m\notin I_{n,p}, k_1p\leqslant m\leqslant k_2p$. 特别地

$$k\notin E_r\quad\Rightarrow\quad kp\notin I_{n,p}.$$

证　设 $k_1p\leqslant m\leqslant k_2p$ 且 $m\in I_{n,p}$,则对某个 $A\in \mathrm{IB}_{n,p}, m=k(A)$.

不失一般性,我们可设 A 是非本原不可约阵的标准形式 $A=(n_1,A_1,\cdots,n_p,A_p,n_1)$.

因 $n_1+\cdots+n_p=n=pr+s<p(r+1)$,故存在某个 $n_j\leqslant r$. 现 $A_j(p)=A_jA_{j+1}\cdots A_{j+p-1}$ 是一个 $n_j\times n_j$ 的本原阵,且 $\gamma_j=\gamma(A_j(p))$,于是 $\gamma_j\in E_{n_j}\subseteq E_r$.

另一方面,由(3.5.4)我们有

$$p(\gamma_j-1)+1\leqslant m\leqslant p\gamma_j+p-1,$$

于是 $k_1\leqslant\gamma_j\leqslant k_2$,导致矛盾. 证毕.

运用定理 3.5.16 和 3.4 节中我们给出的本原指数集 E_r 的缺数段,立即可得到 $I_{n,p}$ 的缺数段.

例如,在 3.4 节中,我们已经证明了:对所有 $r^2-3r+5\leqslant k\leqslant r^2-2r, k\notin E_r, r\geqslant 5$(事实上,在文献[14]中,还证明了:当 r 是不小于 4 的偶数时,对所有 $r^2-4r+7\leqslant k\leqslant r^2-2r, k\notin E_r$),由定理 3.5.16,便立即知, $I_{n,p}$ 存在缺数段,即若 $r\geqslant 5$ 时,对所有 $p(r^2-3r+5)\leqslant m\leqslant p(r^2-2r), m\notin I_{n,p}$.

关于 $I_{n,p}$ 的完全刻画,由邵嘉裕、李乔[42]和吴小军、邵嘉裕[45]最后完成,他们的结果,归纳为下列定理.

定理 3.5.17(邵嘉裕,李乔,吴小军[42,45])　设 $n=pr+s(0\leqslant s\leqslant p-1)$,则

$$I_{n,p}=I_1(n,p)\cup I_2(n,p),$$

其中

$$I_1(n,p)=\left\{0,1,2,\cdots,p\left[\frac{1}{2}(r^2-2r+4)\right]+s\right\},$$

$$I_2(n,p)=\bigcup_{\substack{n\geqslant r_1>r_2\geqslant 4p\\ r_1+r_2\geqslant (r+3)p\\ \text{g.c.d}\{r_1,r_2\}=p}}\left\{r_2\left(\frac{r_1}{p}-1\right),\cdots,r_2\left(\frac{r_2}{p}-2\right)+n\right\}.$$

下面,我们考察可约矩阵的幂敛指数问题.由于可约矩阵可以看作若干个不可约矩阵的组合,即一个可约矩阵的伴随有向图,可以看作是由若干个强连通分支所组成,因此,不可约矩阵,本原矩阵都认为是可约矩阵的特款.从这个意义上,可约矩阵幂敛指数的研究具有一般的意义,正由于这样,它的难度更大.

最先涉及可约矩阵幂敛指数的研究,是 Schwarz[46]的下列定理.

定理 3.5.18(Schwarz) 对于任意的 n 阶布尔矩阵 A, $k(A)\leqslant(n-1)^2+1$,如果 A 是可约矩阵,则上述不等式是严格的(即等号不成立).

自 1970 年以后的近 20 年间,对可约矩阵幂敛指数的研究几乎没有什么结果.

1990 年,邵嘉裕[44]从考察可约矩阵对应的一般有向图着手,引进局部幂敛指数和局部周期,得到了一个幂敛指数的 Dulmage-Mendelsohn 型上界.

定理 3.5.19(邵嘉裕[44]) 设 n 阶布尔方阵 A 的伴随有向图 $D=D(A)$.记 s_0 为 D 的诸强分支中各最小圈长的最大值(若强分支均为无环的点,则 $s_0=0$), n_0 是 D 的最大强分支中所含点数, f_0 是 D 中所有圈长的最大公约数,则有

$$k(A)\leqslant n+s_0\left(\frac{n_0}{f_0}-2\right).$$

易见,上述的界概括了关于不可约阵和本原阵的结果.

当 A 是不可约阵时, $n_0=n$, $f_0=p$, s_0 便是 $D(A)$的最小圈长,可得

$$k(A)\leqslant n+s_0\left(\frac{n}{p}-2\right).$$

当 A 是本原阵时, $p=1$,便得

$$\gamma(A)=k(A)\leqslant n+s_0(n-2).$$

由定理 3.5.19,亦立即导出定理 3.5.18.

现在,我们用定理 3.5.19,研究可约矩阵的最大幂敛指数问题.先证明如下引理.

引理 3.5.20 若 n 阶布尔矩阵 X 有如下分块形式:

$$X=\left(\begin{array}{c|c} B & 0 \\ \hline \alpha & a \end{array}\right), \tag{3.5.5}$$

其中 B 为 $n-1$ 阶布尔方阵, $a\in\{0,1\}$,则当 $a=0$ 时,有

$$k(B)\leqslant k(X)\leqslant k(B)+1.$$

而当 $a=1$ 时,有

$$k(B)\leqslant k(X)\leqslant\max\{k(B),n-1\}.$$

证　显然 $k(B)\leqslant k(X)$.

当 $a=0$ 时,容易验证

$$X^{k+1}=\left(\begin{array}{c|c} B^{k+1} & 0 \\ \hline \alpha B^k & 0 \end{array}\right), \tag{3.5.6}$$

于是有 $X^{k(B)+1}=X^{k(B)+p(B)+1}$,便得

$$k(X)\leqslant k(B)+1.$$

当 $a=1$ 时,

$$X^{k+1}=\left(\begin{array}{c|c} B^{k+1} & 0 \\ \hline \alpha(I+B+\cdots+B^k) & 1 \end{array}\right),$$

其中 I 是 $n-1$ 阶单位矩阵.由于当 $k_1\geqslant n-2,k_2\geqslant n-2$ 时,必有

$$I+B+\cdots+B^{k_1}=I+B+\cdots+B^{n-2}=I+B+\cdots+B^{k_2},$$

故当 $m\geqslant\max\{k(B),n-1\}$时,有 $X^m=X^{m+p(B)}$.于是

$$k(X)\leqslant\max\{k(B),n-1\}.$$

证毕.

引理 3.5.21　设 $n\geqslant3$,A 为 n 阶可约布尔矩阵.若 $k(A)>n^2-5n+9$,则 A 或 A^{T} 可置换相似于某个具有(3.5.5)形式的矩阵 X,且其中 X 的子阵 B 为 $n-1$ 阶本原矩阵,其伴有向图 $D(B)$的最小圈长是 $n-2$.

证　由 $k(A)>n^2-5n+9\geqslant n$ 知,$D(A)$至少含一个非平凡强分支(即不是一个无环的点).否则,$A^n=A^{n+1}=0$,便得 $k(A)\leqslant n$.于是,$k(A)\leqslant n+s_0\left(\dfrac{n_0}{f_0}+2\right)$,其中 s_0,n_0,f_0 如定理 3.5.19 所定义.由 A 可约有

$$s_0\leqslant n_0\leqslant n-1.$$

情形 1　若 $s_0\leqslant n-3$,则

$$k(A)\leqslant n+(n-3)(n-1-2)=n^2-5n+9.$$

矛盾!

情形 2　若 $s_0=n-1$,则 $n_0=n-1$,此时必定 A 或 A^{T} 置换相似于具有(3.5.5)形式的某矩阵 X,且此时其中 X 的子阵 B 是个 $n-1$ 阶置换方阵,$B^0=I_{n-1}=B^{n-1}$,从而 $k(B)=0$.由引理 3.5.20 知,

$$k(A)=k(X)\leqslant\max\{k(B)+1,n-1\}\leqslant n-1<n^2-5n+9.$$

矛盾!

情形 3 若 $s_0 = n_0 = n-2$,则

$$k(A) \leqslant n + (n-2)(n-4) < n^2 - 5n + 9,$$

矛盾.

由此可知,当 $k(A) > n^2 - 5n + 9$ 时,情形 1,2,3 均不可能出现,从而只能有 $s_0 = n-2$ 且 $n_0 = n-1$. 此时必定 A 或 A^{T} 置换相似于某个具有(3.5.5)形式的矩阵 X,且其中的子阵 B 是个 $n-1$ 阶不可约矩阵,$D(B)$ 的最小圈长为 $n-2$.

若 B 不是本原阵,则 $n-1$ 阶强连通有向图 $D(B)$ 的所有圈之长均为 $n-2$. 易见,这时,$B = B^{n-1}$,从而 B 必为本原矩阵. 证毕.

定理 3.5.22(邵嘉裕[44]) (1) 对任一 n 阶可约布尔矩阵 A,均有

$$k(A) \leqslant (n-2)^2 + 2. \tag{3.5.7}$$

(2) 当 $n \geqslant 4$ 时,(3.5.7)式中等号成立的充要条件是:A 或 A^{T} 置换相似于如下的 n 阶布尔矩阵

$$R_n = \left(\begin{array}{cccc|c} 0 & 1 & & & 0 \\ & \ddots & \ddots & & \\ & 0 & & & \\ & & \ddots & 1 & \\ 1 & 1 & & 0 & 0 \\ \hline 1 & 0 & & 0 & 0 \end{array}\right).$$

证 (1) 当 $n = 1, 2$ 时,(3.5.7)显然成立.

设 $n \geqslant 3$,若 $k(A) \leqslant n^2 - 5n + 9$,则必有 $k(A) \leqslant (n-2)^2 + 2$. 若 $k(A) > n^2 - 5n + 9$,则由引理 3.5.21 知,A 或 A^{T} 置换相似于某个有(3.5.5)形式的矩阵 X. 由定理 3.5.18 及 3.4 节知,X 的左上角 $n-1$ 阶子阵 B 满足 $k(B) \leqslant (n-2)^2 + 1$,于是,由引理 3.5.20 得

$$k(A) = k(X) \leqslant \max\{k(B) + 1, n-1\} \leqslant (n-2)^2 + 2.$$

(2) 充分性. 若 A 或 A^{T} 置换相似于 R_n,则 $k(A) = k(R_n)$ 直接计算可得

$$R_n^{(n-2)^2+1} = \left(\begin{array}{cccc|c} & & & & 0 \\ & J_{n-1} & & & 1 \\ & & & & 0 \\ \hline 0 & 1 & \cdots & 1 & 0 \end{array}\right).$$

故有 $k(R_n) = (n-2)^2 + 2$, 从而 $k(A) = (n-2)^2 + 2$.

必要性. 当 $n \geqslant 4$,若 $k(A) = (n-2)^2 + 2$,则 $k(A) > n^2 - 5n + 9$. 由引理

3.5.21 知,A 或A^{T} 置换相似于具有(3.5.5)形式的矩阵 X,其左上角子阵 B,有$k(B)\leqslant(n-2)^2+1$.若 X 的右下角元素$a=1$,则由引理 3.5.20 知,

$$k(A)=k(X)\leqslant\max\{k(B),n-1\}\leqslant(n-2)^2+1,$$

矛盾! 故有 $a=0$,此时,

$$(n-2)^2+2=k(A)=k(X)\leqslant k(B)+1\leqslant(n-2)^2+2.$$

从而,$k(B)=(n-2)^2+1$. 于是,B 必置换相似于R_n 的左上角 $n-1$ 阶方阵,再经一次置换相似后,可不妨设 B 就等于R_n 的左上角 $n-1$ 阶方阵,由计算得

$$B^{(n-2)^2}=\left(\begin{array}{c|ccc} 0 & 1 & \cdots & 1 \\ \hline 1 & & & \\ \vdots & & J_{n-2} & \\ 1 & & & \end{array}\right).$$

由 $k(X)=k(A)=(n-2)^2+2$ 知,有 $X^{(n-2)^2+1}\neq X^{(n-2)^2+2}$,故由(3.5.6)知必有

$$\alpha\cdot B^{(n-2)^2}\neq\alpha\cdot B^{(n-2)^2+1}.$$

由此推出 α 只能为

$$\alpha=(1,0,\cdots,0).$$

从而 A 或A^{T} 置换相似于 R_n. 证毕.

在研究可约矩阵的幂敛指数集(IS 问题)之前,可以证明:n 阶可约布尔矩阵的幂敛指数集存在着"缺数",即并非 1 到$(n-2)^2+2$ 之间的所有正整数都是某一 n 阶可约布尔矩阵的幂敛指数.

定理 3.5.23　不存在任何 n 阶可约布尔矩阵A,使

$$n^2-5n+9<k(A)<(n-2)^2. \tag{3.5.8}$$

证　用反证法,若有 n 阶可约阵A,使(3.5.8)式成立,则必 $n\geqslant7$. 由引理 3.5.21 知,此时 A 或A^{T} 置换相似于某个具有(3.5.5)形式的矩阵 X,其中 X 的左上角子阵B 为$n-1$ 阶本原矩阵. $D(B)$的最小圈长为 $n-2$. 不难验证(见文献[14]),这样的有向图 $D(B)$在同构意义下只有两个,它们的幂敛指数分别是$(n-2)^2$和$(n-2)^2+1$. 因此,我们有

$$k(A)=k(X)\geqslant k(B)\geqslant(n-2)^2,$$

这与 $k(A)<(n-2)^2$ 矛盾. 证毕.

注意到关于不可约阵,可约阵的幂敛指数的结果,还可以证明,对于一般 n 阶布尔矩阵,幂敛指数集仍存在缺数段.

定理 3.5.24　设 $n\geqslant13$,则当 n 为偶数时,不存在任何 n 阶布尔矩阵A,

使

$$n^2-4n+6<k(A)<(n-1)^2.$$

而当 n 为奇数时,不存在任何 n 阶布尔矩阵 A,使

$$n^2-4n+6<k(A)<n^2-3n+2$$

或

$$n^2-3n+4<k(A)<(n-1)^2.$$

证 任取 $A\in B_n$,若 A 是本原阵,则由 3.4 节的结论(或见文献[14]),上述不等式成立.若 A 为可约阵,则由定理 3.5.22 知,

$$k(A)\leqslant n^2-4n+6,$$

结论亦成立.若 A 为不可约非本原阵,则 $p(A)=p\geqslant 2$.此时,记 $n=pr+s$,其中$0\leqslant s\leqslant p-1$,则由定理 3.5.2,

$$\begin{aligned}k(A)&\leqslant p(r^2-2r+2)+s\\&=p(r^2+5)-2(pr+s)-3(p-s)\\&\leqslant pr^2+5p-2n-3\leqslant\frac{1}{p}n^2+3n-3\\&\leqslant\frac{1}{2}n^2+3n-3\leqslant n^2-4n+6,\end{aligned}$$

所述结论成立.证毕.

至于可约布尔矩阵和一般布尔矩阵幂敛指数的完全刻画问题,已被蒋志明,邵嘉裕完全解决了[47],他们得到了下列定理.

定理 3.5.25[47] 设 E_n,RI_n,BI_n 分别表示 n 阶本原布尔阵,n 阶可约布尔阵,和 n 阶布尔阵的幂敛指数集,则

$$RI_n=\bigcup_{i=1}^{n-1}\bigcup_{j=0}^{i}(E_{n-i}+j),$$

$$BI_n=\bigcup_{i=0}^{n-1}\bigcup_{j=0}^{i}(E_{n-i}+j),$$

此处,$E_{n-i}+j:=\{a+j\mid a\in E_{n-i}\}$.

对于一些特殊类的一般布尔矩阵的幂敛指数的研究,工作才刚刚开始.

柳柏濂,邵嘉裕,李乔良[48,49],对于含有 d 个正对角元 n 阶布尔矩阵($1\leqslant d\leqslant n$)的幂敛指数,有下列的结果:

定理 3.5.26[48,49] 设 A 是含有 d 个正对角元($1\leqslant d\leqslant n$)的 n 阶布尔矩阵,则 A 的幂敛指数

$$k(A)\leqslant\begin{cases}(n-d-1)^2+1, & 1\leqslant d\leqslant\left\lfloor\dfrac{2n-3-\sqrt{4n-3}}{2}\right\rfloor;\\ 2n-d-1, & d\geqslant\left\lceil\dfrac{2n-3-\sqrt{4n-3}}{2}\right\rceil.\end{cases}$$

这里,$\lceil x \rceil$表示不小于 x 的最小整数.

周波、柳柏濂[50],柳柏濂、李乔良、周波[51]刻画了这类矩阵的极矩阵并确定了指数集.

对于有广泛应用的一般双随机阵,我们有如下定理.

定理 3.5.27(柳柏濂,邵嘉裕,吴小军[52])　设 A 是 n 阶双随机型(0,1)矩阵,则

$$k(A)\leqslant\begin{cases}\left\lceil \dfrac{n^2}{4}+1\right\rceil, & n=5,6 \text{ 或 } n\equiv 0(\bmod 4);\\ \left\lceil \dfrac{n^2}{4}\right\rceil, & \text{其余情形},\end{cases}$$

且不等式的界是可以达到的.

3.6 密 度 指 数

设 A 是 n 阶布尔矩阵,在幂序列 $A, A^2, \cdots$ 中,各次幂 A^j 中 1 的个数的最大值称为 A 的最大密度(maximum density),记 $\mu(A)=\max_m \| A^m \|$. 这里用 $\| M \|$ 表示布尔矩阵 M 中 1 的个数(在 2.5 节中,我们曾用 $\sigma(M)$ 表示它). A 的最大密度指数(index of maximum density)定义为

$$h(A):=\min\{m\in \mathbf{Z}^+ \mid \| A^m \| =\mu(A)\}.$$

对于本原矩阵 A,显然 $\mu(A)=n^2, h(A)=\gamma(A)$. 因此,密度指数的研究一般以非本原矩阵为对象. 若 A 的周期 $p>1$,易知,$\mu(A)<n^2, h(A)\leqslant k(A)+p-1$.

现在,我们考察不可约非本原布尔矩阵集 $\mathrm{IB}_{n,p}$ 的最大密度和最大密度指数.

我们的方法是,寻求 $h(A)$和 $k(A)$的联系用 $k(A)$表达 $h(A)$. 为此,我们先证明关于 $k(A)$的下列定理,因为 $k(A)$在置换相似下不变,我们总可以假设所论方阵 A 是标准形的.

定理 3.6.1　设 $A=(n_1, A_1, n_2, A_2, \cdots, n_p, A_p, n_1)\in \mathrm{IB}_{n,p}$,记

$$B_0=\begin{pmatrix} J & 0 & \cdots & 0\\ 0 & J & \cdots & 0\\ \vdots & \vdots & & \vdots\\ 0 & 0 & \cdots & J \end{pmatrix},\quad B_1=\begin{pmatrix} 0 & J & 0 & \cdots & 0\\ 0 & 0 & J & \cdots & 0\\ \vdots & \vdots & \vdots & \ddots & \vdots\\ 0 & 0 & 0 & \cdots & J\\ J & 0 & 0 & \cdots & 0 \end{pmatrix},$$

$$B_2=B_1^2=\begin{pmatrix}0&0&J&0&\cdots&0\\0&0&0&J&\cdots&0\\\vdots&\vdots&\vdots&\vdots&\ddots&\vdots\\0&0&0&0&\cdots&J\\J&0&0&0&\cdots&0\\0&J&0&0&\cdots&0\end{pmatrix},\cdots$$

$$B_{p-1}=B_1^{p-1}=\begin{pmatrix}0&0&\cdots&0&J\\J&0&\cdots&0&0\\0&J&\ddots&0&0\\\vdots&\vdots&\ddots&\ddots&\vdots\\0&0&\cdots&J&0\end{pmatrix}.$$

p 个 n 阶布尔方阵,它们都按 A 的分块方式表示,0 和 J 分别是适当大小的全零和全 1 矩阵,则

$$k(A)=\min\{m\in\mathbf{Z}^+:A^m=B_j,j\equiv m(\mathrm{mod}\ p),0\leqslant j\leqslant p-1\}.$$

证 令 $k=k(A)$,$k=qp+j$,此处,$q=\left\lfloor\dfrac{k}{p}\right\rfloor$,$0\leqslant j\leqslant p-1$. 因每个 $A_i(p)$ 均本原,记 $e=\max_{1\leqslant i\leqslant p}\gamma(A_i(p))$,则 $A^{ep}=B_0$. 由 k 的定义可知,

$$A^k=A^{k+ep}=A^{(q+e)p+j},$$

而 $A^{ep}=B_0\Rightarrow A^{(q+e)p}=B_0\Rightarrow A^{(q+e)p+j}=B_j$,从而 $A^k=B_j$. 再记 $m_0=\min\{m\in\mathbf{Z}^+:A^m=B_j,j\equiv m(\mathrm{mod}\ p),0\leqslant j\leqslant p-1\}$,则以上证明了:$m_0\leqslant k=k(A)$.

另一方面,设 $m_0=lp+j$,$l=\left\lfloor\dfrac{m_0}{p}\right\rfloor$,$0\leqslant j\leqslant p-1$,则 $A^{m_0}=B_j\Rightarrow A^{m_0+p}=B_jA^p=B_j$,从而 $k=k(A)\leqslant m_0$,因此 $k(A)=m_0$. 证毕.

由此定理,我们也可以导出在引理 3.5.7 和引理 3.5.15 中已得出过的结论.

推论 3.6.2 记 $\gamma_i=\gamma(A_i(p))$,则对每个 $i=1,\cdots,p$,有

$$p(\gamma_i-1)<k(A)<p(\gamma_i+1).$$

在研究 A 的最大密度指数之前,我们先定义向量的循环周期.

一个行向量$(a_1,a_2,\cdots,a_p)$,它的循环周期 $\tau(a_1,\cdots,a_p)=\min\{m\in\mathbf{Z}^+:(a_1,\cdots,a_p)=(a_{m+1},\cdots,a_p,a_1,\cdots,a_m)\}$. 易见 $\tau(a_1,\cdots,a_p)\mid p$.

下面关于密度指数的定理最早是 Heap 和 Lynn[39]在 1966 年得到的. $h(A)$ 的显式表示是邵嘉裕和李乔[53]在 1988 年提供的.

定理 3.6.3[39,53] 设 $A\in\mathrm{IB}_{n,p}$,且 A 有标准形$(n_1,A_1,n_2,A_2,\cdots,n_p,$

$A_p, n_1)$,则

(i) $\mu(A)=\sum_{i=1}^{p} n_i^2$,

(ii) $h(A)=\min\{m\in \mathbf{Z}^+ : m\geqslant k(A), \tau\mid m\}=\tau\left\lceil \frac{k(A)}{\tau}\right\rceil$. 这里 $\tau=\tau(n_1, \cdots, n_p)$是行向量$(n_1, n_2, \cdots, n_p)$的循环周期.

证　设 $m\in \mathbf{Z}^+$, $m\equiv j(\bmod p)$, $0\leqslant j\leqslant p-1$,则由定理 3.6.1,

$$m\geqslant k(A)\Rightarrow A^m = B_j\Rightarrow \| A^m \| = \sum_{i=1}^{p} n_i n_{i+1}$$

$$m< k(A)\Rightarrow A^m \lneqq B_j\Rightarrow \| A^m \| < \sum_{i=1}^{p} n_i n_{i+1}.$$

因为 $\sum_{i=1}^{p} n_i^2-\sum_{i=1}^{p} n_i n_{i+1}=\frac{1}{2}\sum_{i=1}^{p}(n_i-n_{i+1})^2\geqslant 0$,故由前面关系式可得 $\| A^m \| \leqslant \sum_{i=1}^{p} n_i^2$ 对任一 $m\in \mathbf{Z}^+$ 成立,且 $\| A^m \| = \sum_{i=1}^{p} n_i^2 \Leftrightarrow m\geqslant k(A)$,且 $n_i=n_{i+1}$,对 $i=1,\cdots,p$ 成立$\Leftrightarrow m\geqslant k(A)$,且 $\tau(n_1, \cdots, n_p)\mid j$. 因为 $\tau(n_1, \cdots, n_p)\mid p$,所以(i)(ii)得证. 证毕.

进一步,我们记

$$\bar{h}(n, p)=\max\{h(A)\mid A\in \mathrm{IB}_{n,p}\},$$

在文献[39]中,Heap 和 Lynn 涉及对 $\bar{h}(n, p)$的研究,但真正完成此项工作是邵嘉裕和李乔的下列结果.

定理 3.6.4(邵嘉裕,李乔[53])　若 $n=rp+s$, $r=\left\lfloor \frac{n}{p}\right\rfloor$,则

$$\bar{h}(n, p)=p\left\lceil \frac{\bar{k}(n, p)}{p}\right\rceil=\begin{cases} p(r^2-2r+2), & 若\ r>1, s=0,\\ p(r^2-2r+3), & 若\ r>1, 0<s<p,\\ p, & 若\ r=1, 0<s<p,\\ 1, & 若\ r=1, s=0,\end{cases}$$

且当 $k(A)=\bar{k}(n, p)$时,有 $h(A)=\bar{h}(n, p)$,这里 $\bar{k}(n, p)=\max\{k(A): A\in \mathrm{IB}_{n,p}\}$.

证　由定理 3.6.3,我们有

$$h(A)=\tau\left\lceil \frac{k(A)}{\tau}\right\rceil\leqslant p\left\lceil \frac{k(A)}{p}\right\rceil\leqslant p\left\lceil \frac{\bar{k}(n, p)}{p}\right\rceil,$$

这里 $\tau=(n_1, \cdots, n_p)$.

又由定理 3.5.2,3.5.9,

$k(A)=\bar{k}(n,p)$

$\Rightarrow$ A 有标准形式$(n_1,A_1,\cdots,n_p,A_p,n_1)$,且$(n_1,\cdots,n_p)=(r+1,\cdots,r+1,r,\cdots,r)$

$\Rightarrow$ $\tau=p$(若 $1\leqslant s\leqslant p-1$)且 $\tau=1$(若 $\gamma>1,s=0$)

$\Rightarrow$ $h(A)=p\lceil\bar{k}(n,p)/p\rceil$.

于是,便得定理的结论.证毕.

类似于本原指数和一般的幂敛指数,对密度指数,也可以研究它的指数集

$$H(n,p)=\{h(A):A\in \mathrm{IB}_{n,p}\}.$$

自然,$H(n,1)=E_n$ 是 n 阶本原矩阵的本原指数集.下面的定理证明,在 $H(n,p)$中仍然存在缺数段.

定理 3.6.5[53] $n=pr+s,r=\lfloor n/p\rfloor,0\leqslant s\leqslant p-1$,若 $k\notin E_r,k_1\leqslant k\leqslant k_2$,则对所有 $k_1p<m\leqslant k_2p,m\notin H(n,p)$.

证 设 $m\in H(n,p)$且 $k_1p<m\leqslant k_2p$,则对某个 $A\in \mathrm{IB}_{n,p},m=h(A)$.不失一般性,我们可以设:$A$ 是标准形式$A=(n_1,A_1,n_2,A_2,\cdots,n_p,A_p,n_1)$.因 $n_1+\cdots+n_p=n=pr+s<p(r+1)$,故存在某个 $n_j\leqslant r$.现在 $A_j(p)=A_jA_{j+1}\cdots A_{j+p-1}$是一个 $n_j\times n_j$ 的本原矩阵.故 $\gamma_j=\gamma(A_j(p))\in E_{nj}\subseteq E_r$.

另一方面,我们有 $p(\gamma_j-1)<m\leqslant p(\gamma_j+1)$(见推论 3.6.2),于是

$$p(\gamma_j-1)<k_2p \text{ 和 } \gamma_j\leqslant k_2, \quad k_1p<p(\gamma_j+1) \text{ 和 } k_1\leqslant\gamma_j,$$

及 $k_1\leqslant\gamma_j\leqslant k_2$ 且 $\gamma_j\in E_r$.这与所设矛盾.证毕.

注意到关于 E_r 的缺数段的若干结果,我们立即得如下推论.

推论 3.6.6 $n=pr+s,r=\lfloor n/p\rfloor,0\leqslant s\leqslant p-1$,

(i) 若 r 是奇数,且 $r\geqslant5$,则 $H(n,p)$有缺数段$[p(r^2-3r+5)+1,p(r^2-2r)]^\circ$.

(ii) 若 r 是偶数,且 $r\geqslant4$,则 $H(n,p)$有缺数段$[p(r^2-4r+7)+1,p(r^2-2r)]^\circ$.

对于一些特殊类的非本原不可约阵的密度指数,目前得到的结果不多.

设 $\mathrm{SIB}_{n,p}$是n 阶对称非本原不可约阵的集合,则 $p=2$.于是,下列定理是定理 3.6.3 的直接结果.

定理 3.6.7 若 $A\in \mathrm{SIB}_{n,2}$,A 有标准形式$A=(n_1,A_1,n_2,A_2,n_1)$,则

$$h(A)=\begin{cases}k(A), & \text{若 } n_1=n_2,\\ 2\left\lceil\dfrac{1}{2}k(A)\right\rceil, & \text{若 } n_1\neq n_2.\end{cases}$$

注意到:当 $A\in \mathrm{SIB}_{n,2}$时,$D(A)$是一个二部图.记 $D(A)$的直径为 $d(A)$,

不难证明：$k(A)=d(A)-1$. 于是，定理3.6.6的结论等价于：

$$h(A)=\begin{cases} d(A)-1, & \text{若 } n_1=n_2, \\ 2\left\lceil \dfrac{1}{2}(d(A)-1)\right\rceil, & \text{若 } n_1\neq n_2. \end{cases}$$

若令

$$SK_{n,2}=\{k(A):A\in \mathrm{SIB}_{n,2}\},$$
$$SH_{n,2}=\{h(A):A\in \mathrm{SIB}_{n,2}\},$$

由结论 $k(A)=d(A)-1$，运用下列图 G

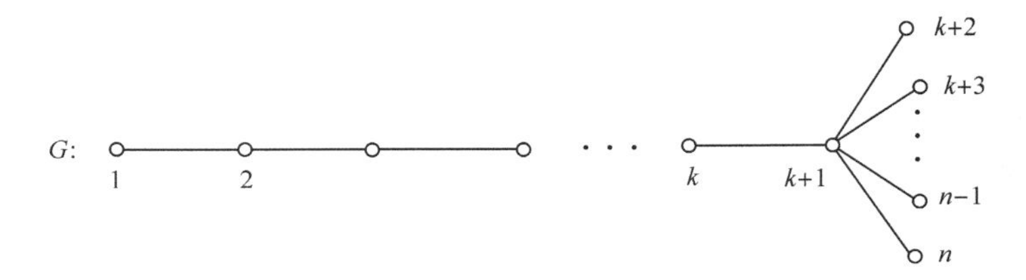

图 3.6.1

我们可以证明，对任一个 $k\in[1,n-2]^{\circ}$，存在一个二部图 G，使 $k(A(G))=k$，即

$$SK_{n,2}=\{1,2,\cdots,n-2\}.$$

类似方法，可以确定 $SH_{n,2}$如下.

定理 3.6.8[53]

$$SH_{n,2}=[1,n-2]^{\circ},\qquad \text{当 } n \text{ 是偶数},$$
$$SH_{n,2}=[2,n-1]^{\circ}\text{中的所有偶数},\qquad \text{当 } n \text{ 是奇数}.$$

除上述结果外，张克民等在 Moon 的工作基础上，完全确定了 n 阶竞赛图的最大密度指数集.

定理 3.6.9[54]　记 $ST_n=\{h\in \mathbf{Z}^+ \mid \text{存在某 } n \text{ 阶竞赛矩阵} A, \text{使 } h(A)=h\}$，则

$$ST_n=\begin{cases} \{1\}, & n=1,2,3, \\ \{1,9\}, & n=4, \\ \{1,4,6,7,9\}, & n=5, \\ \{1,2,\cdots,8,9\}\setminus\{2\}, & n=6, \\ \{1,2,\cdots,n+2\}\setminus\{2\}, & n=7,8,\cdots,15, \\ \{1,2,\cdots,n+2\}, & n\geqslant 16. \end{cases}$$

3.7 本原指数的拓广——广义本原指数

本原方阵及其指数理论,与数学的某些分支有着密切的联系,在理论和实践上都得到应用,如竞赛图理论中的名次排列问题,就涉及到得分向量所成矩阵的本原性问题.计算机科学中关于网络可控性研究中的时间同步性问题,所考察网络中各点间的最短同步到达时间,就是该网络所对应矩阵的本原指数问题(见3.1节).

我们注意到,在有限马尔可夫链理论中,转移概率的遍历性及遍历指数的问题,与本原矩阵的局部性质有着自然的联系.在实际应用中,我们曾考虑过一种称为非记忆通讯系统(memoryless communication system),它表现为一个带 n 个顶点的有向图 D.假设在时间 $t=0$ 时,D 中的 k 个顶点($1\leqslant k\leqslant n$)掌握着各自不同的一个信息.当 $t=1$ 时,每个顶点把掌握的信息传递给相邻的顶点,而自己却失掉(忘记了)这个信息.当然,它可以同时接收来自邻点的信息.这个系统用此方法运作.如果网络 D 是一个本原图的话,我们可以保证,至某一时刻,D 的每个点都可掌握原来的 k 个信息.一个自然的问题是,最短的时间是多少?如果初始时间的 k 个点,掌握着同一个信息,那么又需要多少时间,D 的每个顶点都能掌握着这个信息?

理论和实践向我们提出新的挑战,我们有必要更精细研究本原矩阵的指数问题.从这一基本观点出发,我们拓广了传统的本原指数概念,引进了广义本原指数的新课题[55].

众所周知,伴随有向图是刻画布尔矩阵(非负矩阵)零位模式的最好组合模型.在下面的定义中,我们用有向图而不是用矩阵来引入新的定义.

在本原矩阵理论中,熟知,一个本原矩阵一一对应于一个这样的有向图(可以带环),它是强连通的,并且所有不同圈长的最大公约数是1,这样的有向图我们称为本原有向图.

设 D 是有 n 个顶点 $1,2,\cdots,n$ 的本原有向图,我们定义 $\exp_D(i,j):=$ 这样最小的整数 p,使对于每一整数 $t\geqslant p$,从点 i 到 j 都有长为 t 的途径($1\leqslant i,j\leqslant n$).对于一个图 D,若所有 $\exp_D(i,j)$ 都是有限的,则 D 是本原的,并且本原指数便是

$$\exp(D):=\max_{ij}\{\exp_D(i,j)\}.$$

记

$$\exp(n):=\max_{D}\{\exp(D)\},$$

这里,求最大值 max 取遍所有 n 阶本原图 D. 已熟知(见 3.4 节)

$$\exp(n)=(n-1)^2+1.$$

我们定义顶点 i 的"点指数"为

$$\exp_D(i):=\max_{j}\{\exp_D(i,j)\},\quad i=1,\cdots,n,$$

于是,$\exp_D(i)$是这样的最小整数 p,使得从 i 到每一点 j 都有长不小于 p 的途径. 由此,亦可得

$$\exp(D)=\max_{i}\{\exp_D(i)\}.$$

为方便处理,我们可以选择 D 中顶点的次序满足

$$\exp_D(1)\leqslant\exp_D(2)\leqslant\cdots\leqslant\exp_D(n).$$

便得 $\exp(D)=\exp_D(n)$.

我们定义

$$\exp(n,k):=\max_{D}\{\exp_D(k)\},\quad k=1,\cdots,n,$$

此处,求最大值 max 取遍所有的 n 阶本原图 D. 由此

$$\exp(n,n)=\exp(n).$$

也就是 n 阶本原图(本原矩阵)的指数.

现在我们可以看到,在本节开头的信息传递例子中,若顶点 $1,2,\cdots,k$,在初始时掌握了 k 个不同的信息,把它们传遍每一个顶点的最短时间(以每传递一次一个单位时间算),应是 $\exp_D(k)$.

设 X 是本原图 D 的顶点集的一个 k 元子集,$1\leqslant k\leqslant n$. 对于集 X,我们定义 $\exp_D(X)$:=这样最小的整数 p,使得对 D 中的每个点 i,从 X 中至少有一个点,存在从此点到 i 的一条长为 p(从而大于 p)的途径.

这便是 k 个顶点掌握同一信息,传递到 D 中所有点所耗费最小时间的数学模型.

定义

$$f(D,k):=\min_{X}\{\exp_D(X)\}.$$

此处,取最小值跑遍 D 的所有 k 顶点子集,$f(D,k)$称为 D 的第 k 重下指数(the k th lower multiexponent). 它表示在网络 D 中,把一个信息从 k 个点传递到每个点所耗费的最小时间. 而数

$$F(D,k):=\max_X\{\exp_D(X)\},$$

此处,求最大值跑遍 D 的所有 k 顶点子集,$F(D,k)$称为 D 的第 k 重上指数(the k th upper multiexponent). 它表示从 D 中的 k 个点,把一个信息传遍各点所耗费

的最大时间.

容易推知

$$F(D,1)=\exp_D(n),$$
$$f(D,1)=\exp_D(1).$$

又定义

$$f(n,k):=\max_D f(D,k),\quad k=1,\cdots,n.$$
$$F(n,k):=\max_D F(D,k),\quad k=1,\cdots,n.$$

上述取最大值 max 均是取遍所有 n 阶本原有向图D.我们易得

$$f(n,n)=0,\quad f(n,1)=\exp(n,1),$$
$$F(n,1)=\exp(n).$$

对于本原图 D,上面我们已引入了三个指数 $\exp_D(k)$,$f(D,k)$和 $F(D,k)$.这些指数的特款,便是一般传统的本原指数,因此,可以把它们看作是本原指数的拓广——广义本原指数.

我们已经看到,广义本原指数的实际背景.现在,从图的邻接矩阵的观点,考察广义本原指数的代数及组合意义.

把 n 阶本原图D 的邻接矩阵记为$A(D)$,则 $A(D)$是一个 n 阶(0,1)方阵,并且可作为一个 n 阶本原布尔方阵.设 k 是一个整数,$1\leqslant k\leqslant n$.

$\exp_D(k)$是 A 的最小幂指数,使当在这个幂中,存在着 k 个全 1 行.

$f(D,k)$是 A 的最小幂指数,使当在这个幂中,存在着 k 行组成的子矩阵,此子矩阵中无零列.

$F(D,k)$是 A 的最小幂指数,使当在这个幂中,不存在 k 行组成的子矩阵,此子矩阵中有零列.

由 $\exp_D(k)$,$f(D,k)$,$F(D,k)$导出的 $\exp(n,k)$,$f(n,k)$,$F(n,k)$是我们研究的目标,我们将求出它们的值,或估计它们的界.

在 3.4 节中,已经知道,一般 n 阶本原矩阵指数的上确界,在置换相似的意义下,当且仅当下列矩阵可以达到

$$W_n=\begin{pmatrix}0 & 1 & & \\ & \ddots & \ddots & \\ & & \ddots & 1\\ 1 & 1 & & 0\end{pmatrix},\quad n>2.$$

W_n 所对应的有向图同构于下列图D_n.

下面我们将看到,在广义本原指数理论中,D_n 仍然是一个极矩阵.

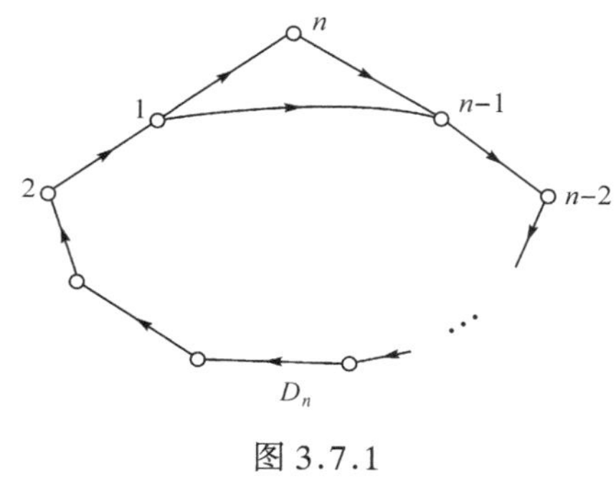

图 3.7.1

我们先研究 $\exp_{D_n}(k)$, $f(D_n,k)$, $F(D_n,k)$.

记 $R_t(i)$为从图 D_n 上的任一顶点 $i(1\leqslant i\leqslant n)$用长为 t 的途径所能到达的顶点的集合.下面我们提到顶点$\{1,2,\cdots,n\}$中的标号时,是对 mod n 而言的.

引理 3.7.1　设 t 是一个非负整数, $t=p(n-1)+r$,此处 $p\geqslant 0$ 且 $1\leqslant r\leqslant n-1$.

若 $t\geqslant(n-2)(n-1)+1$,则 $R_t(1)=\{1,\cdots,n\}$.

若 $t<(n-2)(n-1)+1$,则 $R_t(1)=\{p+1-r,p-r,\cdots,1-r,0-r\}$.

证　可直接从图 D_n 的定义导出.

引理 3.7.2　设 m 是D_n 的一个点,$1\leqslant m\leqslant n$,t 是一个非负整数,$t=p(n-1)+r$,其中 $p\geqslant 0$ 且 $1\leqslant r\leqslant n-1$.

若 $t\geqslant(n-2)(n-1)+m$,则 $R_t(m)=\{1,\cdots,n\}$.

若 $0\leqslant t\leqslant m-1$,则 $R_t(m)=\{m-t\}$.

若 $m-1\leqslant t\leqslant(n-2)(n-1)+m$,则 $R_t(m)=R_{t-m+1}(1)$.即 $R_t(m)$是在 mod n 的循环集中的一个长为$p+2$ 的区间.

证　可由引理 3.7.1 导出,只须注意下列事实:在 D_n 中,恰有一条弧离开顶点 k 并且进入顶点$k-1$,$2\leqslant k\leqslant n$.证毕.

定理 3.7.3

$$\exp_{D_n}(k)=n^2-3n+k+2.\qquad 1\leqslant k\leqslant n.$$

证　由引理 3.7.1 和 3.7.2 得

$$\begin{aligned}\exp_{D_n}(k)&=(n-2)(n-1)+k\\&=n^2-3n+k+2.\end{aligned}$$

证毕.

定理 3.7.4　设 n 是正整数,k 是正整数 $1\leqslant k\leqslant n$,则

$$f(D_n,k)=1+(2n-k-2)\lfloor(n-1)/k\rfloor-\lfloor(n-1)/k\rfloor^2\cdot k.$$

证　若 $k=2$,定理显然成立.

现考察 $k<n$,设 $n-1\equiv s(\text{mod }k)$,这里 $0\leqslant s<k$,并记 $q=\lfloor(n-1)/k\rfloor$,则所求证的关于 $f(D_n,k)$的表达式等价于

$$f(D_n,k)=(q-1)(n-1)+1+s(q+1).$$

我们先找出一个 k 顶点集 X,使 $\exp_{D_n}(X)$有上述的值.定义 $X=\{i_1,\cdots,i_k\}\subseteq\{1,\cdots,n-1\}$,其中

$$\begin{aligned}&i_1=1,\\&i_j-i_{j-1}=q+1,\qquad 若\ 2\leqslant j\leqslant s+1,\\&i_j-i_{j-1}=q,\qquad 若\ s+2\leqslant j\leqslant k.\end{aligned}$$

由引理 3.7.1 和 3.7.2,我们有

$$\begin{aligned}&R_{1+(n-1)(q-1)}(i_1)=\{n-1,n,1,2,\cdots,i_1+q-2\},\\&R_{1+(n-1)(q-1)}(i_2)=\{i_2-1,i_2,\cdots,i_2+q-2\},\\&\cdots\cdots\\&R_{1+(n-1)(q-1)}(i_k)=\{i_k-1,i_k,\cdots,i_k+q-2\}.\end{aligned}$$

我们注意到

$$(i_j-1)-(i_{j-1}+q-2)=i_j-i_{j-1}-q+1=\begin{cases}2, & 若\ 2\leqslant j\leqslant s+1,\\1, & 若\ s+2\leqslant j\leqslant k.\end{cases}$$

于是,除了集 $Y=\{i_j+q-1:1\leqslant j\leqslant s\}$的点以外的所有点都可以由 X 的某一个点,用长为 $1+(n-1)(q-1)$的途径到达.现只须证明,D_n 的所有点都可以由集 $\overline{Y}=\{1,\cdots,n\}\setminus Y$,用长为 $s(q+1)$的途径到达,而不能都用长小于 $s(q+1)$的途径到达.

因 $i_s+q-1=s(q+1)-1$,于是,点 n 和 $n-1$ 不能由集 $\overline{Y}$ 用长为 $s(q+1)-1$ 的途径到达.但是,它们和 D_n 的其它点都能够从集 $\overline{Y}$,用长为 $s(q+1)$的途径到达.因此,集 X 有所希望的性质.

现令 $X^*=\{u_1,\cdots,u_k\}$是 D_n 的任一个 k 顶点集,则从 X^* 的一个顶点开始,用长为 $1+(n-1)(q-1)$的途径可以到达至多 $n-s$ 个顶点.若不能到达点 u,此处 $u\leqslant s(q+1)-1$,则用附加长 $s(q+1)-1$ 的途径也不能到达顶点 n 和 $n-1$.于是

$$\exp_{D_n}(X^*)\geqslant(q-1)(n-1)+1+s(q+1).$$

现设 u 是不能由 X 用长 $1+(n-1)(q-1)$的途径所到达的点,且 $u<s(q+1)-1$,则可知,$i_1=1$ 且 $u_k\leqslant i_k=1+(k-1)q+s$.于是,我们要增加一条至少长 $s(q+1)$的途径才可到达 D_n 中的所有顶点.证毕.

推论 3.7.5 若 $n-1\equiv 0(\bmod k)$,则

$$f(D_n,k)=1+\frac{(n-k-1)(n-1)}{k}.$$

若 $n/2\leqslant k<n-1$,则

$$f(D_n,k)=2(n-k)-1.$$

最后,我们确定 $F(D_n,k)$的值.

定理 3.7.6 设 n 和 k 都是正整数,$1\leqslant k\leqslant n$,则

$$F(D_n,k)=(n-1)(n-k)+1.$$

证 设 X 是 D_n 中的下列顶点集 $X=\{1,\cdots,k-1,n\}$. 由引理 3.7.1 和 3.7.2,由 X 用长为$(n-1)(n-k)$的途径不能到达顶点 n. 于是

$$F(D_n,k)\geqslant(n-1)(n-k)+1.$$

又由引理 3.7.1 和 3.7.2,从任一个顶点开始用长为$(n-1)(n-k)+1$的途径,可以到达以 n 为模的整数循环集的一个长为 $n-k+1$ 的区间内的点,但任何 k 个不同的这样区间,必可覆盖所有整数 $1,2,\cdots,n(\bmod n)$. 于是,对任何 k 元顶点集X,

$$\exp_{D_n}(X)\leqslant(n-1)(n-k)+1.$$

便得

$$F(D_n,k)\leqslant(n-1)(n-k)+1.$$

证毕. 下面,我们导出数 $\exp_D(k)$.

设 D 是n 阶本原有向图,k 是正整数 $1\leqslant k\leqslant n$. 在这一段里,我们将用 D 的最短圈的长给出 $\exp_D(k)$的界,并导出 $\exp(n,k)$的值.

引理 3.7.7 设 D 是具有顶点集 $1,2,\cdots,n$ 的本原有向图,D 中 r 个顶点有环$(r\geqslant1)$,则

$$\exp_D(k)\leqslant\begin{cases}n-1, & 若\ k\leqslant r,\\(n-1)+k-r, & 若\ k\geqslant r.\end{cases}$$

证 设 x 是D 中的一个环点,则 $\exp_D(x)\leqslant n-1$.

若存在 r 个环点,且 $k\leqslant r$,则 $\exp_D(k)\leqslant n-1$.

现在,设 $k>r$,L 是D 中的所有环点所成之集. 因 D 是本原的,故 D 是强连通的. 即存在一个 $k-r$ 个顶点的集X,它与 L 的距离至多是$k-r$. 于是,在 $L\cup X$ 中的k 个顶点的每一个有指数$\leqslant(n-1)+k-r$.

因此,第 k 个最小点指数 $\exp_D(k)\leqslant(n-1)+k-r$. 证毕.

定理 3.7.8(Brualdi,柳柏濂[55]) 设 D 是 n 阶本原有向图,s 是D 中最短圈的长,则 D 的第k 个最小点指数,满足

$$\exp_D(k)\leqslant\begin{cases}s(n-1), & 若\ k\leqslant s;\\s(n-1+k-s), & 若\ k>s.\end{cases}$$

证 设 $D^{(s)}$是这样的有向图,其顶点集 $VD^{(s)}=VD$,在 $D^{(s)}$中,点 x 到 y

有弧当且仅当在D中,从x到y有长为s的途径.于是,$D^{(s)}$是至少有s个环的本原有向图.由引理3.7.7,便得定理.证毕.

引理3.7.9 设D是有n个顶点的本原有向图,则

$$\exp_D(k)\leqslant\exp_D(k-1)+1,\quad 2\leqslant k\leqslant n.$$

证 因D是强连通图,故必存在一个点x与具有第$k-1$个的点指数的顶点相连,便得引理结论.证毕.

现在,我们可以一般地导出$\exp(n,k)$.

定理3.7.10(Brualdi,柳柏濂[55]) 若k是正整数,$1\leqslant k\leqslant n$,则

$$\exp(n,k)=n^2-3n+k+2.$$

证 设D是n阶本原有向图,k是正整数,$1\leqslant k\leqslant n$,由引理3.7.9,有

$$\exp_D(k)\leqslant\exp_D(1)+(k-1).$$

设s是D的最短圈长.若$s\leqslant n-2$,则由定理3.7.8,

$$\exp_D(1)\leqslant n^2-3n+2.$$

现设$s=n-1$,因D是本原的,故D必有一长为n的圈.D包含D_n作为它的子图.由定理3.7.3,$\exp_D(1)\leqslant n^2-3n+3$.于是,$\exp(n,k)\leqslant n^2-3n+k+2$.注意到定理3.7.3,定理得证.

现在,我们考察数$f(D,k)$.

在这一段里,我们将用本原有向图D的最小圈长s,给出数$f(D,k)$的一个Dulmage-Mendelsohn型界,从而得出$f(n,k)$的界.在某种意义上,这个界是最好的.最后,我们给出关于$f(n,k)$值的一个猜想.

引理3.7.11 设D是n阶本原有向图,它带有长为s的圈,又k是一个整数,$s<k\leqslant n$,则$f(D,k)\leqslant n-k$.

证 设Y是某个长为s的圈的顶点集.因D是强连通,故存在一个k顶点集X,$Y\subseteq X$,使得$X\setminus Y$的每个顶点,可以从Y的某个顶点用一条途径达到,并且此途径的所有点均属于集X.现在,D的每个顶点可以从X的某个顶点,用一条长至多$n-k$的途径达到.因而,可用一条长恰为$n-k$的途径所达到.证毕.

引理3.7.12 设D是有长为s的圈的n阶本原有向图,对于整数$k<s$,有

$$f(D,k)\leqslant 1+s(n-k-1).$$

证 设D中长为s的圈为$C_s=(x_1,x_2,\cdots,x_s,x_1)$且$C_s$是$D$中最短圈.因$D$是本原有向图,故必存在一个点,不妨是$C_s$中的$x_1$,到$C_s$外的一点$z$,有弧相连,即有弧$(x_1,z)$.

设 X 是 C_s 上的 k 顶点集 $\{x_1,\cdots,x_k\}$，$k<s$，又 Y 是从 X 用长为 1 的途径所到达的顶点所成的集. 则 Y 包含 $k+1$ 个顶点 z 和 $x_2,\cdots,x_{k+1}$.

我们考察强连通有向图 $D^{(s)}$，它的弧对应于 D 中的长为 s 的途径. 在 $D^{(s)}$ 中，有环点 $x_2,\cdots,x_{k+1}$ 并且有弧 (x_2,z). 于是，在 $D^{(s)}$ 中，每个顶点可从 Y 用长至多是 $n-k-1$ 的途径可到达. 因 $x_2,\cdots,x_{k+1}$ 是环点且从 x_2 到 z 有弧，故在 $D^{(s)}$ 中，每个点可从 Y 用长恰是 $n-k-1$ 的途径可到达. 因此，在 D 中，每个顶点，可从 X 中的某个顶点开始，用长恰是 $1+s(n-k-1)$ 的途径所到达. 引理得证.

运用上述引理，我们有如下定理.

定理 3.7.13(Brualdi，柳柏濂[55])　若 n 和 k 是整数，$1\leqslant k\leqslant n-1$，则

$$f(n,k)\leqslant n^2-(k+2)n+k+2.$$

证　由引理 3.7.11 和 3.7.12，$f(n,k)\leqslant 1+s(n-k-1)$. 因一个 n 阶本原有向图必有一个圈长 $s\leqslant n-1$，便得定理结果. 证毕.

推论 3.7.14

$$f(n,1)=n^2-3n+3,$$
$$f(n,n-1)=1.$$

证　由定理，有 $f(n,n-1)\leqslant 1$，但每个 n 阶本原有向图 D，满足 $f(D,n-1)=1$.

又由定理 $f(n,1)\leqslant n^2-3n+3$. 由定理 3.7.4，有向图 D_n 满足 $f(D_n,1)=n^2-3n+3$. 证毕.

我们相信，本节开头的有向图 D_n，不仅对 $f(n,1)$，$f(n,n-1)$ 是一个极图，而且对所有的数 $f(n,k)$，也是一个极图. 因此，我们有下面的猜想.

猜想 3.7.15　对所有的 k，$2\leqslant k\leqslant n-2$，

$$f(n,k)=1+(2n-k-2)\lfloor (n-1)/k\rfloor-\lfloor (n-1)/k\rfloor^2 k.$$

在某些情况，我们有比引理 3.7.12 更精确的估值.

引理 3.7.16　设 D 是 n 阶本原有向图，有长为 s 的圈 $(1\leqslant s<n)$；又 $k\mid s$，则

$$f(D,k)\leqslant 1+\frac{s}{k}(n-k-1).$$

证　设长为 s 的圈为 C_s，在 C_s 上取 k 顶点集 $X=\{x_1,\cdots,x_k\}$，其中 x_i 与 x_{i+1}(下标 mod k)相距 $\frac{s}{k}$(因 $k\mid s$)，因 D 是强连通图且本原，又 $s<n$，故必在 X 中有一点，不妨设 x_1，与 C_s 外一点 z 相连，即有弧 (x_1,z). 设 Y 是由 X 用长为

1 的途径所到达的点所成之集. 于是 Y 包含点 z 及 C_s 上的点 $x_{i_1}, x_{i_2}, \cdots, x_{i_k}$, 这里 x_{i_t} 与 $x_{i_{t+1}}$ 仍相距 s/k. 于是, 在图 $D\left(\frac{s}{k}\right)$ 中, $x_{i_1}, \cdots, x_{i_k}$ 恰好成一个长为 k 的圈, 且有弧 (x_{i_k}, z). 因此, 在 $D\left(\frac{s}{k}\right)$ 中, 集 Y 用长至多是 $(n-k-1)$ 的途径便可到达每个顶点, 即

$$f(D,k) \leqslant 1 + \frac{s}{k}(n-k-1).$$

证毕.

我们立即有如下定理.

定理 3.7.17 对正整数 $k \mid (n-1)$, 设 $f^*(n,k) = \max\{f(D,k) \mid D$ 是含长为 s 的圈的 n 阶图, $k \mid s\}$, 则

$$f^*(n,k) = \frac{1}{k}(n^2-(k-2)n+2k+1).$$

证 由引理 3.7.16, 注意到 $s \leqslant n-1$, 便得

$$f(D,k) \leqslant \frac{1}{k}(n^2-(k+2)n+2k+1),$$

又由定理 3.7.4 可得

$$f(D_n,k) = \frac{1}{k}(n^2-(k+2)n+2k+1).$$

定理得证.

我们可见, 当 $k \mid (n-1)$ 及 $k \mid s$ 时, 猜想 3.7.15 恰好就是定理 3.7.17 的结论. 由此证得, 对定理 3.7.17 所描述的一类图, 猜想 3.7.15 成立.

最后, 我们研究数 $F(D,k)$.

由定义, $F(D,k)$ 是这样的最小整数 p, 使得对于 D 的每个 k 顶点集 X, 及 D 中的任一顶点 y, 都能从 X 中找到一个点, 用长为 p 的途径到达 y. 取遍所有 n 阶本原图 D 时, $F(D,k)$ 的最大值便是 $F(n,k)$. 于是, 对每个 n 阶本原有向图和每个 k 顶点集 X, 每个顶点可从 X 用长为 $F(n,k)$ 的途径到达. 显然, $F(n,n)=0$.

引理 3.7.18 $F(n,1) = \exp(n) = n^2-2n+2$.

引理 3.7.19 设 D 是 n 阶本原有向图, s 和 t 分别是 D 中最短的和最长的圈的长, 则

$$F(D,n-1) \leqslant \max\{n-s, t\}.$$

证 设 X 是 D 的任意 $n-1$ 个顶点所成之集. 先设 X 包含一个长为 p 的圈 C, $s \leqslant p \leqslant t$. 则 D 的每个点可由 C 的某一点, 因而由 X 的某一点用长为 $n-p$

的途径所到达，$n-p \leqslant n-s$. 现设 X 不含任何圈，即 D 的每个圈都通过不属于 X 的唯一顶点 u.

设 C_1 是长为 t 的圈. 因 D 是本原的，故每个顶点须位于一个长至多是 t 的圈上. 于是，我们可以从 X(事实上，从 C_1 中不为 u 的点)用长为 t 的途径，可到达除 u 外的所有点.

因 D 是本原的，故存在长为 q 的圈 C_2, $0<q<t$. 令 $t=mq+r$, $0 \leqslant r \leqslant q$. 记 v 是从 u 开始，在 C_1 上的第 $(t-r)$ 个顶点，则从 v 开始，我们可用长为 r 的途径到达 u，采用在圈 C_2 中反复 m 次的方法，可知，从 v 开始可用长为 $t=mq+r$ 的途径到达 u，于是

$$\exp_D(X) \leqslant \max\{n-s, t\}.$$

证毕.

定理 3.7.20　$F(n, n-1)=n$.

证　设 D 是 n 阶本原有向图. 由上述引理

$$F(D, n-1) \leqslant \max\{n-s, t\} \leqslant \max\{n-1, n\}=n.$$

由定理 3.7.6 知存在图 D_n，使 $F(D_n, n-1)=n$. 定理得证.

引理 3.7.21　设 D 是一个 n 阶本原有向图，并在 m 个顶点($m \geqslant 1$)有环，则

$$F(D,k) \leqslant \begin{cases} n-1, & \text{若 } k>n-m, \\ 2n-m-k, & \text{若 } k \leqslant n-m. \end{cases}$$

证　设 X 是 D 中的一个 k 顶点集. 先设 X 包含一个环点 u，于是，每个顶点可由 u 的用长恰等于 $n-1$ 的途径所到达，即 $F(D, X) \leqslant n-1$.

若 $k>n-m$，则 X 必含一个环点，因而 $F(D, k) \leqslant n-1$.

若 $k \leqslant n-m$ 且 X 含一个环点，自然有 $F(D, X) \leqslant n-1 \leqslant 2n-m-k$. 如果 X 不含环点，则存在一个 X 中的点 x，由它用至多长为 $n-m-k+1$ 的途径便可到达一个环点 w. 因从 w 到 D 中各点用一条至多长为 $n-1$ 的途径便可到达，故对 D 中的任一点，从 X 用长恰为 $2n-m-k$ 的途径便能到达. 于是

$$F(D, X) \leqslant 2n-m-k,$$

引理得证.

下面，我们给予 $F(D,k)$ 的一个 Dulmage-Mendelsohn 型的界.

定理 3.7.22(Brualdi，柳柏濂[55])　设 D 是含有长为 s 的圈的 n 阶本原有向图，则

$$F(D,k) \leqslant \begin{cases} s(n-1), & \text{若 } k>n-s, \\ s(2n-s-k), & \text{若 } k \leqslant n-s. \end{cases}$$

证　把引理 3.7.21 应用于本原有向图 $D^{(s)}$，便得定理.

我们进一步改进定理 3.7.22 得到如下定理.

定理 3.7.23(柳柏濂,李乔良[56]) 设 D 是含最短圈长为 s 的本原有向图,则

$$F(D,k)\leqslant(n-k)s+(n-s).$$

证 设 C_s 是 D 中长为 s 的有向圈,任取 D 的一个 k 顶点集 X,$1\leqslant k\leqslant n-1$.只须证:对任何顶点 y,及整数 $\gamma\geqslant(n-k)s+n-s$,必可找到一个点 $x\in X$,使 x 到 y 有长为 γ 的途径.

对 D 中的任一顶点 y,必可找到一个 C_s 上的点 x',使得 x' 到 y 有长为 d 的途径,易见 $d\leqslant n-s$.注意到 C_s 中有 s 个依次相邻的点,故对于所有正整数 $h\geqslant d$,必可找到点 $x''\in VC_s$,使 x'' 到 y 有长为 h 的途径.

现在,我们考察 $D^{(s)}$,易知 x'' 是 $D^{(s)}$ 中的一个环点.我们必可在 X 中找到一点 x,使得 x 到 x'' 的路长 $l\leqslant n-k$.注意到 x'' 是环,故对任何正整数 $m\geqslant l$,从 x 到 x'' 有长为 m 的途径.

即在 D 中,从 x 到 x'' 有长 $s(n-k)$ 的途径.

综上所述,从 x 到 y,可由 x 到 x'',再由 x'' 到 y,即对任何 $\gamma\geqslant s(n-k)+n-s$,从 x 到 y 都有长为 γ 的途径,于是

$$F(D,k)\leqslant s(n-k)+n-s.$$

证毕.

最后,我们得到下列定理,从而完全证明了文献[43]中提出的猜想.

定理 3.7.24(柳柏濂,李乔良[56]) 当 $1\leqslant k\leqslant n-1$ 时,

$$F(n,k)=(n-k)(n-1)+1.$$

证 设 n 阶本原有向图 D 的最小圈长为 s,则 $s\leqslant n-1$,由定理 3.7.23,

$$\begin{aligned}F(D,k)&\leqslant s(n-k)+n-s=s(n-k-1)+n\\&\leqslant(n-1)(n-k-1)+n=(n-k)(n-1)+1.\end{aligned}$$

注意到定理 3.7.6,我们知道,上面不等式的界是可以达到的.证毕.

柳柏濂,周波[57]刻画了 $F(D,k)$ 取得定理 3.7.24 中上确界的极图.

在拓广本原指数时,我们是对本原有向图 D 来定义三个广义本原指数的.事实上,D 的本原性并不是 $\exp_D(k)$,$f(D,k)$,$F(D,k)$ 存在的充要条件.最近,邵嘉裕,吴小军[58]找出了这个充要条件,并以此为基础定义了 k-广义本原指数.

3.8 完全不可分指数和 Hall 指数

设 B_n 是 n 阶布尔矩阵的集合,如前讨论,B_n 按其可约性分类,可分为不可约

阵(包含本原阵)和可约阵.按其可分性分类,可分为完全不可分阵和部分可分阵.

我们记 B_n 中的本原矩阵集合为 P_n,而 B_n 中的所有完全不可分阵集合为 F_n.注意到完全不可分阵必是本原阵,故 $F_n \subseteq P_n$.由此亦可写成

$$P_n = \{A : A \in B_n \text{ 且对某个正整数 } k, A^k \in F_n\}. \tag{3.8.1}$$

设 $A \in P_n$,由(3.8.1),存在一个最小的正整数 k,使 A^k 是完全不可分的.这样最小的正整数记为 $f(A)$,称为本原矩阵 A 的完全不可分指数(fully indecomposable exponent).

1973 年,Schwarz[18]提出确定下列数 f_n 的问题.

$$f_n := \max\{f(A) : A \in P_n\}, \quad n > 1.$$

如果把 A 的本原指数记为 $\gamma(A)$,

$$\gamma_n := \max\{\gamma(A) : A \in P_n\}.$$

已经知道(见 3.4 节),

$$\gamma_n = (n-1)^2 + 1.$$

显然,f_n 不同于 γ_n,但 $f_n \leqslant \gamma_n$.

在文献[18]中,Schwarz 认为,寻找 f_n 的上确界是一个相当困难的问题,他猜想:

$$f_n \leqslant n.$$

1977 年,赵中云(Chong-yun Chao[61])否定了上述猜想,一个简单的反例是

$$M_5 = \begin{pmatrix} 0 & 1 & 0 & 0 & 0 \\ 0 & 0 & 1 & 0 & 1 \\ 0 & 0 & 0 & 1 & 0 \\ 1 & 0 & 0 & 0 & 0 \\ 1 & 0 & 0 & 0 & 0 \end{pmatrix}.$$

容易知道 $M_5 \in P_5$,但

$$M_5^2 = \begin{pmatrix} 0 & 0 & 1 & 0 & 1 \\ 1 & 0 & 0 & 1 & 0 \\ 1 & 0 & 0 & 0 & 0 \\ 0 & 1 & 0 & 0 & 0 \\ 0 & 1 & 0 & 0 & 0 \end{pmatrix}, \quad M_5^3 = \begin{pmatrix} 1 & 0 & 0 & 1 & 0 \\ 1 & 1 & 0 & 0 & 0 \\ 0 & 1 & 0 & 0 & 0 \\ 0 & 0 & 1 & 0 & 1 \\ 0 & 0 & 1 & 0 & 1 \end{pmatrix},$$

$$M_5^4=\begin{pmatrix}1&1&0&0&0\\0&1&1&0&1\\0&0&1&0&1\\1&0&0&1&0\\1&0&0&1&0\end{pmatrix},\quad M_5^5=\begin{pmatrix}0&1&1&0&1\\1&0&1&1&1\\1&0&0&1&0\\1&1&0&0&0\\1&1&0&0&0\end{pmatrix}.$$

不难验证 $M_5^i\notin F_5, i=2,3,4,5$. $f(M_5)>5$. 事实上,这样的反例有无穷多个.一般来说[61],对于每一个整数 $n\geqslant 5$,都存在一个 n 阶本原阵 A,使 $f(A)>n$. 1983 年,赵中云和张谋成[62]证明了:当 $A\in P_n$ 且对角元不全为零时,Schwarz 的猜想成立,即 $f(A)\leqslant n$.

在研究 $f(A)$ 时,我们发现,对 $A\in P_n$,如果 $A^k\in F_n$,则不一定就有 $A^i\in F_n$, $i\geqslant k$. 例如,设

$$A=\begin{pmatrix}0&1&0&0&0&0&0\\0&0&1&0&0&0&0\\0&0&0&1&0&1&1\\0&0&0&0&1&0&0\\1&0&0&0&0&0&0\\1&0&0&0&0&0&0\\1&0&0&0&0&0&0\end{pmatrix},\tag{3.8.2}$$

直接验证可知:$A^i\notin F_7(i=1,\cdots,7)$, $A^8, A^9\in F_7$,但 $A^{10}, A^{11}\notin F_7$,而 $A^i\in F_7$, $i\geqslant 12$. 又由(3.8.1)式知,$A\in P_7$. 于是,我们引进下列定义:对 $A\in P_n$,定义 $f^*(A)$ 是最小的正整数 k,使对于所有 $i\geqslant k$, A^i 都是完全不可分的. $f^*(A)$ 称为 A 的严格完全不可分指数(strict fully indecomposable exponent). 例如,在(3.8.2)的矩阵 A 中,$f(A)=8$, $f^*(A)=12$. 一般地,有

$$f(A)\leqslant f^*(A)\leqslant \gamma(A),\quad A\in P_n.$$

我们定义

$$f_n^*=\max\{f^*(A): A\in P_n\},\quad n>1.$$

一个同样需要研究的问题是:确定 f_n^* 的值. 当然

$$f_n\leqslant f_n^*,\quad n\geqslant 1.$$

Brualdi 和柳柏濂得到 f_n 和 f_n^* 的一些上界[63].

设 $D(A)$ 是 A 的伴随有向图,$D(A)$ 的顶点集为 $\{1,2,\cdots,n\}$. k 是一个非负整数,对 $X\subseteq\{1,2,\cdots,n\}$,如同过去的记号,$R_k(X)$ 表示在 $D(A)$ 中,从 X 的每一点,用长为 k 的途径所能到达的点的集合(若 $k=0$,约定 $R_k(X)=X$). 由

完全不可分矩阵的图论意义(见第2章)可知,

$$A^k\text{ 是完全不可分的当且仅当对所有的 }X,$$

$$\phi\neq X\subsetneqq\{1,2,\cdots,n\},|R_k(X)|>|X|.\tag{3.8.3}$$

在得到关于 f_n 和 f_n^* 的上界之前,我们先证明下列引理.

引理 3.8.1　设 D 是一个有顶点集为$\{1,\cdots,n\}$的强连通有向图,s 是一个正整数且 $W=\{i_1,\cdots,i_s\}$是 D 中的环点集,则对于每个正整数 t,

$$|R_t(W)|\geqslant\min\{s+t,n\}.\tag{3.8.4}$$

证　假设 $R_t(W)\neq\{1,\cdots,n\}$. 因 D 是强连通,故必有一条弧(p,j),其中 p 是$R_t(W)$的某一个点而 $j\notin R_t(W)$. 因为 $j\in R_t(W)$,故在 W 必有一点. 不妨设 i_1,使得从 i_1 到 p 的距离是t 且从$i_2,\cdots,i_s$ 中的每个点到p 的距离至少是 t. 于是,从 i_1 到 p 有一条长为t 的途径$(i_1,\cdots,p)$,它包含 $t+1$ 个不同于 $i_2,\cdots,i_s$ 的点,因 $i_1,i_2,\cdots,i_s$ 是环点,我们便有

$$|R_t(W)|\geqslant(s-1)+(t+1)=s+t.$$

证毕.

现在,我们对含有 s 个正对角元的本原矩阵A,估计 $f^*(A)$的界.

定理 3.8.2(Brualdi,柳柏濂[63])　设 s 是一个正整数,设 $A\in P_n$ 且A 在主对角线上有s 个 1,则

$$f^*(A)\leqslant n-s+1.$$

证　设 W 是$D(A)$中的 s 个环点所成的集,且 t 是一个正整数. 又 X 是 $D(A)$的一个顶点集 $\phi\neq X\subsetneqq\{1,\cdots,n\},|X|=k$. 我们将证明

$$|R_t(X)|\geqslant|X|+1,\quad\text{对 }t\geqslant n-s+1.\tag{3.8.5}$$

若$|R_t(X)|=n$,因 X 是$\{1,\cdots,n\}$的真子集,故(3.8.5)成立.

现设$|R_t(X)|<n$. 若 $X\cap W\neq\varnothing$,由引理 3.8.1,

$$|R_t(X)|\geqslant|R_t(X\cap W)|\geqslant|X\cap W|+t.$$

因而,若 $t\geqslant n-s+1$,则

$$|R_t(X)|\geqslant|X\cap W|+n-s+1\geqslant|X|+1.$$

若 $X\cap W=\varnothing$. 设 x^* 是 X 中的一个点,w^*是 W 中的一个点使得x^*到w^*的距离 d 是X 中的所有点x 到W 的所有点之间的最小距离. 于是

$$d\leqslant n+1-|W|-|X|=n+1-s-k.$$

因 w^*是一个环点,故从 x^*到 $R_k(\{w^*\})$中的每个点都有长为 t 的途径,其中 $t\geqslant(n+1-s-k)+k=n+1-s$. 由引理 3.8.1,我们有

$$|R_t(X)|\geqslant|R_t(\{w^*\})|\geqslant|R_k(\{w^*\})|\geqslant k+1,$$

这里 $t \geqslant n+1-s$.

因此(3.8.5)成立.定理得证.

推论 3.8.3[62] 若 $A \in P_n$ 且 A 的迹非零,则

$$f(A) \leqslant f^*(A) \leqslant n.$$

推论 3.8.4 设 $A \in P_n$,$D(A)$有长为 r 的圈,且落在长为 r 的圈上的点有 s 个,则

$$f(A) \leqslant r(n-s+1). \tag{3.8.6}$$

证 因 A^r 在主对角线上有 s 个 1,由定理 3.8.2,$(A^r)^{n-s-1}$是完全不可分阵.证毕.

矩阵

$$A = \begin{pmatrix} 0 & 1 & 0 & 1 \\ 0 & 0 & 0 & 1 \\ 0 & 1 & 0 & 0 \\ 1 & 0 & 1 & 0 \end{pmatrix}$$

满足推论 3.8.4 的条件,这里 $r=3, s=4$.于是 $f(A) \leqslant 3$.因 $A^2 \notin F$,故 $f(A)=3$.这里(3.8.6)的等式成立.

由(3.8.6)式,立即得到下列结论:

若 $D(A)$有一个 Hamilton 圈($r=s=n$),则 $f(A) \leqslant n$.

若 A 是迹为零的对称本原阵($r=2, s=n$),则 $f(A) \leqslant 2$.

推论 3.8.5 设 $A \in P_n$,且 $D(A)$有直径 d,则

$$f(A) \leqslant 2d(n-d).$$

证 因 $D(A)$是强连通,则存在一个长为 $r \leqslant 2d$ 的圈,它包含 $s \geqslant d+1$ 个不同的顶点.由(3.8.6),$f(A) \leqslant 2d(n-d)$.证毕.

下面,用推论 3.8.4,得到 $f_n(n \geqslant 1)$的上界.

定理 3.8.6(Brualdi,柳柏濂[63])

$$f_n \leqslant \left\lceil \frac{1}{4}(n-1)(n+3) \right\rceil, \quad n \geqslant 1. \tag{3.8.7}$$

证 设 $A \in P_n$.因 $D(A)$是强连通,故 $D(A)$有一个长为 r 的圈,$1 \leqslant r \leqslant n$.设 s 是属于长为 r 的圈的顶点数,则 $s \geqslant r$,由推论 3.8.4,

$$f(A) \leqslant r(n-s+1) \leqslant r(n-r+1).$$

若 n 是奇数,当 $r=(n+1)/2$ 时,$r(n-r+1)$最大,若 n 是偶数,当 $r=n/2$,$n/2+1$ 时 $r(n-r+1)$最大.

因为 A 是本原,故 $D(A)$中所有圈长的最大公约数是 1.因此,若 n 是奇数

且 $r=(n+1)/2$，$D(A)$必有一个长不同于$(n+1)/2$的圈. 由(3.8.6)，我们得到

$$f(A)\leqslant\begin{cases}(n^2+2n)/4, & n\text{ 是偶数},\\(n^2+2n-3)/4, & n\text{ 是奇数}.\end{cases}$$

定理得证.

我们估计，定理3.8.6，当 n 较大时，不会是最好的上界. 由文献[45]中的反例，我们可以推广成对一般的 n 而言，这样，可以得到：$f_n\geqslant 2n-4$，我们猜想 $f_n=2n-4(n\geqslant 5)$.

现在，考虑最大严格完全不可分指数 f_n^*.

首先，从一个特例，我们可以得到 f_n^* 的下界.

设 k 和 n 是整数，$n\geqslant 5$，$2\leqslant k\leqslant n-3$. 设 A 是如图3.8.1所对应的矩阵. 这个有向图有长为 $n-k+1$ 和 $n-k$ 的圈，因此，$A\in P_n$. 令 $X_k=\{n-k+1,\cdots,n\}$. 容易验证

$$|R_{i(n-k)-1}(X_k)|=i, i=1,\cdots,k-1.$$

因而

$$f^*(A)\geqslant k(n-k). \tag{3.8.8}$$

事实上，可以验证 $f^*(A)=k(n-k)$.

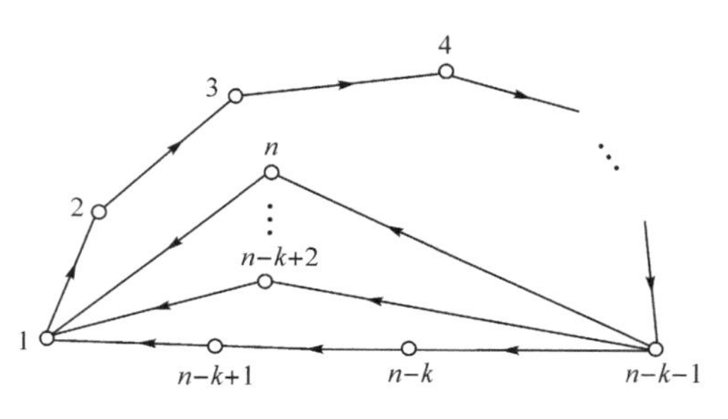

图 3.8.1

取 $k=\lfloor n/2\rfloor$，由(3.8.8)得

$$f_n^*\geqslant\lfloor n/2\rfloor\lfloor n/2\rfloor,\quad n\geqslant 5.$$

我们知道，对 $A\in P_n$，

$$f_n^*\leqslant n^2-2n+2. \tag{3.8.9}$$

下面，我们进一步精确地估计 f_n^* 的上界.

设 $\lambda(A)$表 $D(A)$中不同长度圈的类数. 由 $A\in P_n$ 知，当 $n>1$ 时，$\lambda(A)\geqslant$

2. 我们先对 $\lambda(A)=2$ 的情形，改进 f_n^* 的上界(3.8.9).

先证明下列引理.

引理 3.8.7 设 D 是强连通 n 阶有向图，C_r 是 D 中长为 r 的一个圈. 若 X 是属于 C_r 中的一个顶点集，则

$$R_{ir+j}(X)\subseteq R_{(i+1)r+j}(X)\quad (i\geqslant 0, 0\leqslant j\leqslant r-1).$$

证 若从 X 的某个点 x，有一条长为 $ir+j$ 的路到达 z，则从 x 到 z 必有一长为 $(i+1)r+j$ 的途径.

引理 3.8.8 设 D 是强连通 n 阶有向图，C_r 是 D 中一个长为 r 的圈. 若 X 是 C_r 的顶点所成的集，则

$$R_i(X)\subseteq R_{i+1}(X)\quad (i\geqslant 0).$$

证 若从 X 的某个点 x，有一条长为 i 的途径到达 z，则从 x 的前一点，必有一条长为 $i+1$ 的途径到达 z.

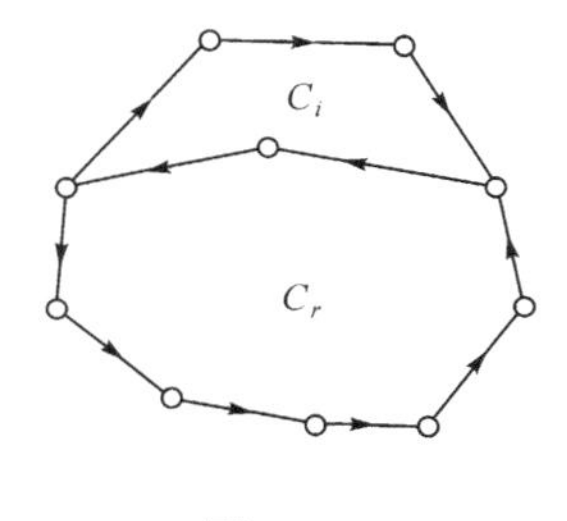

图 3.8.2

推论 3.8.9 若 Z 是从 C_r 的某一点用至多长为 d 的途径所到达的点 z 所组成的集，则 $R_d(X)=Z$.

引理 3.8.10 设 r 和 s 是互质的正整数，$r>s$，设 D 是恰含两个圈 C_r 和 C_s 的有向图，其中 C_r, C_s 分别表示长为 r, s 的圈. C_r 和 C_s 相交. 设 X 是 C_r 中的一个非空顶点集，则

$$|R_i(X)|\geqslant \min\{n, |X|+l\},\quad i\geqslant lr \text{ 且 } l\geqslant 1. \tag{3.8.10}$$

证 设 Z 是 C_r 的顶点集，于是 $\varnothing\neq X\subseteq Z$. 对于 $i\geqslant 1$，$X^{(i)}$ 表从 X 用 C_r 中长为 i 的一条途径所到达的顶点集(当然 $X^{(i)}$ 也在 C_r 上).

于是

$$X^{(i)}=X^{(j)},\quad 若\ i\equiv j \pmod r.$$

先证明 $r\leqslant i<2r$ 时(3.8.10)成立，即证 $|R_i(X)|\geqslant \min\{n, |X|+1\}$，$r\leqslant i<2r$.

若 $X=Z$，由引理 3.8.8

$$|R_i(X)|\geqslant \min\{n, |X|+i\},\quad i\geqslant 1,$$

(3.8.10)显然成立.

可设 $X\neq Z$，若 $R_i(X)\not\subseteq Z$，则所求证结论成立. 现设 $R_i(X)\subseteq Z$. 若(3.8.10)不真，则 $|R_i(X)|=|X|$，便得 $R_i(X)=X^{(i)}$. 因 $R_i(X)\subseteq Z$，故 $R_{i-s}(X)\subseteq R_i(X)$. 于是 $X^{(i-s)}\subseteq X^{(i)}$，因而 $X^{(i-s)}=X^{(i)}$. 记 C_r 的一个顶点集

$Y=X^{(i-s)}$,则 Y 满足$Y^{(s)}=Y$,这和 r 和s 互质矛盾!

对 $l\geqslant 2$,用归纳法证明(3.8.10).若$|R_{(l-1)r+j}(X)|=n$,命题成立.现设$|R_{(l-1)r+j}(X)|<n$.

由引理3.8.7,$R_{(l-1)r+j}(X)\subseteq R_{lr+j}(X)$,$0\leqslant j\leqslant r-1$.

显然,不能有 $R_{(l-1)r+j}(X)=R_{lr+j}(X)$.否则,对一切整数 $t>l-1$,有$R_{tr+j}(X)=R_{(l-1)r+j}$.由 D 的本原性,对充分大的 t,得$|R_{(l-1)r+j}(X)|=|R_{tr+j}(X)|=n$,与所设矛盾.于是 $R_{(l-1)r+j}(X)\subset R_{lr+j}(X)$,$0\leqslant j\leqslant r-1$.

我们有

$$\begin{aligned}|R_{lr+j}(X)|&\geqslant|R_{(l-1)r+j}(X)|+1\\&\geqslant\min\{n,|X|+(l-1)\}+1\\&\geqslant\min\{n,|X|+l\}.\end{aligned}$$

证毕.

下面我们得出 $f^*(A)$在 $\lambda(A)=2$ 时的一个上界.

定理 3.8.11(Brualdi,柳柏濂[63])　设 $A\in P_n$,且 $\lambda(A)=2$,则

$$f^*(A)\leqslant\lfloor(n+1)^2/4\rfloor.$$

证　设$D(A)$的圈长是 r 和s,$r>s$,且 r,s 互质,则存在长分别为 r 和s 的圈 C_r 和C_s,C_r 和C_s 相交.设 D^*是由 C_r 和C_s 所有的顶点和弧组成的有向图.

记 Y 是D 的顶点集的子集,$1\leqslant k=|Y|\leqslant n-1$.先假设 Y 包含C_r 中的p个顶点,$p\geqslant 1$,由引理3.8.10可见,

$$|R_i(Y)|\geqslant k+1\quad(i\geqslant(k-p+1)r).$$

因 $r\leqslant n-(k-p)$,易得

$$(k-p+1)r\leqslant\left\lfloor\frac{1}{4}(n+1)^2\right\rfloor.$$

现设 Y 不包含C_r 中的任何顶点.于是 $r\leqslant n-k$.从 Y 的某一点到C_r 的某一点x 存在一条长为t 的途径,这里 $t\leqslant n-r-k+1$.运用引理3.8.10,可见

$$|R_i(\{x\})|\geqslant k+1,\quad i\geqslant kr.$$

因而$|R_i(Y)|\geqslant k+1$,$i\geqslant kr+n-r-k+1$.不难推导出

$$kr+n-r-k+1\leqslant\lfloor n^2/4\rfloor+1.$$

于是对所有 Y,$\varnothing\neq Y\subsetneqq X$,

$$|R_i(Y)|\geqslant|Y|+1,i\geqslant\lfloor(n+1)^2/4\rfloor.$$

证毕.

在文献[25]中,我们知道,当 $\lambda(A)\geqslant 3$ 时,$\gamma(A)\leqslant\lfloor(n^2-2n+2)/2\rfloor+1$.

一般地,最大的指数,出现在 $\lambda(A)=2$ 的情形中.尽管,我们现在可得出

$$f_n^* \leqslant \gamma_n \leqslant \lfloor (n^2-2n+2)/2 \rfloor + 1.$$

但,我们相信下面猜想是正确的.

$$f_n^* \leqslant \lfloor (n+1)^2/4 \rfloor.$$

上面已知道 $f_n^* \geqslant \lfloor n/2 \rfloor \lceil n/2 \rceil, n \geqslant 5$,因此 f_n^* 应该是 $O(n^2/4)$ 的数量级.这一猜想在 1995 年已被我们证明(柳柏濂,李乔良[64]).最近,沈建等[65]又改进为一个最好的上界:

$$f_n^* \leqslant \lfloor n^2/4 \rfloor + 1.$$

一个矩阵 $A \in B_n$,称为 Hall 矩阵,如果存在一个置换矩阵 Q,使 $Q \leqslant A$.事实上,Hall 矩阵是关于子集系中著名的 Hall 定理的矩阵表达:A 是 n 阶 Hall 矩阵当且仅当对任何的正整数 r 和 s,$r+s>n$,A 不含 $r \times s$ 的零子阵.B_n 中所有 Hall 矩阵所成的集记为 H_n.因 $J_n \in H_n$,故若 A 是本原的,则存在一个正整数 k,使当 $A^k \in H_n$.

对于 Hall 矩阵,Schwarz[18]同样提出一个类似于完全不可分矩阵的问题,即对于所有本原矩阵 A,确定最小的整数 p,使 $A^p \in H_n$.

令 $\widetilde{H}_n = \{A \in B_n : A^k \in H_n$,对某个 $k\}$,则 $P_n \subseteq \widetilde{H}_n$.

对 $n>1$,存在属于 $\widetilde{H}_n$,但不属于 P_n 的矩阵,例如迹为零的置换阵.

对于 $A \in \widetilde{H}_n$,我们定义 A 的 Hall 指数是这样最小的整数 p,使得 A^p 是一个 Hall 矩阵,用 $h(A)$ 表示 A 的 Hall 指数.进一步定义

$$h_n := \max\{h(A) : A \in \widetilde{H}_n \cap \mathrm{IB}_n\},$$

其中 IB_n 表示 B_n 中的不可约阵的集合.h_n 称为 $\widetilde{H}_n$ 中不可约阵的最大 Hall 指数.

考察下面例子

$$A = \begin{pmatrix} 0 & 0 & 1 & 0 & 0 & 0 & 0 \\ 0 & 0 & 1 & 0 & 0 & 0 & 0 \\ 0 & 0 & 0 & 1 & 1 & 1 & 0 \\ 0 & 0 & 0 & 0 & 0 & 0 & 1 \\ 0 & 0 & 0 & 0 & 0 & 0 & 1 \\ 0 & 0 & 0 & 0 & 0 & 0 & 1 \\ 1 & 1 & 1 & 1 & 1 & 1 & 0 \end{pmatrix}. \tag{3.8.11}$$

容易验证:$A \in P_7, A \notin H_7, A^2 \in H_7, A^3 \notin H_7, A^i \in H_7 (i \geqslant 4)$.

于是,我们有理由引进严格 Hall 指数(strict Hall exponent).令

$$H_n^* = \{A \in B_n : A^k \in H_n,\text{对所有充分大的 } k\}.$$

则严格 Hall 指数 $h^*(A)$ 等于这样最小的整数 p，使 $A^k \in H_n$，对所有整数 $k \geqslant p$ 成立. 又定义

$$h_n^* := \max\{h^*(A) : A \in H_n^* \cap \mathrm{IB}_n\},$$

称为 H_n^* 中不可约阵的最大严格 Hall 指数.

对于(3.8.11)的矩阵 A，有 $h(A)=2$，$h^*(A)=4$.

如果 $A \in H_n^*$，易见

$$h(A) \leqslant h^*(A) < \gamma(A) \leqslant n^2 - 2n + 2.$$

注意下列例子

$$A = \begin{pmatrix} 0 & 0 & 1 & 0 \\ 0 & 0 & 1 & 0 \\ 0 & 0 & 0 & 1 \\ 1 & 1 & 0 & 0 \end{pmatrix}, \tag{3.8.12}$$

A 满足 $A^k \in H_4$ 当且仅当 $k \equiv 0 \pmod 4$，于是 $A \in \widetilde{H}_4$ 但 $A \notin H_4^*$.

我们知道[18] $F_n \subseteq P_n \cap H_n$，但 $H_n \not\subseteq P_n$ 且 $H_n \not\subseteq F_n\ (n \geqslant 2)$. 于是，若一个矩阵的某个幂是完全不可分的，则这个矩阵是本原的. 可是，如果一个矩阵的某个幂是 Hall 矩阵，则这个矩阵不一定是本原的(见上述(3.8.12)的矩阵). 因此，研究 Hall 指数与研究完全不可分指数有不全相同之处.

从上面研究中，我们已经知道，对完全不可分指数 $f(A)$ 和严格完全不可分指数 $f^*(A)$，有 $f(A) \leqslant f^*(A)$. 因为 $F_n \subseteq H_n$，故亦有 $h(A) \leqslant f(A)$，$h^*(A) \leqslant f^*(A)$，其中 $A \in P_n$.

我们先考察 H_n^* 和 $\widetilde{H}_n$ 的特征.

对于任意 $A \in B_n$，我们知道，必存在一个置换阵 π，使

$$\pi A \pi^t = \begin{pmatrix} A_{11} & 0 & \cdots & 0 \\ A_{12} & A_{22} & \cdots & 0 \\ \vdots & \vdots & & \vdots \\ A_{p1} & A_{p2} & \cdots & A_{pp} \end{pmatrix}, \tag{3.8.13}$$

这里 $p \geqslant 1$ 且对角块 $A_{11}, A_{22}, \cdots, A_{pp}$ 是阶至少是 1 的不可约阵. 这些对角块称为 A 的不可约块. (3.8.13)常称为 A 的 Frobenius 标准型. 简称为标准型，若对角块是一个 1 阶的零阵，则称它是一个平凡块. 注意到，若 A 有一个平凡块，则 $A \notin H_n$，容易知道：$A \in H_n$ 当且仅当每一个不可约块都是一个 Hall 子阵.

我们用图论的观点来分析：A 的不可约块应对应于 $D(A)$ 的强连通支，一个平凡块则对应于仅有一点而无环的“支”. 矩阵 A 有一个平凡块当且仅当 $D(A)$

有一个点不属于任何圈.于是,我们可以证明如下定理.

定理 3.8.12(Brualdi,柳柏濂[66]) 设 $A\in B_n$,则 $A\in\widetilde{H}_n$ 当且仅当 A 没有平凡的不可约块.

证 若 A 有一个平凡不可约块,则考察 A 的标准型的幂.可见,A 的每个幂的 Frobenius 标准型也有一个平凡不可约块.于是 $A^k\notin H_n$,k 是任意正整数.现设 A 没有平凡不可约块,则对 $D(A)$的每个顶点 i,i 落在某个长为 m_i 的圈上($i=1,\cdots,n$).若 p 是 $m_1,m_2,\cdots,m_n$ 的最小公倍数,则 A^p 的主对角线上都有 1.于是$A^p\in H_n$且$A\in\widetilde{H}_n$.证毕.

由上述定理的证明中,可以看到:$A\in\widetilde{H}_n$ 当且仅当A 的每个不可约块都是一个非平凡块.一个类似的结论对 H_n^* 也成立.

现在考察 H_n^*.设 A 是一个 n 阶不可约阵.若 A 的非本原指数是h,则存在一个置换阵 P,使

$$P^{\mathrm{T}}AP=\begin{pmatrix}0 & B_1 & 0 & \cdots & 0\\ 0 & 0 & B_2 & \cdots & 0\\ \vdots & \vdots & \vdots & & \vdots\\ 0 & 0 & 0 & \cdots & B_{n-1}\\ B_h & 0 & 0 & \cdots & 0\end{pmatrix},\qquad(3.8.14)$$

其中 B_i,$i=1,2,\cdots,h$,是 $k_i\times k_{i+1}$的矩阵,$k_{h+1}=k_1$,于是(3.8.14)中的对角块是 k_i 阶,$i=1,\cdots,h$ 的正方形零阵.整数 $k_1,\cdots,k_h$ 被A 唯一确定,我们称它为 A 的非本原参数.如前所述,h 是A 中等于谱半径的特征根的个数,也是 $D(A)$ 中的所有圈长的最大公约数,即回路性指标.

下面,我们有 H_n^* 的特征定理.

定理 3.8.13(Brualdi,柳柏濂[66]) 设 A 是B_n 中的一个不可约阵,则 $A\in H_n^*$ 当且仅当A 的所有非本原参数均相等.

证 不失一般性,设 A 有形式(3.8.14).先设 $k=k_1=\cdots=k_n$,则矩阵 $X_1=B_1B_2\cdots B_h$,$X_2=B_2\cdots B_h\cdot B_1,\cdots,X_h=B_hB_1\cdots B_{h-1}$都是 k 阶的本原矩阵.因此,存在一个正整数 e,使得 $X_i^p=J$ 对所有 $p\geqslant e$ 成立,$i=1,\cdots,h$.

设 q 是一个整数,$q\geqslant eh$ 和 $q=fh+a$,这里 $f\geqslant e$ 且 $0\leqslant a<h$.于是,矩阵 A^q 包含 h 个置于循环位置(如(3.8.14)的 B_i)的 k 阶块 $Y_1,\cdots,Y_n$,这里 $Y_i=X_i^fA_i\cdots A_{i+a-1}$(下标是对模 h 而言).矩阵 X_i^f 中无零元,矩阵 $A_1,\cdots,A_h$ 无零列,这是因 A 是不可约的.这就得知:Y_i 不含零元,因而 $A^q\in H_n$ 对所有 $q\geqslant eh$ 成立.于是 $A\in H_n^*$.

现在,假设 A 的非本原参数不全相等,不失一般性,设 $k_1 < k_2$.对每一个正整数 f,矩阵 A^{fh+1}与 A 有同样的循环块形式,只不过用 $X_i^f B_i$ 代替(3.8.14)形式中的 B_i,此处 X_i 的定义如前,因此,A^{fh}对每一个正整数 f,均有一个$(n-k_1)\times k_2$ 的零子阵.因为 $n-k_1+k_2>n$,故对所有 f,$A^{fh}\notin H_n$.于是 $A\notin H_n^*$.证毕.

现在考察 Hall 指数.我们已经指出,若 $A\in P_n$,则 $h(A)\leqslant f(A)$,$h^*(A)\leqslant f^*(A)$.下列例子说明,不一定有 $h^*(A)\leqslant f(A)$.

$$A=\begin{pmatrix}0&0&0&1&0&0&0&0&0&0\\0&0&0&1&0&0&0&0&0&0\\0&0&0&1&0&0&0&0&0&0\\0&0&0&0&1&1&1&1&0&0\\0&0&0&0&0&0&0&0&1&1\\0&0&0&0&0&0&0&0&1&1\\0&0&0&0&0&0&0&0&1&1\\0&0&0&0&0&0&0&0&1&1\\1&1&1&1&1&1&1&1&0&0\\1&1&1&1&1&1&1&1&0&0\end{pmatrix},$$

容易验证:$A\notin H_{10}(A\notin F_{10})$,$A^2\in F_{10}(A\in P_{10}$且 $A^2\in H_{10})$,$A^3\notin H_{10}(A^3\notin F_{10})$且$A^k\in F_{10}$(故 $A^k\in H_{10}$),$k\geqslant 4$.因此

$$h^*(A)=f^*(A)=4>2=f(A)=h(A).$$

类似于完全不可分指数,Hall 指数也有它的图论定义:作一个 $A\in B_n$,设它的伴随有向图的顶点集是$\{1,2,\cdots,n\}$.$A^k\in H_n$,当且仅当对于非空 $X\subseteq\{1,\cdots,n\}$,$|R_k(X)|\geqslant|X|$.这一意义与子集系 Hall 定理是完全一致的.

于是,我们可以采用类似于处理完全不可分指数的技巧,得出 Hall 指数的上界,我们有如下定理.

定理 3.8.14(Brualdi,柳柏濂[66])　设 $A\in \mathrm{IB}_n$,若 A 的主对角线上有 s 个 1,$1\leqslant s\leqslant n-1$,则 $h^*(A)\leqslant n-s$.

由上述定理,我们可以导出很多类似于完全不可分指数的结论.

定理 3.8.15(Brualdi,柳柏濂[66])

$$h_n\leqslant\lfloor(n^2-1)/4\rfloor,\quad n\geqslant 3.$$

定理 3.8.16(Brualdi,柳柏濂[66])　设 $A\in P_n$,若 $D(A)$中 $\lambda(A)=2$,则 $h^*(A)\leqslant\lfloor n^2/4\rfloor$.

我们证明了[67]定理 3.8.16 的界,对于 $\lambda(A)>2$ 也成立.最近,沈建等[65]

把这个界改进为最好的结果:

$$h^*(A)\leqslant\lfloor (n-1)^2/4\rfloor+1.$$

值得一提的是,在文献[65]中,沈建等定义 n 阶布尔阵 A 是 r-不可分(r-indecomposable),$-n<r<n$,如果 A 不含 $k\times l$ 零子阵,这里 $k+l=n-r+1,1\leqslant k,l\leqslant n$.于是,1-不可分阵就是完全不可分阵,0-不可分阵就是 Hall 阵把不可分指数,Hall 指数的研究统一并扩充到 r-不可分指数(exponent of indecomposability)的研究上来.

设 $A\in \mathrm{IB}_n$,知 $A+A^2+\cdots+A^n=J_n$.我们定义下列弱指数[66]:

1. 弱本原指数(weak primitive exponent)$e_w(A)$是这样最小的正整数 p,使得 $A+A^2+\cdots+A^p\in P_n$.

2. 弱完全不可分指数(weak fully indecomposable exponent)$f_n(A)$是最小的正整数 p,使得 $A+A^2+\cdots+A^p\in F_n$.

3. 弱 Hall 指数(weak Hall exponent)$h_w(A)$是最小的正整数 p,使得 $A+A^2+\cdots+A^p\in H_n$.

对于上述指数,我们已有完整的结果.

定理 3.8.17(柳柏濂[68]) 对 $A\in \mathrm{IB}_n$,

$$e_w(A)\leqslant 2,$$

$$f_w(A)\leqslant\left\lfloor \frac{n}{2}\right\rfloor+1,$$

$$h_w(A)\leqslant\left\lceil \frac{n}{2}\right\rceil,$$

并且上述的等号均可达到.

定理 3.8.18(柳柏濂[68]) 设 $A\in \mathrm{IB}_n$. $WE(n)$,$FE(n)$,$HE(n)$分别表 $e_w(A)$,$f_w(A)$,$h_w(A)$的指数集,则

$$WE(n)=\{1,2\},$$

$$FE(n)=\left\{1,2,\cdots,\left\lfloor \frac{n}{2}\right\rfloor+1\right\},$$

$$HE(n)=\left\{1,2,\cdots,\left\lceil \frac{n}{2}\right\rceil\right\}.$$

3.9 本原指数,直径和特征值

如何通过 $D(A)$的直径估计 A 的本原指数 $\gamma(A)$,或者通过 A 的特征值估

计$D(A)$的直径,是一个十分有意义且刚刚开始的课题.

记$D(A)$的直径是d,下面关系是显然的

$$\gamma(A)\geqslant d,\quad A\in P_n.$$

若A的主对角线的元都是正的,则$\gamma(A)=d$.这从本原指数的图论意义很易了解这一点.若$D(A)$的最短圈长$s\leqslant d$,不难得到用d表示$\gamma(A)$的一个粗糙上界$\gamma(A)\leqslant dn$(见习题3.33).

从$\gamma(A)$关于n的上确界,自然可以猜想:

$$\gamma(A)\leqslant d^2+1. \tag{3.9.1}$$

从定理3.4.2中的图D_1,已验证了这一点.注意到:A的最小多项式的次数m与d有关系$m\geqslant d+1$,若(3.9.1)式成立,则

$$\gamma(A)\leqslant (m-1)^2+1. \tag{3.9.2}$$

这将是对Wielandt的界的一个重要改进.

沈建在证明了(3.9.2)[69]的基础上,成功地证明了(3.9.1)[70].

我们简述一下(3.9.1)的证明,为方便,记$i\xrightarrow{d_1}j$为由i到j存在一条长为d_1的路.$d(i,j)$表示从i到j的距离.特别地$i\longrightarrow j$表从i到j有弧相连.先证明如下引理.

引理3.9.1[69]　设A是本原阵,s是正整数,d和d_{A^s}分别表$D(A)$和$D(A^s)$的直径,则

$$d_{A^s}\leqslant d.$$

证　对任意$A_0,A_s\in V(D(A))$,$A_0\neq A_s$.由A的本原性,有$A_0\xrightarrow{ks}A_s$,这里k是足够大的正整数.令$k_0=\min\{k:A_0\xrightarrow{ks}A_s\}$.我们将证明$k_0\leqslant d$.

用反证法.假设$k_0\geqslant d+1$,则存在$D(A)$的$s-1$个点$A_1,A_2,\cdots,A_{s-1}$使得

$$A_0\xrightarrow{k_0}A_1\xrightarrow{k_0}A_2\xrightarrow{k_0}\cdots\xrightarrow{k_0}A_{s-1}\xrightarrow{k_0}A_s.$$

对任意的$1\leqslant i\leqslant s$,若$A_{i-1}\neq A_i$,令$x_i=d(A_{i-1},A_i)$,若$A_{i-1}=A_i$,令$x_i=0$,于是$0\leqslant x_i\leqslant d<k_0$.

设$y_i\equiv k_0-x_i\pmod s$,这里$0\leqslant y_i\leqslant s-1$.考虑集$\left\{\sum\limits_{i=1}^{l}y_i:l=1,2,\cdots,s\right\}$,易见,下列两个情形至少有一个出现.

情形1　存在某个l_0,使得$\sum\limits_{i=1}^{l_0}y_i\equiv 0\pmod s$.

情形 2 存在 $l_1<l_2$,使得 $\sum_{i=1}^{l_1} y_i \equiv \sum_{i=1}^{l_2} y_i \pmod{s}$,即 $\sum_{i=l_1+1}^{l_2} y_i \equiv 0 \pmod{s}$.

不失一般性,我们假设 $\sum_{i=l}^{m} y_i \equiv 0 \pmod{s}$,这里整数 $l\leqslant m$.考察下列路

$$A_0 \xrightarrow{k_0} A_1 \xrightarrow{k_0} \cdots \xrightarrow{k_0} A_{l-1} \xrightarrow{x_l} A_l \xrightarrow{x_{l+1}} A_{l+1} \xrightarrow{x_{l+2}} \cdots$$
$$\xrightarrow{x_m} A_m \xrightarrow{k_0} A_{m+1} \xrightarrow{k_0} \cdots \xrightarrow{k_0} A_s,$$

它的长

$$\begin{aligned} & k_0 s - (m - l + 1)k_0 + \sum_{i=l}^{m} x_i \\ = {} & k_0 s - \sum_{i=l}^{m} (k_0 - x_i) \\ \equiv {} & k_0 s - \sum_{i=l}^{m} y_i \equiv 0 \pmod{s}. \end{aligned}$$

小于 $k_0 s$.这与 k_0 的选择矛盾.于是,对某个 $k_0\leqslant d$,$A_1 \xrightarrow{k_0 s} A_s$ 即在 $D(A^s)$ 中,$A_0 \xrightarrow{k_0} A_s$.证得 $d_{A^s}\leqslant d$.证毕.

考虑(3.9.1)式的证明,我们可以从 $D(A)$ 的最短圈的长 s 着手.易知 $s\leqslant d+1$.因此,可从 $s\leqslant d-1$,$s=d$ 和 $s=d+1$ 的三种情况来证明.

定理 3.9.2(沈建[69]) 设 $A\in P_n$,$D(A)$ 的直径是 d.若 $D(A)$ 的最短圈长 $s\leqslant d-1$,则

$$\gamma(A)\leqslant d^2.$$

证 设 k' 是在 $D(A)$ 中的最短圈 C 上的一个点.对任意的 $i,j\in V(D(A))$,存在某一个整数 m,$0\leqslant m\leqslant d$,使得 $i \xrightarrow{m} k'$.

我们可以从 k' 开始沿着最短圈 C 走 $d-m$ 步到达 k,即 $k' \xrightarrow{d-m} k$.因为 k 也在圈 C 上,故在 $D(A^s)$ 中有环点 k.这就意味着在 $D(A^s)$ 中 $k \xrightarrow{d} j$,即在 $D(A)$ 中,$k \xrightarrow{sd} j$.注意到 j 的任意性,在 $D(A)$ 有 $k \xrightarrow{(d-1)d} j$.于是,$i \xrightarrow{m} k' \xrightarrow{d-m} k \xrightarrow{(d-1)d} j$,即 $i \xrightarrow{d^2} j$.证毕.

定理 3.9.3(沈建[69]) 设 $A\in P_n$,$D(A)$ 的直径是 d,若 $D(A)$ 的最短圈长 $s=d$,则

$$\gamma(A)\leqslant d^2+1.$$

证　对任何 $a,b\in V(D(A))$,若 a 位于一个长为 d 的圈上,则有 $a\xrightarrow{d^2}b$ (证明类似于习题3.34).由点 b 的任意性,我们有 $a\xrightarrow{d^2+1}b$.类似地,若 b 位于一个长为 d 的圈上,则有 $b\xrightarrow{d^2+1}a$.

现假设 a 和 b 都不在一个长为 d 的圈上,则 a 和 b 分别在一个长为 $d+1$ 的圈上.设 $k_1\longrightarrow k_2\longrightarrow\cdots\longrightarrow k_d\longrightarrow k_1$ 是 $D(A)$ 的最短圈,因对任意的 $1\leqslant i\leqslant d$,有 $k_i\neq a,b$,于是存在 $1\leqslant x_i,y_i\leqslant d$ 使得 $a\xrightarrow{x_i}k_i\xrightarrow{y_i}b$,即从 a 到 b 存在一条长为 $p=x_i+y_i$ 的路,这条路接触到至少一个长为 d 或长为 $d+1$ 的圈.考虑下列三种情形.

情形1　存在某个 i 和 x_i,y_i 使得 $p=x_i+y_i\leqslant d+1$.因 $\phi(d,d+1)+p\leqslant d(d-1)+d+1$,于是 $a\xrightarrow{d^2+1}b$.

情形2　存在某个 i 和 x_i,y_i 使得 $d+3\leqslant p=x_i+y_i\leqslant 2d+1$.因 $(2d-p+1)(d+1)+(p-d-3)d+p=d^2+1$.故 $a\xrightarrow{d^2+1}b$.

情形3　对任何的 i 和任何的 $x_i,y_i,p=x_i+y_i=d+2$.因 $a\xrightarrow{x_1}k_1\longrightarrow k_2\xrightarrow{y_2}b$,即 $a\xrightarrow{x_1+1}k_2\xrightarrow{y_2}b$ 并且 $x_1+1+y_2\leqslant 2d+1$,若 $x_1+1+y_2\neq d+2$,则我们得到情形1或情形2.于是 $x_1+1+y_2=d+2=x_2+y_2$,即 $x_2=x_1+1$.用归纳法对任意 $1\leqslant i\leqslant d-1$,有 $x_{i+1}=x_i+1$,于是 $x_d=x_1+d-1$.注意到 $1\leqslant x_i,y_i\leqslant d$ 并且有 $x_1=1$ 和 $y_1=d+2-x_1=d+1$,这和 $y_1\leqslant d$ 矛盾,于是情形3属于情形1和情形2.

综上所述,我们有 $a\xrightarrow{d^2+1}b$.证毕.

对于余下的 $s=d+1$ 的情况,由引理3.9.1知 $d_{A^{d+1}}\leqslant d$,因此可分别考虑 $d_{A^{d+1}}\leqslant d-1$ 和 $d_{A^{d+1}}=d$ 两种可能,对于前者,容易得到(习题3.35)下列定理.

定理3.9.4(沈建[69])　设 $A\in P_n$,$D(A)$ 的直径是 d,若 $D(A)$ 的最短圈长 $s=d+1$ 且 $D(A^{d+1})$ 的直径 $d_{A^{d+1}}\leqslant d-1$,则 $\gamma(A)\leqslant d^2+1$.

于是,比较困难的是对于 $s=d+1$ 和 $d_{A^{d+1}}=d$ 的这一特殊情形,证明 $\gamma(A)\leqslant d^2+1$.在文献[70]中,沈建通过了对 Frobenius 数的一些新估值,成功地完成了这一证明.于是(3.9.2)式也同时成立.

对于简单图(无环,无重边,无向图)来说,还有下列较好的结果.

定理3.9.5(Delorme,Solé[71])　若 G 是直径为 d 的连通简单图,它的每个点落在一个长至多是 $2g+1$ 的闭回路上,则 $\gamma(G)\leqslant d+g$.

证 任取 G 中的两个点 x,y,设 x 落在一个长为 $2p+1$ 的回路 C_{2p+1}上,$p\leqslant g$.又 z 是在C_{2p+1}上与 x 距离为 p 的一个点,则 y 与 z 之间必有一长为 q 的路,$q\leqslant d$.于是 x 与 y 之间有一条长为 $q+p$ 和长为 $q+p+1$ 的路.而 $p\leqslant g$,$q\leqslant d$,且 $q+p$ 与 $q+p+1$ 至少有一个与 $d+g$ 有同样奇偶性,故得 $\gamma(G)\leqslant d+g$.证毕.

推论 3.9.6 若 G 是连通简单图且非二部图,则

$$\gamma(G)\leqslant 2d.$$

它的证明留作习题.事实上,推论 3.9.6 表明,对于迹为零的对称本原阵 A,$\gamma(A)\leqslant 2d$.

推论 3.9.6 的等号是可以达到的.例如长为 $2p+1$ 的圈,$d=p$,$\gamma=2p$.n 阶完全图 $K_n(n>2)$,$d=1$,$\gamma=2$.Petersen 图 $d=2$,$\gamma=4$,等.

本节的开头,我们指出:当 A 是主对角线全正的本原阵时,$\gamma(A)=d$,达到它的下界.但是 $\gamma(A)=d$ 的全部矩阵都是主对角线全 1 的本原阵吗?回答是否定的.事实上,若 G 是 Petersen 图的线图时,容易验证 $d=\gamma=3$.那么,寻求集 $M=\{A\in P_n\mid\gamma(A)=d,d\text{ 是}D(A)\text{的直径}\}$是一个值得研究的有趣问题.

从上面的论述,我们已经看到,本原指数 $\gamma(A)$与 $D(A)$的直径 d 有着直接的联系.从纯代数的观点,我们希望探索,$\gamma(A)$与 A 的特征值的关系.近年来,这方面的工作已引起了数学家的兴趣.

1989 年,F.R.K.Chung[72]研究了 A 的次大特征值和$\gamma(A)$之间的关系,得到了下列定理.

定理 3.9.7(F.R.K.Chung[72]) 设 G 是一个k 正则图,λ 是$A(G)$的第二大(模)的特征值,则

$$\gamma(A)\leqslant\lceil\log(n-1)/\log(k/\lambda)\rceil.①$$

证 设 v^*是 n 维全 1 列向量.又 $u_1,u_2,\cdots,u_n$ 表A 的特征值$\lambda_1,\lambda_2,\cdots,\lambda_n$ 的正交特征向量,$|\lambda_1|\geqslant|\lambda_2|\geqslant\cdots|\lambda_n|$,$u_1=v^*/\sqrt{n}$,$\lambda_1=k$ 且$\lambda_2=\lambda$.

显然,我们有 $A=\sum_i\lambda_iu_iu_i^{\mathrm{T}}$,这里,$u_i$ 是$n\times 1$ 矩阵,u_i^{T} 是u_i 的转置.于是

$$\begin{aligned}(A^m)_{r,s}&=\sum_i\lambda_i^m(u_iu_i^{\mathrm{T}})_{r,s}\\&\geqslant k^m/n-\left|\sum_{i>1}\lambda_i^m(u_i)_r(u_i)_s\right|\end{aligned}$$

---

① 原证明中,仅证 G 的直径$d\leqslant\lceil\log(n-1)/\log(k/\lambda)\rceil$,事实上,可加强为 $\gamma(A)$.在此,若 G 非本原,我们约定 $\gamma(A)$为∞.

$$\geqslant k^m/n - |\lambda|^m \left\{ \sum_{i>1} |(u_i)_r| |(u_i)_s| \right\}$$

$$\geqslant k^m/n - |\lambda|^m \left\{ \sum_{i>1} |(u_i)_r|^2 \right\}^{1/2} \left\{ \sum_{i} |(u_i)_s|^2 \right\}^{1/2}$$

$$= k^m/n - |\lambda|^m \{1 - (u_1)_r^2\}^{1/2} \{1 - (u_1)_s^2\}^{1/2}$$

$$> 0, \quad 若 (k/|\lambda|)^m > n - 1.$$

即

$$m > \log(n-1)/\log(k/|\lambda|).$$

于是 $\gamma(A) \leqslant \log(n-1)/\log(k/\lambda)$. 证毕.

当然,由上述定理,我们亦可得到 G 的直径 d 的一个估计式

$$d \leqslant \gamma(A) \leqslant \log(n-1)/\log(k/|\lambda|).$$

用类似的方法,对于非正则图和有向图,我们亦有如下定理.

定理 3.9.8[72]　若简单图 G 的特征值是 $\lambda_1, \lambda_2, \cdots$,此处 $|\lambda_1| \geqslant |\lambda_2| \geqslant \cdots$, u_1 是 λ_1 所对应的特征向量, $(u_1)_i$ 表 u_1 的第 i 个分量,且 $w = \min_i |(u_1)_i|$,则有

$$d(G) \leqslant \gamma(G) \leqslant \lceil \log((1-w^2)/w^2)/\log(|\lambda_1|/|\lambda_2|) \rceil.$$

为了考虑有向图,先定义 C^n 中向量的内积,向量 u 和 $v \in C^n$, u 与 v 的内积定义为 u_i 和 v_i 的共轭之积的和,即 $\langle u, v \rangle = \sum_i u_i \bar{v}_i$,若 $\langle u, v \rangle = 0$,则 u 和 v 正交. F. R. K. Chung 还得出下列定理.

定理 3.9.9 (F. R. K. Chung[72])　设布尔矩阵 A 的行和均是 k,且 A 的特征向量形成一个正交基,则

$$\gamma(A) \leqslant \lceil \log(n-1)/\log(k/|\lambda|) \rceil,$$

此处 λ 是 A 的第二大(模)的特征值.

若仅考虑有限值的情形,这里, A 的特征向量形成一个正交基的条件不能去掉. 例如,下列矩阵

$$A = \begin{pmatrix} 0 & 1 & 1 & 0 \\ 1 & 0 & 1 & 0 \\ 1 & 1 & 0 & 0 \\ 1 & 1 & 0 & 0 \end{pmatrix}$$

有特征值 2, 0, −1, −1,但 $\gamma(A)$ 与直径 $d(D(A))$ 均是 ∞.

关于上述工作, C. Delorme 和 P. Sole[71] 曾作了一些改进. 通过图的邻接矩阵或 Laplace 矩阵的特征值,对直径,从而对本原指数作估值,近年来已有一些工作,类似的结果,读者可参阅文献[73].

习 题 3

3.1 证明：n 阶布尔方阵一共有 2^{n^2} 个，并对布尔矩阵的乘法构成半群.

3.2 证明引理 3.2.4.

3.3 设递减实数列 $u_1 \geqslant u_2 \geqslant \cdots \geqslant u_\lambda \geqslant 1 \quad (\lambda \geqslant 2)$，求证

$$\sum_{i=1}^{\lambda-1}\left(\frac{u_i}{u_{i+1}}-1\right)+u_\lambda \leqslant u_1.$$

3.4 若 $(a,b)=1, c \geqslant \phi(a,b)$，求证 $\phi(a,b,c)=\phi(a,b)$.

3.5 设 $a=\lambda\mu, b=\mu\gamma, c=\gamma\lambda, \lambda>0, \mu>0, \gamma>0, (\lambda,\mu)=(\mu,\gamma)=(\lambda,\gamma)=1$，求证 $\phi(a,b,c)=2\lambda\mu\gamma-\lambda\mu-\mu\gamma-\gamma\lambda+1$.

3.6 求证 $\phi(12,13,28)=84$.

3.7 设方阵 $A=\begin{pmatrix} X & \bar{Y} \\ Z & W \end{pmatrix}$，其中 X,W 均为不可约方阵且 $Y\neq 0, Z\neq 0$，证明 A 是不可约的.

3.8 设方阵 $A=\begin{pmatrix} X & Y \\ Z & O \end{pmatrix}$的任一行和任一列均非零向量，其中 X 为不可约方阵，证明 A 为不可约.

3.9 设 A 为 n 阶不可约非负矩阵，$n\geqslant 2$. 证明：存在 A 的某个幂次 A^k，使 A^k 的对角线元素全非零.

3.10 设 $m\times n$ 阶非负矩阵 X 和 $n\times m$ 阶非负矩阵 Y 均元任一行或任一列元素全为零. 若 XY 不可约，则 YX 也不可约.

3.11 证明推论 3.3.4.

3.12 证明：非负矩阵 A 为本原矩阵的充要条件是 A 的任意幂次均为不可约.

3.13 证明图 3.4.2 的 D_2，有 $\gamma(D_2)=(n-1)^2$.

3.14 设 n 阶非负矩阵 A 和 B 均无零行和零列. 证明：AB 为本原阵的充要条件是 BA 为本原阵，且当它们为本原阵时有 $|\gamma(AB)-\gamma(BA)|\leqslant 1$.

3.15 设 n 阶本原矩阵 A 的对角线元素全非零，证明 $\gamma(A)\leqslant n-1$. 并构造一个这样的矩阵 A_0，使 $\gamma(A_0)=n-1$.

3.16 设 A 为 n 阶对称本原阵，证明 $\gamma(A)\leqslant 2n-2$.

3.17 证明推论 3.5.8.

3.18 若 n 阶布尔矩阵 $X=\left(\begin{array}{c|c} B & 0 \\ \alpha & a \end{array}\right)$，其中 B 为 $n-1$ 阶布尔方阵. 求证

(1) 当 $a=0$ 时，$X^{k+1}=\left(\begin{array}{c|c} B^{k+1} & 0 \\ \hline \alpha B^k & 0 \end{array}\right)$，

(2) 当 $a=1$ 时，$X^{k+1}=\left(\begin{array}{c|c} B^{k+1} & 0 \\ \hline \alpha(I+B+\cdots+B^k) & 1 \end{array}\right)$.

3.19 证明推论3.6.2.

3.20 设D是n阶本原有向图$V(D)=\{1,2,\cdots n\}$使得$\exp_D(1)\leqslant\exp_D(2)\leqslant\cdots\leqslant\exp_D(n)$.证明

(1) $F(D,1)=\exp_D(n)=\gamma(D)$且$f(D,1)=\exp_D(1)$.

(2) $f(n,n)=0,f(n,1)=\exp(n,1)$且$F(n,1)=\exp(n)$.

3.21 设$\frac{1}{n}\binom{n}{x}>\binom{k-1}{x}$,求证$F(n,k)\geqslant f(n,x)$.

3.22 设$x\geqslant k-1$,且$k\neq n,x\neq n-1$,求证$F(n,k)\geqslant f(n,x)$.

3.23 证明$F(n,k)\leqslant\exp(n,n-k+1)$,从而证明$F(n,k)\leqslant n^2-2n-k+3$.

3.24 设C_s是n阶本原有向图D的一个最短圈,其长为s.若C_s中顶点的最大出度为γ,证明$\exp_D(1)\leqslant s(n-r)+1$.

3.25 用引理3.7.9及习题3.24的结论证明对n阶本原图D,$\exp_D(k)=n^2-3n+k+2$.

3.26 图D本原是$\exp_D(k)$,$F(D,k)$,$f(D,k)$存在(有限)的必要条件吗?试举出一个非本原图D,它存在$\exp_D(k)$.

又举出一个非本原图,它存在$F(D,k)$,$f(D,k)$.

3.27 设$A\in P_n$且A是对称阵,求证$f_n^*(A)\leqslant n$.

3.28 设$A\in P_n$且A是对称阵,求证$\max\{h(A)\}=2,n>2$.

3.29 求证:对任一个n阶不可约布尔矩阵A,$e_w(A)\leqslant 2$.

3.30 设A是n阶不可约布尔矩阵,$D(A)$的最长圈长l,求证$f_w(A)\leqslant l$.

3.31 $m\times n(0,1)$矩阵A的布尔秩(Boolean rank)$b(A)$是最小的整数k,使得存在一个$m\times k$的$(0,1)$阵X和$k\times n$的$(0,1)$阵Y,有$A=XY$.对一个n阶($n\geqslant 2$)本原布尔阵A,设它的布尔秩为b,求证:A的本原指数可估值为

$$\exp(A)\leqslant(b-1)^2+2.$$

3.32 设D是一个$n+k$阶的强连通有向图,它包含一个n阶的本原有向子图H,证明.D是本原的,且$\exp(D)\leqslant\exp(H)+2k$.

3.33 $A\in P_n$,若$D(A)$的最短圈的长$s\leqslant d$,这里d是$D(A)$的直径,求证A的本原指数$\gamma(A)\leqslant dn$.

3.34 $A\in P_n$,$D(A)$的直径为d,求证$\gamma(A)\leqslant d(d+1)$.

3.35 证明定理3.9.4.

3.36 证明推论3.9.6.

参 考 文 献

[1] 柯召.关于方程$ax+by+cz=n$.四川大学学报(自然科学版),1955,1:1～4

[2] M. Lewin. A bound for a solution of a linear diophantine problem. J. London Math. Soc. Ⅱ, Ser.(2),1972,6:61～69

[3] A. Bruaer and B. M. Sefibinder. On a problem of partitions Ⅱ. Amer. J. Math., 1954, 76: 343～346

[4] J. B. Roberts. Notes on linear forms. proc. Amer. Math. Soc., 1956, 7: 456～469

[5] M. Lewin. On a diophantine problem of Frobenius. Bull London Math. Soc., 1973, 5: 75～78

[6] P. Erdös and R. L. Graham. On a linear Diophantine problem of Frobenius. Acta Arith, 1972, 21: 399～408

[7] E. S. Selmer. On the linear Diophantine problem of Frobenius. J. Reine Angew. Math., 1977, 293/294: 1～17

[8] Y. Vitek. Bounds for a linear Diophantine problem of Frobenius. J. London Math. Soc., 1975, 10: 79～85

[9] Jian Shen. Some estimated formulas for the Frobenius numbers. Linear Algebra Appl., 1996, 244: 13～20

[10] M. Beck and S. Zacks. Refined upper bounds for the linear Diophantine problem of Frobenius. Advaces in Applied Math., 2004, 32: 454～467

[11] J. L. Davison. On the linear Diophantine problem of Frobenius. J. Number Theory, 1994, 48 (3): 353～363

[12] Shao Jiayu. Matrices permutation equivalent to primitive matrice. Linear Algebra Appl., 1985, 65: 225～247

[13] J. W. Moon and L. Moser. Almost all (0, 1)-matrices are primitive. Studia Scient. Math. Hung, 1966, 1: 153～156

[14] A. L. Dulmage and N. S. Mendelsohn. Graphs and matrices. Graph Theory and Theoretical Physics, edited by F. Harary, Academic Press, 1967: 167～277

[15] H. Wielandt. Unzenlegbare, nicht negative matrizen. Math. Z., 1950, 52: 642～648

[16] J. G. Holladay and R. S. Varga. On powers of nonnegative matrices. Proc, Amer, Math. Soc., 1958, 9: 631～634

[17] J. W. Moon and N. J. Pullman. On the power of tournarment matrices. J. Comb. Theory, 1967, 3: 1～9

[18] S. Schwarz. The semigroup of fully indecomposable relations and Hall relations. Czech. Math. J., 1973, 23(98): 151～163

[19] M. Lewin. Bounds for exponents of doudly stochastic primitive matrices. Math. Z., 1974, 137: 21～30

[20] K. H. Kim-Butler and J. R. Krabill. Circulant Boolean relation matrices. Czech. Math. J., 1974, 24

[21] R. A. Brualdi and J. A. Ross. On the exponent of a primitive nearly reducible matrix. Math Oper. Res., 1980, 5: 229～241

[22] S. A. Ross. On the exponent of a primitive, nearly reducible matrix Ⅱ. SIAM J. Alg. Disc.

Math. ,1982,3:359～410

[23] 邵嘉裕.对称本原矩阵的指数集.中国科学(A),1986,9:931～939

[24] Bolian Liu, B. D. Mckay, N. Wormald and Zhang Kemin. The exponent set of symmetric primitive (0,1)-matrices with zero trace. Linear Algebra Appl. ,1990,136:107～117

[25] M. Lewin and Y. Vitek. A system of gaps in the exponent set of primitive matrices. Illinois J. Math. ,1981,25(1):87～98

[26] Shao Jiayu. On a Conjecture about the exponent set of primitive matrices. Linear Algebra Appl. ,1985,65:91～123

[27] Zhang Kemin. On Lewin and Vitek's conjecture about exponent set of primitive matrices. Linear Algebra Appl. ,1987,96:101～108

[28] 郭忠.含正对角元的本原矩阵的本原指标集.数学学报,1988,31(2):283～288

[29] 柳柏濂.关于本原矩阵的本原指数集的分布.数学学报,1989,32(6):803～809

[30] 潘群.几乎可分方阵类的本原指数集.高校应用数学学报,1991,6(3):401～405

[31] 邵嘉裕,胡志库.极小强连通本原有向图的本原指数集.高校应用数学学报,1991,6(1):118～130

[32] 柳柏濂,邵嘉裕.本原极矩阵集合的完全刻画.中国科学(A),1991,1:5～14

[33] Bo Zhou and Bolian Liu. Matrices with maximum exponets in the class of doubly stochastic primitive matrices. Discrete Applied Math. ,1999,91:53～66

[34] Huang Deode. On circulant Boolean matrices. Linear Algebra Appl. ,1990,136:107～117

[35] 左光纪.含正元个数最少的本原矩阵.应用数学,1992,5(3):31～37

[36] 王建中,张克民,魏福义,潘晋孝.对称本原矩阵的次大本原指数的刻画.南京大学数学半年刊,1994,2:193～197

[37] 苗正科,张克民.最小奇圈长为 r 的无向图的本原指数集.南京大学学报数学半年刊,1992,1:29～36

[38] Zhang Ke Min and Bu Yue Hua. On the exponent set of primitive locally semicomplete digraphs. Appl. Math. J. Chinese Univ. B,1997,12(3):267～286

[39] B. R. Heap and M. S. Lynn. The structure of powers of nonnegative matrices I, The index of convergence. SIAM J. Appl. Math. ,1966,14:610～639

[40] S. Schwarz. On a sharp estimate in the theory of binary relations on a finite set. Czech. Math. J. ,1970,20(95):703～714

[41] Shao Jiayu and Li Qiao. On the indices of convergence of irreducible Boolean matrices . Linear Algebra Appl. ,1987,97:185～210

[42] Shao Jiayu and Li Qiao. The index set for the class of irreducible Boolean matrices with given period. Lin. Multilin, Alg. ,1988,22:285～303

[43] 邵嘉裕.不可约与几乎可约布尔矩阵的幂敛指数.应用数学学报,1992,15(3):333～344

[44] 邵嘉裕.可约布尔矩阵的幂敛指数.数学学报,1991,33(1):13～28

[45] 吴小军,邵嘉裕.不可约布尔矩阵的幂敛指数集.同济大学学报,1991,19(3):333～340
[46] S. Schwarz. On the semigroup of binary relations on a finite set. Czech. Math. J.,1970,20(95):632～679
[47] Jiang Zhiming and Shao Jiayu. On the set of indices for reducible matrices. Linear Algebra Appl.,1991,148:265～278
[48] 柳柏濂,邵嘉裕.迹非零的布尔矩阵的幂敛指数.数学进展,1994,23(4):322～330
[49] 柳柏濂,李乔良.迹非零的布尔矩阵的幂敛指数的上确界.数学进展,1994,23(4):331～335
[50] 周波,柳柏濂.迹非零布尔矩阵幂敛指数的极阵刻画.数学进展,1996,25:540～547
[51] 柳柏濂,李乔良,周波.恰有 d 个对角元的布尔矩阵的幂敛指数集的分布.系统科学与数学,1998,18:154～158
[52] 柳柏濂,邵嘉裕,吴小军.双随机矩阵收敛指数的最好上界.数学学报,1995,38(4):433～441
[53] Shao Jiayu and Li Qiao. On the index of maximum density for irreducible Boolean matrices. Dics. Appl. Math.,1988,21:147～156
[54] 张克民,王鸿德,洪吉之.关于竞赛图的广义指数集.南京大学学报(数学半年刊),1987,4(2):9～14
[55] R. A. Brualdi and Bolian Liu. Generalized exponents of primitive directed graphs. J. Graph Theory,1990,14(4):183～241
[56] Bolian Liu and Li Qiaoling. On a conjecture about the generalized exponent of primitive matrices. J. Graph Theory,1994,18(2):177～179
[57] Bolian Liu, Bo Zhou. The kth upper multiexponeuts of primitive motrices. Graphs and Combinatorics,1998,14:155～162
[58] Shao Jiayu, Wu Xiaojun. Finitess conditions for generalized exponents of digraphs. chin. Ann of Math.,1998,198:453～464
[59] B. Liu, Z. Bo, Q. Li, J. Shen. Generalized index of Boolean matrices. ARS Combinatorics,2000,57:247～255
[60] Bolian Liu. Generalized exponents of Boolean matrices. Linear Algebra Appl.,2003,373:169～182
[61] C. Y. Chao. On a conjecture of the semigroup of fully indecomposable relations. Czech. Math. J.,1977,27:591～597
[62] C. Y. Chao and M. C. Zhang. On the semigroup of fully indecomposable relations, Czech, Math. J.,1983,33:314～319
[63] R. A. Brualdi and Bolian Liu. Fully indecomposable exponents of primitive matrices. Proceedings of MAS,1991,112(4):1193～1201
[64] 柳柏濂,李乔良.关于本原矩阵严格完全不可分解指数的一个猜想.中国科学(A),1995,

9:920～926

[65] Jian Shen, David Gregory, Stewart Neufeld. Exponents of indecomposability. Linear Algebra Appl., 1999, 288:229～241

[66] R.A. Brualdi and Bolian Liu. Hall exponents of Boolcan matrices. Czech. Math. J., 1990, 40 (115):659～670

[67] 周波,柳柏濂.关于本原矩阵严格 Hall 指数的一个猜想.科学通报,1996,41:2107

[68] Bolian Liu. Weak exponent of irreducible matrices.数学研究与评论,1994,14:35～41

[69] Jian Shen. Proof of a conjecture about the exponent of primitive matrices. Linear Algebra Appl., 1995, 216:185～203

[70] Jian Shen. A problem on the exponent of primitive digraphs. Linear Algebra Appl., 1996, 244:255～264

[71] C. Delorme and P. Solé. Diameter, covering index, covering radius and eigenvalues. Europ. J. Combinatorics, 1991, 12:93～108

[72] F.R.K. Chung. Diameters and eigenvalues. J. Am. Math. Soc., 1989, 2(2):187～196

[73] J.A. Rodriguez, J.L.A. Yebra. Bounding the diameter and the mean distance of a graph from its eigenvalues Laplace versus adjacency matrix methods. Discrete Math., 1999, 196:267～275

第4章 矩阵方法与矩阵分析

组合矩阵论的主要研究方向是把矩阵与众多的组合(包括图论)问题联系起来,既便于用矩阵方法解决组合理论中的问题,又可用组合的技巧探索矩阵理论的规律.这两方面的应用衍生出很多组合矩阵论的研究课题.在本章对某些专题的阐述中,我们可以看到组合矩阵论的广泛应用和研究前景。

4.1 常系数线性递归式求解的矩阵方法

我们考虑下列的常系数线性递归关系

$$\begin{cases} u_{n+k} = \alpha_1 u_{n+k-1} + \alpha_2 u_{n+k-2} + \cdots + \alpha_k u_n + b_n, & (4.1.1.1) \\ u_0 = c_0, u_1 = c_1, \cdots, u_{k-1} = c_{k-1}, & (4.1.1.2) \end{cases} \tag{4.1.1}$$

这里 α_i 和 c_j 是常数($i=1,2,\cdots,k, j=0,1,\cdots,k-1$)且$\langle b_n\rangle_{n\in\mathbf{N}}$是给定序列.

一般地,要解递归关系(4.1.1),我们先要求下列齐次关系的一般解$\langle \tilde{u}_m\rangle_{m\in\mathbf{N}}$:

$$u_{n+k} = \alpha_1 u_{n+k-1} + \alpha_2 u_{n+k-2} + \cdots + \alpha_k u_n. \tag{4.1.2}$$

然后求出(4.1.1)式满足初值条件一个特解$\langle u_m'\rangle_{m\in\mathbf{N}}$,便得(4.1.1)的通解$\langle \tilde{u}_m + u_m'\rangle_{m\in\mathbf{N}}$.

解(4.1.2)的第一步,一般的方法[4]是解对应的特征方程

$$\lambda^k - \alpha_1\lambda^{k-1} - \alpha_2\lambda^{k-2} - \cdots - \alpha_k = 0. \tag{4.1.3}$$

众所周知,当 $k\geqslant 3$ 时,求(4.1.3)的解 λ_i 是非常困难的.因此,特征方程法一般只适用于 $k=2$ 的情形下,(4.1.2)的求解.

近年来,出现了求解(4.1.2)的其它方法,如生成函数法[1],组合模型法[2]等.

这里,我们将介绍一种解递归式(4.1.2),(4.1.1)的矩阵方法[3].

构造一个矩阵 A,使得(4.1.3)是 A 的特征方程,我们将从 A^m 中,导出(4.1.1)的一般解.

设 A 是多项式(4.1.3)的友矩阵(companion matrix)

$$A=\begin{pmatrix}0 & 1 & 0 & \cdots & 0 & 0\\ 0 & 0 & 1 & \cdots & 0 & 0\\ \vdots & \vdots & \vdots & & \vdots & \vdots\\ 0 & 0 & 0 & \cdots & 0 & 1\\ \alpha_k & \alpha_{k-1} & \alpha_{k-2} & \cdots & \alpha_2 & \alpha_1\end{pmatrix},$$

则 A 的特征方程是(4.1.3). 由 Hamilton-Cayley 定理,

$$A^k-\alpha_1A^{k-1}-\alpha_2A^{k-2}-\cdots-\alpha_kI=0. \tag{4.1.4}$$

考虑下列 $k\times 1$ 矩阵

$$C=(c_0,c_1,\cdots,c_{k-1})^{\mathrm{T}},$$

$$B_j=(0,0,\cdots,0,b_j)^{\mathrm{T}},\quad j=0,1,\cdots.$$

令

$$A^mC+A^{m-1}B_0+A^{m-2}B_1+\cdots+A^{k-1}B_{m-k}=(a^{(m)},\cdots)^{\mathrm{T}}. \tag{4.1.5}$$

我们将证明:$\langle a^{(m)}\rangle_{m\in\mathbf{N}}$满足(4.1.1.1). 由方程(4.1.4)

$$A^mC=\sum_{i=1}^{k}\alpha_iA^{m-i}C,$$

$$A^{m-j-1}B_j=\sum_{i=1}^{k}\alpha_iA^{m-j-1-i}B_j,\quad j=0,1,2,\cdots.$$

因而

$$\begin{aligned}(a^{(n+k)},\cdots)^{\mathrm{T}}&=A^{n+k}C+A^{n+k-1}B_0+A^{n+k-2}B_1+\cdots+A^kB_{n-1}+A^{k-1}B_n\\ &=\sum_{i=1}^{k}\alpha_iA^{n+k-i}C+\sum_{i=1}^{k}\alpha_iA^{n+k-1-i}B_0+\cdots+\sum_{i=1}^{k}\alpha_iA^{k-i}B_{n-1}+A^{k-1}B_n\\ &=\alpha_1\Big(A^{n+k-1}C+\sum_{i=1}^{n}A^{n+k-1-i}B_{i-1}\Big)+\alpha_2\Big(A^{n+k-2}C+\sum_{i=1}^{n-1}A^{n+k-2-i}B_{i-1}\Big)\\ &\quad+\sum_{i=2}^{k}\alpha_iA^{k-i}B_{n-1}+\alpha_3\Big(A^{n+k-3}C+\sum_{i=1}^{n-2}A^{n+k-3-i}B_{i-1}\Big)\\ &\quad+\sum_{i=3}^{k}\alpha_iA^{k+1-i}B_{n-2}+\cdots+\alpha_k\Big(A^nC+\sum_{i=1}^{n-k+1}A^{n-i}B_{i-1}\Big)\\ &\quad+\alpha_kA^{k-2}B_{n-k+1}+A^{k-1}B_n.\end{aligned} \tag{4.1.6}$$

因为

$$A^i=\begin{pmatrix}0 & \cdots & 0 & 1 & 0 & \cdots & 0\\ & \vdots & & & & \vdots & \end{pmatrix},\quad i=0,1,2,\cdots,k-1,$$

$$A^iB_j=(0,\cdots)^{\mathrm{T}},\quad 0\leqslant i\leqslant k-2,$$

且

$$A^{k-1}B_n=(b_n,\cdots)^{\mathrm{T}},$$

故由(4.1.6),有

$$\begin{aligned}(a^{(n+k)},\cdots)^{\mathrm{T}}=&\alpha_1(a^{(n+k-1)},\cdots)^{\mathrm{T}}+\alpha_2(a^{(n+k-2)},\cdots)^{\mathrm{T}}+(0,\cdots)^{\mathrm{T}}\\&+\alpha_3(a^{(n+k-3)},\cdots)^{\mathrm{T}}+(0,\cdots)^{\mathrm{T}}\\&\cdots\cdots\\&+\alpha_k(a^{(n)},\cdots)^{\mathrm{T}}+(0,\cdots)^{\mathrm{T}}+(b_n,\cdots)^{\mathrm{T}}.\end{aligned}$$

于是 $a^{(n+k)}=\alpha_1a^{(n+k-1)}+\alpha_2a^{(n+k-2)}+\cdots+\alpha_ka^{(n)}+b_n$ 且(4.1.1.1)被满足.

由(4.1.5)

$$\begin{aligned}(a^{(0)},\cdots)^{\mathrm{T}}&=A^0C=(c_0,\cdots)^{\mathrm{T}}\\(a^{(1)},\cdots)^{\mathrm{T}}&=AC=(c_1,\cdots)^{\mathrm{T}}\\&\cdots\\(a^{(k-1)},\cdots)^{\mathrm{T}}&=A^{k-1}C=(c_{k-1},\cdots)^{\mathrm{T}},\end{aligned}$$

这就是 $a^{(i)}=c_i,i=0,1,2,\cdots,k-1$ 并且(4.1.1.2)也成立. 于是

$$\langle U_m\rangle_{m\in\mathbf{N}}=\langle a^{(m)}\rangle_{m\in\mathbf{N}}\tag{4.1.7}$$

是递归式(4.1.1)的一个解.

下面,我们将求 $a^{(m)}$ 的组合表达式. 由公式(4.1.5)有

$$\begin{aligned}a^{(m)}=&c_0a_{11}^{(m)}+c_1a_{12}^{(m)}+c_2a_{13}^{(m)}+\cdots+c_{k-1}a_{1k}^{(m)}+b_0a_{1k}^{(m-1)}+b_1a_{1k}^{(m-2)}\\&+\cdots+b_{m-k}a_{1k}^{k-1}.\end{aligned}\tag{4.1.8}$$

我们画出 A 的带权 $\alpha_1,\alpha_2,\cdots,\alpha_k$ 的伴随有向图 D(在图 D 中,无标记权的弧表示权为 1).

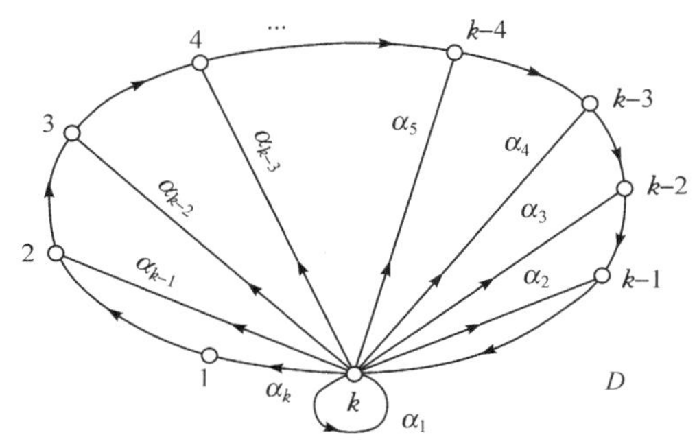

图 4.1.1

图 D 的定义如下:若 $A=(a_{ij})$,则 D 是一个有向图,从点 i 到 j 有一条带权 α_{ij} 的弧 (i,j) 当且仅当 $a_{ij}\neq 0(i,j=1,2,\cdots,n)$. 在 D 中,一条途径的权被定义为这条途径中所有弧的权的积. $A_{ij}^{(m)}$ 表从 i 到 j 的长为 m 的所有途径的权的和. 我们有如下引理.

引理 4.1.1　$a_{1j}^{(m)}=a_{jj}^{(m+1-j)}$.

证　考察从 1 到 j 的长为 m 的所有途径的权的和 $(j=1,2,\cdots,k)$. 对于 $1\leqslant m\leqslant k-1$,

$$a_{1j}^{(m)}=\begin{cases}1, & 若\ m=j-1,\\ 0, & 其余.\end{cases}$$

显然,

$$a_{jj}^{(m+1-j)}=\begin{cases}1, & 若\ m=j-1,\\ 0, & 若\ j\leqslant m\leqslant k-1.\end{cases}$$

现在,设 $m>k-1$. 从 1 到 j 的长为 m 的途径必是下列形式

$$1\to 2\to\cdots\to j\to\cdots\to k\to\cdots\to j.$$

排除了从 1 到 j 的路. 我们看到:上述途径是与从 j 到 j 的长为 $m-j+1$ 的途径一一对应的.

因为路 $1\to 2\to 3\to\cdots\to j$ 的权是 1,我们有

$$a_{1j}^{(m)}=a_{jj}^{(m+1-j)}.$$

证毕.

引理 4.1.2　$a_{jj}^{(m)}=\sum\limits_{i=1}^{j}\alpha_{k-i+1}f^{(m-k+i-1)}$, $j=1,2,\cdots,k-1,k$, 这里, $f^{(t)}=0(t<0)$, $f^{(0)}=1$. 且

$$f^{(m)}=\sum_{\substack{s_1+2s_2+\cdots+ks_k=m\\ s_i\geqslant 0(i=1,2,\cdots,k)}}\binom{s_1+s_2+\cdots+s_k}{s_1,s_2,\cdots,s_k}\alpha_1^{s_1}\alpha_2^{s_2}\cdots\alpha_k^{s_k}.$$

证　由有向图 D,易见,由点 k 到 k 有下列 k 类闭途径

记号	途径	长	权
C_1	$k\to k$	1	α_1
C_2	$k\to(k-1)\to k$	2	α_2
C_3	$k\to(k-2)\to(k-1)\to k$	3	α_3
⋮	⋮	⋮	⋮
C_k	$k\to 1\to 2\to\cdots\to k$	k	α_k

于是,从 k 到 k 的任何长为 m 的途径必包含 s_1 个 C_1,s_2 个 C_2,$\cdots$,s_k 个 C_k.

从点 j 到 j 长为 m 的途径,$1\leqslant j\leqslant k-1$,有下列 j 种形式之一.

形式(1) $\underbrace{j\to\cdots\to k}_{\text{路}}\to\cdots\to \underbrace{k\to 1\to 2\to\cdots\to j}_{\text{路}}$

这里 $k\to\cdots\to k$ 表示经过多个途径.

形式(2) $j\to\cdots\to k\to\cdots\to k\to 2\to 3\to\cdots\to j$

形式(3) $j\to\cdots\to k\to\cdots\to k\to 3\to 4\to\cdots\to j$

⋮

形式(j) $j\to\cdots\to k\to\cdots\to k\to j$

显然,形式(i),$i=1,2,\cdots j$ 的前部分的路与后部分的路合成一个圈 C_{k-i+1},也就是,存在一个长为 $k-i+1$ 的圈.于是,对于固定的 $i(1\leqslant i\leqslant j)$

$$a_{jj}^{(m)}=\sum_{i=1}^{j}\sum_{\substack{s_1+2s_2+\cdots+ks_k=m\\ s_t\geqslant 0,\,t\neq k-i+1\\ s_t\geqslant 1,\,t=k-i+1}}\begin{bmatrix}s_1+s_2+\cdots+(s_{k-i+1}-1)+\cdots+s_k\\ s_1,s_2,\cdots,(s_{k-i+1}-1),\cdots,s_k\end{bmatrix}\alpha_1^{s_1}\alpha_2^{s_2}\cdots\alpha_k^{s_k}$$

$$=\sum_{i=1}^{j}\alpha_{k-i+1}\sum_{\substack{s_1+2s_2+\cdots+ks_k=m-k+i-1\\ s_t\geqslant 0\ (t=1,\cdots,k)}}\binom{s_1+s_2+\cdots+s_k}{s_1,s_2,\cdots,s_k}\alpha_1^{s_1}\alpha_2^{s_2}\cdots\alpha_k^{s_k},1\leqslant j\leqslant k.$$

为了方便叙述,设

$$\begin{aligned}f^{(m)}&=f^{(m)}(\alpha_1,\alpha_2,\cdots,\alpha_k)\\&=\sum_{\substack{s_1+2s_2+\cdots+ks_k=m\\ s_t\geqslant 0\ (t=1,\cdots,k)}}\binom{s_1+s_2+\cdots+s_k}{s_1,s_2,\cdots,s_k}\alpha_1^{s_1}\alpha_2^{s_2}\cdots\alpha_k^{s_k}.\end{aligned}$$

于是

$$a_{jj}^{(m)}=\sum_{i=1a}^{j}\alpha_{k-i+1}f^{(m-k+i-1)},1\leqslant j\leqslant k.$$

证毕.

引理 4.1.3 $f^{(m)}=a_{kk}^{(m)}=\sum_{i=1}^{k}\alpha_{k-i+1}f^{(m-k+i-1)}$.

证 由上述分析

$$a_{kk}^{(m)}=\sum_{\substack{s_1+2s_2+\cdots+ks_k=m\\ s_t\geqslant 0\ (t=1,\cdots,k)}}\binom{s_1+s_2+\cdots+s_k}{s_1,s_2,\cdots,s_k}\alpha_1^{s_1}\alpha_2^{s_2}\cdots\alpha_k^{s_k}=f^{(m)}.$$

由引理 4.1.2

$$a_{kk}^{(m)} = \sum_{i=1}^{k} \alpha_{k-i+1} f^{(m-k+i-1)}.$$

于是

$$f^{(m)} = a_{kk}^{(m)} = \sum_{i=1}^{k} \alpha_{k-i+1} f^{(m-k+i-1)}.$$

证毕.

定理 4.1.4(柳柏濂[3])　递归式(4.1.1)的解是

$$u_m = \sum_{j=1}^{k} c_{j-1} \sum_{i=1}^{j} \alpha_{k-i+1} f^{(m-k-j+i)} + \sum_{j=1}^{m-k+1} b_{j-1} f^{(m+1-k-j)}, \tag{4.1.9}$$

$$u_m = \sum_{j=1}^{k} c_{j-1} \sum_{i=1}^{j} \alpha_{k-i+1} \sum_{\substack{s_1+2s_2+\cdots+ks_k = m-k+i-j \\ s_t \geqslant 0\ (t=1,\cdots,k)}} \binom{s_1+s_2+\cdots+s_k}{s_1, s_2, \cdots, s_k} \cdot \alpha_1^{s_1}\alpha_2^{s_2}\cdots\alpha_k^{s_k}$$

$$+ \sum_{j=1}^{m-k+1} b_{j-1} \sum_{\substack{s_1+2s_2+\cdots+ks_k = m-k-j+1 \\ s_t \geqslant 0\ (t=1,\cdots,k)}} \binom{s_1+s_2+\cdots+s_k}{s_1, s_2, \cdots, s_k} \alpha_1^{s_1}\alpha_2^{s_2}\cdots\alpha_k^{s_k}.$$

证　由(4.1.7)和(4.1.8)

$$\begin{aligned} u_m &= a^{(m)} = \sum_{j=1}^{k} c_{j-1} a_{1j}^{(m)} + \sum_{j=1}^{m-k+1} b_{j-1} a_{1k}^{(m-j)} \\ &= \sum_{j=1}^{k} c_{j-1} a_{jj}^{(m+1-j)} + \sum_{j=1}^{m-k+1} b_{j-1} a_{kk}^{(m-k+1-j)} \qquad \text{(见引理 4.1.1)} \\ &= \sum_{j=1}^{k} c_{j-1} \sum_{i=1}^{j} \alpha_{k-i+1} f^{(m-j-k+i)} + \sum_{j=1}^{m-k+1} b_{j-1} f^{(m-k+1-j)}. \end{aligned}$$

(见引理 4.1.2 和 4.1.3).

证毕.

推论 4.1.5

$$u_m = c_{k-1} f^{(m-k+1)} + \sum_{j=1}^{k-1} c_{j-1} \sum_{i=1}^{j} \alpha_{k-i+1} f^{(m-k-j+i)} + \sum_{j=1}^{m-k+1} b_{j-1} f^{(m+1-k-j)}.$$

证　由引理 4.1.3 和公式(4.1.9)可得

推论 4.1.6　递归关系

$$\begin{cases} u_{n+k} = \alpha u_{n+r} + \beta u_n + b_n, \\ u_0 = c_0, u_1 = c_1, \cdots, u_{k-1} = c_{k-1} \quad (1 \leqslant r \leqslant k-1) \end{cases} \tag{4.1.10}$$

有解

$$u_m = \sum_{j=0}^{r-1} c_j \beta f^{(m-k-j)} + \sum_{j=r}^{k-1} c_j f^{(m-j)} + \sum_{j=1}^{m-k+1} b_{j-1} f^{(m+1-k-j)},$$

这里

$$f^{(m)}=\sum_{\substack{kx+(k-r)y=m\\x,y\geqslant 0}}\binom{x+y}{y}\beta^x\alpha^y,\quad m\geqslant 0.$$

证 在(4.1.1)中令 $\alpha_k=\beta,\alpha_{k-r}=\alpha$,且其余 $\alpha_i=0$. 由(4.1.9)

$$\begin{aligned}u_m&=\sum_{j=1}^{r}c_{j-1}\beta f^{(m-k-j+1)}+\sum_{j=r+1}c_{j-1}(\beta f^{(m-k-j+1)}+\alpha f^{(m-k-j+r+1)})\\&\quad+\sum_{j=1}^{m-k+1}b_{j-1}f^{(m+1-k-j)}\\&=\sum_{j=1}^{r}c_{j-1}\beta f^{(m-k-j+1)}+\sum_{j=r+1}^{k}c_{j-1}f^{(m-j+1)}+\sum_{j=1}^{m-k+1}b_{j-1}f^{(m+1-k-j)}\\&\qquad\qquad\qquad\qquad\qquad\qquad\qquad\qquad(\text{见引理 }4.1.3)\\&=\sum_{j=0}^{r-1}c_j\beta f^{(m-k-j)}+\sum_{j=r}^{k-1}c_jf^{(m-j)}+\sum_{j=1}^{m-k+1}b_{j-1}f^{(m+1-k-j)},\end{aligned}$$

这里

$$f^{(m)}=\sum_{\substack{kx+(k-r)y=m\\x,y\geqslant 0}}\binom{x+y}{y}\beta^x\alpha^y.$$

证毕.

在(4.1.10)式中,当 $b_n=0$ 时,变成

$$\begin{cases}u_{n+k}=\alpha u_{n+r}+\beta u_n\\u_0=c_0,u_1=c_1,\cdots,u_{k-1}=c_{k-1}\end{cases}\quad(1\leqslant r\leqslant k-1).$$

推论 4.1.6 的结果与文献[4]中的结果一致.

当 $b_n=0,\alpha=\beta=1,r=1,k=2$ 且 $c_0=c_1=1$,

$$\begin{aligned}u_m&=c_0f^{(m-2)}+c_1f^{(m-1)}=f^{(m-2)}+f^{(m-1)}\\&=f^{(m)}=\sum_{\substack{2x+y=m\\x,y\geqslant 0}}\binom{x+y}{y}=\sum_{k=0}^{[m/2]}\binom{m-k}{k}.\end{aligned}$$

这便是 Fibonacci 数列的组合表达式.

下面举一例以说明本节公式的运用.

例 解下列递归式

$$F_{n+5}=2F_{n+4}+3F_n+(2n-1),$$
$$F_0=1,\quad F_1=0,\quad F_2=1,\quad F_3=2,\quad F_4=3.$$

解

$$k=5,\quad r=4,\quad \alpha=2,\quad \beta=3,\quad b_n=2n-1,$$

$$c_0=1,\quad c_1=0,\quad c_2=1,\quad c_3=2,\quad c_4=3.$$

由式(4.1.10),易得

$$\begin{aligned}F_n &= 3\sum_{x=0}^{[(n-5)/5]}\binom{n-4x-5}{x}3^x2^{n-5x-5}+3\sum_{x=0}^{[(n-7)/5]}\binom{n-4x-7}{x}3^x2^{n-5x-7}\\&\quad+6\sum_{x=0}^{[(n-8)/5]}\binom{n-4x-8}{x}3^x2^{n-5x-8}+3\sum_{x=0}^{[(n-4)/5]}\binom{n-4x-4}{x}3^x2^{n-5x-4}\\&\quad+\sum_{j=1}^{n-4}(2j-3)\sum_{x=0}^{[(n-4-j)/5]}\binom{n-4x-4-j}{x}3^x2^{n-5x-4-j}.\end{aligned}$$

4.2 图的二部分解

图的分解是图论中的重要而困难的问题.这里,图的模型并不能发挥直观的优势,而线性代数的矩阵方法,从整体上考虑问题,提供了一个解决问题的途径.

我们先看图的分解的一个著名问题:完全图的二部分解.

考察完全图 K_n,记它的顶点集 $V=\{1,2,\cdots,n\}$,注意到它的任意一对不同顶点 i 和 j 都有边 $\{i,j\}$(无序偶). K_n 的邻接矩阵是 J_n-I_n. 图 G 称为二部的,如果 G 的顶点集可分划成两个子集 V_1 和 V_2,使得 G 的每一边的一个顶点属于 V_1 而另一个顶点属于 V_2. 若对所有的 $i\in V_1$ 和 $j\in V_2$, $\{i,j\}$ 都是边,则 G 称为完全二部图. 若 $|V_1|=a$, $|V_2|=b$,则每个完全二部图记为 $K_{a,b}$.

考虑 K_n 的子图 $G_1,G_2,\cdots,G_r$. 设 G_i 都是完全二部图, $i=1,2,\cdots,r$. 它们的顶点集都是 $\{1,\cdots,n\}$ 的子集. 如果 K_n 的每一边恰是 $G_1,\cdots,G_r$ 中某一个的边,则称 $\{G_1,\cdots,G_r\}$ 是 K_n 的一个二部分解.

我们不难得到 K_n 的一个二部分解 $\{G_1,\cdots,G_r\}$:令 G_i 有顶点集 $\{i,\cdots,n\}$ 和边集 $\{\{i,i+1\},\{i,i+2\},\cdots,\{i,n\}\}$,则 G_i 是一个完全二部图 $K_{1,n-i}$,而且 $\{K_{1,n-1},K_{1,n-2},\cdots,K_{1,2},K_{1,1}\}$ 是 K_n 的一个二部分解.

显然, K_n 的二部分解不一定是唯一的,那么,在一个二部分解中,子图个数 r 的最小值是多少呢?

1971 年,Graham 和 Pollak 给出了这个问题的回答.

定理 4.2.1(Graham, Pollak[5]) 使完全图 K_n 具有一个二部分解 $\{G_1,\cdots,G_r\}$ 的最小整数 r 等于 $n-1$.

Graham 和 Pollak 用矩阵论的方法给出了上述定理的原始证明以后,1982 年,Tverberg[6]利用 Cauchy-Schwarz 不等式给出了另一个证明. 1984 年,Peck[7]用矩阵技巧给出了一个更简短的证明.

下面,我们证明一个比定理 4.2.1 更一般的定理.

定理 4.2.2(Grabam, Pollak[8]) 设 G 是一个 n 阶多重图(两点之间的边可以多于 1 条),$G_1,G_2,\cdots,G_r$ 是 G 的一个完全二部图的分解.记 $A=(a_{ij})(i,j=1,2,\cdots,n)$ 是 G 的邻接矩阵且 n_+,n_- 分别是 A 的正特征根个数,负特征根个数,则 $r\geqslant\max\{n_+,n_-\}$.

证 G 的顶点集是 $V=\{a_1,a_2,\cdots,a_n\}$. G 的一个完全二部子图可以从 V 取定两个非空子集 X 和 Y 得到,其中对任一 $x\in X,y\in Y,\{x,y\}$是 G 的一边.集族$\{X,Y\}$是该子图顶点集的二划分.因 G 不含有环,集 X 和 Y 不交.在 G 的二部分解中,用$\{X_i,Y_i\}$表示完全二部图 $G_i(i=1,2,\cdots,r)$.

设 $z_1,z_2,\cdots,z_n$ 是 n 个未定元,$Z=(z_1,z_2,\cdots,z_n)^{\mathrm{T}}$.我们考察下列方程

$$q(z)=Z^{\mathrm{T}}AZ=2\sum_{1\leqslant i<j\leqslant n}a_{ij}z_iz_j.$$

对应 G 分解中的每一个二部图 G_i,有方程

$$q_i(z)=q_i(z_1,z_2,\cdots,z_n)=\Big(\sum_{\{k:a_k\in X_i\}}z_k\Big)\cdot\Big(\sum_{\{l_1:a_l\in Y_i\}}z_l\Big).$$

因 $G_1,G_2,\cdots,G_r$ 是 G 的一个分解,我们有

$$q(z)=Z^{\mathrm{T}}AZ=2\sum_{i=1}^{r}q_i(z).\tag{4.2.1}$$

依据一个简单的代数等式

$$ab=\frac{1}{4}((a+b)^2-(a-b)^2),$$

由(4.2.1)可得

$$q(z)=Z^{\mathrm{T}}AZ=\frac{1}{2}\Big(\sum_{i=1}^{r}l_i'(z)^2-\sum_{i=1}^{r}l_i''(z)^2\Big),$$

这里,$l_i'(z)$和 $l_i''(z)$是 $z_1,z_2,\cdots,z_n$ 的线性表达式.又,线性式 $l_1'(z),l_2'(z),\cdots,l_r'(z)$在实 n 维空间的一个至少 $n-r$ 维的子空间 W 上为零.因此,$q(z)$在 W 上是半负定的.

设 E^+是 A 中对应于正特征根的特征向量所生成的 n_+ 维线性空间,则 $q(z)$在 E^+是正定的.这便得到

$$(n-r)+n_+=\dim W+\dim E^+\leqslant n,$$

这里 $\dim S$ 表示空间 S 的维数,于是 $r\geqslant n_+$.类似的方法,可以得到 $r\geqslant n_-$.证毕.

1991 年,Alon, Brualdi 和 Shader[9]扩充定理 4.2.1,证明了图 G 二部分解的另一个有趣性质.我们引进图 G 的一种边染色. G 的一个子图称为多重染色,

如果此子图无两边有相同颜色. 图 G 的一个二部分解对应于一种边染色. 在这种染色中,两边有同一种色当且仅当它们属于分解中的同一个二部图. 我们叙述而不证明下述定理.

定理 4.2.3(Alon, Brualidi, Shaler[9])　设 G 是一个 n 阶图,它的邻接矩阵有 n_+ 个正特征根和 n_- 个负特征根,则在 G 的任一个二部分解中,有一个带至少 $\max\{n_+, n_-\}$ 条边的多重染色林,在 K_n 的任一个二部分解中,有一个多重染色树.

对于 n 阶完全图 K_n,邻接矩阵 $J-I$ 有 $n-1$ 个负特征根. 因此,定理 4.2.1 可以作为定理 4.2.2 的推论而导出.

若 n 是偶数,完全图 K_n 可以被分解为 $n-1$ 个完全二部子图,它们每个同构于 $K_{1,n/2}$. 若 n 是奇数,K_n 不存在 $n-1$ 个子图的二部分解,它的每个子图都同构于完全二部图 $K_{1,m}$,这里 m 是任一个正整数. 1989 年, de Caen 和 Hoffman[10]进一步证明了:对于任意的整数 $r, s \geqslant 2$,完全图 K_n 不存在这样的二部分解,使每一个子图同构于完全二部图 $K_{r,s}$.

从完全图的二部分解,很自然推广到完全二部图的分解问题. 设 $K_{n,n}^*$ 是一个 $2n$ 阶的二部图,它是从完全二部图 $K_{n,n}$ 中删去一个完全边匹配(1 因子)所得. 我们把 $K_{n,n}^*$ 顶点二分划中各含 n 个点的子集,分别记为 $X=\{1,2,\cdots,n\}$ 和 $Y=\{1,2,\cdots,n\}$. 作一个 n 阶(0,1)矩阵 $A=(a_{ij})$, $a_{ij}=1$ 当且仅当 $i\in X, j\in Y$ 有线相连,A 称为 $K_{n,n}^*$ 的导出邻接矩阵. 易知,A 置换相似于 J_n-I_n. 不难验证,图 $K_{n,n}^*$ 可以被分解为 n 个完全二部子图,每个子图同构于 $K_{1,n-1}$. 下列定理指出了 $K_{n,n}^*$ 二部分解子图个数的最小值.

定理 4.2.4(Gaen, Gregory[11])　设 $n\geqslant 2$, $2n$ 阶二部图 $K_{n,n}^*$ 有一个分解 $G_1, G_2, \cdots, G_r$,其中 G_i 是完全二部子图,$i=1,2,\cdots,r$,则 $r\geqslant n$. 如果 $r=n$,则存在正整数 p 和 q,使得 $pq=n-1$ 且每一个 G_i 同构于 $K_{p,q}$.

证　设 $\{X, Y\}$ 是 $K_{n,n}^*$ 的二部分分划. $X=\{x_1, x_2, \cdots, x_n\}$, $Y=\{y_1, y_2, \cdots, y_n\}$. 每个二部子图 G_i 有一个二部分划 $\{X_i, Y_i\}$. 令 G_i' 是 $K_{n,n}^*$ 的生成子图,它和 G_i 有相同的边集. 又令 A_i 是 G_i' 的导出邻接矩阵($i=1,2,\cdots,r$). 由定理的条件有

$$J-I=A_1+A_2+\cdots+A_r. \tag{4.2.2}$$

记 $\hat{X}_i$ 是 $n\times 1$ 的(0,1)矩阵,它的第 k 个分量等于 1 当且仅当 $x_k\in X_i$ ($k=1,2,\cdots,n$). $\hat{Y}_i$ 是 $1\times n$ 的(0,1)矩阵,它的第 k 个分量是 1 当且仅当 $y_k\in Y_i$ ($k=$

$1,2,\cdots,n$).

我们有 $A_i=\hat{X}_i\hat{Y}_i, i=1,2,\cdots,r$. 又定义一个 $n\times r(0,1)$矩阵

$$\hat{X}=(\hat{X}_1\ \hat{X}_2\cdots\hat{X}_r),$$

及一个 $r\times n$ (0,1)矩阵

$$\hat{Y}=\begin{pmatrix}\hat{Y}_1\\ \hat{Y}_2\\ \vdots\\ \hat{Y}_r\end{pmatrix}.$$

由(4.2.2)

$$J-I=\hat{X}\hat{Y}. \tag{4.2.3}$$

由(4.2.3)可知, $K_{n,n}^{*}$分解为 r 个完全二部子图等价于矩阵 $J-I$ 分解为两个规格分别是 $n\times r$ 和 $r\times n$ 的(0,1)矩阵. 矩阵 $J-I$ 的秩等于 n, 而$\hat{X}$和$\hat{Y}$的秩不超过 r. 因而, 由(4.2.3), 得

$$n=\operatorname{rank}(J-I)\leqslant r.$$

如果 $r=n$, 因 $J-I$ 的主对角线的元是0, 故 $\hat{Y}_i\hat{X}_i=0(i=1,2,\cdots,n)$. 设 i 和 j 是1和 n 之间的不同的整数. 又令 U 是从$\hat{X}$中删去第 i 列和第 j 列并附加上一个全1列作为第1列所得的 $n\times(n-1)$矩阵. 而 V 是从$\hat{Y}$中删去第 i,j 行并附加一个全1行作为第1行. 于是

$$UV=I+\hat{X}_i\hat{Y}_i+\hat{X}_j\hat{Y}_j$$

是一个奇异矩阵. 又令

$$U'=(\hat{X}_i\hat{X}_j),$$

$$V'=\begin{pmatrix}\hat{Y}_i\\ \hat{Y}_j\end{pmatrix}.$$

用这些方程并取行列式, 得

$$\begin{aligned}0&=\det(UV)=\det(I+U'V')=\det(I_2+V'U')\\&=1-(\hat{Y}_i\hat{X}_j)(\hat{Y}_j\hat{X}_i),\end{aligned}$$

这里 I_2 表阶为 2 的单位阵,因此

$$\hat{Y}_i\hat{X}_j=\hat{Y}_j\hat{X}_i=1,\quad 对所有\ i,j,i\neq j.$$

在情形 $r=n$,由方程(4.2.3)推导出

$$\hat{Y}\hat{X}=J-I. \tag{4.2.4}$$

由(4.2.3)(4.2.4)两个方程,可知

$$\hat{X}J=J\hat{X}\quad 和\quad \hat{Y}J=J\hat{Y}.$$

因此 $\hat{X}(\hat{Y})$ 的行和,列和相等.设存在整数 p 和 q,使

$$\hat{X}J=J\hat{X}=pJ,$$

$$\hat{Y}J=J\hat{Y}=qJ.$$

于是

$$\begin{aligned}(n-1)J&=(J-I)J=(\hat{X}\hat{Y})J=\hat{X}(\hat{Y}J)\\&=\hat{X}(qJ)=pqJ.\end{aligned}$$

便得 $pq=n-1$.定理得证.

我们从另一角度来推广 Graham 和 Pollak 定理(定理 4.2.1).问题的提出是来自 D. F. Hsu 1992 年在一个综述中[12]所列举的若干个关于网络的数学问题.

定理 4.2.5(柳柏濂[13])　若 n 阶完全图 K_n 有一个完全 $m_1,m_2,\cdots,m_t$ 部图分解(即每个子图是完全 m_i 部图,$i=1,2,\cdots,t$),则

$$n\leqslant\sum_{i=1}^{t}(m_i-1)+1.$$

证　用反证法.假设 K_n 可以分解为 t 个子图,它们分别是 m_i 部完全图,$i=1,2,\cdots,t$. $K(A_{11},A_{12},\cdots,A_{1m_1})$, $K(A_{21},A_{22},\cdots,A_{2m_2})$, $\cdots$, $K(A_{t1},A_{t2},\cdots,A_{tm_t})$,且 $n>\sum_{i=1}^{t}(m_i-1)+1$. 上述 $A_{i1},A_{i2},\cdots,A_{im_i}(i=1,2,\cdots,t)$ 表示第 i 个子图顶点集的 m_i 分划中的各部分.

令 $x_1,x_2,\cdots,x_n$ 是实变量,且

$$L_{i_1}=\sum_{k\in A_{i_1}}x_k,L_{i_2}=\sum_{k\in A_{i_2}}x_k,\cdots,L_{im_i}=\sum_{k\in A_{im_i}}x_k,$$

$i=1,2,\cdots,t$.则有

$$\sum_{i=1}^{t}\sum_{1\leqslant j<k\leqslant m_i}L_{ij}L_{ik}=\sum_{1\leqslant i<j\leqslant n}x_ix_j.$$

考察下列齐次线性方程组

$$
\left.\begin{aligned}
L_{i_1} &= \sum_{k\in A_{i_1}} x_k = 0,\\
L_{i_2} &= \sum_{k\in A_{i_2}} x_k = 0,\\
&\cdots\cdots\\
L_{im_i-1} &= \sum_{k\in A_{im_i-1}} x_k = 0.
\end{aligned}\right.\qquad i=1,2,\cdots,t.
$$

$$\sum_{k=1}^{n} x_k = 0.$$

因 $n > \sum_{i=1}^{t}(m_i-1)+1$，此方程组变量数多于方程个数.即必有一非平凡实数解$(x_1,x_2,\cdots,x_n)$,但对这样的一个解,可以看到

$$
\begin{aligned}
0 &= \left(\sum_{i=1}^{n} x_i\right)^2 = 2\sum_{1\leqslant i<j\leqslant n} x_i x_j + \sum_{i=1}^{n} x_i^2\\
&= 2\sum_{i=1}^{t}\sum_{1\leqslant j<k\leqslant m_i} L_{ij}L_{ik} + \sum_{i=1}^{n} x_i^2 = \sum_{i=1}^{n} x_i^2 > 0,
\end{aligned}
$$

矛盾！于是,必须有

$$n \leqslant \sum_{i=1}^{t}(m_i-1)+1.$$

证毕.

由上述定理,立即有如下推论.

推论 4.2.6(Huang[14]) 若 K_n 有一个完全 m 部图分解,则

$$t \geqslant \frac{n-1}{m-1}.$$

当 $m=2$ 时,这便是 Graham 和 Pollak 定理(定理 4.2.1).

作为一个应用,我们研究网络的(K_t,D_t)-分解数问题.

设 G 是一个 n 阶简单图,x,y 是 G 的任一对顶点,$x\neq y$. $P_k(x,y)$是 x,y 之间的 k 条点不交路的集,即

$$P_k(x,y)=\{p_1,p_2,\cdots,p_k\},$$

这里$|p_1|\leqslant|p_2|\leqslant\cdots\leqslant|p_k|$,$|p_i|$表示路 p_i 的边数. x 和 y 之间的 k-距离 $d_k(x,y)$定义为

$$d_k(x,y)=\min_{\text{所有}P_k(x,y)}|p_k|.$$

G 的 k-直径 $d_k(G)$ 定义为

$$d_k(G):=\max_{x,y\in V(G)} d_k(x,y).$$

上述的所谓宽直径(wide-diameter)的概念来源于网络信息的传递问题[26]. 一个信息(例如“yes”)从 G 的某一点 x 到 y 通过若干条不交的路传递,在这些传输路中,至少有一条传递的信息正确(如把“yes”传成“yes”),我们才称为这一信息正确到达目的地. 如果每 $(2f+1)$ 条不交路中有 f 条是可能传输错误的,则我们每次传送须取从 x 到 y 的 $(f+1)$ 条不交路,才能保证至少有一个“yes”正确地到达 y. 若每两个结点之间的传递时间看作相等,则在每次传递中的最小时间是 $d_k(x,y)$, $k=f+1$, 显然, 在网络中, 保证任两点可正确传输的最小时间是 $d_{f+1}(G)$.

D. F. Hsu 曾经提出过下列问题[12].

给定两个自然数序列 $k_1,k_2,\cdots,k_t$ 和 $d_1,d_2,\cdots,d_t$. 是否有一个完全图 K_n, $n>2$, 它可以分解为 t 个图 $F_1,F_2,\cdots,F_t$ 使得 F_i 是 k_i-连通且 $d_{k_i}(F_i)\leqslant d_i$, $i\in[1,t]$, 这里 $[i,j]$ 表从 i 到 j 的整数.

记 $K_t=\{k_1,k_2,\cdots,k_t\}$, $D_t=\{d_1,d_2,\cdots,d_t\}$. 用 $f(K_t,D_t)$ 记具有上述性质的完全图的最小阶数,我们称之为 (K_t,D_t)-分解数. 如果 $k_1=k_2=\cdots=k_t=k$ 且 $d_1=d_2=\cdots=d_t=d$, 可记作 $f(k,d,t)=f(K_t,D_t)$, 此处 $K_t=\underbrace{\{k,\cdots,k\}}_{t\text{个}}$, $D_t=\underbrace{\{d,\cdots,d\}}_{t\text{个}}$.

问题是:如何确定 $f(K_t,D_t)$?

我们先建立图论中熟悉的下列引理(见文献[13]).

引理 4.2.7　若 G 是 k 连通图,则 G 的最小顶点度 $\delta(G)\geqslant k$.

引理 4.2.8　若 $G=(V,E)$ 是 k 连通图,则 $|V(G)|\geqslant k+1$.

定理 4.2.9　$f(K_t,D_t)\geqslant\frac{1}{2}(1+\sqrt{1+4M})$, 这里 $K_t=\{k_1,\cdots,k_t\}$, $D_t=\{d_1,\cdots,d_t\}$, $M=\sum_{i=1}^{t}(k_i+1)k_i$.

证　若 K_n 被分解为 t 个子图 $F_1,F_2,\cdots,F_t$ 使得 $F_i=(V_i,E_i)$ 是 k_i 连通,则

$$\binom{n}{2}=\sum_{i=1}^{t}|E_i|.$$

由引理 4.2.7, $|E_i| \geqslant \frac{1}{2}|V_i| \cdot k_i \geqslant \frac{1}{2}(k_i+1)k_i$. 于是,我们有

$$\binom{n}{2} \geqslant \frac{1}{2}\sum_{i=1}^{t}(k_i+1)k_i.$$

为了方便叙述,记 $\sum_{i=1}^{t}(k_i+1)k_i = M$. 上式可写成

$$n(n-1) \geqslant M,$$

得

$$n \geqslant \frac{1}{2}(1+\sqrt{1+4M}).$$

证毕.

推论 4.2.10 $f(k,d,t) \geqslant \frac{1}{2}(1+\sqrt{1+4tk(k+1)})$.

证

$$M = \sum_{i=1}^{t}(k_i+1)k_i = tk(k+1).$$

由定理 4.2.9,便得推论 4.2.10.

运用定理 4.2.5,我们可以证明(习题 4.4)如下定理.

定理 4.2.11 设 $K_t = \{k_1, k_2, \cdots, k_t\}$, $D_t = \{d_1, d_2, \cdots, d_t\}$,这里 k_i 和 d_i 是自然数, $d_i > 1$, $i = 1, 2, \cdots, t$,则

$$f(K_t, D_t) \leqslant \sum_{i=1}^{t} k_i + 1.$$

推论 4.2.12 $f(k,d,t) \leqslant tk+1$.

结合定理 4.2.9 和定理 4.2.11,我们有

$$\frac{1}{2}(1+\sqrt{1+4M}) \leqslant f(K_t, D_t) \leqslant \sum_{i=1}^{t} k_i + 1, \tag{4.2.5}$$

这里 $M = \sum_{i=1}^{t}(k_i+1)k_i$, 并且

$$\frac{1}{2}(1+\sqrt{1+4tk(k+1)}) \leqslant f(k,d,t) \leqslant tk+1. \tag{4.2.6}$$

用文献[14]中的结果,我们可以改进 $f(K,d,t)$ 的上界.

引理 4.2.13[14] 若 $n = b(m-1)+m-(b-1)$, $2 \leqslant b \leqslant m-1$,则 K_n 可以被分解为 $b+1$ 个完全 m 部图.

于是,便有如下定理.

定理 4.2.14 对于 $3 \leqslant t \leqslant k+1$,

$$f(k,d,t)\leqslant tk-t+3,\quad d\geqslant 2.$$

证 由引理 4.2.13，令 $m=k+1, t=b+1$. 于是，存在一个完全图 $K_n, n=(t-1)k+(k+1)-(t-2)=tk-t+3, 3\leqslant t\leqslant k+1$，使得 K_n 可以分解为 t 个完全 $(k+1)$ 部图 $F_1,\cdots,F_t$. 显然，F_i 是 k 连通且 $d_k(F_i)\leqslant 2\leqslant d$. 于是

$$f(k,d,t)\leqslant tk-t+3,\quad d\geqslant 2, 3\leqslant t\leqslant t+1.$$

证毕.

结合定理 4.2.14 和推论 4.2.10 得推论 4.2.15.

推论 4.2.15 若 $3\leqslant t\leqslant k+1, d>1$，则

$$\frac{1}{2}\left(1+\sqrt{1+4tk(k+1)}\right)\leqslant f(k,d,t)<tk-t+3. \tag{4.2.7}$$

显然 $f(k,d,t)$ 的界(4.2.7)比(4.2.6)好.

有趣的是，这里给出 $f(K_t,D_t)$ 的界与 D_t 无关，因为我们推导下界时仅用到 F_i 是 k_i 连通这一必要条件，并且从 K_n 的一个特殊分解的结构中得到 $f(K_t,D_t)$ 的上界.

4.3 Shannon 容量

图的 Shannon 容量是从通讯理论引出的一个问题.

考察 n 个字母 $x_1,x_2,\cdots,x_n$ 的字母表，用这些字母给信息编码后再沿有干扰的通道发出. 因通道有干扰，接收到的字母可能与发出的字母不尽一致. 我们定义顶点是 $x_1,\cdots,x_n$ 的一个图 G(简单图)，对不同的顶点 x_i 和 x_j，当且仅当 x_i 可与 x_j 相混淆时，有边 $\{x_i,x_j\}$ 相连. 两个各由 k 个字母组成的字(简称 k-字)称为可混淆的(confoundable)，如果相应位置的字母或者相同，或者可混淆. 因此，两个 k-字不可混淆的充分必要条件是至少有一个位置上，相应的字母是不可混淆的.

定义 $\alpha_k(G)$ 是两两不可混淆的 k-字的最大个数$(k=1,2,\cdots)$，则 $\alpha(G)=\alpha_1(G)$ 是我们的字母表中两两不可混淆的字母的最大个数，即图 G 中两两无边相连的顶点的最大个数，因而 $\alpha(G)$ 是 G 的稳固数(stability number)或者点的独立数.

设 H_1 和 H_2 是顶点集分别为 V_1 和 V_2 的两个图. H_1 和 H_2 的强积(strong product) $H_1 * H_2$ 定义如下：其顶点集是 $V_1\times V_2$(笛卡儿积)两个顶点 (u_1,u_2) 和 (w_1,w_2) 当且仅当下列三种情况之一发生时有边相连：

(i) $u_1=w_1$ 且 $\{u_2,w_2\}$ 是 H_2 的边；

(ii) $u_2 = w_2$ 且 $\{u_1, w_1\}$ 是 H_1 的边;

(iii) $\{u_1, w_1\}$ 是 H_1 的边,同时 $\{u_2, w_2\}$ 是 H_2 的边.

例如图 4.3.1.

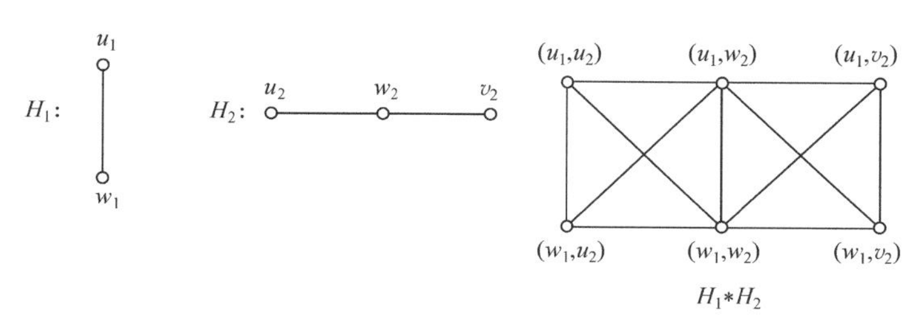

图 4.3.1

定义 G 的 k 次幂 $G^{(k)} = G * \cdots * G$(k 个因子).于是 G 中两个(不同的)有序 k 顶点组在 $G^{(k)}$ 中有边相连的充要条件是:对应位置上的顶点或者相等或者在 G 中有边相连.因此,$\alpha_k(G)$ 等于 G 的 k 次幂 $G^{(k)}$ 的稳固数 $\alpha(G^{(k)})$.

我们称数

$$\theta(G) = \sup\left\{\sqrt[k]{\alpha(G^{(k)})}, k = 1, 2, \cdots\right\} = \lim_{k\to\infty}\sqrt[k]{\alpha(G^{(k)})}$$

为图 G 的 Shannon 容量(Shannon capacity),这是 C. E. Shannon 1956 年在研究通讯理论时引进的一个重要参数[15].由定义,易知

$$\theta(G) \geqslant \alpha(G). \tag{4.3.1}$$

一般来说,等号是不成立的.

确定一个图的 Shannon 容量是一个非常困难的问题.甚至对于非常简单的图 G 亦是如此.Shannon[15]证明了:使(4.3.1)式等号成立的图,是被 $\alpha(G)$ 个团复盖的图,即图论中的所谓完美图,而对于其它的一些最简单的图,例如五边形 C_5,Shannon 只能给出 $\theta(C_5)$ 的界

$$\sqrt{5} \leqslant \theta(C_5) \leqslant 5/2,$$

而不是确定它的值.

1979 年,L. Lovász[16]引进一种新的矩阵参数来研究图的 Shannon 容量,不仅成功地研究了历 20 年未解决的 $\theta(C_5)$ 问题,而且提供了一种确定和估计其它图类的 Shannon 容量的新的方法——矩阵方法.

为了书写和叙述方便,在这一节里,我们提到的所有向量都指列向量(其转置是行向量).因此,向量 v 和 w 的内积,我们将写作 $v^{\mathrm{T}}w$(而不用 1.3 节中的 $v \cdot w$ 表示法).若

$$v=\begin{pmatrix}v_1\\ \vdots\\ v_n\end{pmatrix},\quad w=\begin{pmatrix}w_1\\ \vdots\\ w_m\end{pmatrix},$$

则向量 v 和 w 的张量积 $v\otimes w$ 曾在 1.1 节定义为

$$v\otimes w=(v_1w_1,\cdots,v_1w_m,v_2w_1,\cdots,v_nw_m)^{\mathrm T},$$

这是长为 nm 的一个向量.经过简单的计算可以证明:内积和张量积有如下的联系,

$$(x\otimes y)^{\mathrm T}(v\otimes w)=(x^{\mathrm T}v)(y^{\mathrm T}w).\tag{4.3.2}$$

设简单图 G 的顶点集是 $\{1,2,\cdots,n\}$,G 的一个正交代表(orthonormal representation)被定义为欧氏空间中的一个单位向量系$(v_1,v_2,\cdots,v_n)$使得若 i 和 j 是不相邻的顶点,则 v_i 和 v_j 是正交的.显然,每一个图都有一个正交代表.

在导出 $\theta(C_5)$的精确值前,我们先建立一些引理.

引理 4.3.1　设$(u_1,\cdots,u_n)$和$(v_1,\cdots,v_m)$分别是图 G 和 H 的正交代表,则向量 $u_i\otimes v_j$ 形成 $G*H$ 的一个正交代表.

证　从(4.3.2)式立即可得.

定义正交代表$(u_1,\cdots,u_n)$的值是

$$\min_c\max_{1\leqslant i\leqslant n}\frac{1}{(c^{\mathrm T}u_i)^2},$$

这里,c 跑遍所有的单位向量.那个得到最小值的向量 c 称为正交代表的手柄(handle).令 $\beta(G)$表示 G 的所有正交代表的最小值.那个达到最小值的正交代表称为优化代表(optimal).

引理 4.3.2　$\beta(G*H)\leqslant\beta(G)\beta(H)$.

证　设$(u_1,\cdots,u_n)$和$(v_1,\cdots,v_m)$分别是 G 和 H 的优化正交代表,它们的手柄分别是 c 和 d,则由(4.3.2)知,$c\otimes d$ 是单位向量.因此

$$\begin{aligned}\beta(G*H)&\leqslant\max_{i,j}\frac{1}{((c\otimes d)^{\mathrm T}(u_i\otimes v_j))^2}\\&=\max_{i,j}\left(\frac{1}{(c^{\mathrm T}u_i)^2}\cdot\frac{1}{(d^{\mathrm T}v_j)^2}\right)=\beta(G)\beta(H).\end{aligned}$$

证毕.

引理 4.3.3　$\alpha(G)\leqslant\beta(G)$.

证　设$(u_1,\cdots,u_n)$是图 G 的优化正交代表,它的手柄是 c.又设$\{1,\cdots,k\}$是 G 的最大独立集.于是 $u_1,\cdots,u_k$ 是两两正交,且

$$1 = c^2 \geqslant \sum_{i=1}^{k} (c^{\mathrm{T}} u_i)^2 \geqslant \alpha(G)/\beta(G).$$

证毕.

现在,我们可以得到下列重要结论.

定理 4.3.4

$$\theta(G) \leqslant \beta(G). \tag{4.3.3}$$

证 由引理 4.3.3 和 4.3.2,

$$\alpha(G^{(k)}) \leqslant \beta(G^{(k)}) \leqslant \beta(G)^k,$$

故

$$\beta(G) \geqslant \sqrt[k]{\alpha(G^{(k)})},$$

得

$$\beta(G) \geqslant \theta(G).$$

证毕.

为了应用(4.3.3)估计和求出各类图的 Shannon 容量,必须进一步研究 $\beta(G)$. 我们发现:$\beta(G)$与图 G 对应的一类矩阵的特征根有着有趣的联系.

定理 4.3.5 设 G 是一个简单图,其顶点集是$\{1,\cdots,n\}$. 定义 $n\times n$ 阶实对称方阵$A=(a_{ij})$如下:$a_{ij}=1$,当 $i=j$ 或i 和j 在G 中不相邻. 所有这样 n 阶方阵的集合记为 $\mathscr{A}$. 又记 A 的最大特征值是$\lambda_{\max}(A)$,则

$$\beta(G) = \min_{A \in \mathscr{A}} \lambda_{\max}(A).$$

证 (1) 设$(u_1, u_2, \cdots, u_n)$是 G 的一个优化正交代表,其手柄是 c. 定义

$$a_{ij} = 1 - \frac{u_i^{\mathrm{T}} u_j}{(c^{\mathrm{T}} u_i)(c^{\mathrm{T}} u_j)}, \quad i \neq j,$$

$$a_{ii} = 1,$$

且 $A=(a_{ij})$, $i,j=1,2,\cdots,n$. 于是 $A\in\mathscr{A}$,我们考察矩阵 $\beta(G)I-A$,它的非对角元是

$$-a_{ij} = \left(c - \frac{u_i}{(c^{\mathrm{T}} u_i)}\right)^{\mathrm{T}} \left(c - \frac{u_j}{(c^{\mathrm{T}} u_j)}\right), \quad i \neq j,$$

对角元是

$$\beta(G) - a_{ii} = \left(c - \frac{u_i}{c^{\mathrm{T}} u_i}\right)^2 + \left(\beta(G) - \frac{1}{(c^{\mathrm{T}} u_i)^2}\right).$$

由此可知:$\beta(G)I-A$ 是半正定方阵. 因此,A 的最大特征值至多是$\beta(G)$.

(2) 反之,令 $A=(a_{ij})\in\mathscr{A}$,并设 λ 是A 的最大特征值,则 $\lambda I-A$ 是半正

定.因此,有向量 $x_1,\cdots,x_n$,使得

$$\lambda\delta_{ij}-a_{ij}=x_i^{\mathrm{T}}x_j.$$

设 c 是一个垂直于 $x_1,\cdots,x_n$ 的单位向量,并且令

$$u_i=\frac{1}{\sqrt{\lambda}}(c+x_i),$$

则

$$u_i^2=\frac{1}{\lambda}(1+x_i^2)=1,\quad i=1,\cdots,n.$$

并且对于不相邻的顶点 i 和 j,

$$u_i^{\mathrm{T}}u_j=\frac{1}{\lambda}(1+x_i^{\mathrm{T}}x_j)=0.$$

于是$(u_1,\cdots,u_n)$是 G 的一个正交代表.又

$$\frac{1}{(c^{\mathrm{T}}u_i)^2}=\lambda,\quad i=1,2,\cdots,n.$$

因而 $\beta(G)\leqslant\lambda$.证毕.

由此,我们知道,在所有的优化代表之间,存在这样的一个正交代表$(u_1,\cdots,u_n)$,使

$$\beta(G)=\frac{1}{(c^{\mathrm{T}}u_1)^2}=\cdots=\frac{1}{(c^{\mathrm{T}}u_n)^2}.$$

下面的定理将给予 $\beta(G)$的一个更好的刻画.

定理 4.3.6　设 G 是一个 n 阶简单图,它的顶点集是$\{1,2,\cdots,n\}$,又 $\mathscr{B}$ 是所有这样的半正定实对称矩阵 $B=(b_{ij})$的集合,使得对所有的相邻顶点 i,j $(i\neq j)$,有

$$b_{ij}=0,\tag{4.3.4}$$

并且迹

$$\mathrm{tr}B=1.\tag{4.3.5}$$

则

$$\beta(G)=\max_{B\in\mathscr{B}}\mathrm{tr}BJ.$$

这里,$\mathrm{tr}BJ$ 即 B 的所有元素之和.

证　(1) 设 $A=(a_{ij})\in\mathscr{A}$且它的最大特征值是 $\beta(G)$.又设 B 是任意一个满足条件(4.3.4)、(4.3.5)的 n 阶实对称矩阵.由 $\mathscr{A}$的性质及(4.3.4)得

$$\mathrm{tr}\,BJ=\sum_{i=1}^{n}\sum_{j=1}^{n}b_{ij}=\sum_{i=1}^{n}\sum_{j=1}^{n}a_{ij}b_{ij}=\mathrm{tr}\,AB.$$

于是

$$\beta(G)-\operatorname{tr} BJ=\operatorname{tr}(\beta(G)I-A)B,$$

这里,$\beta(G)I-A$ 和 B 都是半正定. 设 $e_1,\cdots,e_n$ 是 B 的单位正交特征向量的集,它们对应的特征值分别是 $\lambda_1,\cdots,\lambda_n\geqslant 0$. 则

$$\operatorname{tr}(\beta(G)I-A)B=\sum e_i^{\mathrm{T}}(\beta(G)I-A)Be_i=\sum_{i=1}^{n}\lambda_i e_i^{\mathrm{T}}(\beta(G)I-A)e_i\geqslant 0.$$

(2) 我们将构造一个满足上述不等式中等号的矩阵 B.

令 $(i_1,j_1),\cdots,(i_m,j_m)(i_k<j_k)$ 是 G 的边,考察 $(m+1)$ 维向量

$$\hat{h}=\left(h_{i_1}h_{j_1},\cdots,h_{i_m}h_{j_m},\left(\sum h_i\right)^2\right)^{\mathrm{T}},$$

这里 $h=(h_1,\cdots,h_n)$ 跑遍所有的单位向量并且

$$z=(0,0,\cdots,0,\beta(G))^{\mathrm{T}}.$$

我们现在证明:z 是在向量 $\hat{h}$ 的凸壳(convex hull)之中,即存在着有限个单位向量 $\hat{h}_1,\cdots,\hat{h}_N$ 和非负实数 $\alpha_1,\cdots,\alpha_N$ 使

$$\alpha_1+\cdots+\alpha_N=1, \tag{4.3.6}$$

$$\alpha_1\hat{h}_1+\cdots+\alpha_N\hat{h}_N=z. \tag{4.3.7}$$

用反证法证明这一结论. 如果 z 不存在 $\hat{h}$ 的凸壳之中,则存在一个向量 a 和一个实数 α,使得 $a^{\mathrm{T}}\hat{h}\leqslant\alpha$,对所有的单位向量 h 成立,而 $a^{\mathrm{T}}z>\alpha$.

令 $a=(a_1,\cdots,a_m,y)^{\mathrm{T}}$,则 $a^{\mathrm{T}}\hat{h}\leqslant\alpha$,这里 $h=(1,0,\cdots,0)$;由此 $y\leqslant\alpha$. 另一方面 $a^{\mathrm{T}}z>\alpha$ 可导出 $\beta(G)y>\alpha$. 因此,$y>0$ 并且 $\alpha>0$.

我们可以设 $y=1$,于是

$$\alpha<\beta(G). \tag{4.3.8}$$

现在,定义

$$a_{ij}=\begin{cases}\dfrac{1}{2}a_k+1, & \text{若}\{i,j\}=\{i_k,j_k\};\\ 1, & \text{其余}.\end{cases}$$

则 $a^{\mathrm{T}}\hat{h}\leqslant\alpha$ 可以被写成

$$\sum_{i=1}^{n}\sum_{j=1}^{n}a_{ij}h_ih_j\leqslant\alpha,$$

因为 $A=(a_{ij})$ 的最大特征值是

$$\max\{x^{\mathrm{T}}Ax : |x| = 1\}.$$

由此知：(a_{ij})的最大特征值至多是 α，而$(a_{ij})\in\mathscr{A}$(注意 $\mathscr{A}$ 的性质)，便知$\beta(G)\leqslant\alpha$. 这与(4.3.8)矛盾！

于是我们便证得(4.3.6)、(4.3.7)所描述的 z 的性质.

令

$$h_p = (h_{p1},\cdots,h_{pn})^{\mathrm{T}},$$

$$b_{ij} = \sum_{p=1}^{N}\alpha_p h_{pi} h_{pj},$$

$$B = (b_{ij}).$$

则矩阵 B 显然是一个对称且半正定矩阵. 由(4.3.7)式可得

$$b_{i_k j_k} = 0,\quad k = 1,\cdots,m,$$

并且

$$\mathrm{tr}\, BJ = \beta(G).$$

而由(4.3.6)得 $\mathrm{tr}\, B = 1$. 证毕.

为了进一步刻画 $\beta(G)$，我们还须建立(习题 4.7)下面的引理.

引理 4.3.7　设$(u_1,\cdots,u_n)$是图 G 的一个正交代表，$(v_1,\cdots,v_n)$是补图$\overline{G}$的一个正交代表，又 c 和 d 是任意的向量，则

$$\sum_{i=1}^{n}(u_i^{\mathrm{T}}c)^2(v_i^{\mathrm{T}}d)^2 \leqslant c^2 d^2. \tag{4.3.9}$$

由上述引理，不难证得如下推论.

推论 4.3.8　如果$(v_1,\cdots,v_n)$是$\overline{G}$的一个正交代表，d 是任一个单位向量，则

$$\beta(G) \geqslant \sum_{i=1}^{n}(v_i^{\mathrm{T}}d)^2.$$

推论 4.3.9　$\beta(G)\beta(\overline{G})\geqslant n$.

下面，我们给出 $\beta(G)$的另外一个最大值公式，它反映出图 G 和它的补图$\overline{G}$之间的一个有趣的对偶关系.

定理 4.3.10　设$(v_1,\cdots,v_m)$是$\overline{G}$的正交代表，d 是单位向量，则

$$\beta(G) = \max\sum_{i=1}^{n}(d^{\mathrm{T}}v_i)^2,$$

其中 max 跑遍$\overline{G}$的所有正交代表及所有单位向量 d.

证　由推论 4.3.8，我们已经知道

$$\beta(G) \geqslant \max \sum_{i=1}^{n} (d^{\mathrm{T}} v_i)^2.$$

现在,构作$\overline{G}$的一个代表和一个单位向量d,使等号成立.

令 $B=(b_{ij})$是一个满足(4.3.4)和(4.3.5)的半正定对称矩阵,使得 $\mathrm{tr}\,BJ=\beta(G)$.

因为 B 是半正定,我们有向量 $w_1, w_2, \cdots, w_n$ 使得

$$b_{ij} = w_i^{\mathrm{T}} w_j. \tag{4.3.10}$$

注意到

$$\sum_{i=1}^{n} w_i^2 = 1, \quad \Big(\sum_{i=1}^{n} w_i\Big)^2 = \beta(G).$$

令 $v_i = w_i / |w_i|$, $d = \Big(\sum_{i=1}^{n} w_i\Big) \Big/ \Big| \sum_{i=1}^{n} w_i \Big|$,于是,由(4.3.10)和(4.3.4),向量 v_i 形成$\overline{G}$的一个正交代表.进一步,用 Cauchy-Schwarz 不等式,得

$$\begin{aligned} \sum_{i=1}^{n} (d^{\mathrm{T}} v_i)^2 &= \Big(\sum_{i=1}^{n} w_i^2\Big)\Big(\sum_{i=1}^{n} (d^{\mathrm{T}} v_i)^2\Big) \geqslant \Big(\sum_{i=1}^{n} |w_i| (d^{\mathrm{T}} v_i)\Big)^2 \\ &= \Big(\sum_{i=1}^{n} d^{\mathrm{T}} w_i\Big)^2 = \Big(d^{\mathrm{T}} \sum_{i=1}^{n} w_i\Big)^2 = \Big(\sum_{i=1}^{n} w_i\Big)^2 = \beta(G). \end{aligned}$$

定理得证.

因为在上述 Cauchy-Schwarz 不等式中,我们取等号,故有

$$(d^{\mathrm{T}} v_i)^2 = \beta(G) w_i^2 = \beta(G) b_{ii}. \tag{4.3.11}$$

下面,我们构作 G 对应的另一类矩阵 A^*,用 A^* 的特征值来表示 $\beta(G)$.

定理 4.3.11 设 $\mathscr{A}^*$ 是所有这样的 n 阶实对称矩阵 $A^*=(a_{ij})$的集合:如果 G 中的点 i 和 j 相邻,则 $a_{ij}=0$.设 $\lambda_1(A^*) \geqslant \cdots \geqslant \lambda_n(A^*)$是 A^* 的特征值,则

$$\beta(G) = \max_{A^* \in \mathscr{A}^*} \left\{ 1 - \frac{\lambda_1(A^*)}{\lambda_n(A^*)} \right\}.$$

证 (1) 设 $A^* \in \mathscr{A}^*$,又 $f=(f_1, \cdots, f_n)^{\mathrm{T}}$是属于 $\lambda_1(A^*)$的一个特征向量,使得 $f^2 = -1/\lambda_n(A^*)$(注意:因为 $\mathrm{tr}\,A^*=0$,A^* 的最小特征值是负数).考虑矩阵 $F=\mathrm{diag}(f_1, \cdots, f_n)$并且

$$B = F(A^* - \lambda_n(A^*) I) F.$$

显然,B 是半正定,并且若 i 和 j 是相异的相邻顶点,有 $b_{ij}=0$,又

$$\mathrm{tr}\, B = -\lambda_n(A) \mathrm{tr}\, F^2 = 1.$$

于是,由定理 4.3.6

$$\beta(G) \geqslant \operatorname{tr} BJ = \sum_{i=1}^{n}\sum_{j=1}^{n} a_{ij}f_if_j - \lambda_n(A^*)\sum_{i=1}^{n} f_i^2$$

$$= \sum_{i=1}^{n}\{\lambda_1(A^*)f_i^2 - \lambda_n(A^*)f_i^2\} = 1 - \frac{\lambda_1(A^*)}{\lambda_n(A^*)}.$$

(2) 等式成立可通过上述议论的几乎直接反推证得.证毕.

作为定理 4.3.11 的一个推论,我们推导出图色数的 Hoffman 定理.

推论 4.3.12(Hoffman[17])　设 $\lambda_1 \geqslant \cdots \geqslant \lambda_n$ 是图 G 的邻接矩阵的特征值,则

$$\chi(G) \geqslant 1 - \frac{\lambda_1}{\lambda_n}.$$

证　往证

$$\chi(G) \geqslant \beta(\bar{G}). \tag{4.3.12}$$

设$(u_1,\cdots,u_n)$是 G 的一个正交代表,c 是任一个单位向量,又 $J_1,\cdots,J_k$ 是 G 的任何 k 染色中的一个色分类.于是

$$\sum_{i=1}^{n}(c^{\mathrm{T}}u_i)^2 = \sum_{m=1}^{k}\sum_{i\in J_m}(c^{\mathrm{T}}u_i)^2 \leqslant \sum_{m=1}^{k} 1 = k.$$

再由定理 4.3.10,便得(4.3.12).又由定理 4.3.11,便得 Hoffman 的不等式.证毕.

我们还可得到 $\beta(G)$的某些性质.

定理 4.3.13　$\beta(G*H)=\beta(G)\beta(H)$.

证　我们已经知道

$$\beta(G*H) \leqslant \beta(G)\cdot\beta(H).$$

为了证明反向的不等式,设$(v_1,\cdots,v_n)$是$\bar{G}$的一个正交代表,$(w_1,\cdots,w_m)$是$\bar{H}$的一个正交代表,且 c,d 是单位向量使得

$$\sum_{i=1}^{n}(v_i^{\mathrm{T}}c)^2 = \beta(G),$$

$$\sum_{i=1}^{m}(w_i^{\mathrm{T}}d)^2 = \beta(H).$$

则 $v_i \otimes w_j$ 是$\overline{G*H}$的一个正交代表(因为这是$\bar{G}*\bar{H}$的一个正交代表,且$\overline{G*H} \supseteq \bar{G}*\bar{H}$),同时 $c\otimes d$ 是一个单位向量,于是

$$\beta(G*H) \geqslant \sum_{i=1}^{n}\sum_{i=1}^{m}((u_i\otimes w_j)^{\mathrm{T}}(c\otimes d))^2 = \sum_{i=1}^{n}\sum_{j=1}^{m}(v_i^{\mathrm{T}}c)^2(w_j^{\mathrm{T}}d)^2$$

$$= \sum_{i=1}^{n}(v_i^{\mathrm{T}}c)^2\sum_{j=1}^{m}(w_i^{\mathrm{T}}d)^2 = \beta(G)\beta(H).$$

证毕.

记 G 的顶点集为 $V(G)$. $V(G)$的一个置换,如果能保持顶点的相邻关系,则此置换称为一个 G 的自同构. G 的所有自同构形成一个置换群,它称为 G 的自同构群(automorphism group). 如果对每一对点 $x, y\in V(G)$,存在一个从 x 到 y 的自同构映射,则此自同构群称为点可迁的(vertex transitive). 至于边可迁(edge transitivity)也可以类似地定义.

定理 4.3.14 若 G 有一个点可迁自同构群,则

$$\beta(G)\beta(\overline{G}) = n.$$

证 设 Γ 是 G 的自同构群,我们把 Γ 的元作为 $n\times n$ 置换矩阵来考虑. 设 $B=(b_{ij})$是一个满足(4.3.4)和(4.3.5)的矩阵,使 $\mathrm{tr}\ BJ=\beta(G)$. 考虑

$$\overline{B} = (\overline{b}_{ij}) = \frac{1}{|\Gamma|}\Big(\sum_{P\in\Gamma}P^{-1}BP\Big).$$

则易见,$\overline{B}$也满足(4.3.4),并且

$$\mathrm{tr}\ \overline{B}=1,\quad \mathrm{tr}\ \overline{B}J=\beta(G)$$

(用 $PJ=JP=J$),又可知$\overline{B}$是对称的和半正定且对所有$P\in\Gamma$满足 $P^{-1}\overline{B}P=\overline{B}$. 因为 Γ 对于顶点是可迁的,这就导出对所有 i, $\overline{b}_{ii}=1/n$. 正如定理 4.3.10 的证明,构作一个正交代表$(v_1,\cdots,v_n)$和单位向量 d. 由(4.3.11)有

$$(d^{\mathrm{T}}v_i)^2=\frac{\beta(G)}{n},$$

于是,由 $\beta(\overline{G})$的定义

$$\beta(\overline{G})\leqslant\max_{1\leqslant i\leqslant n}\frac{1}{(d^{\mathrm{T}}v_i)^2}=\frac{n}{\beta(G)},$$

由 $\beta(G)\beta(\overline{G})\leqslant n$. 由推论 4.3.9. 定理得证.

由此立即有下面的推论.

推论 4.3.15 如果 G 有一个点可迁自同构群,则

$$\theta(G)\theta(\overline{G})\leqslant n.$$

注意,定理 4.3.14 和推论 4.3.15 不是对于所有图都成立. 例如,对于星图 G,有 $\alpha(G)\alpha(\overline{G})>n$.

现在,我们证明对于 $\beta(G)$估计的一个重要定理.

定理 4.3.16 设 G 是一个正则图,又 $\lambda_1\geqslant\lambda_2\geqslant\cdots\geqslant\lambda_n$ 是 A 的邻接矩阵的特征值,则

$$\beta(G) \leqslant \frac{-n\lambda_n}{\lambda_1 - \lambda_n}. \tag{4.3.13}$$

当 G 的自同构群是边可迁的，等式成立．

证　考察矩阵 $J-xA$，这里 x 将在下面选择．此矩阵属于定理 4.3.5 中的集合 $\mathscr{A}$．因此，它的最大特征值至少是 $\beta(G)$．设 v_i 表示 A 的属于 λ_i 的特征向量，则因为 A 是正则的（行和，列和均等于一个常数），$v_1=J_{n\times 1}$，同时 $J_{n\times 1}, v_2, \cdots, v_n$ 也是 J 的特征向量，$J-xA$ 的特征值是 $n-x\lambda_1, -x\lambda_2, \cdots, -x\lambda_n$．它们的最大者或者是第一个，或者是最后一个．$x$ 的最优选择是 $x=n/(\lambda_1-\lambda_n)$，这时 $n-x\lambda_1$ 和 $-x\lambda_n$ 的值都等于 $-n\lambda_n/(\lambda_1-\lambda_n)$．故(4.3.13)成立．

设 G 的自同构群 Γ 是边可迁的．令 $C=(c_{ij})$ 是对称矩阵，其中，若 $i=j$ 或 G 的顶点 i 和 j 不相邻时，$c_{ij}=1$．于是 C 有最大的特征值 $\beta(G)$．如定理 4.3.14 的证明，考虑

$$\overline{C} = \frac{1}{|\Gamma|}\sum_{P\in\Gamma} P^{-1}CP,$$

则 $\overline{C}$ 也属于集合 $\mathscr{A}$（见定理 4.3.5）．因而，它的最大特征值至多是 $\beta(G)$．由定理 4.3.5，这个最大特值是 $\beta(G)$．显然，$\overline{C}$ 形如 $J-xA$，故(4.3.13)的等式成立．证毕．

由此，我们立即由特征值 λ_1 和 λ_n 的计算得到奇圈的 $\beta(C_n)$．

推论 4.3.17　对于奇数 n，

$$\beta(C_n) = \frac{n\cos(\pi/n)}{1+\cos(\pi/n)}.$$

注意到

$$\cos\frac{\pi}{5} = \frac{\sqrt{5}}{5-\sqrt{5}},$$

由推论 4.3.17

$$\beta(C_5) = \frac{5\cos\frac{\pi}{5}}{1+\cos\frac{\pi}{5}} = \sqrt{5}.$$

由定理 4.3.4

$$\theta(C_5) \leqslant \sqrt{5},$$

而 Shannon 已证得

$$\theta(C_5) \geqslant \sqrt{5}.$$

故立即可解决 Shannon 提出的问题．

推论 4.3.18 $\theta(C_5)=\sqrt{5}$.

目前,$\theta(C_7)$的值仍未被确定.对 $\theta(C_7)$上界的估计仍依赖于(4.3.13)式,而利用对 $\alpha(C_7)$的估值,逐步改进 $\theta(C_7)$的下界.A. Vesel 和 J. Zerovik[18]依靠电脑的辅助,得到 $3.2237\leqslant\theta(C_7)\leqslant 3.3176$.

最后,作为 Shannon 容量的一个应用,我们考察超图(supergraph)$K(n,r)$.设 $n\geqslant 2r$,$K(n,r)$是这样的一个图,它的顶点是 n 元集 $S=\{1,2,\cdots,n\}$的 r-子集,两个顶点是相邻的当且仅当对应的子集的交为空集.我们将证明如下定理.

定理 4.3.19 $\theta(K(n,r))=\binom{n-1}{r-1}$.

证 因为包含 S 的一个特定元的所有 r 子集构成$K(n,r)$的一个独立点集.所以

$$\theta(K(n,r))\geqslant\alpha(K(n,r))\geqslant\binom{n-1}{r-1}. \tag{4.3.14}$$

另一方面,我们计算 $\beta(K(n,r))$.

因 $K(n,r)$的自同构群显然是点和边可迁的,我们可以运用定理 4.3.16.计算 $K(n,r)$的特征值.易见 $J_{\binom{n}{r}\times 1}$是特征值$\binom{n-r}{r}$的一个特征向量.

设 $1\leqslant t\leqslant r$,对每个 $T\subset S$,$|T|=t$.记 x_T是这样的一个实数,使得对每个

$$U\subset S,\quad |U|=t-1,\quad \sum_{U\subset T}x_T=0. \tag{4.3.15}$$

存在$\binom{n}{t}-\binom{n}{t-1}$个这种类型的线性无关向量$(x_T)$.对每个这样的向量,定义

$$\bar{x}_A=\sum_{\substack{T\subseteq A\\ |T|=t}}x_T.$$

对每个 $A\subset S$,$|A|=r$.不难看到,数 x_T 可以从数$\bar{x}_A$ 计算出来.由此,有$\binom{n}{t}-\binom{n}{t-1}$个$(\bar{x}_A)$型的线性无关向量.现在,我们将证明:每个$(\bar{x}_A)$是 $K(n,r)$的邻接矩阵的一个特征向量,它对应于特征值

$$(-1)^t\binom{n-r-t}{r-t}. \tag{4.3.16}$$

事实上,对任意 $A_0\subset S$,$|A_0|=r$,我们有

$$\sum_{A\cap A_0=\varnothing}\bar{x}_A=\sum_{T\cap A_0=\varnothing}\binom{n-r-t}{r-t}x_T=\binom{n-r-t}{r-t}\beta_0.$$

为确定这个值,令

$$\beta_i = \sum_{|T \cap A_0| = i} x_T.$$

对于每个 $U \subset S$, $|U| = t-1$ 和 $|U \cap A_0| = i$, 对(4.3.15)式求和,我们得到

$$(i+1)\beta_{i+1} + (t-i)\beta_i = 0.$$

这是 β_i 的一个递归关系,由此可导出

$$\beta_i = (-1)^i \binom{t}{i} \beta_0.$$

故

$$\beta_0 = (-1)^t \beta_t = (-1)^t \bar{x}_{A_0}.$$

便得结论(4.3.16).

按照这个结构,我们知道,有

$$1 + \sum_{t=1}^{r} \left(\binom{n}{t} - \binom{n}{t-1} \right) = \binom{n}{r}$$

个线性无关的特征向量(属于 t 个不同特征值的特征向量无关).因此,我们得到所有的特征向量.由此, $K(n,r)$ 的特征值是

$$(-1)^t \binom{n-r-t}{r-t}, \quad t = 0, 1, \cdots, r.$$

于是,最大和最小的特征值分别是 $\binom{n-r}{r}$ 和 $-\binom{n-r-1}{r-1}$. 由定理 4.3.16 得

$$\beta(K(n,r)) = \frac{\binom{n-r-1}{r-1}\binom{n}{r}}{\binom{n-r}{r} + \binom{n-r-1}{r-1}} = \binom{n-1}{r-1}.$$

由定理 4.3.4

$$\theta(K(n,r)) \leqslant \binom{n-1}{r-1}. \tag{4.3.17}$$

由(4.3.14)及(4.3.17),定理得证.

我们立即有下列推论.

推论 4.3.20 同构于 $K(5,2)$ 的 Petersen 图的 Shannon 容量是 4.

关于子集系的著名的 Erdös, Ko 和 Rado 定理也可以作为定理 4.3.19 的推论被导出(因 $\theta(K(n,r)) = \alpha(K(n,r))$).

推论 4.3.21(Erdös, Ko, Rado[19])

$$\alpha(K(n,r)) = \binom{n-1}{r-1}.$$

4.4 强正则图

1966 年，P. Erdös，A. Renyi 和 V. T. Sòs 在题为“图论的一个问题”[20]的论文中提出并证明了下面一个有趣的命题：

在一个人口有限的社会里，若任何两个人恰好有一个朋友，则必有一个人，他是所有其它人的朋友.

这个结果，被称为友谊定理(friendship theorem).

我们把友谊定理叙述成图论的形式，则有如下定理.

定理 4.4.1(友谊定理) 设 G 是一个 n 阶图，若任两个相异顶点 a 和 b，有唯一的一个顶点 c 与它们相邻，则 n 是奇数且 G 由一些带一个公共顶点的三角形所组成.

上述定理所描述的图称为风车图(windmill graph). 事实上，对这类图的系统研究在 1963 年已经开始. Bose[21]最先引入称为强正则图(strongly regular graph)的概念，也就是研究这样的一类正则图，它的两个顶点 a 和 b 相邻的顶点的个数仅依赖于 a 和 b 是否相邻. 下面，我们将看到正则风车图——三角形，是一个强正则图，而利用强正则图的某些结论，可以证明友谊定理.

若 $a \in G$，我们用 $N(a)$表示与 a 相邻的顶点集，$|N(a)|$表此集的基数.

一个称为具有参数(n,k,λ,μ)的强正则图是一个 n 阶$(n \geqslant 3)$的 k 正则图，它满足：

(1) 若 G 的两个相异顶点 a 和 b 相邻，则$|N(a) \cap N(b)| = \lambda$.

(2) 若 G 的两个相异顶点 a 和 b 不相邻，则$|N(a) \cap N(b)| = \mu$.

下面考察一些强正则图的例子(一般，我们不考虑完全图 K_n 和 $\overline{K}_n$).

一个长为 4 的圈 C_4 和长为 5 的圈 C_5 分别是参数为(4,2,0,2)和(5,2,0,1)的强正则图，其余，所有的 $C_n(n>5)$都不是强正则图.

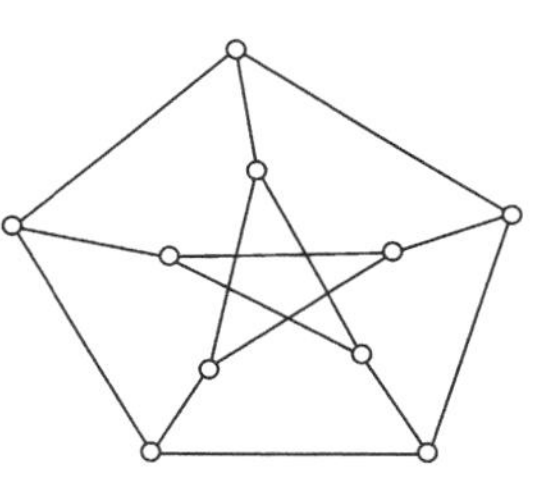

Petersen图

图 4.4.1

Petersen 图是一个(10,3,0,1)的强正则图.

6 阶图 $K_3 \cup K_3$ 是一个(6,2,1,0)的强正则图.

完全二部图 $K_{m,m}(m \geqslant 2)$是一个$(2m,m,0,m)$的强正则图.

在 1.2 节所谈过的 Moore 图也是一个$(n,k,0,1)$强正则图.

现在，我们用(n,k,λ,μ)强正则图 G 的邻接矩阵A，研究 G 的性质.

注意到 A^2, k, λ, μ 的组合意义,我们有

$$A^2 = kI + \lambda A + \mu(J - I - A), \tag{4.4.1}$$

即

$$A^2 - (\lambda - \mu)A - (k - \mu)I = \mu J. \tag{4.4.2}$$

易见,(4.4.1)或(4.4.2)是具有参数(n, k, λ, μ)的强正则图的代数定义,运用它,不难证明下列性质(习题 4.10).

性质 1　若 G 是一个强正则图,则它的补图$\overline{G}$也是强正则图.

性质 2　(n, k, λ, μ)强正则图,记 $l = n - k - 1$,则

$$k(k - \lambda - 1) = l\mu. \tag{4.4.3}$$

性质 3　设 G 是(n, k, λ, μ)强正则图. $\mu = 0$ 当且仅当 G 是$(k + 1)$阶的完全图的不交并.

下面,我们将给出强正则图与参数相联系的特征值的一些性质[22].

定理 4.4.2　设 G 是一个(n, k, λ, μ)强正则连通图. 定义参数 d 和 δ 如下:

$$\begin{aligned} d &= (\lambda - \mu)^2 + 4(k - \mu), \\ \delta &= (k + l)(\lambda - \mu) + 2k. \end{aligned} \tag{4.4.4}$$

则 G 的邻接阵A 有重数是 1 的最大特征值 k,并且 A 恰有两个附加的特征值

$$\begin{aligned} \rho &= \frac{1}{2}(\lambda - \mu + \sqrt{d}) \geqslant 0, \\ \sigma &= \frac{1}{2}(\lambda - \mu - \sqrt{d}) \leqslant -1, \end{aligned} \tag{4.4.5}$$

它们的重数分别是

$$\begin{aligned} r &= \frac{1}{2}\left(k + l - \frac{\delta}{\sqrt{d}}\right), \\ s &= \frac{1}{2}\left(k + l + \frac{\delta}{\sqrt{d}}\right). \end{aligned} \tag{4.4.6}$$

证　因 G 是一个连通图且非完全图,故 A 至少有 3 个不同的特征值. 由推论 1.3.3 可知,A 的最大特征值是k,注意到 A 是不可约,由 Perron-Frobenius 定理,k 的重数是 1.

用 $A - kI$ 乘(4.4.2),得

$$(A - kI)(A^2 - (\lambda - \mu)A - (k - \mu)I) = 0.$$

于是(4.4.5)的 ρ 和σ 是A 的特征值.

若 $d = 0$,则 $\lambda = \mu = k$,这与 $\lambda \leqslant k - 1$(因 G 是k 正则)矛盾. 于是,$d \neq 0$ 又

$\rho>\sigma$.注意到参数 λ 和 μ 用量 $k>\rho>\sigma$ 表达如下:

$$\lambda=k+\rho+\sigma+\rho\sigma,\quad \mu=k+\rho\sigma.$$

我们知道:$\mu\leqslant k$ 使得 $\rho\geqslant 0$ 且 $\sigma\leqslant 0$.但 $\sigma=0$ 导出 $\lambda=k+\rho$,这便和 $\lambda\leqslant k-1$ 矛盾. 因此,有 $\rho\geqslant 0$ 且 $\sigma<0$.

现在,考虑 G 的补图 $\bar{G}$.由一些简单计算可得:对于 $\bar{G}$ 有

$$\bar{d}=d,\quad \bar{\rho}=-\sigma-1,\quad \bar{\sigma}=-\rho-1,$$

又对 $\bar{G}$,有 $\bar{\rho}\geqslant 0$.因此,便得结论 $\rho\geqslant 0$ 且 $\sigma\leqslant -1$.

最后,令 r 和 s 分别是 ρ 和 σ 的重数,则有

$$r+s=n-1.$$

因 A 有零迹,故

$$k+r\rho+s\sigma=0.$$

解这些关于 r 和 s 的方程,便得(4.4.6).证毕.

注意到 r 和 s 应是整数,因此,(4.4.6)给出了强正则图的参数的一些整性关系.(4.4.6)又称为强正则图的整性条件(integrality condition).这是在组合矩阵论中,研究强正则图的有力工具.运用它,我们(张德龙,柳柏濂,谭尚旺[23])曾证明:恰有 3 个强 4-正则连通图,它们是 $K_{4,4}$,$K_{2,2,2}$ 和 $L(K_{3,3})$.

关于强正则图参数之间的关系,我们还有如下定理.

定理 4.4.3 设 G 是一个(n,k,λ,μ)强正则图.

(1) 若 $\delta=0$,则

$$\lambda=\mu-1,\quad k=l=2\mu=r=s=(n-1)/2. \tag{4.4.7}$$

(2) 若 $\delta\neq 0$,则 $\sqrt{d}$ 是一个整数且特征值 ρ 和 σ 也是整数.又若 n 是偶数,则 $\sqrt{d}\mid\delta$,这里 $2\sqrt{d}\nmid\delta$.若 n 是奇数,则 $2\sqrt{d}\mid\delta$.

证 若 $\delta=0$,则由(4.4.4),$k+l=2k/(\mu-\lambda)>k$.于是 $0<\mu-\lambda<2$.同时有 $\lambda=\mu-1$.(4.4.7)的第二式,可由(4.4.3)和(4.4.6)导出.

若 $\delta\neq 0$,则定理中(2)的结论可直接由(4.4.5)和(4.4.6)得出.证毕.

满足(4.4.7)式的强正则图称为会议图(conference graph).它和自身的补图有同样参数.

由定理 4.4.2 的证明中,我们可以看到,一个强正则图恰好有 3 个特征值 k,ρ,σ.上述结论,部分是可逆的.即如下定理.

定理 4.4.4 一个正则连通图 G 是强正则的,当且仅当它恰好有 3 个特征值 k,ρ,σ.

对于本原强正则图,我们研究了它的本原指数.

定理 4.4.5(柳柏濂,姜文[24]) 设 g 是本原强正则图 G 的围长,且 g 是奇

数,则 $\gamma(G)=g-1$.

作为定理 4.4.2 的一个应用,我们来证明本节开头提到的友谊定理.这里,采用 Cameron 在 1978 年给出的证明[25].

设 G 是如定理条件所描述的一个图.令 a 和 b 是 G 中不相邻的顶点,则有唯一的一个顶点 c,它与 a 和 b 均相邻. 也有唯一的顶点 $d\neq b$ 和 $e\neq a$,其中 d 和顶点 a 和 c 相邻,e 和顶点 b 和 c 相邻.

若 x 是任意一个与 a 相邻而异于 c 和 d 的顶点,则存在唯一的顶点 y,$y\neq c$,$y\neq e$,它与 x 和 b 同时相邻.把 a 和 b 互换,类似的结论仍然成立.因此顶点 a 和 b 的度相等.

现假设 G 不是一个正则图.令 a 和 b 是度不相等的两个顶点,并令 c 是与 a 和 b 均相邻的唯一顶点.由上面的论证可知,a 和 b 是相邻的.

我们不妨设 a 和 c 的度不等(必要时,可 a 和 b 互换).令 d 是任意另外一点,则 d 至少与 a 和 b 中之一个点相邻,否则,由上面证得结论,a 与 b 的度相等,b 与 d 的度亦相等,故 a 与 b 的度相等,这与 a 和 b 的度不等矛盾.类似,d 至少与 a 和 c 中的一点相邻.但 d 不与 b 与 c 相邻,因为 a 已经跟 b 和 c 相邻.因此,d 与 a 相邻.这就得到:G 是由有公共顶点 a 的某些三角形所构成.

于是,我们可以设 G 是一个 k-正则图.由定理的条件知,有一个强正则图 $\lambda=\mu=1$.由定理 4.4.2,得到 $s-r=\delta/\sqrt{d}=k/\sqrt{k-1}$ 是一个整数.但由 $(k-1)\mid k^2$,容易得知,唯一的可能是 $k=0$ 和 $k=2$.这便是一个弧立点及一个三角形的情形.证毕.

1978 年,C. W. H. Lam 和 J. H. van Lint[26]曾考虑友谊定理在无环有向图中的推广.

一个更一般的问题是:是否存在一个 n 阶无环有向图 $D=(V,X)$,它的任意两个相异顶点,都存在唯一的一条从一个顶点到另一个顶点的长为 k 的途径,而任意两个相同顶点之间不存在长为 k 的途径,这样的图称为 k-友谊图(k-friendship graph).

当 $n=2$ 时,对于任意的奇数 k,一个长为 2 的圈,就是 2 阶 k-友谊图.

现在,我们考察 n 阶 k-友谊图 D 的邻接矩阵 A.显然,A 满足

$$A^k = J - I. \tag{4.4.8}$$

于是

$$A^{k+1}=AJ-A=JA-A.$$

由此得

$$AJ = JA = cJ, \tag{4.4.9}$$

这里 c 是一个整数,即 A 有相同的行和与列和(等于 c),图 D 的每个顶点有入度和出度 c.

用 J 乘(4.4.8)两边,并应用(4.4.9)得

$$A^kJ = c^kJ = (n-1)J,$$

即

$$n = c^k + 1. \tag{4.4.10}$$

(4.4.10)是存在 n 阶(0,1)阵 A 的必要条件.

我们试考察特殊情况 $k=3$,则 $n=c^3+1$,$J-I$ 的特征值有一个是 c^3,有 $n-1$ 个是 -1. 由(4.4.9)知,A 有特征值 c,其余的特征值是

$$\rho = \frac{1}{2} + \frac{1}{2}i(3^{\frac{1}{2}}), \quad 设重数是 a,$$

$$\bar{\rho} = \frac{1}{2} - \frac{1}{2}i(3^{\frac{1}{2}}), \quad 设重数是 b,$$

$$-1, \qquad 重数是 n-1-a-b.$$

因 $\operatorname{tr} A = 0$,故必有 $a=b=\frac{1}{3}(c^3-c)$. 由此

$$\operatorname{tr} A^2 = c^2 + a(\rho^2 + \bar{\rho}^2) + (c^3 - 2a) = c^2 + c. \tag{4.4.11}$$

我们先建立下列引理.

引理 4.4.6[26] 设 c^3+1 阶的有向图 D 的邻接阵 A 满足 $A^3 = J-I$,则 D 包含 $\frac{1}{2}(c^2+c)$ 个 2-圈(长为 2 的有向圈),并且这些 2-圈不交,两个 2-圈之间也没有一条弧相连.

证 由(4.4.11),在 A^2 的主对角线上恰有 c^2+c 个 1. 若 A^2 的主对角线上第 i 个元是 1,则有一个 j,使得有弧 (i,j),(j,i),这里 $i,j\in V(D)$. 于是顶点 i,j 形成一个 2-圈,A^2 的主对角线的第 j 个元也是 1. 这便证明了 D 包含 $\frac{1}{2}(c^2+c)$ 个 2-圈.

设 $i,j,k,r\in V(D)$,i,j 形成一个 2-圈,k,r 又形成一个 2-圈,则 i 到 k 不能有弧,否则 i,k,r,k 和 i,j,i,k 将是两条从 i 到 k 的长为 3 的途径. 矛盾!

于是,我们可以断言如下结论.

定理 4.4.7[26] 对任何的偶数 k,不存在 k-友谊图.

证 我们只需证明:k 是偶数时,方程(4.4.8)无解. 设 $k=2l$. 假若 A 是(4.4.8)的解,则 A^l 也是满足 $(A^l)^2 = J-I$. 因此,只须证明方程(4.4.8)当 $k=2$ 时无解. 由(4.4.10),对 $k=2$,(4.4.8)的解 A 有阶 $n=c^2+1$. 则 A 的特征值是

c(1 重),i 和 $-i$(重数相等),这便导出 $\operatorname{tr} A = c$,矛盾!

现在,我们考察 k 为奇数的情形. 在给出(4.4.8)的一个一般解之前,先研究一个特殊情形:$k=3,n=9$,即 $c=2$. 由引理 4.4.5,在 3-友谊图中有 3 个不交 2-圈,这些 2-圈中的 6 个顶点的每一个的出度,入度均等于 2. 又由引理 4.4.5,与 2-圈相连的 12 条弧均以其余的 3 个点为端点. 于是,此 3 点的总度数(出度与入度之和)是 12,它们之间不能再有弧相连. 因此,它们的每一个点必与每个 2-圈相连,通过分析,我们不难得到一个合乎要求的图 D(见图 4.4.2).

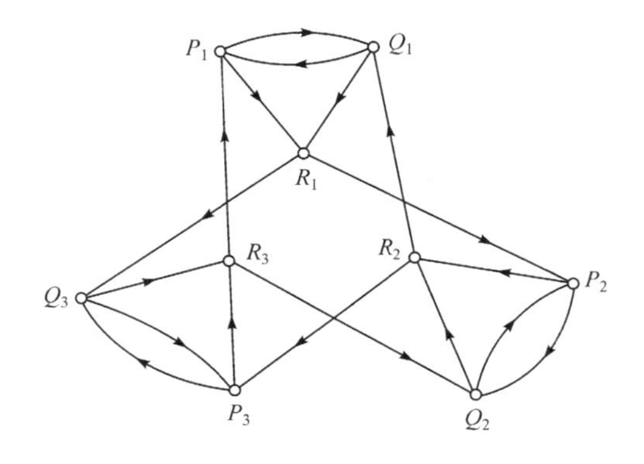

图 4.4.2

这里,$P_i, Q_i, R_i (i=1,2,3)$表示图 D 的顶点. 作 D 的邻接矩阵,按行号(列号)把 $P_1, P_2, P_3, Q_1, Q_2, Q_3, R_1, R_2, R_3$ 的顺序排列,得

$$A(D) = \begin{pmatrix} 0 & I & I \\ I & 0 & I \\ c & c^2 & 0 \end{pmatrix},$$

这里,矩阵中的每一个元素代表一个 3 阶子方阵,0 和 I 分别表零阵和单位阵,而 c 是$\{1,2,3\} \to \{2,3,1\}$的一个置换阵. 由图 4.4.2 可见,3 阶循环群是 D 的一个自同构群,又

$$(P_1, P_2, P_3, Q_1, Q_2, Q_3, R_1, R_2, R_3) \to (Q_1, Q_3, Q_2, P_1, P_3, P_2, R_1, R_3, R_2)$$

亦是 D 的一个自同构,于是 6 阶二面体群是 D 的自同构群.

现在,我们考虑 $A^k = J - I$(k 是奇数)的解. 设 $n = c^k + 1$,定义 n 阶置换矩阵 $P_v = (p_{ij})$如下:

$$p_{ij}=\begin{cases}1, & 若\ j\equiv v-ci(\bmod n),\\ 0, & 其余\end{cases}\quad (0\leqslant i\leqslant n-1,0\leqslant j\leqslant n-1).$$

构作矩阵

$$A=\sum_{v=1}^{c}P_v. \tag{4.4.12}$$

事实上,A 是一个这样的 n 阶(0,1)阵,它的第一行是$(0,\underbrace{1,1,\cdots,1}_{c个},0,0,\cdots,0)$,其余第 $i+1$ 行是把第 i 行的 c 个 1 向左平移一个位置($i=1,2,\cdots,n-1$). 我们将证明:A 满足(4.4.8).

记 $P_{\alpha_1\alpha_2\cdots\alpha_k}=P_{\alpha_1}P_{\alpha_2}\cdots P_{\alpha_k}$,则 $A^k=\sum P_{\alpha_1\alpha_2\cdots\alpha_k}$,这里求和是对所有跑遍笛卡儿积$\{1,2,\cdots,c\}^k$ 的$(\alpha_1,\alpha_2,\cdots,\alpha_k)$. 由定义可知,$P_v$ 是对应于 $x\to -cx+v$ 的置换矩阵,而 $P_{\alpha_1\alpha_2\cdots\alpha_k}$对应于置换

$$x\to(-c)^kx+\sum_{i=1}^{k}\alpha_i(-c)^{k-i}\quad(\bmod n). \tag{4.4.13}$$

现在,我们证明如下定理.

定理 4.4.8[26] 矩阵(4.4.12)满足 $A^k=J-I$,k 是奇数.

证 考察置换(4.4.13),注意到$(-c)^k\equiv 1(\bmod n)$(见(4.4.10)式). 若$(\alpha_1,\alpha_2,\cdots,\alpha_k)\in\{1,2,\cdots,c\}^k$,则

$$1\leqslant\left|\sum_{i=1}^{k}\alpha_i(-c)^{k-i}\right|\leqslant c^k=n-1.$$

同样,

$$\left|\sum_{i=1}^{k}\alpha_i(-c)^{k-i}-\sum_{i=1}^{k}\beta_i(-c)^{k-i}\right|\leqslant(c-1)\sum_{i=1}^{k}c^{k-i}=n-2.$$

由此

$$\sum_{i=1}^{k}\alpha_i(-c)^{k-i}\equiv\sum_{i=1}^{k}\beta_i(-c)^{k-i}(\bmod n).$$

于是,仅当$(\alpha_1,\cdots,\alpha_k)=(\beta_1,\cdots,\beta_k)$时,上式左、右两个和相等. 因此,若$(\alpha_1,\cdots,\alpha_k)$跑遍$\{1,2,\cdots,c\}^k$,置换(4.4.13)形成置换 $x\to x+\gamma(1\leqslant\gamma<n)$的集合. 这便证明了定理.

于是,我们得到了,对奇数 k,k-友谊图的一个一般构造.进一步,我们可以证明如下定理.

定理 4.4.9[26]　$2(c+1)$阶的二面体群是对应于矩阵(4.4.12)的有向图 D 的自同构群.

证　(1) P_v 定义一个置换 $x\to -cx+v$,把 $x=y+\lambda(c^k+1)/(c+1)$代入,可得置换 $y\to -cy+v$.因此,对 $\lambda=0,1,2,\cdots,c$,可以找到一个置换保持 A 不变.这些变换形成一个 c 阶循环群.

(2) 仿照同样的方法,我们找到变换

$$x=1-y+\lambda(c^k+1)/(c+1).$$

把 P_v 映射到 $y\to -cy+(c+1-v)$,这仍然保持 A 不变.

综上所述,便得一个作用在 D 上的二面体群.

1988 年,Duval[27]进一步把强正则图推广到有向强正则图,并得到相应的整性条件和参数间的不等关系,近年来,不少数学家对有向强正则图的性质及存在性作了深入的研究[28].

下面的两类强正则图在图分类上有重要意义.

在 1.4 节,我们提过的三角图 $T(m)$是完全图 $K_m(m\geqslant 4)$的线图.$T(m)$的顶点可看作是$\{1,2,\cdots,m\}$的 2 元子集,两个顶点在 $T(m)$相邻,即对应的 2-子集有一个非空的交.$T(m)$是一个有下列参数的强正则图.$n=m(m-1)/2$,$k=2(m-2)$,$\lambda=m-2$,$\mu=4$.

格图 $L_2(m)$(lattice graph)是完全二部图 $K_{m,m}(m\geqslant 2)$的线图,它也是一个强正则图,其参数是 $n=m^2$,$k=2(m-1)$,$\lambda=m-2$,$\mu=2$.

下面是关于强正则图的两个重要的分类定理.

定理 4.4.10(张里千[29,30],Hoffman[31])　设 G 是一个$(m(m-1)/2,2(m-2),m-2,4)$的强正则图,$(m\geqslant 4)$.若 $m\neq 8$,则 G 同构于一个三角图 $T(m)$;若 $m=8$,则 G 同构于四个图之一,其中一个是 $T(8)$.

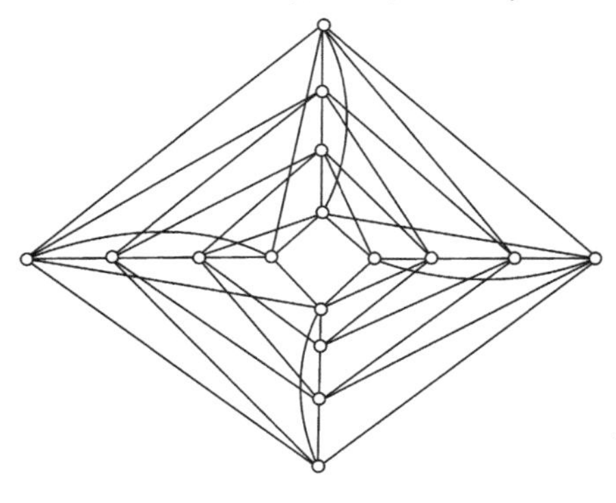

图 4.4.3

定理 4.4.11(Shrikhande[32])　设 G 是一个$(m^2,2(m-1),m-2,2)$的强正则图,$m\geqslant 2$.若 $m\neq 4$,则 G 同构于格图 $L_2(m)$.若 $m=4$,则 G 同构于$L_2(4)$或如图 4.4.3 的一个图.

强正则图有强烈的组合背景和广阔

的应用前景. Bose 在他研究强正则图的原始论文[21]中就把它与部分几何(partial geometries)和部分平衡区组设计联系起来.

带参数$(R,K,T)(R>1,K>1)$的部分几何是"点"集和"线"集组成,点和线的联结关系由下列公理确定:

(1) 每个点与 R 条线相连,每条线上有 K 个点.

(2) 两点之间至多有一线相连(两条线至多有一个公共点).

(3) 若一个点 p 不在一条线L 上,则 p 与L 上的恰好T 个点共线(即有 T 个相邻点线对(q,p)使 q 在L 上,p 在M 上).

反之,我们把一条线与在它上面的点集视作一样,按照上述公理(2),不同的线上有不同的点集.部分几何有对偶性,即点与线可互换.(R,K,T)的部分几何可看作(K,R,T)的部分几何.

部分几何的点图(point-graph)是这样的一个图:它的顶点对应于几何的点,它的边对应于共线点对.由计算可以验证:G 是一个强正则图,其参数是 $n=1+R(K-1)+(R-1)(K-1)(K-T)T^{-1}$,$k=R(K-1)$,$\lambda=K-2+(R-1)(T-1)$,$\mu=RT$.对偶地,有一个强正则"线图",即对偶几何的点图.

至于组合设计与强正则图,有着更紧密的联系.

设 k 和 t 是非负整数,λ 是正整数,$X=\{x_1,x_2,\cdots,x_v\}$,则 X 的子集 $X_1,\cdots,X_b$ 称为构成一个 t-设计,如果它们满足下述两个条件:

①每个 X_i 都是k 元集.

②对 X 的每个t 元子集 T,恰有 $X_1,X_2,\cdots,X_b$ 的λ 个包含 T.

一个 t-设计通常记为t-(v,k,λ)设计.若 $b=v$,设计称为是对称的.$b\times v(0,1)$阵 $A=(a_{ij})$,其中 $x_j\in X_i$ 时,$a_{ij}=1$;$x_j\notin X_i$ 时$a'_{ij}=0$,称为设计的关联矩阵.

一个(v,k,λ)图定义为这样的一个强正则图 G,它有 v 个顶点,满足条件:$\lambda=\mu$.也就是,G 的每个顶点与k 个其余的顶点相邻.任何两个顶点(相邻或不相邻的)同时与 λ 个顶点相邻.从这个图,我们可以得到一个 2-(v,k,λ)设计或称平衡不完全区组设计(balanced imcomplete block design).方法是:对于每一个顶点 x,选择区组是与 x 邻接的k 个顶点集.这个设计是对称的.可是,不是每个对称设计都可以从一个(v,k,λ)图构造出来.上述友谊定理表明:一个三角形是唯一的(v,k,λ)图$(\lambda=1)$.当 $\lambda>1$ 时,定理 4.4.11 中的 $L_2(4)$及图 4.4.3($(v,k,\lambda)=(16,6,2)$)也是(v,k,λ)图.

一个满足 $T=K$ 的部分几何是一个 2-$(v,K,1)$的设计,它的线图是强正则的.由观察可知,在这样的一种设计中,任何两个区组至多有一个公共点(元).1970 年,Goethals 和 Seidel[33]做了一个有趣的推广.他们引进了一个称为拟对称

(quasisymmetric)的概念,一个 2-设计称为拟对称的,如果有不同的整数 α 和 β,使得每两个区组有 α 或 β 个公共点(我们假设两个值都出现,即此设计是非对称的).一个设计的块图(block graph)是这样的一个图,它的顶点对应于区组,两个区组有 α 个公共点,则对应的顶点相邻. Goethals 和 Seidel[33]证明了:这样的图是强正则图.由此,也可由区组设计构作强正则图.例如,从熟知的 4-(23,7,1)设计和与它有关的设计,可以构作出 56,77,120,176 和 253 阶的强正则图.

4.5　矩阵和行列式的组合定义

已经熟知,全体 n 阶布尔矩阵集合 B_n 与 n 阶有向图的集合可以建立一一对应.基于这一对应,有向图成了研究布尔矩阵幂敛指数的有力工具.

现在,我们把 n 阶布尔矩阵集合扩充成一般的矩阵集,即考察定义在复数域上的 $m\times n$ 阶矩阵.

令

$$A=\begin{pmatrix} a_{11} & a_{12} & \cdots & a_{1n} \\ a_{21} & a_{22} & \cdots & a_{2n} \\ \vdots & \vdots & & \vdots \\ a_{m1} & a_{m2} & \cdots & a_{mn} \end{pmatrix},$$

其中 $a_{ij}\in\mathbf{C}$(复域).

记 $\mathbf{Z}_k=\{1,2,\cdots,k\}$.则 A 可以看作是定义在 $\mathbf{Z}_m\times\mathbf{Z}_n$ 上的一个二元函数,其值域是 $\mathbf{C}$,即 $f=f_A:\mathbf{Z}_m\times\mathbf{Z}_n\to C$.于是

$$\mathrm{Ker}f=\{(i,j):f(i,j)=0\}.$$

我们可以用一个(m,n)二部图去描述 $\mathrm{Ker}f$,即一个二部图 $G=(V,E)$的两部分点集 $V_1=\{1,2,\cdots,m\}$及 $V_2=\{1,2,\cdots,n\}$(严格来说,应是$\{1',2',\cdots,n'\}$),$V(G)=V_1\cup V_2$,边$[i,j]\in E(G)$(严格来说是弧$(i,j)\in E(G)$)当且仅当$f(i,j)=0$,其中$(i,j)\in\mathbf{Z}_m\times\mathbf{Z}_n$.易见,$G$ 是完全二部图$K_{m,n}$的生成子图.

我们可以把上述 G 在$K_{m,n}$下的补图$\overline{G}$赋权,即边(i,j)赋权 a_{ij},而 $a_{ij}=0$ 看作赋权是 0,点 $i\in V_1$ 与点 $j\in V_2$ 之间无边,我们称$\overline{G}$是A 的(赋权)二部图.事实上,若把上述的 G 记为 $\mathrm{Ker}f$,则 A 的赋权二部图可记为$\overline{\mathrm{Ker}f}$.

例如,矩阵

$$A=\begin{pmatrix} 2 & -3 & 0 & 0 \\ 0 & 1.2 & 0 & -1 \\ 5 & 0 & 3 & -6 \end{pmatrix}$$

的赋权二部图$\overline{\mathrm{Ker}f}$,如图 4.5.1.

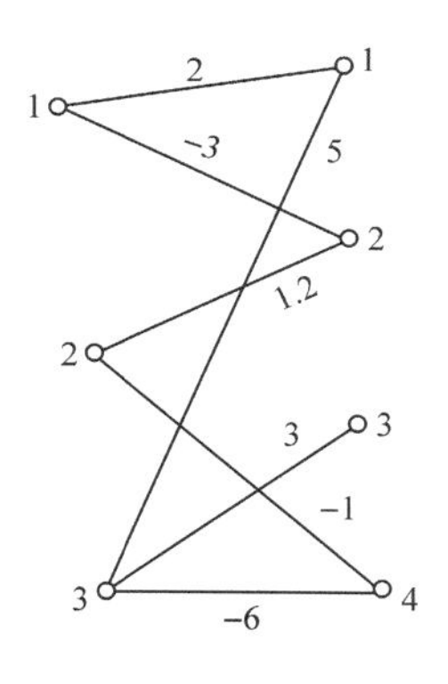

图 4.5.1

如果 $m=n$,A 是一个 n 阶方阵,仿照 1.1 节所述,我们可以用一个带权的有向图表示一个矩阵.例如,矩阵

$$A=\begin{pmatrix}2 & -3 & 0 & 0\\ 0 & 1.2 & 0 & -1\\ 5 & 0 & 3 & -6\\ 3 & 1 & -1 & 0\end{pmatrix}$$

可以表示成下列赋权有向图$\overline{\mathrm{Ker}f}$.显然,对于 n 阶对称方阵,我们可以用一个赋权的容许带环的 n 阶无向图表示为图 4.5.2.

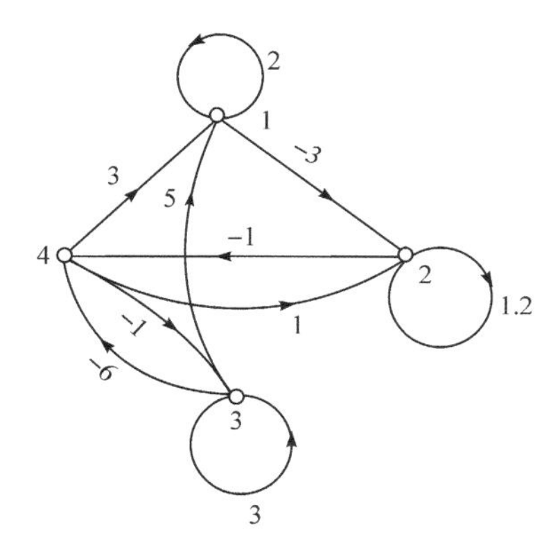

图 4.5.2

在矩阵论中,矩阵的秩和特征值是两个最基本的概念,而这两个概念都是以行列式的概念为基础的:

一个矩阵 A 的秩等于满足下列条件的最大子矩阵的阶

$$\det B \neq 0.$$

一个方阵 A 的特征值是下列方程的根

$$\det(\lambda I - A) = 0.$$

行列式是最基本的矩阵函数,我们考察它的组合性定义.

设 $A=(a_{ij})$是一个 n 阶矩阵,A 的行列式的代数定义是

$$\det A = \sum_{\pi \in S_n} (\operatorname{sgn}\pi) a_{1\pi(1)} a_{2\pi(2)} \cdots a_{n\pi(n)}, \tag{4.5.1}$$

这里,求和是跑遍对称群 S_n 的所有置换 π. 当 π 是偶或奇置换时,$\operatorname{sgn}\pi$ 分别是 $+1$ 和 -1.

用赋权的二部图或赋权的有向图,我们可以表示出 A 的行列式.

1. 行列式的二部图形式.

我们考察一个完全二部图 $K_{n,n}=(V,E)$,其中 $V(K_{n,n})=V_1 \cup V_2$, $V_1=\{1,2,\cdots,n\}$, $V_2=\{\pi(1),\pi(2),\cdots,\pi(\mathrm{n})\}$. 对称群 S_n 中的每一个置换 π 都对应于$K_{n,n}$的 1-因子(完美匹配)

$$F_\pi = \{(1,\pi(1)),(2,\pi(2)),\cdots,(n,\pi(n))\}.$$

易见,在 S_n 和$K_{n,n}$的 1 因子之间,存在着一个 1-1 对应. 在 A 的赋权有向图中,每一边都有权(无边即赋权为 0). 我们用这些权来定义一个 1 因子 F_π的权如下

$$W_t F_\pi = (\operatorname{sgn}\pi) \cdot (F_\pi \text{中的边的权之积}).$$

记 $K_{n,n}$的所有 1 因子的集为 $\mathscr{F}_n$,定义 $W_t \mathscr{F}_\pi = \sum_{F_\pi \in \mathscr{F}_n} W_t F_\pi$, 则 A 的行列式等于 $\mathscr{F}_n$ 的权,即 $\mathscr{F}_n$ 中每个元的权之和,

$$\det A = W_t \mathscr{F}_n.$$

例如,若 A 是一个非奇异 n 阶矩阵,则存在一个 n 阶置换阵 P 和 Q,使得

$$PAQ = \begin{pmatrix} * & 0 & \cdots & 0 & 0 \\ * & * & \cdots & 0 & 0 \\ \vdots & \vdots & & \vdots & \vdots \\ * & * & \cdots & * & 0 \\ * & * & \cdots & * & * \end{pmatrix}$$

是一个下三角阵当且仅当 A 的赋权二部图恰有一个带非零权的 1 因子.

2. 行列式的有向图形式. 记 $\overleftrightarrow{K}_n$ 是一个 n 阶完全有向图(即顶点集为$\{1,2,\cdots,n\}$,并包含所有弧(i,j) $i,j=1,2,\cdots,n$). 对称群 S_n 中的每一个置换 π 对应于$\overleftrightarrow{K}_n$ 的这样的 n 条弧的集合 F_π;F_π 中恰有一条弧进入$\overleftrightarrow{K}_n$ 的每个顶点,也恰有

一条弧跑出$\overleftrightarrow{K}_n$的每个顶点——这样的 n 条弧的集合称为$\overleftrightarrow{K}_n$的 1 因子.

易见,在 S_n 的置换和$\overleftrightarrow{K}_n$的 1 因子之间存在一个 1-1 对应.在 A 的赋权有向图中,每条弧有一个权.我们用这些权来定义 1 因子 F_π 的权如下.

1 因子 F_π 是$\overleftrightarrow{K}_n$的一组不相交有向圈的生成集,即一组两两没有公共顶点的圈,经过$\overleftrightarrow{K}_n$的每个顶点一次且仅仅一次.一个有向圈 C 的权定义为

$$W_tC = -(C \text{ 中所有弧的权的积}),$$

1 因子 F_π 的权定义为

$$W_tF_\pi = F_\pi \text{ 中所有圈的权的积}.$$

设 F_π 有 $k \geqslant 1$ 个有向圈,则

$$(-1)^k = (-1)^n(-1)^{n-k} = (-1)^n \operatorname{sgn}\pi.$$

因而

$$W_tF_\pi = (-1)^n(\operatorname{sgn}\pi) \quad (F_\pi \text{ 的弧的权之积}). \tag{4.5.2}$$

记 $\mathscr{D}_n$ 是$\overleftrightarrow{K}_n$中所有 1 因子的集.$W_t\mathscr{D}_n$ 是 $\mathscr{D}_n$ 中所有的 F_π 的权之和,则

$$\det A = (-1)^n W_t\mathscr{D}_n$$

或

$$\det(-A) = W_t\mathscr{D}_n.$$

让我们用一个例子说明上述定义.例

$$A = \begin{pmatrix} 0 & 0 & 0 & a_{14} & a_{15} & 0 \\ a_{21} & 0 & a_{23} & 0 & 0 & 0 \\ 0 & 0 & 0 & 0 & 0 & a_{36} \\ 0 & 0 & 0 & a_{44} & 0 & 0 \\ 0 & a_{52} & 0 & a_{54} & 0 & 0 \\ 0 & 0 & a_{63} & 0 & a_{65} & 0 \end{pmatrix}.$$

A 的赋权有向图 $D(A)$ 是图 4.5.3.

$D(A)$ 仅有一个 1 因子 $F_\pi = \{(15)(52)(21),(36)(63),(44)\} = \{(1\ 5\ 2\ 1),(3\ 6\ 3),(4\ 4)\}$,或者表成图 4.5.4.

于是

$$W_tF_\pi = (-a_{15}a_{52}a_{21})(-a_{36}a_{63})(-a_{44}) = -a_{15}a_{21}a_{36}a_{44}a_{52}a_{63}.$$

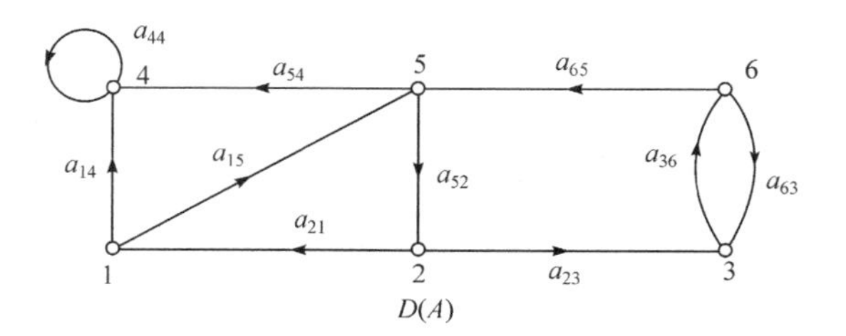

图 4.5.3

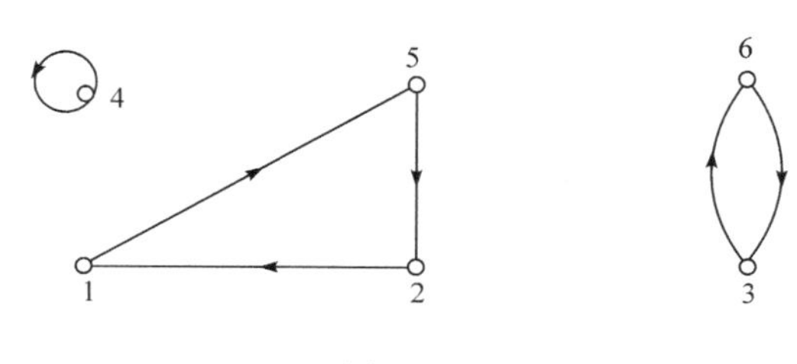

图 4.5.4

注意到 $\pi=(1\ 5\ 2\ 1)(3\ 6\ 3)(4\ 4)$是一个奇置换,故上述 W_tF_π 的计算与(4.5.2)的结果是一致的.

这里,我们又可得

$$\det A=(-1)^6W_t\mathscr{D}_6=W_tF_\pi=-a_{15}a_{21}a_{36}a_{44}a_{52}a_{63}.$$

设 I_n 表示 n 阶单位阵,则 $\det(I_n-A)$是 $-A$ 的所有主子矩阵的行列式之和.设 $\mathscr{D}_n^*$ 是 $\vec{K}_n$ 的所有子图的 1 因子所成的集,则

$$\det(I_n-A)=W_t\mathscr{D}_n^*.$$

一般来说,在研究涉及矩阵 A 的秩问题时,注意到 A 与 PAQ(这里 P,Q 是置换阵)有相同的秩,而 A 与 PAQ 也有同构的二部图,因此,我们多采用 A 的赋权二部图形式.而在研究矩阵 A 的特征值时,A 与 PAP^{T}(P 为置换阵)有相同的特征值,我们多采用 A 的有向图,因为 A 和 PAP^{T}的有向图也是同构的.

作为对于行列式组合定义的一个应用,我们考察关于行列式的矩阵因子分解问题.

Jurkat 和 Ryser 证明了如下定理.

定理 4.5.1(Jurkat, Ryser[34]) 一个 n 阶矩阵(方阵)A 的行列式,可以表示成 n 个矩阵的乘积,即

$$\det A=W^{(1)}W^{(2)}\cdots W^{(n-1)}W^{(n)}.$$

因为行列式是纯量,故 $W^{(1)}$ 的行数是 1, $W^{(n)}$ 的列数是 1.

最近,Brualdi 和 Shader[35] 用所谓等级偏序集(graded poset)的思想给出了上述结论的一个简短的组合证明.

我们这样来定义等级偏序集 P: P 的元素是 $\{1,2,\cdots,n\}$ 的子集,以包含关系"$\subset$"为偏序,以其基数来分级.

令 P_i 是 $\{1,2,\cdots,n\}$ 的所有 i 元子集的族 $(i=0,1,\cdots,n)$,再把 P_i 中的所有子集按某种方式,例如按字典序,排列成 $a_1^{(i)},a_2^{(i)},\cdots,a_{\binom{n}{i}}^{(i)}$. P 中长为 n (也是最大可能长)的链形如

$$\varnothing = a_{i_0}^{(0)} \subset a_{i_1}^{(1)} \subset a_{i_2}^{(2)} \subset \cdots \subset a_{i_n}^{(n)} = \{1,2,\cdots,n\}. \qquad (4.5.3)$$

记 $a_{i_k}^{(k)}$ 中唯一不属于 $a_{i_{k-1}}^{(k-1)}$ 的元素为 $j_k(k=1,\cdots,n)$,则

$$\begin{pmatrix} 1 & 2 & \cdots & n \\ j_1 & j_2 & \cdots & j_n \end{pmatrix} \qquad (4.5.4)$$

是 $\{1,2,\cdots,n\}$ 的一个置换. 反之,给定一个置换(4.5.4)就可得到一个链(4.5.3),其中规定 $a_{i_0}^{(0)}=\varnothing$, $a_{i_k}^{(k)}=\{j_1,\cdots,j_k\}(k=1,2,\cdots,n)$.

我们用 $n\times n$ 矩阵 $A=(a_{ij})_{n\times n}$ 给子集偶 $(a_k^{(i-1)},a_l^{(i)})$ 赋权 $w_{kl}^{(i)}$,这里 $a_k^{(i-1)}$ 是 P_{i-1} 中的一个 $(i-1)$ 元子集, $a_l^{(i)}$ 是 P_i 中的一个 i 元子集, $w_{kl}^{(i)}$ 规定为

$$w_{kl}^{(i)}=\begin{cases} 0, & \text{若 } a_k^{(i-1)} \not\subset a_l^{(i)}; \\ (-1)^{c_j}a_{ij}, & \text{若 } a_k^{(i-1)}\cup\{j\}=a_l^{(i)}, \text{且 } a_k^{(i-1)} \text{中有 } c_j \text{ 个元大于 } j. \end{cases}$$

我们称 $\binom{n}{i-1}\times\binom{n}{i}$ 矩阵

$$W^{(i)}=\left(w_{kl}^{(i)}:k=1,\cdots,\binom{n}{i-1};l=1,\cdots,\binom{n}{i}\right)$$

为关于 P_{i-1} 和 P_i 的赋权关联矩阵 $(i=1,\cdots,n)$. 注意: $W^{(i)}$ 的元只与 A 的第 i 行的元有关.

现在,我们定义链(4.5.3)的权为

$$w_{i_0i_1}^{(1)}w_{i_1i_2}^{(2)}\cdots w_{i_{n-1}i_n}^{(n)}. \qquad (4.5.5)$$

若(4.5.3)对应于(4.5.4)的置换 π,设 π 的逆序数是 $\mathrm{inv}(\pi)$,则(4.5.5)等于

$$(-1)^{\mathrm{inv}(\pi)}a_{1j_1}a_{2j_2}\cdots a_{nj_n}=(\mathrm{sgn}\pi)\prod_{i=1}^{n}a_{i\pi(i)}.$$

以 $\mathscr{C}_n$ 表示 P 中所有长为 n 的链的集,则有

$$\det A = \mathscr{C}_n \text{ 的权} \qquad (4.5.6)$$

($\mathscr{C}_n$ 的权即其中所有链的权之和).

另一方面,乘积矩阵

$$W^{(1)}W^{(2)}\cdots W^{(n)}$$

是 1×1 的,它的值是

$$\sum_{i_{n-1}}\cdots\sum_{i_2}\sum_{i_1}w_{1i_1}^{(1)}w_{i_1i_2}^{(2)}\cdots w_{i_{n-1}1}^{(n)}.$$

由于当$\varnothing=a_{i_0}^{(0)},a_{i_1}^{(1)},\cdots,a_{i_{n-1}}^{(n-1)},a_{i_n}^{(n)}=\{1,\cdots,n\}$不是链时,乘积 $w_{1i_1}^{(1)}w_{i_1i_2}^{(2)}\cdots w_{i_{n-1}i_n}^{(n)}$是零,便可得到

$$\mathscr{C}_n \text{ 的权} = W^{(1)}W^{(2)}\cdots W^{(n)}, \tag{4.5.7}$$

综合(4.5.6)、(4.5.7)得

$$\det A = W^{(1)}W^{(2)}\cdots W^{(n)}. \tag{4.5.8}$$

这是行列式的一个矩阵因子分解.

例 设 $n=3$,则偏序集 P 的赋权图是在P 的通常的 Hasse 图的各边算出相应的权(但 0 权不标出).

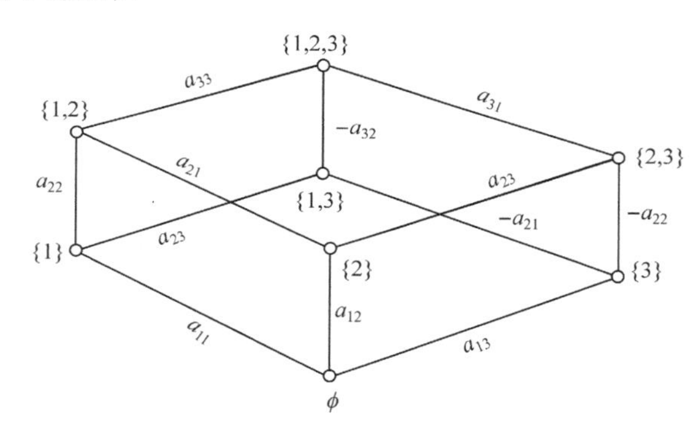

图 4.5.5

由$\varnothing$到$\{1,2,3\}$有 6 条长为 3 的链.例如,链$\varnothing\subset\{3\}\subset\{1,3\}\subset\{1,2,3\}$对应于置换$\begin{pmatrix}1&2&3\\3&1&2\end{pmatrix}$或简写为 3,1,2.

现考察形如(4.5.8)的因子分解

$$W^{(1)}=\begin{matrix} & \{1\} & \{2\} & \{3\} \\ \varnothing & (a_{11} & a_{12} & a_{13}) \end{matrix}$$

$$W^{(2)}=\begin{array}{c} \\ \{1\} \\ \{2\} \\ \{3\} \end{array}\begin{array}{c} \begin{array}{ccc}\{1,2\} & \{1,3\} & \{2,3\}\end{array} \\ \begin{pmatrix} a_{22} & a_{23} & 0 \\ -a_{21} & 0 & a_{23} \\ 0 & -a_{21} & -a_{22} \end{pmatrix}\end{array}$$

$$W^{(3)}=\begin{array}{c} \\ \{1,2\} \\ \{1,3\} \\ \{2,3\} \end{array}\begin{array}{c} \{1,2,3\} \\ \begin{pmatrix} a_{33} \\ -a_{32} \\ a_{31} \end{pmatrix}\end{array}.$$

于是 $A=(a_{ij})_{3\times 3}=W^{(1)}W^{(2)},W^{(3)}$.

注意到 det A 与 Per A 的关系.如果我们定义 $W_{kl}^{(i)}$为

$$w_{kl}^{(i)}=\begin{cases}0, & 若\ a_k^{(i-1)}\not\subset a_l^{(i)},\\ a_{ij}, & 若\ a_k^{(i-1)}\cup\{j\}=a_l^{(i)},\end{cases}$$

则和前面一样,我们得到矩阵 $W^{(1)},W^{(2)},\cdots,W^{(n)}$,便有

$$W^{(1)}W^{(2)}\cdots W^{(n)}=\text{Per}\,A,$$

即矩阵 A 的积和式.

我们再看看如何运用上述赋权图的组合分析技巧,研究两个矩阵对角相似的充要条件.

定义在任一域 F 上的两个矩阵$A=(a_{ij})$和 $B=(b_{ij})$,矩阵 A 和B 称为对角相似(diagonally similar),如果有非异对角阵 D,使得

$$DAD^{-1}=B. \tag{4.5.9}$$

记 D 的对角元是$d_1,\cdots,d_n,d_i\neq 0,i=1,2,\cdots,n$.并记 $D=\text{diag}(d_1,\cdots,d_n)$.我们说 A 的有向图 $\Gamma(A)$是指 $a_{ij}\neq 0$ 当且仅当 i,j 之间有弧,i,j 是 $\Gamma(A)$的顶点集$\{1,\cdots,n\}$中的两个顶点.同样,记 B 的有向图为 $\Gamma(B)$.

由(4.5.9)可见,A 和 B 有相同的零位模式,即若 A 和 B 对角相似,则 $\Gamma(A)=\Gamma(B)$.

但反之不然,即 $\Gamma(A)=\Gamma(B)$,一般不能推出 A 和B 对角相似.

例如,若

$$A=\begin{pmatrix}0 & 2\\ 1 & 0\end{pmatrix},\quad B=\begin{pmatrix}0 & 1\\ 1 & 0\end{pmatrix},\quad \Gamma(A)=\Gamma(B),$$

设 $D=\text{diag}(d_1,d_2)$,则

$$DAD^{-1}=\begin{pmatrix}0 & 2d_1d_2^{-1}\\ d_2d_1^{-1} & 0\end{pmatrix},$$

要(4.5.9)成立,须

$$\begin{cases}2d_1d_2^{-1}=1,\\ d_2d_1^{-1}=1.\end{cases}$$

这是不可能的,即 A 与 B 不能对角相似.

因此,要 A 与 B 对角相似,除 $\Gamma(A)=\Gamma(B)$ 外,还要考虑图的权条件.

1969 年,首先由 M. Fiedler 和 V. Ptak 得到了矩阵 A 和 B 对角相似的下列充要条件.

定理 4.5.2(Fiedler, Ptak[36])　设 $A=(a_{ij})$ 和 $B=(b_{ij})$ 是 $n\times n$ 矩阵,其中 A 不可约,则 A 和 B 对角相似的充要条件是 $\Gamma(A)=\Gamma(B)$ 且 $W_{t_A}(C)=W_{t_B}(C)$ 对 $\Gamma(A)$ 的每个圈 C 成立.

这里,$W_{t_A}(C)$,$W_{t_B}(C)$ 分别表示 $\Gamma(A)=\Gamma(B)=\Gamma$ 中,A 和 B 分别给圈 C 所赋的权.现在,我们用组合分析技巧,给予定理 4.5.2 一个证明.

1. 必要性.设 A 与 B 对角相似.显然 $\Gamma(A)=\Gamma(B)$.

记 $\Gamma(A)=\Gamma(B)=\Gamma$,令 $C=(i_1,\cdots,i_k,i_1)$ 是 Γ 的一个圈.如上所述,A 和 B 都能给 C 赋权,所赋的权分别记为 $W_{t_A}(C)=-a_{i_1i_2}\cdots a_{i_{k-1}i_k}a_{i_ki_1}$ 和 $W_{t_B}(C)=-b_{i_1i_2}\cdots b_{i_{k-1}i_k}b_{i_ki_1}$(这里的“$-$”号在证明中是无关紧要的).

因 A 与 B 对角相似,故存在 $D=\mathrm{diag}(d_1,\cdots,d_n)$,$d_i\neq 0$,$i=1,2,\cdots,n$,使

$$DAD^{-1}=B.$$

直接计算得

$$(d_ia_{ij}d_j^{-1})=(b_{ij}),\quad i,j=1,2,\cdots,n,$$

即

$$b_{ij}=d_ia_{ij}d_j^{-1}.$$

于是

$$\begin{aligned}W_{t_B}(C)&=-b_{i_1i_2}\cdots b_{i_{k-1}i_k}b_{i_ki_1}=-d_{i_1}a_{i_1i_2}d_{i_2}^{-1}\cdots d_{i_{k-1}}a_{i_{k-1}i_k}d_{i_k}^{-1}d_{i_k}a_{i_ki_1}d_{i_1}^{-1}\\&=-a_{i_1i_2}\cdots a_{i_{k-1}i_k}a_{i_ki_1}=W_{t_A}(C),\end{aligned}$$

对每个圈 C 成立.

2. 充分性.因 $\Gamma(A)=\Gamma(B)$,A 不可约,故 $\Gamma(A)$ 是强连通,即 $\Gamma(B)$ 是强连通图,B 亦不可约.我们对 Γ 的弧数用归纳法来证明结论.

由图论的结果我们知道:一个强连通图每条弧都在一个回路上.因此,它总可以从一个圈出发通过在两顶点间加路的办法得出.

于是,我们先假设 Γ 是一个圈.不失一般性,设 Γ 是圈$(1,2,\cdots,n,1)$,

$$W_{t_A}(\Gamma) = -a_{12}\cdots a_{n-1,n}a_{n1}, \quad a_{i,i+1}\neq 0,$$
$$i=1,\cdots,n-1,\ a_{n1}\neq 0.$$
$$W_{t_B}(\Gamma) = -b_{12}\cdots b_{n-1,n}b_{n1}, \quad b_{i,i+1}\neq 0,$$
$$i=1,\cdots,n-1,\ b_{n1}\neq 0.$$

因 $W_{t_A}(\Gamma)=W_{t_B}(\Gamma)$(这里 Γ 是一个圈),故 $a_{12}\cdots a_{n-1,n}a_{n1}=b_{12}\cdots b_{n-1,n}b_{n1}$. 我们选择一个对角矩阵 $D=\mathrm{diag}(d_1,\cdots,d_n)$,其中

$$d_1=1,$$
$$d_{i+1}=d_i a_{i,i+1}/b_{i,i+1}, \quad i=1,\cdots,n-1.$$

于是

$$b_{i,i+1} = d_i a_{i,i+1} d_{i+1}^{-1}, \quad i = 1,\cdots,n-1. \tag{4.5.10}$$

即

$$a_{12}\cdots a_{n-1,n}a_{n1}=d_1 a_{12}\cdots a_{n-1,n}d_n^{-1}b_{n1}.$$

可得

$$b_{n1} = d_n a_{n1} d_1^{-1}. \tag{4.5.11}$$

从而由(4.5.10)、(4.5.11)得 $DAD^{-1}=B$.

现设 Γ 是在强连通图 Γ' 中添加一条从顶点 i 到顶点 j 的路所得到. 不失一般性,设所添加的道路是 $(k,k-1,\cdots,2,1,n)$,A 对此路赋权. 对于弧 $(i,i-1)$ 赋权 $a_{i,i-1}$,$i=k,\cdots,2$,对弧 $(1,n)$ 赋权 $a_{1,n}$. 同样,B 对各弧赋权,也有相应的 $b_{i,i-1}$ 和 b_{1n}. 于是

$$A=\left(\begin{array}{c|c} & a_{1n} \\ a_{i,i-1} & \\ \hline a_{k,k-1} & \\ & A' \end{array}\right),$$

$$B=\left(\begin{array}{c|c} & b_{1n} \\ b_{i,i-1} & \\ \hline b_{k,k-1} & \\ & B' \end{array}\right),$$

其中,A' 和 B' 都是 $(n-k+1)$ 阶不可约方阵,其余部分除了 $a_{i,i-1}$,a_{1n},$b_{i,i-1}$,b_{1n} $(i=2,\cdots,k)$ 外均是零元.

由归纳假设,存在非异对角阵 $D'=\mathrm{diag}(d_k,\cdots,d_n)$,使

$$D'A'D'^{-1}=B'.$$

我们在 D' 上添加 $(k-1)$ 个对角元构造 n 阶对角阵 $D=\mathrm{diag}(d_1,d_2,\cdots,d_{k-1},d_k,\cdots,d_n)$. 其中

$$d_i=d_{i+1}a_{i+1,i}/b_{i+1,i},\quad i=1,\cdots,k-1.$$

于是 $d_{i+1}a_{i+1,i}d_i^{-1}=b_{i+1,i}$, $i=1,\cdots,k-1$. 又因 Γ' 是强连通图,故在 Γ' 中必又有一条从 n 到 k 的路,于是,运用路 $(k,k-1,\cdots,2,1,n)$ 便有一个圈,与前面的证明一样,我们可以得到

$$d_1a_{1n}d_n^{-1}=b_{1n}.$$

于是,有 $DAD^{-1}=B$.

至此,我们完成了对两个不可约 n 阶方阵 A 和 B 对角相似的充要条件的证明.

运用有向图的技巧,谭必信证明了如下定理.

定理 4.5.3(谭必信[37])　具有回路性指标为 m 的不可约矩阵 A 对角相似于 $e^{2\pi i/m}A$.

邵嘉裕和程波进一步考虑了一般 n 阶方阵(不必不可约)对角相似的充要条件,他们把上述条件 $W_{t_A}(C)=W_{t_B}(C)$ 命名为图的有向圈平衡条件. 类似地,定义无向圈(弱连通圈)的平衡条件是两类反向的边的权积相等. 于是,便导出:

定理 4.5.4(邵嘉裕,程波[38])　两个 n 阶方阵 $A=(a_{ij})$ 和 $B=(b_{ij})$ 对角相似的充要条件是 $\Gamma(A)=\Gamma(B)$ 且在 Γ 的弧 $e=(i,j)$ 定义了权函数 $f(e)=\dfrac{b_{ij}}{a_{ij}}$ 后,Γ 满足无向图的平衡条件.

4.6　(0,1)矩阵的最大行列式

1893 年,Hadamard[39] 证明了下列著名结果:对 $n\times n$ 实数方阵 $A=(a_{ij})$,有

$$|\det A|^2\leqslant\prod_{j=1}^{n}\sum_{i=1}^{n}a_{ij}^2.$$

这一不等式称为 Hadamard 不等式.

我们考察一个元素是 $+1$ 或 -1 的 n 阶方阵 $H=(h_{ij})$, $h_{ij}=\pm1(i,j=1,2,\cdots,n)$(称为 $(1,-1)$ 方阵). 运用 Hadamard 不等式,便知

$$|\det H| \leqslant \prod_{j=1}^{n}\left(\sum_{i=1}^{n} h_{ij}^{2}\right)^{\frac{1}{2}} = n^{\frac{n}{2}}, \tag{4.6.1}$$

其中等式当且仅当

$$HH^{\mathrm{T}} = nI_n \tag{4.6.2}$$

时成立.

我们把满足(4.6.2)的 n 阶$(1,-1)$方阵称为 Hadamard 矩阵. Hadamard 矩阵与区组设计有着紧密的联系.

它等价于一种称为对称平衡不完全区组设计(见文献[40]).

由(4.6.2)式,易见 $H=(h_{ij})$满足

$$\sum_{k=0}^{n} h_{ik}h_{jk} = \begin{cases} n, & 若\ i = j, \\ 0, & 若\ i \neq j. \end{cases} \tag{4.6.3}$$

由此,可知(4.6.2)和

$$H^{\mathrm{T}}H = nI_n$$

等价. 又当 $n>2$ 时,注意到

$$\sum_{j=1}^{n}(h_{1j}+h_{2j})(h_{1j}+h_{3j}) = \sum_{j=1}^{n} h_{1j}^{2} = n, \tag{4.6.4}$$

而

$$h_{1j}+h_{2j} = \pm 2, 0,$$

$$h_{1j}+h_{3j} = \pm 2, 0.$$

故(4.6.4)左边和式中的每一项都是 4 的倍数. 于是,可知:若存在 $n\times n$ Hadamard 矩阵,则 $n=1,2$ 或 $n\equiv 0 \pmod 4$. 人们猜想这一命题的逆命题也成立,这个猜想迄今尚未获得证明. 但已得知很多构造 Hadamard 矩阵的方法(见文献[41]).

我们考虑$(1,-1)$矩阵行列式的最大值. 令

$$a_n = \max\{\det B : B\ 是\ n\times n\ 阶(1,-1)矩阵\},$$

因调换矩阵中两行的位置后,行列式变号,故 a_n 也是这类矩阵的行列式的绝对值的最大值. 由(4.6.1),我们有

$$a_n \leqslant n^{\frac{n}{2}}, \tag{4.6.5}$$

其中等式当且仅当存在 Hadamard 矩阵时成立. 于是,当 n 不是 4 的整数倍时,(4.6.5)的严格不等式成立. 这时,a_n 的上界已被得到[42].

令

$$\beta_n = \max\{\det A : A\ 是\ n\times n(0,1)矩阵\},$$

β_n 也是此类矩阵的行列式的绝对值的最大值. Williamson[43]发现了 a_n 与 β_n 的联系. 他证明了:数列 $\{a_n : n=1,2,\cdots\}$ 与 $\{\beta_n : n=1,2,\cdots\}$ 的每一个可以确定另一个. 其论证如下.

设 B 是 $n\times n(-1,1)$ 矩阵,对 B 的某些行与列乘以 -1 后可得这样的矩阵 C:C 的第一行上全是 1,第 1 列上除第一个元外都是 -1,当然 $|\det C| = |\det B|$. 把 C 的第一行分别加到 C 的其余各行后,再取行列式,则有

$$\det C = \det D,$$

其中 D 是 $(n-1)\times(n-1)$ 的 $(0,2)$ 矩阵. 令 $D=2E$, E 是 $(0,1)$ 矩阵,则

$$|\det B| = 2^{n-1} |\det E|. \tag{4.6.6}$$

反之,从一个 $(n-1)\times(n-1)$ 的 $(0,1)$ 矩阵出发,把上述推导反向进行,即可得满足(4.6.6)的 $n\times n(1,-1)$ 矩阵 B. 由此可知

$$a_n = 2^{n-1}\beta_{n-1} \quad (n\geqslant 2).$$

因此,确定 $n\times n(1,-1)$ 矩阵的最大行列式问题等价于确定 $(n-1)\times(n-1)$ $(0,1)$ 矩阵的最大行列式.

研究 $n\times n(0,1)$ 矩阵的最大行列式问题的一种途径是试图研究某一类有组合意义的 $(0,1)$ 矩阵的最大行列式. 1956 年, Ryser[44]得到了每行、每列恰有 k 个 1 的 $v\times v(0,1)$ 矩阵的行列式的一个上界,并证明此上界当且仅当存在某种对称 2-(v,k,λ) 设计时可达到.

定理 4.6.1(Ryser[44]) 设 Q 是一个 v 阶 $(0,1)$ 矩阵,它包含 t 个 1. 又 k 是一个正实数,且 $\lambda = k(k-1)/(v-1)$. 如果 $t\leqslant kv$, $0\leqslant\lambda\leqslant k-\lambda$;或 $t\geqslant kv$, $0<k-\lambda\leqslant\lambda$,则

$$|\det Q| \leqslant k(k-\lambda)^{\frac{1}{2}(v-1)}.$$

证 设 E 是一个 $(0,1)$ 矩阵. $E(x,y)$ 表示用 x 代换 E 中的每个 1,用 y 代换 E 中的每个 0,所得到的矩阵. 这里 x,y 表示未定元. 用这一记号,记 $Q_1 = Q(-(k-\lambda)/\lambda, 1)$. 又令 $p=(k-\lambda)/\lambda$,并定义 $(v+1)$ 阶矩阵 $\overline{Q}$ 如下:

$$\overline{Q} = \begin{pmatrix} p & Z \\ Z^{\mathrm{T}} & Q_1 \end{pmatrix}. \tag{4.6.7}$$

此外 $Z=(\sqrt{p},\cdots,\sqrt{p})$. 由 Hadamard 不等式

$$|\det \overline{Q}| \leqslant \sqrt{p^2+vp}\prod_{i=1}^{v}\sqrt{p+S_i}, \tag{4.6.8}$$

这里, S_i 表示 Q_1 的第 i 行元素的平方和. 又

$$p^2+vp = p\left(\frac{k-\lambda+\lambda v}{\lambda}\right) = \frac{k^2}{\lambda^2}(k-\lambda).$$

同时,$S_1+\cdots+S_v=tp^2+(v^2-t)=t(p^2-1)+v^2$.由定理条件

$$t\leqslant kv \text{ 且 } p^2\geqslant 1 \quad \text{或} \quad t\geqslant kv \text{ 且 } p^2\leqslant 1,$$

因此 $S_1+\cdots+S_v\leqslant kv(p^2-1)+v^2$.现在,引入一个量$\bar{S}_i$,使得

$$\bar{S}_i\geqslant S_i$$

且

$$\bar{S}_1+\cdots+\bar{S}_v=v(kp^2+v-k). \tag{4.6.9}$$

由(4.6.9)

$$\begin{aligned}\sum_{i=1}^{v}(p+\bar{S}_i)&=v(kp^2+v-k+p)=v[kp^2+(\lambda v-\lambda k+k-\lambda)/\lambda]\\&=vkp(p+1)=v(k-\lambda)k^2/\lambda^2.\end{aligned} \tag{4.6.10}$$

注意到 v 个正数的几何平均不大于它的算术平均,便有

$$\prod_{i=1}^{v}(p+\bar{S}_i)\leqslant\left(\frac{1}{v}\sum_{i=1}^{v}(p+\bar{S}_i)\right)^{v}.$$

结合(4.6.10)

$$\prod_{i=1}^{v}(p+\bar{S}_i)\leqslant(k-\lambda)^{v}k^{2v}/\lambda^{2v}.$$

因此,由(4.6.8)

$$\begin{aligned}|\det\bar{Q}|&\leqslant\frac{k}{\lambda}\sqrt{k-\lambda}\prod_{i=1}^{v}\sqrt{p+\bar{S}_i}\leqslant\frac{k}{\lambda}\sqrt{k-\lambda}\left(\frac{k}{\lambda}\sqrt{k-\lambda}\right)^{v}\\&=\left(\frac{k}{\lambda}\sqrt{k-\lambda}\right)^{v+1}.\end{aligned} \tag{4.6.11}$$

为了估计 $\det Q$ 的值,把$\bar{Q}$第一行乘 $-1/\sqrt{p}$,加到其余各行上,由(4.6.11),得

$$|\det\bar{Q}|=p|\det Q(-k/\lambda,0)|\leqslant(k\sqrt{k-\lambda}/\lambda)^{v+1}.$$

但

$$|\det Q(-k/\lambda,0)|=(k/\lambda)^{v}|\det Q|.$$

因而

$$p|\det Q|\leqslant\frac{k}{\lambda}(\sqrt{k-\lambda})^{v+1},$$

即$|\det Q|\leqslant k(\sqrt{k-\lambda})^{v-1}$.证毕.

结合组合设计的理论,Ryser[44]证明了定理 4.6.1 所刻画的上界是可以达到的.这时,Q 的每行、每列恰有 k 个 1,它是对称 2-(v,k,λ)设计的一个关联矩阵(见 4.4 节).

迄今,对于具有一定行和,列和向量的(0,1)矩阵的最大行列式(行列式的最大绝对值)问题尚未解决,而且所知极少.1986 年,Brualdi 和 Solheid[45]研究了 0

元分布呈无圈型的 $n\times n(0,1)$矩阵类,确定了这类矩阵的最大行列式,并给出了取得最大行列式的矩阵的特征刻画.

如果说,Ryser 关于 Hadamard 矩阵的探索侧重于代数方法的话,那么 Brualdi 和 Solheid 的工作,则采用了组合技巧.

我们知道(见 4.5 节),一个 $n\times n(0,1)$矩阵 $A=(a_{ij})$可以对应于一个二部图,它的两部分顶点分别是$\{x_1,\cdots,x_n\}$(行顶点)和$\{y_1,\cdots,y_n\}$(列顶点).我们考虑两类二部图.一类是 $G_1(A)$;x_i 和 y_j 有边相连当且仅当 $a_{ij}=1$.另一类是 $G_0(A)$:x_i 和 y_j 有边相连当且仅当 $a_{ij}=0$,即 $G_0(A)=G_1(J_n-A)$.

在 1.6 节中,我们曾引入过补无圈图的概念.

若 $G_1(A)$没有圈(树或森林),A 称为无圈的.如果 $G_0(A)$没有圈,A 称为补无圈的.因此 A 是补无圈的当且仅当J_n-A 是无圈的.

我们知道,一个图的完美匹配(perfect matching)是接触了这个图的所有顶点的点不交边的集合.易见,$G_1(A)$的一个完美匹配对应于 A 的 n 个 1 元素的集合,它们无两个 1 在同一行,无两个 1 在同一列.因为一个森林有至多一个完美匹配,故一个无圈的(0,1)矩阵的行列式的值是 0,1 或 -1.

然而,补无圈(0,1)矩阵的行列式可以有较大的值.设 $n\times n$ 补无圈(0,1)矩阵的行列式的绝对值的最大值是 f_n.对于一个 $n\times n$ 补无圈(0,1)矩阵 A,设 B 是调换A 的两行所得到的矩阵,则 B 也是补无圈的,且 $\det B=-\det A$.因此,事实上,f_n 是补无圈(0,1)矩阵的行列式的最大值.

若一个 $n\times n(0,1)$矩阵 A 的主对角线之上方都是 1,则称 A 为补三角型的,也就是,J_n-A 是一个三角型矩阵.易得如下结论.

引理 4.6.2　设 A 是$n\times n$ 补无圈(0,1)矩阵,则 A 置换相抵于一个补三角型矩阵.

证　因 J_n-A 是一个无圈阵,J_n-A 置换相抵于一个三角型矩阵.于是 A 置换相抵于一个补三角型矩阵.证毕.

在第 2 章中,我们已经了解(0,1)矩阵 A 的项秩的概念,记 $\rho(A)$是 A 的项秩.我们又定义 A 的补项秩(complementary term rank)$\rho_0(A)=\rho(J_n-A)$.于是 $\rho_0(A)$是 A 中两两不在同一行和同一列的 0 的最大个数.由 König 定理(见 2.2 节),$\rho_0(A)$也即可以盖住 A 中所有 0 的最小线(行或列)数.下面是一个定量的结果.

引理 4.6.3　设 A 是一个$n\times n$ 非奇异(0,1)矩阵,则 $\rho_0(A)\geqslant n-1$.

证　考察能覆盖 A 中所有 0 的一个 e 行和f 列的集合.不失一般性,设

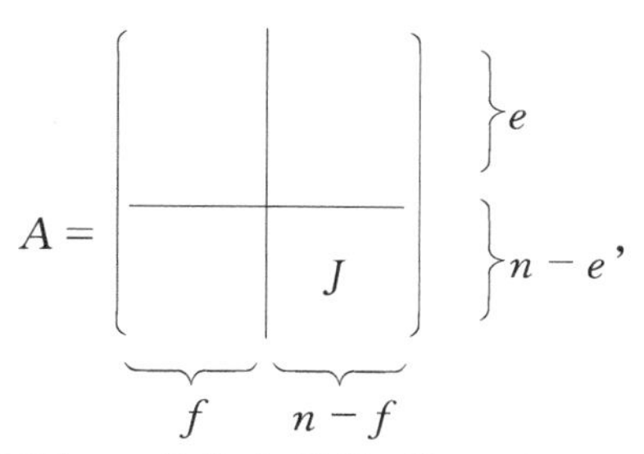

这里,J 是一个全 1 阵.因为 A 是非奇异的,故 A 的最后(右)$n-f$ 列是线性无关的.但被后面 $n-f$ 列确定的 A 的子矩阵包含至多 $e+1$ 个线性无关行.因此,$e+1 \geqslant n-f$,也就是 $e+f \geqslant n-1$.由 König 定理,$\rho_0(A) \geqslant n-1$.证毕.

对于图的特征,我们有如下结论(习题 4.16).

引理 4.6.4 设 A 是一个 $n \times n$ 非奇异(0,1)矩阵,则 $G_0(A)$ 的每个顶点与至多一个悬挂点(度为 1 的点)相邻.

由引理 4.6.3,确定 f_n 可以分两种情形考虑:$\rho_0(A)=n-1$ 和 $\rho_0(A)=n$.

让我们考察 $\rho_0(A)=n-1$ 某些特殊情形的组合证明.

引理 4.6.5 设 A 是一个 $n \times n$ 补无圈(0,1)矩阵,且有一行和一列全 1.如果 $\rho_0(A)=n-1$,则 $\det A = \pm 1$.

上述引理的证明留作习题(习题 4.17).

事实上,当 $G_0(A)$ 有一个孤立行顶点和一个孤立列顶点的时候,引理 4.6.5 已经给予 $\det A$ 的一个估值.现在,我们考虑当恰有一个孤立行顶点但无孤立列顶点时,$\det A$ 的估值(当有两个孤立行顶点时,$\det A=0$).设 x_1 是 $G_0(A)$ 的一个孤立行点使 A 的第一行全 1,又设 x_i 是 $G_0(A)$ 的悬挂行点,则从第 i 行减去第 1 行,可知 $\det A = \pm \det A'$,这里 A' 是一个 $(n-1)\times(n-1)$ 补无圈(0,1)矩阵,且 $G_0(A')$ 有一个孤立行点但无孤立列点.因此,我们可以设 $G_0(A)$ 无悬挂行点.从 $G_0(A)$ 中删去行顶点 x_1,可得到一个带 $2n-1$ 个顶点的无圈图 H,它至少有 $2(n-1)$ 条边(因 $x_2,\cdots,x_n$ 的每一点在 $G_0(A)$ 中至少是 2 度点).在一个无圈图中,顶点数 v 和边数 e 满足 $v \geqslant e+1$,等式成立当且仅当图是一棵树.因此,删去孤立行点 x_1 后,$x_2,\cdots,x_n$ 在 $G_0(A)$ 中恰有 2 度,$G_0(A)$ 是一棵树.

引理 4.6.6 设 A 是一个 $n \times n$ 补无圈(0,1)矩阵,A 有一行全 1 且 $\rho_0(A)=n-1$.设 A 形如

$$\begin{pmatrix} 1 & 1 & 1 & \cdots & 1 \\ & 0 & & * & \\ & & 0 & & \\ & * & & \ddots & \\ & & & & 0 \end{pmatrix}, \tag{4.6.12}$$

并且设 $G_0(A)$ 无悬挂行点. 在 $G_0(A)$ 中, 设列点 y_1 和列点 y_i 之间的距离是 $2d_i(i=1,\cdots,n)$, 则

$$\det A = (-1)^{n-1}\sum_{i=1}^{n}(-1)^{d_i}.$$

证　从上述讨论知, $G_0(A)$ 删去了孤立行点 x_1 后, 是一棵树. 因此, 对 $i=1,\cdots,n$, 从点 y_1 到点 y_i, 有一条唯一的路 γ_i, 它的长是偶数 $2d_i$. 注意 $d_1=0$. 设 B 是把 A 的第 $2,\cdots,n$ 行分别减去第 1 行, 再从第 $2,\cdots,n$ 各行中抽出一个因子 (-1) 后所得的矩阵. 显然, B 是一个 $(0,1)$ 矩阵且 $\det A=(-1)^{n-1}\det B$. 图 $G_1(B)$ 可从 $G_0(A)$ 中添加连接 x_1 到 $y_1,\cdots,y_n$ 的边所得到. 注意到 B 的主对角线和第一行都是 1, 且在第 $2,\cdots,n$ 行上恰有一个 1 不在主对角线上. 设 $B(1;i)$ 是从 B 中删去第 1 行, 第 i 列后所得的矩阵. 图 $H_i=G_1(B(1;i))$ 可由 $G_0(A)$ 删去点 x_1 和 y_i 得到. 因 $G_0(A)$ 无圈, 故 H_i 也无圈. 因此有至多一个完美匹配. 故 B 的第 1 行的每个 1 出现在 B 的行列式展开式的至多一个非零项中, 现在证明: B 中的 $(1,i)$ 位置上的 1 恰出现在 1 个这样的非零项中(等价地, 边 x_1y_i 恰好在 $G_1(B)$ 的一个完美匹配中)且有值 $(-1)^{d_i}$. 对于 $i=1$, 因 $F=\{x_1y_1,\cdots,x_ny_n\}$ 是 $G_1(B)$ 的一个完美匹配, 结论是显然的. 现在, 设 $i>1$, 连接顶点 x_1,y_1 和 x_1,y_i. 于是, 结合从 y_1 到 y_i 的路 γ_i, 在 $G_1(B)$ 上得到一个长为 $2d_i+2$ 的圈 γ_i'. 因为每一个行顶点 $x_2,\cdots,x_n$ 有 2 度, 故从 x_1y_1 开始, γ_1' 中共有 d_i+1 条 x_iy_i 形式的边属于 F. γ_i' 中不属于 F 的边和 F 中不属于 γ_i' 的边合起来形成 $G_1(B)$ 的一个完美匹配, 它包含边 x_1y_i. 这个完美匹配对应于 $\{1,2,\cdots,n\}$ 的一个置换, 其循环长度是 $d_i+1,1,\cdots,1$. B 的行列式展式的对应项是 $(-1)^{d_i}$. 因而

$$\det B = \sum_{i=1}^{n}(-1)^{d_i}.$$

引理得证. 证毕.

推论 4.6.7　在引理 4.6.6 的条件下,

$$\det A = (-1)^{n-1}(p-q),$$

这里, $p=|\{i:d_i \text{ 是偶数}\}|$ 和 $q=|\{i:d_i \text{ 是奇数}\}|$.

现在, 可以证明如下定理.

定理 4.6.8 设 A 是一个 $n\times n$ 补无圈(0,1)矩阵,A 有一行或一列全 1,则对 $n\geqslant 3$,

$$|\det A|\leqslant n-2, \tag{4.6.13}$$

对 $n\geqslant 4$,等式成立当且仅当 A 或 A^{T} 置换相抵于

$$L_n=\begin{pmatrix} 1 & 1 & \cdots & 1 \\ 0 & & & \\ \vdots & & J_{n-1}-I_{n-1} & \\ 0 & & & \end{pmatrix}. \tag{4.6.14}$$

证 设 A 有一个全 1 的行(若有全 1 列,可考察 A^{T}).若 $\rho_0(A)<n-1$,则由引理 4.6.3,$\det A=0$,(4.6.13)成立.故可设 $\rho_0(A)=n-1$.先设 $G_0(A)$ 无悬挂行点,则 A 置换相抵于形如(4.6.12)的一个矩阵.设 $d_i(1\leqslant i\leqslant n)$ 和 p,q 如上述引理中所定义的意义.因 $d_1=0$,故 $p\geqslant 1$.因 $d_i\geqslant 1(i=2,\cdots,n)$,故存在一个 j,使 $d_j=1$.因而 $q\geqslant 1$.因为 $p+q=n$,由推论 4.6.7 知(4.6.13)成立.

现设 $G_0(A)$ 有一悬挂行点,当 $n=3$,易验检 $|\det A|\leqslant 1$.当 $n>3$,运用引理 4.6.6 证明中的技巧,可以得到 $\det A=\pm\det A'$,这里 A' 是一个 $(n-1)\times(n-1)$ 的矩阵且满足定理的条件.由数学归纳法可知,

$$|\det A|=|\det A'|\leqslant n-3.$$

因此(4.6.13)成立,并且对于 $n\geqslant 4$,等式蕴含着 $\rho_0(A)=n-1$ 且 $G_0(A)$ 无悬挂行点.

若 $|\det A|=n-2$,则引理 4.6.6 的基本假设成立,作适当的行、列置换后,A 可以有(4.6.13)的形式.因为已经证明 $p\geqslant 1$ 和 $q\geqslant 1$,由推论 4.6.7 得 $p=1$ 且 $q=n-1$ 或 $p=n-1$ 且 $q=1$.设有一个 k,使 $d_k\geqslant 3$,则存在这样的 r,s,t,使 $d_r=3,d_s=2,d_t=1$.因为 $d_1=0$,便知 $p\geqslant 2$ 且 $q\geqslant 2$.于是 $d_i\leqslant 2(i=1,\cdots,n)$.

先设对某个 $i,d_i=2$,则 $p\geqslant 2$,因而 $p=n-1$ 且 $q=1$.不失一般性,令 $d_2=1$ 使得 $d_1,d_2,d_3,\cdots,d_n$ 是 $0,1,2,\cdots,2$.则在 $G_0(A)$ 中,从 y_1 到 $x_3,\cdots,x_n$ 的任一点都没有边,由此 $G_0(A)$ 如图 4.6.1.交换 A 的第 1,2 列,可得形如(4.6.14)的矩阵.

现在,设 $d_i\leqslant 1(i=1,\cdots,n)$ 使 $d_1,d_2,\cdots,d_n$ 是 $0,1,\cdots,1$,则 $G_0(A)$ 也是图 4.6.1 所示的图,只不过 y_1 与 y_2 的标号对调而已.A 是形如(4.6.14)的矩阵.因 L_n 有行列式值 $(-1)^{n-2}(n-2)$,定理得证.

对于定理 4.6.8,当 $n=2$,$\det A=0$ 或 ± 1;当 $n=3$,$|\det A|=1$ 当且仅当 A 或 A^{T} 置换相抵于下列 3 个矩阵之一

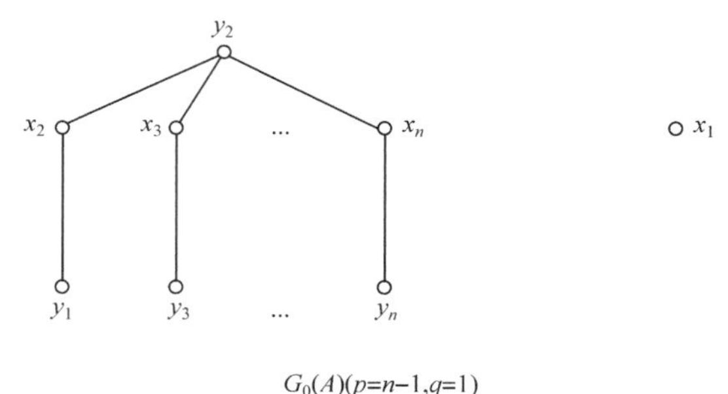

图 4.6.1

$$\begin{pmatrix}1&1&1\\0&0&1\\0&1&0\end{pmatrix},\quad\begin{pmatrix}1&1&1\\1&0&0\\1&0&1\end{pmatrix},\quad\begin{pmatrix}1&1&1\\1&0&1\\1&1&0\end{pmatrix}.$$

从上述引理和定理的证明中,我们已看到了,在求最大行列式时,图论技巧的运用.以这些引理为基础,用类似的技巧和更精细的矩阵组合性质的分析,Brualdi 和 Solheid 证明了下列的结果.

定理 4.6.9[45]　设 A 是一个 $n\times n$ 补无圈(0,1)矩阵.

(1) 若 $\rho_0(A)=n-1$,则

$$|\det A|\leqslant\begin{cases}n-2, & 若\ 3\leqslant n\leqslant 8,\\ \left\lfloor\dfrac{n-3}{2}\right\rfloor\left\lceil\dfrac{n-3}{2}\right\rceil, & 若\ n\geqslant 8.\end{cases}\tag{4.6.15}$$

对于 $n\geqslant4$,(4.6.15)的等式成立当且仅当 A 或 $A^{\mathrm T}$ 置换相抵于(4.6.14)的 L_n 或

$$\left(\begin{array}{c|c|c} J_{\lfloor(n-1)/2\rfloor} & \begin{matrix}1\\ \vdots\\ 1\end{matrix} & J \\ \hline \begin{matrix}0 & \cdots & 1\end{matrix} & 1 & \begin{matrix}1 & \cdots & 1\end{matrix} \\ \hline Z & \begin{matrix}0\\ \vdots\\ 0\end{matrix} & J_{\lceil(n-1)/2\rceil}-I_{\lceil(n-1)/2\rceil}\end{array}\right)\quad(n\geqslant8),$$

这里 Z 至多有一个 0.

(2) 若 $\rho_0(A)=n$,则

$$|\det A|\leqslant\begin{cases}n-1, & \text{若 } n\leqslant 5,\\ \left\lfloor\dfrac{n-1}{2}\right\rfloor\left\lceil\dfrac{n-1}{2}\right\rceil, & \text{若 } n\geqslant 5.\end{cases}\tag{4.6.16}$$

(4.6.16)的等式成立当且仅当 A 或 A^{T} 置换相抵于 $J_n-I_n(n\leqslant 5)$ 或

$$\left(\begin{array}{c|c|c} J_{\lfloor(n-1)/2\rfloor}-I_{\lfloor(n-1)/2\rfloor} & \begin{array}{c}1\\ \vdots\\ 1\end{array} & J \\ \hline 0\quad\cdots\quad 0 & 0 & 1\quad\cdots\quad 1 \\ \hline J & \begin{array}{c}0\\ \vdots\\ 0\end{array} & J_{\lceil(n-1)/2\rceil}-I_{\lceil(n-1)/2\rceil}\end{array}\right)\quad(n\geqslant 5).$$

(0,1)矩阵的最大行列式问题的研究才刚刚开始.对一般的 n 阶矩阵的行列式的估值尚未作全面的探索.可以预料,对于某些类型的特殊矩阵,运用组合模型将会是解决这一问题的一种行之有效的方法.

研究(0,1)矩阵的最大行列式问题的另一个方向,是研究某类具有理论和应用背景的特殊矩阵的最大行列式.例如,对于一类下 Hessenberg(0,1)矩阵 $A=(a_{ij})_{n\times n}$,这里,当 $j>i+1$ 时 $a_{ij}=0$(见 2.6 节),可以证明,它的最大行列式恰好等于第 n 个 Fibonacci 数.

4.7 (0,1)矩阵重排的极值问题

对于 n 元有序集的重排(rearrangements)概念及对它们的研究最初是由 Hardy, Littlewood 和 Polya[46]在 1952 年开始的.设一个 n 元有序集 $(a)=(a_1,\cdots,a_n)$,又 $\pi(j)$,$j=1,\cdots,n$,是一个置换函数,若

$$a_{\pi(j)}=a_j',\quad j=1,\cdots,n,$$

则集 $(a')=(a_1',\cdots,a_n')$ 称为集 (a) 的一个重排.我们也可以把 (a) 和 (a') 看作是两个向量,如果它们有相同的分量(无序)集,我们也可以看作 (a) 和 (a') 是互相重排(mutual rearrangements).当然,这时,(a) 与 (a') 至少有一个分量不相等.

1964 年,B. Schwarz[47]把上述概念推广到 n 阶方阵中去.给定 n^2 个元的集,我们可以得到$(n^2)!$ 个 n 阶方阵组成的集 $\mathscr{M}$.如果给定的元是两两不同的,则矩阵 $M\in\mathscr{M}$也是两两不同的.因此,$\mathscr{M}$是它的任一个矩阵的所有重排.

一个矩阵 $M=(m_{ij}),i,j=1,\cdots,n,M^{\mathrm{T}}=(m_{ij}^{\mathrm{T}}),m_{ij}^{\mathrm{T}}=m_{ji}.M'=(m_{ij}')$被称为 M 的一个置换,如果 $m_{ij}'=m_{\pi(i)\pi(j)}$,这里 $\pi(i)$是一个置换,$i=1,\cdots,n$.因此,一个置换是矩阵的行重排及列的同样的重排.我们称转置,置换和它们的组合,为平凡重排(trivial rearrangements).两个矩阵 M_1 和 M_2,如果 M_2 是 M_1 的一个重排但不是平凡的,则称 M_1 和 M_2 是本质不同的(essentially different).如果 n^2 个元是互不相同的,则 $\mathscr{M}$可分划为$(n^2)!/2n!$ 个子集 $\mathscr{M}_i$,使得每个 $\mathscr{M}_i$ 包含 $2(n!)$个互相平凡重排的矩阵,并且属于不同子集的两个矩阵是本质不同的.

Schwarz 研究了非负实数矩阵集 $\mathscr{M}$.对 $M=(m_{ij})\in\mathscr{M}$,定义 M 的一个范数(norm)$\|M\|=\sum m_{ij}$.在[47]中,研究了$\|M^2\|$的极值问题.Schwarz 发现:$\|M^2\|$的极值问题与 M 的特征值$\lambda(M)$有着密切的联系.

记 $M^2=K=(k_{ij})$,因 $m_{ij}\geqslant 0$,易知 $k_{ij}=\sum\limits_{v=1}^{n}m_{iv}m_{vj}\geqslant 0$.由定义 $\|M^2\|=\sum\limits_{i,j}k_{ij}$.$M$ 的范数$\|M\|$在所有的重排下是一个不变量.$\|M^2\|$在平凡重排下是不变量.如果 M_1 和 M_2 是本质不同的,一般地,$\|M_1^2\|\neq\|M_2^2\|$.但是,求$\|M^2\|$的极值,我们无须计算 $\mathscr{M}$ 中所有本质不同的矩阵平方的范数.记 $\max\|M^2\|=\overline{N}$,$\min\|M^2\|=\widetilde{N}$,极值取遍 $\mathscr{M}$中的所有矩阵 M.而 $\mathscr{M}$中达到 $\overline{N}$和$\widetilde{N}$ 的子集分别记为$\overline{\mathscr{U}}$和$\widetilde{\mathscr{U}}$.又$\overline{\mathscr{C}}$ 表示 $\mathscr{M}$中的所有这样的矩阵的集:它的每一行中的元和每一列中的元都是递减(不必要严格递减).而$\widetilde{\mathscr{C}}$ 表示 $\mathscr{M}$中这样的矩阵的集:它的每一行中的元是递减的,而每一列中的元是递增的.

Schwarz 证明了下列定理.

定理 4.7.1(Schwarz[47])

$$\overline{\mathscr{U}}\cap\overline{\mathscr{C}}\neq\varnothing,\quad \widetilde{\mathscr{U}}\cap\widetilde{\mathscr{C}}\neq\varnothing. \tag{4.7.1}$$

上述定理告诉我们:在$\overline{\mathscr{C}}$ 和$\widetilde{\mathscr{C}}$集中,可以分别找到达到$\overline{N}$和$\widetilde{N}$的矩阵.事实上,我们不难验证:关于$\overline{\mathscr{C}}$ 和$\widetilde{\mathscr{C}}$定义中的“递增”和“递减”字样是可以互换的.即$\overline{\mathscr{C}}$可以是每行和每列的元都是递增的,而$\widetilde{\mathscr{C}}$的每行的元是递增而每列的元是递减的.

对 $M=(m_{ij})\in\mathscr{M}$,我们分别记 r_i 和 s_i 为 M 的第 i 行行和及第 i 列列和,$i,j=1,2,\cdots,n$.即

$$r_i = \sum_{v=1}^{n} m_{iv}, \quad s_i = \sum_{v=1}^{n} m_{vi}.$$

下列两个等式是明显的

$$\| M^2 \| = \| (PMP^{\mathrm{T}})^2 \|, \tag{4.7.2}$$

这里 P 是 n 阶置换方阵

$$\| M^2 \| = \sum_{v=1}^{n} r_v s_v. \tag{4.7.3}$$

记 M 的最大特征值 $\max\lambda(M)=\bar{\lambda}$，$M$ 的最小特征值 $\min\lambda(M)\tilde{\lambda}$. 又 $\mathscr{M}$ 中达到 $\bar{\lambda}$ 和 $\tilde{\lambda}$ 的矩阵所成的子集分别为 $\overline{\mathscr{B}}$ 和 $\widetilde{\mathscr{B}}$. 已经证明了下列有趣的结论(在1.6节中,我们已提到这一点).

定理 4.7.2(Schwarz[47])

$$\overline{\mathscr{B}} \cap \overline{\mathscr{C}} \neq \varnothing, \quad \widetilde{\mathscr{B}} \cap \widetilde{\mathscr{C}} \neq \varnothing.$$

1971 年,M. Katz[48]研究(0,1)矩阵的重排问题.

记 n 阶(0,1)矩阵的 1 的个数为 σ,易知,$0\leqslant\sigma\leqslant n^2$,我们用 $\mathscr{U}_n(\sigma)$ 表示所有恰有 σ 个 1 的 n 阶(0,1)矩阵所成的集. 考察

$$\overline{N}_n(\sigma) = \max\{ \| M^2 \| : M \in \mathscr{U}_n(\sigma)\},$$

$$\widetilde{N}_n(\sigma) = \min\{ \| M^2 \| : M \in \mathscr{U}_n(\sigma)\}.$$

令 $\overline{\mathscr{U}}_n(\sigma)$ 是这样的 n 阶(0,1)矩阵集合:它恰有 σ 个 1,且每一行的 1 都在 0 的左边,每一列的 1 都在 0 的上方. $\widetilde{\mathscr{U}}_n(\sigma)$ 又是这样的 n 阶(0,1)矩阵的集合,它恰有 σ 个 1,且每一行的 1 都在 0 的左边,每一列的 1 都在 0 的下方. 例如

$$\begin{pmatrix} 1 & 1 & 1 \\ 1 & 1 & 0 \\ 1 & 0 & 0 \end{pmatrix} \in \overline{\mathscr{U}}_3(6), \tag{4.7.4}$$

$$\begin{pmatrix} 1 & 0 & 0 \\ 1 & 1 & 0 \\ 1 & 1 & 1 \end{pmatrix} \in \widetilde{\mathscr{U}}_3(6). \tag{4.7.5}$$

由定理 4.7.1,可知

$$\overline{N}_n(\sigma) = \max\{ \| M^2 \| : M \in \overline{\mathscr{U}}_n(\sigma)\}, \tag{4.7.6}$$

$$\widetilde{N}_n(\sigma) = \min\{ \| M^2 \| : M \in \widetilde{\mathscr{U}}_n(\sigma)\}. \tag{4.7.7}$$

事实上,由(4.7.3),我们知道,在求 $\| M^2 \|$ 时,形如(4.7.4)的矩阵,和形如(4.7.5)的矩阵是分别和下列(4.7.8)、(4.7.9)的矩阵等价的.

$$\begin{pmatrix} 0 & 0 & 1 \\ 0 & 1 & 1 \\ 1 & 1 & 1 \end{pmatrix}, \tag{4.7.8}$$

$$\begin{pmatrix} 1 & 1 & 1 \\ 0 & 1 & 1 \\ 0 & 0 & 1 \end{pmatrix}. \tag{4.7.9}$$

为了研究 $\| M^2 \|$, $M \in \mathscr{U}_n(\sigma)$, 我们引进 M 的平方二部图的概念(柳柏濂[49]).

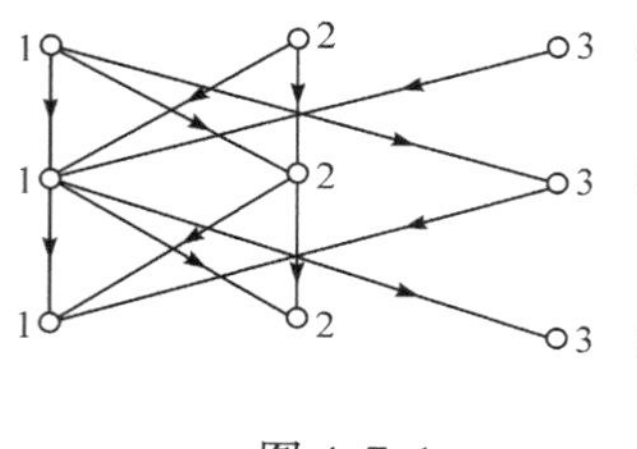

图 4.7.1

设标号顶点集 $V_1=\{1,2,\cdots,n\}$ 和 $V_2=\{1,2,\cdots,n\}$ 分别对应于 n 阶矩阵 $M=(m_{ij})$ 的行号和列号. $i\in V_1, j\in V_2$, 有弧 (i,j), 当且仅当在 M 中 $m_{ij}=1$. 于是 M 与一个二部有向图一一对应. 我们把这个二部有向图的一个复制图(copy)放在它的下面,使复制图的 V_1 与原图的 V_2 相应的点 i 点 $(i=1,2,\cdots,n)$ 重合. 所得到的图称为 M 的平方二部图. 记为 $D(M^2)$. $D(M^2)$ 中由上而下的三部分点集分别记为 V_1, V_2, V'_2. 例如,(4.7.4)的矩阵的平方二部图如图 4.7.1 所示:

由 $D(M^2)$ 易见,由 V_1 中的点到 V'_2 中的点的所有长为 2 的有向路的总条数,就是 $\| M^2 \|$.

对于 V_2 中的点 i, $i=1,2,\cdots,n$. i 的入度和出度分别记为 $d^-(i)$ 和 $d^+(i)$. 又 M 的第 i 行的行和第 i 列的列和分别记为 r_i 和 s_i. 易见, $d^-(i)=s_i$, 而 $d^+(i)=r_i$. 由图 $D(M^2)$ 可以直接得出

$$\| M^2 \| = \sum_{\substack{i=1 \\ i\in V_2}}^{n} d^+(i)\cdot d^-(i) = \sum_{i=1}^{n} r_i s_i .$$

这便是(5.7.3)式在(0,1)矩阵中的结果.

记 M 的补为 M_c, $M_c=J_n-M$. 如果 $M\in\mathscr{U}_n(\sigma)$, 则 $M_c\in\mathscr{U}_n(n^2-\sigma)$. 1980 年, R. Aharoni[50]证明了

$$\| M^2 \| = 2\sigma n - n^3 + \| M_c^2 \| . \tag{4.7.10}$$

由上式,我们有

$$\begin{aligned} \overline{N}_n(\sigma) &= 2\sigma n - n^3 + \overline{N}_n(n^2-\sigma), \\ \widetilde{N}_n(\sigma) &= 2\sigma n - n^3 + \widetilde{N}_n(n^2-\sigma). \end{aligned} \tag{4.7.11}$$

由(4.7.11)可知,对$\overline{N}_n(\sigma)$和$\widetilde{N}_n(\sigma)$的研究,只须要考察 $\sigma\geqslant n^2/2$ 的情形.

由(4.7.6),我们有

$$\overline{N}_n(\sigma)\geqslant \| M^2 \|, \quad 其中\ M\in\overline{\mathscr{U}}_n(\sigma).$$

注意到 $r_1\geqslant r_2\geqslant\cdots\geqslant r_n$, $s_1\geqslant s_2\geqslant\cdots\geqslant s_n$,又 $\sum_{i=1}^{n} r_i = \sum_{i=1}^{n} s_i = \sigma$, 由 Чебышев 不等式

$$\overline{N}_n(\sigma) \geqslant \sum_{i=1}^{n} r_i s_i \geqslant \frac{1}{n}\Big(\sum_{i=1}^{n} r_i\Big)\Big(\sum_{i=1}^{n} s_i\Big) = \frac{\sigma^2}{n},$$

当且仅当 $r_i=\frac{\sigma}{n}$ 或 $s_i=\frac{\sigma}{n}$, $i=1,2,\cdots,n$ 时,等号成立.

事实上,我们把所有的 1 尽量放在 M 的上方,并不能得到$\overline{N}_n(\sigma)$,而应当把所有的 1 放到矩阵的左上角,成主子矩阵. 1971 年,Katz[48]证明了:对任一个正整数 k, $n^2\geqslant k^2\geqslant n^2/2$,

$$\overline{N}_n(k^2)=k^3$$

且在 $\mathscr{U}_n(k^2)$的矩阵中,左上角有一个 k 阶主子阵的一个矩阵M,有 $\| M^2 \| = k^3$. 由(4.7.11)知,M_c 将满足 $\| M_c^2 \| = \overline{N}_n(n^2-k^2)$,且

$$\overline{N}_n(n^2-k^2)=\overline{N}_n(k^2)-2k^2n+n^3=k^3-2k^2n+n^3.$$

对于任意的 $1\leqslant\sigma\leqslant n^2$, Aharoni[50]构造了四种不同形式的矩阵,并证明了:在这四种形式矩阵中,必有其中一个 M,使$\overline{N}_n(\sigma)= \| M^2 \|$,于是,$\overline{N}_n(\sigma)$也可以由确定的 M 用(4.7.11)计算出来.

现在,我们用平方二部图的方法来考察$\widetilde{N}_n(\sigma)$.

我们构作一个平方二部图 $D_1=D(M_1^2)$,使 $\| M_1^2 \| =0$. 如图 4.7.2(箭头可略去). 显见,在图 D_1 中,由 V_1 中的点到 V_2'中的点的长为 2 的路数为 0,即 $\| M_1^2 \| =0$. 如果我们把 M_1 看作是 M_c,则由(4.7.10),

$$\| M^2 \| =2\sigma n - n^3 + \| M_c^2 \| .$$

因 $\| M_c^2 \| =0$,故

$$\| M^2 \| =\widetilde{N}_n(\sigma), M\in\mathscr{U}_n(\sigma).$$

在平方二部图 D_1 中,易见,仅当 $\sigma \geqslant n^2 - lk \geqslant n^2 - \left\lfloor \frac{n}{2} \right\rfloor \left\lceil \frac{n}{2} \right\rceil$, $l+k=n$ 时,才可作出 $M\in\mathscr{U}_n(\sigma)$的平方二部图,其补图形如 D_1,即 D_1 中无由 V_1 中的点到 V_2'中的点的长为 2 的路,从图同构的观点,我们不难得知,M 必须置换相似于

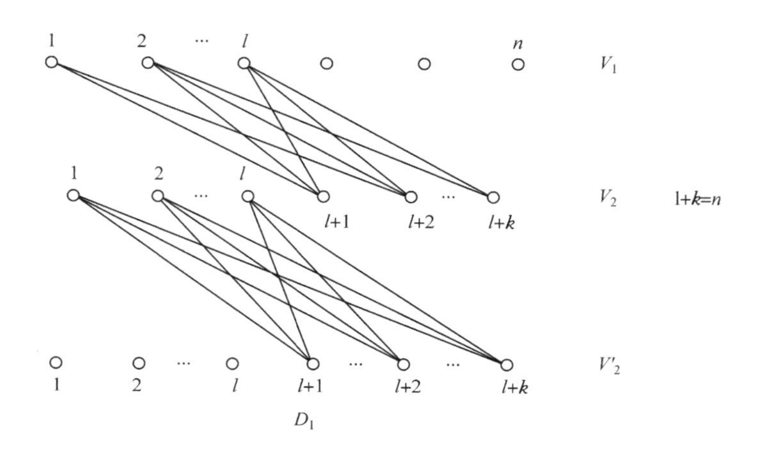

图 4.7.2

$$\begin{pmatrix} J_k & X \\ J_{l,k} & J_l \end{pmatrix}, \tag{4.7.12}$$

其中 $J_{l,k}, J_l, J_k$ 分别表示 $l\times k$ 阶, $l\times l$ 阶, $k\times k$ 阶全 1 矩阵. X 表示任意的 $k\times l$ 阶(0,1)子阵. 由此,我们用不同于 Brualdi 和 Solheid 的方法证得,

定理 4.7.3(Brualdi, Solheid[51])　若 $\sigma \geqslant n^2 - \left\lfloor \frac{n}{2} \right\rfloor \left\lceil \frac{n}{2} \right\rceil$,则

$$\widetilde{N}_n(\sigma) = 2\sigma n - n^3.$$

对于 $M \in \mathscr{U}_n(\sigma)$, $\| M^2 \| = \widetilde{N}_n(\sigma)$ 当且仅当存在非负整数 k 和 l, $k + l = n$,使得 M 置换相似于矩阵(4.7.12).

现在,我们进一步考察平方二部图的性质.

若 $M \in \widetilde{\mathscr{U}}_n(\sigma)$,注意到 M 中 i 的位置特点. 图 $D(M^2)$ 的每一条弧 (i,j) $(i < n, j > 1)$ 的左边都必有弧 $(i, j-1)$,右边必有弧 $(i+1, j)$. (4.7.13)

如果 $\sigma \geqslant \binom{n}{2}$, $\| M^2 \| = \widetilde{N}_n(\sigma)$,我们可以证明:图 $D(M^2)$ 中的每一对 $i \in V_1, j \in V_2$(或 $i \in V_2, j \in V_2'$),只要 $i > j$,就有弧 (i,j).

若上述结论不真,则应有某一对点 $p \in V_1, q \in V_2, p > q$,不存在弧 (p,q). 因为弧数 $\sigma \geqslant \binom{n}{2}$,且弧的位置有性质(4.7.13),故必存在一条弧 (i,i),我们把弧 (i,i) 删去,添上弧 (p,q)(在 V_1, V_2 和 V_2, V_2' 中同时进行),得到一个新的平方二部图 $D(M_0^2)$. 易得

$$\| M^2 \| - \| M_0^2 \| = (d_i^- - d_p^-) + (d_i^+ - d_q^+) - 1, \qquad (4.7.14)$$

这里,d_i^+,d_i^-,d_p^-,d_p^+ 均是 V_2 中的点在 $D(M^2)$中的出、入度.注意到图 $D(M^2)$的性质(4.7.13),便知

$$d_i^- \geqslant n-(i-1), d_i^+ \geqslant i,$$
$$d_p^- \leqslant n-p, d_q^+ \leqslant q-1.$$

于是,由(4.7.14)得

$$\| M^2 \| - \| M_0^2 \| \geqslant p-q+1 \geqslant 2.$$

这与 $\| M^2 \| = \widetilde{N}_n(\sigma)$矛盾.我们便证明了如下引理.

引理 4.7.4 设 $\sigma \geqslant \binom{n}{2}$且 $M \in \widetilde{\mathscr{U}}_n(\sigma)$和 $\| M^2 \| = \widetilde{N}_n(\sigma)$,则 M 的主对角线下的所有元都是 1.

特别地,当 $\sigma = \binom{n}{2}$时,有 $M \in \widetilde{\mathscr{U}}_n(\sigma)$使 $\| M^2 \| = \widetilde{N}_n(\sigma)$.这个矩阵记为 L_n,显见 L_n 就是所有 1 都在主对角线以下.从 L_n 的平方二部图(或直接按定义计算),可算得由 V_1 到 V_2'的长为 2 的路数.即

$$\widetilde{N}_n(\sigma) = \sum_{k=1}^{n-1}(n-k)(k-1) = \binom{n}{3}.$$

这和下列定理是一致的.

定理 4.7.5(Brualdi 和 Solheid[51]) 若 $\sigma = \binom{n}{2}$时,则

$$\widetilde{N}_n(\sigma) = \binom{n}{3}.$$

如果 $M \in \mathscr{U}_n(\sigma)$且 $\| M^2 \| = \widetilde{N}_n(\sigma)$,则 M 置换相似于矩阵 L_n.

现在,我们考察 $\binom{n}{2} < \sigma < n^2 - \left\lfloor \frac{n}{2} \right\rfloor \left\lceil \frac{n}{2} \right\rceil$ 的情形.先建立如下引理.

引理 4.7.6(柳柏濂[49]) 设 $M=(m_{ij}) \in \mathscr{U}_n(\sigma)$,记 $M(\sigma+e_{pq})$为把 M 中的一个零元 m_{pq}改为 1 所得到的矩阵,又 s_p,r_q 分别表示 M 的第 p 列的列和,第 q 行的行和,则

$$\| M^2(\sigma+e_{pq}) \| = \begin{cases} \| M^2 \| + s_p + r_q, & \text{当 } p \neq q \\ \| M^2 \| + s_p + r_q + 1, & \text{当 } p = q. \end{cases} \qquad (4.7.15)$$

证 易知,$M(\sigma+e_{pq})$的平方二部图是由 M 的平方二部图添加弧(p,q),$p \in V_1, q \in V_2$ 和弧(p,q),$p \in V_2, q \in V_2'$所得到.如果 $p \neq q$,$M(\sigma+e_{pq})$所增加的由 V_1 到 V_2'长为 2 的路的个数是 $d_q^+ + d_p^-$,这里 d_q^+, d_p^- 分别是 V_2 中

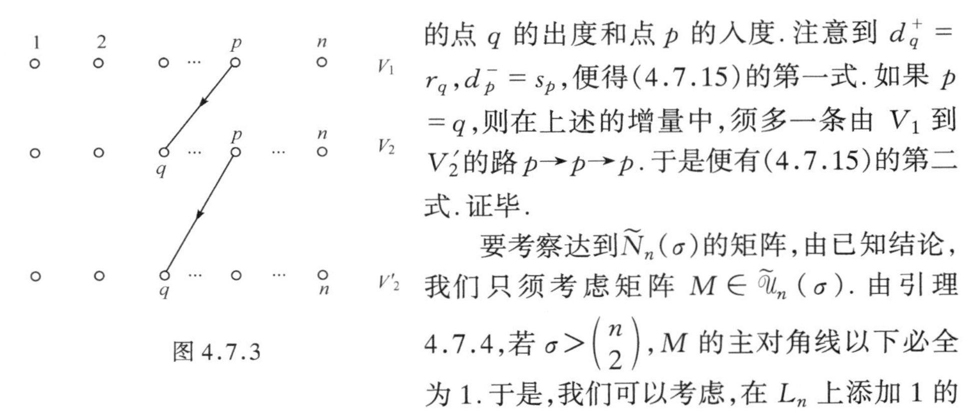

图 4.7.3

的点 q 的出度和点 p 的入度. 注意到 $d_q^+ = r_q, d_p^- = s_p$,便得(4.7.15)的第一式. 如果 $p = q$,则在上述的增量中,须多一条由 V_1 到 V_2' 的路 $p \to p \to p$. 于是便有(4.7.15)的第二式. 证毕.

要考察达到 $\widetilde{N}_n(\sigma)$ 的矩阵,由已知结论,我们只须考虑矩阵 $M \in \widetilde{\mathscr{U}}_n(\sigma)$. 由引理 4.7.4,若 $\sigma > \binom{n}{2}$, M 的主对角线以下必全为 1. 于是,我们可以考虑,在 L_n 上添加 1 的各种情形. 我们把 L_n 中的所有元 (i, j), $i \leqslant j$,称为上元.

引理 4.7.7[49]　在 L_n 中增加若干个值为 1 的上元 $e_{i_1 j_1}, e_{i_2 j_2}, \cdots, e_{i_r j_r}$,所得的矩阵记为 A. 若各组下标 $(i_1, j_1), (i_2, j_2), \cdots, (i_r, j_r)$ 无两组有公共元,则

$$\| A^2 \| = \binom{n}{3} + \sum_{t=1}^{r} \Delta(e_{i_t j_t}), \tag{4.7.16}$$

这里

$$\Delta(e_{i_t j_t}) = \begin{cases} (n-1) - i_t + j_t, & i_t < j_t \\ n - i_t + j_t, & i_t = j_t. \end{cases} \tag{4.7.17}$$

证　由引理 4.7.6 知,在 L_n 每添加一个上元 $e_{i_t j_t} = 1$,其增量仅取决于 L_n 的 s_{i_t} 和 r_{j_t},因 $(i_1, j_1), (i_2, j_2), \cdots, (i_r, j_r)$ 无两组有公共元,即在 $e_{i_t j_t}$ 所在的第 i_t 列和第 j_t 行上除了原来 L_n 的元外,并无其它添加的上元. 因此,每个 $e_{i_t j_t}$ 都是独立的,得(4.7.16),又由引理 4.7.6 每个 $e_{i_t j_t}$ 对 $\| A^2 \|$ 的贡献是

$$\Delta(e_{i_t j_t}) = \begin{cases} s_{i_t} + r_{j_t}, & i_t < j_t \\ s_{i_t} + r_{j_t} + 1, & i_t = j_t. \end{cases}$$

这里 s_{i_t}, r_{j_t} 分别是 L_n 的第 i_t 列的列和,第 j_t 行的行和. 直接计算,便得(4.7.17). 证毕.

显见,若在 L_n 上添加若干个上元,当它们处在不同行、列时,其平方和的增量最小.

由此,我们可以证明如下定理(习题 4.19, 4.20).

定理 4.7.8[49]　设 $\sigma = \binom{n}{2} + k$, $1 \leqslant k \leqslant n$,则

$$\widetilde{N}_n(\sigma)=\binom{n}{3}+kn,$$

要构造达到上述$\widetilde{N}_n(\sigma)$的矩阵,只须在 L_n 的主对角线上添加k 个 1.

推论 4.7.9[51] 设 $\sigma=\binom{n+1}{2}$,则$\widetilde{N}_n(\sigma)=\binom{n+2}{3}$.

若 $M\in\mathscr{U}_n(\sigma)$且满足 $\|M^2\|=\widetilde{N}_n(\sigma)$,则 M 置换相似于一个主对角线和主对角线以下全是 1,其余元是 0 的 n 阶(0,1)矩阵,此矩阵记为 L_n^*.

我们考察 $\sigma=\binom{n+1}{2}+k,1\leqslant k\leqslant n-1$ 情形.

运用证明引理 4.7.4 类似的方法,我们可以证明如下结论.

引理 4.7.10 若 $\sigma\geqslant\binom{n+1}{2}$且 $M\in\widetilde{\mathscr{U}}_n(\sigma)$和 $\|M^2\|=\widetilde{N}_n(\sigma)$,则 M 的主对角线和主对角线以下的所有元都是 1.

于是,我们考虑在 L_n^* 中添加 1.类似于引理 4.7.5,不难证得如下结论.

引理 4.7.11 在 L_n^* 中添加若干个值为 1 的元 $e_{i_1j_1},e_{i_2j_2},\cdots,e_{i_rj_r},i_t<j_t$ $(t=1,2,\cdots,r)$,所得的矩阵记为 A,若各组下标$(i_1,j_1),(i_2,j_2),\cdots,(i_r,j_r)$无两组有公共元,则

$$\|A^2\|=\binom{n+2}{3}+\sum_{t=1}^{r}(n+1+j_t-i_t).\tag{4.7.18}$$

从上述引理,又得下面的定理.

定理 4.7.12[49] 若 $\sigma=\binom{n+1}{2}+k,1\leqslant k\leqslant\left\lfloor\frac{n}{2}\right\rfloor$, 则

$$\widetilde{N}_n(\sigma)=\binom{n+2}{3}+k(n+2).$$

记 L_n^* 的副对角线$(j=i+1)$上添加 k 个不相邻的 $1\left(1\leqslant k\leqslant\left\lfloor\frac{n}{2}\right\rfloor\right)$,所得的矩阵为 B,便有 $\|B^2\|=\widetilde{N}_n(\sigma)$.

由此,Brualdi 和 Solheid 的一个定理,可以作为本定理的一个特款.

推论 4.7.13[51] 若 n 的偶数,$\sigma=\binom{n+1}{2}+\frac{n}{2}$,则

$$\widetilde{N}_n(\sigma)=8\binom{\frac{n}{2}+2}{3}.$$

我们不难证明[51]：当 $\sigma=\binom{n+1}{2}+\frac{n}{2}$，且 $M\in\mathscr{U}_n(\sigma)$ 及 $\|M^2\|=\widetilde{N}_n(\sigma)$ 时，M 置换相似于下列矩阵

$$\begin{bmatrix} J_2 & & & & \\ & \ddots & & & 0 \\ & & J_2 & & \\ & & & \ddots & \\ J & & & & J_2 \end{bmatrix}.$$

为方便叙述，我们把在 L^* 的副对角线上的相邻 r 个 1，记为 S_r，而把每边有 r 个 1 的正三角形，记为 T_r. 如图 4.7.4.

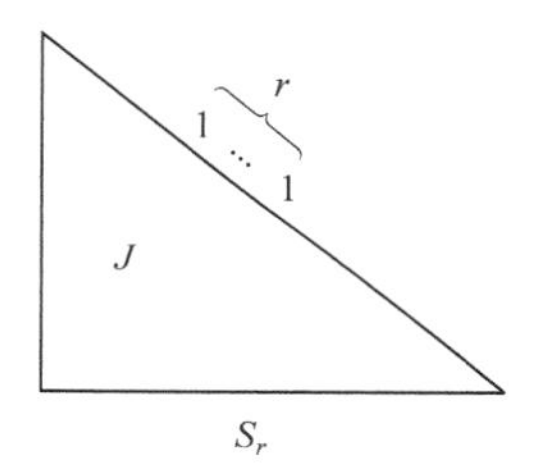

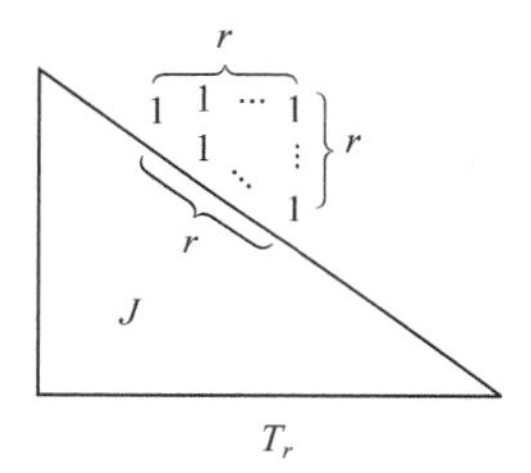

图 4.7.4

显然 $S_1=T_1$. 我们记 L_n^* 添加了 S_r 或 T_r 后的 $\|L_n^{*2}\|$ 的增量为 $\Delta(S_r)$ 和 $\Delta(T_r)$. 用引理 4.7.6，不难算得

$$\begin{aligned}
&\Delta(S_1)=\Delta(T_1)=n+2,\\
&\Delta(S_2)=2n+5,\\
&\Delta(S_3)=\Delta(T_2)=3n+8,\\
&\Delta(T_3)=6n+20.
\end{aligned}$$

就添加 6 个 1 而言，由 $3(2n+5)<2(3n+8)$，可见，分成 3 个 S_2，比两个 S_3 或 1 个 T_3 的增量还小.

一般地，由引理 4.7.6，我们可以有如下引理.

引理 4.7.14

$$\Delta(T_r)=\binom{r+1}{2}\left(n+\frac{2}{3}(r+2)\right). \tag{4.7.19}$$

用 $\sigma(T_r)$表示 T_r 的 1 的个数. 若 $\sigma(T_r)=\sum_{i=1}^{t}\sigma(T_{r_i}),t>1$, 则 $\Delta(T_r)>\sum_{i=1}^{t}\Delta(T_{r_i})$.

证 由引理 4.7.6,

$$\begin{aligned}\Delta(T_r)&=n\sum_{j=1}^{r}j+\sum_{j=1}^{r}j(j+1)=n\binom{r+1}{2}+\sum_{j=1}^{r}j^2+\sum_{j=1}^{r}j\\&=n\binom{r+1}{2}+\binom{r+1}{2}+\frac{2r+1}{3}\binom{r+1}{2}\\&=\binom{r+1}{2}\left(n+1+\frac{2r+1}{3}\right)\\&=\binom{r+1}{2}\left(n+\frac{2}{3}(r+2)\right).\end{aligned}$$

由 $\sigma(T_r)=\sum_{i=1}^{t}\sigma(T_{r_i})$, 即

$$\binom{r+1}{2}=\sum_{i=1}^{t}\binom{r_i+1}{2}$$

$$\begin{aligned}\binom{r+1}{2}(r+2)&=\sum_{i=1}^{t}\binom{r_i+1}{2}(r+2)\\&>\sum_{i=1}^{t}\binom{r_i+1}{2}(r_i+2)\quad(\text{因 } r>r_i).\end{aligned}$$

由(4.7.19)

$$\Delta(T_r)>\sum_{i=1}^{t}\Delta(T_{r_i}).$$

证毕.

类似,可证明如下引理.

引理 4.7.15

$$\Delta(S_r)=r(n+3)-1. \tag{4.7.20}$$

令 $\sigma(S_r)$表示 S_r 的 1 的个数. 若 $\sigma(S_r)=\sum_{i=1}^{t}\sigma(S_{r_i}),t>1$, 则

$$\Delta(S_r)>\sum_{i=1}^{t}\Delta(S_{r_i}).$$

由上述引理,及 $\Delta(T_2)+\Delta(T_1)=2\Delta(S_2)$,及 $\Delta(T_2)>\Delta(S_2)+\Delta(T_1)$. 在

可能的情形下，应先排 T_1，再排 S_2，再排 T_2 或 S_3. 注意到 T_2 比 S_3 在副对角线上所占的位置较小. 因此，我们应先排 T_1, S_2, T_2. 故得如下定理.

定理 4.7.16 若 $\sigma=\binom{n+1}{2}+k$，$k=\left\lfloor \frac{n}{2}\right\rfloor+1$，则

$$\widetilde{N}_n(\sigma)=\binom{n+2}{3}+k(n+3)-\left\lfloor \frac{n-1}{2}\right\rfloor.$$

证 若 $M\in\mathcal{U}_n(\sigma)$ 且 $\|M^2\|=\widetilde{N}_n(\sigma)$，由(4.7.7)，可设 $M\in\widetilde{\mathcal{U}}_n(\sigma)$. 在 L_n^* 的副对角线上放 $k-\left\lfloor \frac{n-1}{2}\right\rfloor$ 个 S_2，$\left(2\left\lfloor \frac{n-1}{2}\right\rfloor-k\right)$ 个 S_1，它们互不相邻. 这时，可得最小的 $\|M^2\|$. 于是

$$\begin{aligned}\widetilde{N}_n(\sigma)&=\|M^2\|=\|L_n^{*2}\|+\sum_{i=1}^{k-\left\lfloor \frac{n-1}{2}\right\rfloor}\Delta(S_2)+\sum_{i=1}^{2\left\lfloor \frac{n-1}{2}\right\rfloor-k}\Delta(S_1)\\&=\binom{n+2}{3}+\left(k-\left\lfloor \frac{n-1}{2}\right\rfloor\right)(2(n+3)-1)\\&\quad+\left(2\left\lfloor \frac{n-1}{2}\right\rfloor-k\right)(n+2)\\&=\binom{n+2}{3}+k(n+3)-\left\lfloor \frac{n-1}{2}\right\rfloor.\end{aligned}$$

证毕.

一般地，设正整数 k，$1\leqslant k\leqslant n$，且 $n=qk+l$，这里 q 是正整数，$0\leqslant l<k$. 令 $\sigma_{n,k}=\binom{q+1}{2}k^2+nl$. 在文献[51]中，Brualdi 和 Solheid 猜想：

$$\widetilde{N}_n(\sigma_{n,k})=\|A_{n,k}^2\|,$$

这里

$$A_{n,k}=\begin{pmatrix}J_k&&&&\\&\ddots&&0&\\&&J_k&&\\J&&&J_k&\\&&&&J_l\end{pmatrix}.$$

这一猜想的特款,即 $k=2$,n 为偶数时,已在推论 4.7.13 被证明.从上述分析,这一猜想似是十分明显的事实,然而,迄今,还未彻底完成它的证明.

我们知道,n 阶(0,1)矩阵可以看作是一个 n 阶有向图的邻接阵.从这个观点,我们还可以考察某一类图的重排的极值问题.Brualdi 和 Solheid[51]也研究了具有 e 条边的简单图的邻接阵 A(迹为零的对称阵)及连通图的邻接阵 B,得出了 $\max\|A^2\|$,$\min\|A^2\|$,$\max\|B^2\|$,$\min\|B^2\|$ 等结果.当然,对于其它有重要意义的图类,我们仍可以研究其相应的重排极值问题.

4.8 矩阵的完备消去概型

在任何一本线性代数的著述中,我们都可以找到关于矩阵的高斯(Gauss)消去法.

设 M 是一个定义在某一域(例如实数域)上的 $n\times n$ 阶非奇异矩阵,$M=(m_{ij})$.我们总可以重复运用下列步骤把 M 化为 n 阶单位阵 I.

(1) 选择一个非零元 m_{ij} 作为主元素(pivot),

(2) 用初等行变换和列变换把 m_{ij} 变为 1,并且使第 i 行和第 j 列的其它元素变为零.这个技巧称为高斯消去法.

当我们在带有很多零元素的所谓稀疏矩阵(sparse matrix)上使用高斯消去法时,如何选择主元素,成了运算是否方便的一个重要问题.如果随意地选取主元素,在 M 化为 I 的过程中,有可能某些原来零的位置被非零元所代替.例如,下面主元素的逐步选择就导致这个不好的结果.

$$\begin{pmatrix} ④ & 1 & 1 & 1 \\ 1 & 1 & 0 & 0 \\ 1 & 0 & 1 & 0 \\ 1 & 0 & 0 & 1 \end{pmatrix} \to \begin{pmatrix} 1 & 0 & 0 & 0 \\ 0 & ③ & -1 & -1 \\ 0 & -1 & 3 & -1 \\ 0 & -1 & -1 & 3 \end{pmatrix}$$

$$\to \begin{pmatrix} 1 & 0 & 0 & 0 \\ 0 & 1 & 0 & 0 \\ 0 & 0 & ⑧ & -4 \\ 0 & 0 & -4 & 8 \end{pmatrix} \to \begin{pmatrix} 1 & 0 & 0 & 0 \\ 0 & 1 & 0 & 0 \\ 0 & 0 & 1 & 0 \\ 0 & 0 & 0 & ⑫ \end{pmatrix}$$

$$\to \begin{pmatrix} 1 & 0 & 0 & 0 \\ 0 & 1 & 0 & 0 \\ 0 & 0 & 1 & 0 \\ 0 & 0 & 0 & 1 \end{pmatrix}.$$

于是,我们自然会问:什么情况下能够选择一系列主元素,它不会出现上述那种情形?

这里引进一个关于矩阵 M 的完备消去概型(perfect elimination scheme)的概念.

矩阵 M 的一个完备消去概型是这样的一系列主元素,它在使 M 化为 I 的过程中,不会使 M 的零元变成非零元.

当然,不是每一个矩阵,都存在这样的主元素序列.如果 M 是稀疏的且有一个完备消去概型,则通过变换后,这个稀疏性仍然保持.

下面我们看到上述矩阵的完备消去概型.

$$\begin{pmatrix} 4 & 1 & 1 & 1 \\ 1 & 1 & 0 & 0 \\ 1 & 0 & 1 & 0 \\ 1 & 0 & 0 & \textcircled{1} \end{pmatrix} \to \begin{pmatrix} 3 & 1 & 1 & 0 \\ 1 & 1 & 0 & 0 \\ 1 & 0 & \textcircled{1} & 0 \\ 0 & 0 & 0 & 1 \end{pmatrix}$$

$$\to \begin{pmatrix} 2 & 1 & 0 & 0 \\ 1 & \textcircled{1} & 0 & 0 \\ 0 & 0 & 1 & 0 \\ 0 & 0 & 0 & 1 \end{pmatrix} \to \begin{pmatrix} 1 & 0 & 0 & 0 \\ 0 & 1 & 0 & 0 \\ 0 & 0 & 1 & 0 \\ 0 & 0 & 0 & 1 \end{pmatrix}.$$

容易看到,如果选择非零元 m_{ij} 作为主元素,当存在某个 s,t,$m_{sj}\neq 0$,$m_{it}\neq 0$ 但 $m_{st}=0$,则将会把原来零元 m_{st} 变成非零元.用这个准则,我们可以看到,下列矩阵虽然是非奇异阵,但它没有完备消去概型

$$\begin{pmatrix} 1 & 1 & 0 & 0 & 1 \\ 0 & 1 & 1 & 0 & 1 \\ 0 & 1 & 1 & 1 & 0 \\ 1 & 0 & 1 & 1 & 0 \\ 1 & 0 & 0 & 1 & 1 \end{pmatrix}.$$

下面的三对角线矩阵有完备消去概型,可以从主对角线最上的一元开始沿主对角线往下取.

$$\begin{pmatrix} * & * & & & & \\ * & * & * & & 0 & \\ & * & * & * & & \\ & & * & * & \ddots & \\ & 0 & & \ddots & \ddots & * \\ & & & & * & * \end{pmatrix},$$

这里 * 号表示非零元.

在深入研究我们的问题之前,先讨论将要用到的图论概念.

对于一个简单图 $G=(V,E)$,$\omega(G)$表示 G 的团数. $\chi(G)$表 G 的(点)色数,$\alpha(G)$表 G 的独立点数,或最大稳固集的个数,$k(G)$是 G 的团复盖数,即复盖 G 的所有顶点的团的最小个数.

因为 G 的一个团和一个稳固集至多只有一个交点,于是对于任何图 G,

$$\omega(G)\leqslant\chi(G),$$

且

$$\alpha(G)\leqslant k(G).$$

因为 $\alpha(G)=\omega(\bar{G})$和 $k(G)=\chi(\bar{G})$,故上式对于补图$\bar{G}$仍成立.

一个图 $G=(V,E)$若满足

(p_1) $\omega(G_A)=\chi(G_A)$ (对所有 $A\subseteq V$),

(p_2) $\alpha(G_A)=k(G_A)$ (对所有 $A\subseteq V$),

则 G 称为是完美图.

1972 年,Lovász[52]证明了:对于一个完美图 $G=(V,E)$,性质(p_1),(p_2)和

(p_3) $\omega(G_A)\alpha(G_A)\geqslant|A|$ (对所有 $A\subseteq V$)

是等价的.

于是,可以这样定义:若 G 满足(p_1),(p_2),(p_3)之一,G 称为完美图. 显然,一个图 G 是完美的当且仅当它的补图$\bar{G}$是完美的. 注意到 $\omega(G)$与 $\chi(G)$与图 G 的邻接矩阵的联系. 我们也可以用矩阵来研究完美图的若干性质[53].

现在,我们考察一类重要的完美图——弦图(chordal graph).

连接一个初等圈两个不相邻顶点的边,称为弦(chord). 一个无弦的初等圈称为无弦圈(chordless cycle)如果一个图的所有长大于 3 的圈有一条弦,这个图称为弦图或称为三角图(triangulated graph). 一个等价的说法是,不包含同构于 $C_n(n>3)$的导出子图的图称为弦图. 弦图有遗传性(hereditary property),即它的导出子图也是弦图.

G 的一个顶点称为简单的,如果它的邻点集 $N(x)$导出 G 的一个完全子图,即$\langle N(x)\rangle$是一个团(不一定是最大的). Dirac[54]和 Lekkerkerker, Boland[55]证明了:一个弦图必有一个简单顶点(事实上,至少有两个这样的顶点).

设 $G=(V,E)$是一个简单图,$\sigma=[v_1,v_2,\cdots,v_n]$是顶点的一个排序. 如果每个 v_i 是 $v_i,v_{i+1},\cdots,v_n$ 的导出子图$\langle G\{v_i,\cdots,v_n\}\rangle$的一个简单顶点,则 σ 被称为一个完备顶点消去概型(perfect vertex elimination scheme)或简称为完备概

型(perfect scheme).换言之,这时每个集

$$X_i = \{v_j \in N(v_i) \mid j > i\}$$

的导出子图是完全图.例如,图 4.8.1 的图 G_1,有一个完备顶点消去概型 $\sigma = [a, g, b, f, c, e, d]$,但不是唯一的.它有 96 个不同的完备概型,而图 G_2 无简单顶点,因此,它没有完备概型.

如何从一个图上寻找和计算完备概型是一个有待探索的问题,目前,已有一些有效的算法[56,57].

对于图 $G=(V,E)$的不相邻的顶点 a 和 b,一个子集 $S \subset V$ 称为它们的一个点分离集(separator)或 a-b 分离集,如果从 G 中删去 S 后,a 和 b 分属于不同的两个连通片.如果 S 中无真子集是一个 a-b 分离集,则 S 称为 a 和 b 的极小点分离集.例如图 4.8.1 中的图 G_2,对顶点 p 和 q,$\{y, z\}$是一个极小点分离集,而$\{x, y, z\}$是一个极小 p-r 分离集.对于 G_1,每一个极小点分离集的基数是 2,且分离集中的两个顶点是相邻的.这是弦图的特征之一.

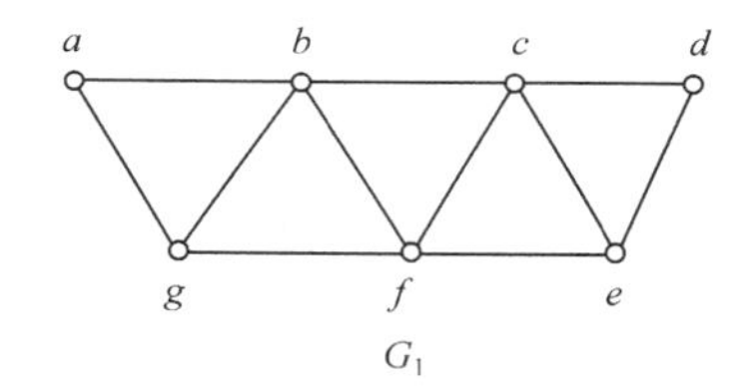

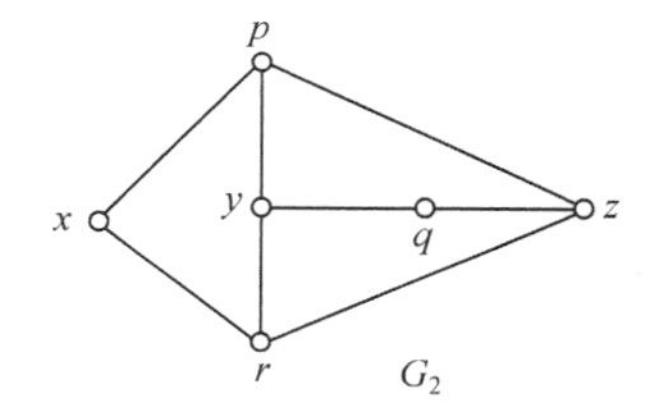

图 4.8.1

下面,我们将证明一个弦图的主要性质定理.为此,先证明 Dirac 1961 年得到的一个结果.

引理 4.8.1(Dirac[54])　每一个弦图 $G=(V,E)$有一个简单点.同时,如果 G 不是一个团,则它有两个不相邻的简单点.

证　若 G 是完全图,此引理是显然的.假设 G 有两个不相邻点 a 和 b,且对所有阶数小于$|V|$的所有弦图,引理是真的.又设 S 是极小 a-b 分离集.记从 G 删去 S 后的所得的图为 $G_{V \setminus S}$,且 a 和 b 在 $G_{V \setminus S}$ 中所在的两个连通片分别是 G_A 和 G_B,其中 A,B 分别表 G_A 和 G_B 的顶点集.

由归纳法,下列两种情况必有其一出现:

(1) 子图 $G_{A \cup S}$(G_A 的顶点集与 S 的并的导出子图)有两个不相邻的简单点,它们之一必在 A 上(因 S 导出一个完全子图).

(2) $G_{A \cup S}$ 是一个完全图且 A 的任一点在 $G_{A \cup S}$ 中是简单的.

因为 A 的所有邻点集 $N(A)\subseteq A\cup S$,故在 A 中 $G_{A\cup S}$ 的一个简单点对所有 G 也是简单的.类似地,B 也包含 G 的一个简单点.证毕.

Dirac 定理是消去概型研究中的重要定理.1998 年,A. Berry 和 J. P. Bordat 把它作了进一步的推广[58].

现在,我们给出弦图的几个性质.

定理 4.8.2(Fulkerson, Gross[59]) 设 G 是一个简单图,下列命题是互相等价的:

(1) G 是弦图.

(2) G 有一个完备顶点消去概型,且任一个简单顶点可以是一个完备概型的第一点.

(3) 每一个极小顶点分离集导出 G 的一个完全子图.

证 (3)⇒(1) 设 $[a,x,b,y_1,y_2,\cdots,y_k,a]$ $(k\geqslant 1)$ 是 $G=(V,E)$ 的一个圈,任一个 a-b 分离集必含顶点 x 和 y_i, $i\in\{1,2,\cdots,k\}$,于是,$xy_i\in E$,这便是此圈的弦.

(1)⇒(3) 设 S 是一个极小 a-b 分离集,在 $G_{V\setminus S}$ 中,含 a 和 b 的连通片分别是 G_A 和 G_B.因为 S 是最小的,故每个 $x\in S$ 与 A 的某个顶点,B 的某个顶点相邻.同时,对任意一对顶点 $x,y\in S$,存在路 $[x,a_1,\cdots,a_r,y]$ 和 $[y,b_1,\cdots,b_t,x]$,这里每个 $a_i\in A$ 且 $b_i\in B$,使得这些路被选得尽可能地短.由此得,$[x,a_1,\cdots,a_r,y,b_1,\cdots,b_t,x]$ 是一个圈,它的长至少是 4.它必有一条弦.但按顶点分离集的定义,$a_ib_j\notin E$,且由 r 和 t 的最小性 $a_ia_j\notin E$ 和 $b_ib_j\notin E$.于是,唯一可能的弦是 $xy\in E$.

(1)⇒(2) (用归纳法)由引理 4.8.1,若 G 是弦图,则它有一个简单顶点,不妨设为 x.因 $G_{V\setminus\{x\}}$ 是弦图且阶数小于 G 的阶数.由归纳法,它有一个完备概型.当添加了 x 后,此概型便形成 G 的一个完备概型.

(2)⇒(1) 设 C 是 G 的一个圈,又 x 是 C 的一个顶点,且它是 C 的所有顶点在一个完备概型中下标最小的一个(即起点).因 $|N(x)\cap C|\geqslant 2$, x 的简单性保证了 C 有一条弦.证毕.

下面一个定理的证明,可在文献[60]中找到.

定理 4.8.3(Leuker, Rose, Tarjan) 若图 $G=(V,E)$ 是弦图,则存在一系列弦图 $G_i=(V,E_i)$, $i=0,1,\cdots,s$,使 $G_0=G$, G_s 是一个完全图,G_i 是由 G_{i-1} 增加一边而得到,$i=1,\cdots,s$.

现在,我们回到本节开头关于矩阵的完备消去概型问题.我们将要用到关于矩阵 M 的两类图.n 阶矩阵 $M=(m_{ij})$ 的图 $G(M)$ 是含有顶点集 $\{v_1,v_2,\cdots,$

$v_n\}$的有向图,v_iv_j 有边相连当且仅当 $m_{ij}\neq 0, i\neq j$. 而 M 的二部图 $B(M)$有顶点集$\{x_1,\cdots,x_n\}$和$\{y_1,\cdots,y_n\}$分别对应于 M 的行和列,x_i 和 y_j 相邻当且仅当 $m_{ij}\neq 0$. x_i 和 y_i 称为相伴元(partner),它对应于 $G(M)$中的顶点 v_i.

我们考察 M 是对称矩阵的情形,这时 $G(M)$是一个无向图. 不难看出,在主对角线上的一个非零元 m_{ii}可以作为主元素当且仅当在 $G(M)$中,v_i 是一个简单顶点. 事实上,取主元素为 m_{ii}等价于用增加边和删去 v_i 的办法使 $N(v_i)$成为一个完全子图. 如果我们增加一个限制:

(R)所有主元素都取自 M 的主对角线且是非零元. 则 M 的完备消去概型对应于 $G(M)$的完备顶点消去概型.

下面是首先由 Rose[61]于 1970 年得到而稍后由 Columbic[62]于 1978 年推广的定理.

定理 4.8.4(Rose-Columbic)　设 M 是主对角线无零元的对称矩阵,则下列条件是等价的:

(1) M 是一个完备消去概型.

(2) M 在限制条件(R)下,有一个完备消去概型.

(3) $G(M)$是一个弦图.

在证明上述定理前,先引进一个消去过程的二部图模型.

一个二部图 $H=(V,E)$的一边 $e=xy$ 称为双简单的(bisimplicial),如果 $N(x)\cup N(y)$导出 H 的一个完全二部子图. 注意,一个边的双简单性在一个导出子图中是具有遗传性质的. 设 $\sigma=[e_1,e_2,\cdots,e_n]$是 H 中的一个两两不相邻的边的序列. 用 S_i 表示边 $e_1,\cdots,e_i$ 的端点的集,设 $S_0=\varnothing$. σ 称为 H 的一个完备边消去概型,如果导出子图 $H_{V\setminus S_{i-1}}$ 的每条边是双简单的且 $H_{V\setminus S_n}$ 没有边. 因此,我们可以把消去一边,看作删去与 e 相邻的所有边. 例如,在图 4.8.2 中的图有完备边消去概型$[x_1y_1, x_2y_2, x_3y_3, x_4y_4]$. 注意:初始边 x_2y_2 并不是双简单的.

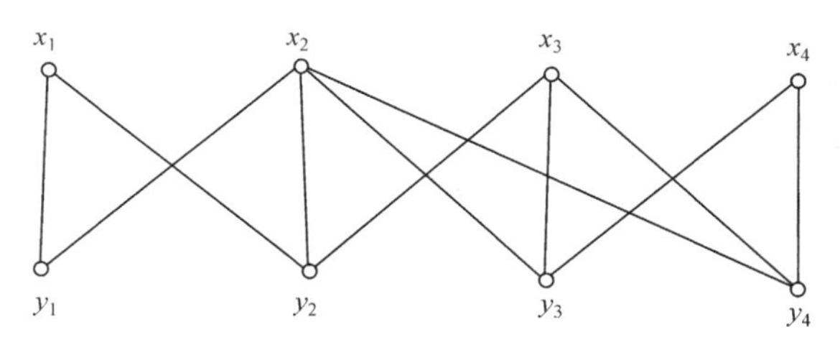

图 4.8.2

σ 的一个子序列 $\sigma'=[e_1,e_2,\cdots,e_k](k\leqslant n)$ 称为部分概型(partial scheme). 符号 $H-\sigma'$ 和 $H_{V\setminus S_k}$ 表示同样的子图.

考察 M 的二部图 $B(M)$. $B(M)$ 的双简单边对应于 M 的主元素,且 $B(M)$ 的一个完备边消去概型对应于 M 的完备消去概型.

现在,我们给出定理 4.8.4 的证明.

定理 4.8.4 的证明 由定理 4.8.2 知,(2)⇔(3),又因(2)⇒(1)是显然的. 现在,只须证明(1)⇒(3).

设 M 是一个主对角线的元非零的对称矩阵. 又 σ 是 $B(M)$ 的完备边消去概型.

设 $G(M)$ 有一个无弦圈 $[v_{\alpha_1},v_{\alpha_2},\cdots,v_{\alpha_m},v_{\alpha_1}]$. 在 $B(M)$ 中,这对应于由 $C=\{x_{\alpha_1},y_{\alpha_1},\cdots,x_{\alpha_m},y_{\alpha_m}\}$ 所导出的构形 B_C(如图 4.8.3).

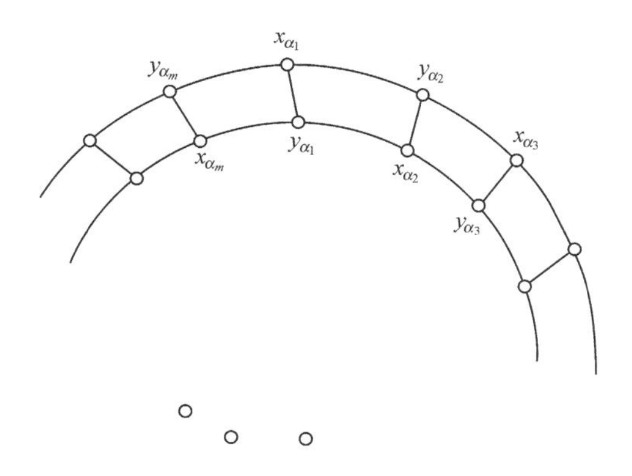

图 4.8.3 $B(M)$ 的子图 B_C

考察 σ 含 C 的一个顶点的第一边 e. 显然 e 仅含 C 的一个顶点,因为 B_C 中无一边是双简单的. 不失一般性,设 $e=x_{\alpha_1}y_s$, $y_s\notin C$,并且 x_s 是 y_s 在 C 的对应点.

因在 B_C 中, $N(x_{\alpha_1})=\{y_{\alpha_1},y_{\alpha_2},y_{\alpha_m}\}$ 和 $N(y_{\alpha_1})\cap N(y_{\alpha_2})\cap N(y_{\alpha_m})=\{x_{\alpha_1}\}$, $x_{\alpha_1}y_s$ 的双简单性导出 $C\cap N(y_s)=\{x_{\alpha_1}\}$,由对称性 $C\cap N(x_s)=\{y_{\alpha_1}\}$. 于是, $x_{\alpha_1}y_{\alpha_1}$ 和 x_sy_s 是边,但 $x_sy_{\alpha_2}$ 不是边,这便和 $x_{\alpha_1}y_s$ 的双简单性矛盾! 因此 $G(M)$ 是弦图. 证毕.

为了进一步回答"如何判断一个给定矩阵 M 有完备消去概型"的问题,我们引进一个完备消去二部图的概念(perfect elimination bipartite graph).

如果一个二部图存在完备边消去概型,则此二部图称为完备消去二部图.下面,如无特别说明,我们把完备边消去概型简称为概型.

如何去构造一个概型,或者说,选择任一条双简单边删去,如此继续,能构造出一个概型吗? 下面定理将回答这个问题.

定理 4.8.5(Columbic, Goss[62])　如果 $e=xy$ 是一个完备消去二部图 $H=(X,Y,E)$的一条双简单边,则 $H_{(X\setminus\{x\})\cup(Y\setminus\{y\})}$也是一个完备消去二部图.

证　我们要证明:如果 H 有一个概型$[e_1,e_2,\cdots,e_n]$,则它有一个以 e 为始边的概型.

设 $e_i=x_iy_i$, $x_i\in X$ 且 $y_i\in Y(i=1,2,\cdots,n)$.定义 H_i 是H 中由$(X\setminus\{x_1,\cdots,x_{i-1}\})\cup(Y\setminus\{y_1,\cdots,y_{i-1}\})$导出的子图.

情形 1　$x=x_i$ 且 $y=y_i$, $i\in\{1,2,\cdots,n\}$.因为一个边的双简单性在导出子图中仍保持,于是$[e,e_1,\cdots,e_{i-1},e_{i+1},\cdots,e_n]$是一个概型.

情形 2　$x=x_i$ 且 $y=y_j$, $i\neq j$,不妨设 $i<j$(必要时,可调换 X 和 Y).因此,$[e,e_1,\cdots,e_{i-1}]$是一个部分概型.

对于某 $i<h<j$.考察边 x_hy_h,设存在 $m>h$ 使得x_my_h 和 x_hy_i 是H 中的边.我们有下列的结论:

$$x_iy_i \text{ 在}H_i \text{ 是双简单的蕴涵} x_hy_j\in E,$$

$$x_hy_h \text{ 在}H_h \text{ 是双简单的蕴涵} x_my_j\in E,$$

$$x_jy_j \text{ 在}H \text{ 是双简单的蕴涵} x_my_i\in E.$$

这就证明了 $\sigma=[e,e_1,\cdots,e_{i-1},e_{i+1},\cdots,e_{j-1}]$是一个部分概型.

类似地,下列的议论证明:$e'=x_jy_i$ 在H 是简单的,在 $H-\sigma$ 中也是简单的.如果 x_jy_t 和$x_sy_i\in E$,这里 $s,t>j$,则

$$x_iy_j \text{ 在}H \text{ 是双简单的蕴涵} x_jy_i\in E,$$

$$x_iy_i \text{ 在}H_i \text{ 是双简单的蕴涵} x_sy_j\in E,$$

$$x_jy_j \text{ 在}H_j \text{ 是双简单的蕴涵} x_sy_t\in E.$$

因为$(H-\sigma)-[e']=H_{j+1}$,我们得出结论

$$[e,e_1,\cdots,e_{i-1},e_{i+1},\cdots,e_{j-1},e',e_{j+1},\cdots,e_n]$$

是一个概型.

情形 3　x 和y 之一不是在x_i 和y_j 之间.设 $x=x_i$ 和$y\neq y_j$,对某个 i 和所有j 成立.用类似于情形 2 的议论,$[e,e_1,\cdots,e_{i-1},e_{i+1},\cdots,e_n]$是一个概型.证毕.

$H=(V,E)$的一双边 ab 和cd 是可分离的,如果由它们导出的子图同构于

$2K_2$. 图 H 是可分离的,如果它包含一双可分离的边. 否则 H 是不可分离的. 显然,一个不可分离图有至多一个非平凡的连通片. 一个不可分离图的任一个导出子图是不可分离的. 证毕.

定理 4.8.6(Columbic, Goss[62]) 如果 $H=(X,Y,E)$是一个不可分离的二部图,则每个非孤立点 z 是H 的某一双简单边的端点.

推论 4.8.7 每一个不可分离二部图 H 是一个完全消去二部图.

上述定理和推论的证明,我们作为习题(习题 4.22,4.23)留给读者.

至此,我们给出了一个完备消去二部图的充分条件,这也是完备高斯消去的一个模型. 我们还可以证明[63]:每个长大于 4 的圈都有弦的二部图(称为弦 二部图(chordal bipartite graph))也是一个完备消去二部图. 然而,判断一个图是完备消去并不能描述出一个图的特征. 事实上,设 H 是一个有顶点集$\{v_1,v_2,\cdots,v_n\}$的二部图,增加一组新的顶点$\{w_1,w_2,\cdots,w_n\}$并连接 v_i 和 w_i, $i=1,\cdots,n$,这个扩张的图是一个完备消去二部图且完全掩盖了 H 的结构. 因此,不可能用某些禁用构形,或子图来描述完备消去二部图的特征.

4.9 线性方程组的符号可解性

若 $A=(a_{ij})_{m\times n}$为实矩阵,则符号矩阵$(\text{sgn}\, a_{ij})_{m\times n}$称为 A 的符号模式(sign pattern),记作 sgn$A$. sgn$A$ 是元素取自集合$\{+,-,0\}$的矩阵. 如果我们定义

$$\text{sgn}a=\begin{cases}+1, & 若\ a>0,\\ -1, & 若\ a<0,\\ 0, & 若\ a=0.\end{cases}$$

则 sgn$A$ 是一个元素取自集合$\{1,-1,0\}$的矩阵.

所有与 A 具有相同符号模式的实矩阵的全体构成的集合称为A 的定性矩阵类(qualtative matrix class),记作 $Q(A)$,即

$$Q(A)=\{\widetilde{A}\mid \text{sgn}\,\widetilde{A}=\text{sgn}A\}.$$

符号模式矩阵的研究起源于经济学中对定性性质所提出的问题. 其开创性工作来自于诺贝尔奖获得者,经济学家 P. A. Samuelson 的贡献[64]. 长期以来,经济学家一直确信并希望[65],经济学中的理论可以用定性的方式来描述,即系统中某些量的变化率方向可以仅通过该系统中相关参数的变化率方向预测出来.

问题的数学模型可以这样来表述.

设有 $n+1$ 个变量 $x_1,x_2,\cdots,x_n,\alpha$ 满足如下 n 个关系式

$$f_i(x_1,\cdots,x_n,\alpha)=0\quad(i=1,2,\cdots,n)$$

(其中诸函数 f_i 的具体表达式可能不知道)，f_i 对诸变量 x_j 与 α 的相对变化率的方向($i,j=1,2,\cdots,n$)，即为相应的偏导数的符号.对上述 n 个关系式取偏导数后得

$$\begin{pmatrix}\frac{\partial f_1}{\partial x_1} & \cdots & \frac{\partial f_1}{\partial x_n}\\ \vdots & & \vdots\\ \frac{\partial f_n}{\partial x_1} & \cdots & \frac{\partial f_n}{\partial x_n}\end{pmatrix}\begin{pmatrix}\frac{\partial x_1}{\partial \alpha}\\ \vdots\\ \frac{\partial x_n}{\partial \alpha}\end{pmatrix}=-\begin{pmatrix}\frac{\partial f_1}{\partial \alpha}\\ \vdots\\ \frac{\partial f_n}{\partial \alpha}\end{pmatrix}.$$

若把上述线性方程组简记为 $Ax=b$.假设解的存在性由实际背景知为显然，经济学家关心的问题是：可否由 A,b 的符号模式唯一确定解 x 的符号模式？或者说，方程组 $Ax=b$ 是否是符号可解的？

一个实系数线性方程组 $Ax=b$ 是符号可解的(sign solvable)，若对于任意的矩阵 $\tilde{A}\in Q(A)$，$\tilde{b}\in Q(b)$，方程组 $\tilde{A}x=\tilde{b}$ 都可解，且所有方程组 $\tilde{A}x=\tilde{b}$ 的所有解的符号模式都相同.

若 $Ax=b$ 符号可解，它的可解性及解的符号模式由 A 和 b 的符号模式所唯一确定.这类符号确定的解，称为 $Ax=b$ 的定性解类(qualitative solution class)，记作

$$Q(Ax=b)=\{\tilde{x}:存在\tilde{A}\in Q(A),\tilde{b}\in Q(b),满足\tilde{A}\,\tilde{x}=\tilde{b}\}.$$

显然，若 $Ax=b$ 符号可解，$Q(Ax=b)$ 也是一个定性矩阵(向量)类(习题 4.24).

我们先考察简单的情形，$b=0$(见文献[66]).

定理 4.9.1　齐次线性方程组 $Ax=0$ 是符号可解的当且仅当定性矩阵类 $Q(A)$ 的每个矩阵的列向量组线性无关.

证　设每个 $\tilde{A}\in Q(A)$ 有线性无关的列，则 $\tilde{A}x=0$ 的唯一解是平凡解 $x=0$.于是 $Ax=0$ 符号可解且 $Q(Ax=0)=\{0\}$.

设 $Ax=0$ 是符号可解的.因为 0 是 $Ax=0$ 的一个解，所以 $Q(Ax=0)=\{0\}$，于是每个 $\tilde{A}\in Q(A)$ 有线性无关的列.证毕.

设 A 为 $m\times n$ 矩阵，若对任意 $\tilde{A}\in Q(A)$，$\tilde{A}$ 的行向量组线性无关，称 A 为 L 矩阵(L-matrix).一个方的 L 矩阵($m=n$)称为符号非奇异矩阵(sign nonsingular matrix)，简记为 SNS 矩阵.

于是定理 4.9.1 可以表述为：$Ax=0$ 是符号可解的当且仅当 A 的转置 A^{T} 是一个 L 矩阵.

由此不难证明(习题 4.27)下列推论.

推论 4.9.2 若线性方程组 $Ax=b$ 是符号可解的,则 A^{T} 是一个 L 矩阵.

若 A 是一个可逆对角矩阵,则 $Ax=b$ 是符号可解的.我们将证明,若对于所有的 b,$Ax=b$ 是符号可解的,则 A 的行可以通过排列后,得到一个可逆对角矩阵.

定理 4.9.3 线性方程组 $Ax=b$ 对一切 b 是符号可解的当且仅当 A 是方阵并且存在置换方阵 P,使得 PA 是一个可逆对角矩阵.

证 设 $Ax=b$ 对一切 b 符号可解,则 $Ax=b$ 对一切 b 有唯一解.于是 A 是可逆方阵且 $A^{-1}b$ 是唯一解.设 A^{-1} 的某一行,不妨第一行,在 $(1,j)$,$(1,k)$ 位置上,$j\neq k$,分别是非零元 c 和 d.选择 b,使它在 j 行的元与 c 同号,在 k 行的元与 $-d$ 同号,其余的元为 0.这样,便存在 $\tilde{b}$,$b^{*}\in Q(b)$,使得 $A^{-1}\tilde{b}$ 的第一个元是正,而 $A^{-1}b^{*}$ 的第一个元是负,与 $Ax=b$ 的符号可解性矛盾.因此 A^{-1} 的每一行只能包含唯一的非零元,这就推导出有某个置换矩阵 Q,使 $A^{-1}Q$ 是一个对角阵,且 $Q^{-1}A$ 是一个可逆对角阵.

其充分性是显然的.证毕.

对于 A 是方阵的情形,我们必须用 SNS 阵来描述 $Ax=b$ 的符号可解性.而 SNS 阵的特征又通过 A 的行列式来刻画.

若 $Q(A)$ 中的矩阵(方阵)的行列式有同样的符号,称 A 有定号行列式(signed determinant).在 4.5 节中,我们已论述过 A 的标准行列式展开式(4.5.1).运用它,不难证明(习题 4.29)下列引理.

引理 4.9.4 设 $A=(a_{ij})$ 是一个 n 阶矩阵,则 A 有定号行列式当且仅当下列条件之一成立:

(1) A 的标准行列式展开式的每一项是 0;

(2) A 的标准行列式展开式有非零项,且每一个这样的项的符号相同.

定理 4.9.5[64] 设 $A=(a_{ij})$ 是一个 n 阶矩阵,则下列命题等价:

(1) A 是一个 SNS 矩阵;

(2) $\det A\neq 0$ 且 A 有定号行列式;

(3) A 的标准行列式展式有非零项且每一个非零项有同样的符号.

证 注意到 $Q(A)$ 是一个连通集且 $\det A$ 是一个连续函数.

(1)和(2)等价.又由引理 4.9.4(2)和(3)等价.证毕.

设 P 是一个 n 阶置换阵,D 是一个 n 阶 $(1,-1)$ 对角阵,则 A 是 SNS 矩阵

当且仅当 DPA 是一个 SNS 阵. 注意到定理 4.9.5,我们在研究 SNS 阵时,不失一般性,可以假设 A 有负的主对角线,即主对角线的每个元均负. 或假设 A 有正的主对角线. 一般地,在一个负主对角线的假设下,有关 SNS 阵的定理有较为简明的形式. 运用 4.5 节中的赋权(符号)有向图,Bassett 等得到下列定理.

定理 4.9.6(Bassett, Maybee 和 Quirk[67])　设 $A=(a_{ij})$是带有负主对角线的 n 阶矩阵,则 A 是一个 SNS 阵当且仅当符号有向图 $S(A)$的每个圈是负的.

证　设 A 是一个 SNS 阵,γ 是$S(A)$中的一个有向圈

$$j_1 \to j_2 \to \cdots \to j_k \to j_1,$$

则

$$(-1)^{k-1} a_{j_1 j_2} a_{j_2 j_3} \cdots a_{j_{k-1} j_k} a_{j_k j_1} \prod_{i \neq j_1, j_2 \cdots j_k} a_{ii}$$

是 A 的标准行列式展式中的一个非零项,其符号为

$$(-1)^{n-1} \operatorname{sgn} \gamma.$$

因 $\operatorname{sgn} a_{11} a_{22} \cdots a_{nn} = (-1)^n$,由定理 4.9.5,$\operatorname{sgn}\gamma = -1$.

反之,若 $S(A)$的每个有向圈 γ 是负,令 $\pi=(\pi(1),\pi(2),\cdots,\pi(n))$是$\{1,2,\cdots,n\}$的一个置换,使

$$t_\pi = \operatorname{sgn}\pi \cdot a_{1\pi(1)} a_{2\pi(2)} \cdots a_{n\pi(n)}$$

是 A 的标准行列式展式中的一个非零项. 设 $\gamma_1, \gamma_2 \cdots \gamma_l$ 是π 中长大于 1 的循环(置换). 又记 p 是长为 1 的循环个数. 每个 γ_i 对应于$S(A)$中的一个有向圈. 因 $\operatorname{sgn}\pi = (-1)^{n-(l+p)}$且 A 的对角元皆负,故有

$$\operatorname{sgn} t_\pi = (-1)^{n-l-p} (-1)^p \prod_{i=1}^{l} \operatorname{sgn} \gamma_i = (-1)^n.$$

于是 A 的标准行列式展式中的每个非零项的符号是$(-1)^n$,由定理 4.9.5,A 是一个 SNS 矩阵. 证毕.

记 E_{rs}为仅仅在(r,s)位置是非零元的一个 n 阶(0,1)矩阵,我们有如下推论(习题 4.3.1).

推论 4.9.7　设 $A=(a_{ij})$是一个有负主对角线的 SNS 阵,$a_{rs}=0$,则 $A \pm E_{rs}$中至少一个是 SNS 阵当且仅当在 $S(A)$中从 s 到 r 的所有路有同样的符号. 具体地,若这些路均正,则 $A-E_{rs}$是 SNS 阵,若这些路均负,则 $A+E_{rs}$是 SNS 阵,若从 s 到 r 无路,则 $A \pm E_{rs}$都是 SNS 阵.

若 C 是一个 $m \times n$ 矩阵,u 是一个 $m \times 1$ 列向量,我们用 $C(i \leftarrow u)$表示以 u 代替 C 中的第 i 个列向量$(i=1,\cdots,n)$所得的矩阵. 于是,可得到符号可解方程组的 Cramer 型法则[66].

定理 4.9.8 设 A 是 n 阶矩阵，b 是 $n\times1$ 列向量，则 $Ax=b$ 是符号可解的当且仅当 A 是一个 SNS 阵且每个矩阵 $A(i\leftarrow b)$ 或者是 SNS 阵，或者有恒零行列式(即展开式中每项均为 0)．

证 设 $Ax=b$ 是符号可解的．由推论 4.9.2，A 是 SNS 阵．对任意 $\tilde{A}\in Q(A)$，$\tilde{b}\in Q(b)$，由 Cramer 法则，$\tilde{A}x=\tilde{b}$ 有唯一的解 $\tilde{x}=(\tilde{x}_1,\tilde{x}_2,\cdots,\tilde{x}_n)^{\mathrm{T}}$，

$$\tilde{x}_i=\frac{\det\tilde{A}(i\leftarrow\tilde{b})}{\det\tilde{A}}.$$

由定理 4.9.5，$\det\tilde{A}$ 与 $\det A$ 同号．同时，对所有 $\tilde{A}\in Q(A)$ 及 $\tilde{b}\in Q(b)$，$\det\tilde{A}(i\leftarrow\tilde{b})$ 同号 $(i=1,2,\cdots,n)$ 且与 $\det A(i\leftarrow b)$ 的符号相同．由此可知，对每个 i，$A(i\leftarrow b)$ 有恒零行列式，或由定理 4.9.5．$A(i\leftarrow b)$ 是一个 SNS 阵．反之，立即可由 Cramer 法则得到结论．证毕．

推论 4.9.9 设 A 是方阵，又 C 是用 0 代换 b 中的某些非零元所得到的向量．若 $Ax=b$ 是符号可解的，则 $Ax=c$ 也是符号可解的．

若 A 是 n 阶 SNS 方阵，则 $Ax=b$ 满足符号可解的必要条件，由线性代数知识，我们调换 A 的列，调换 (A,b) 的行，或用 -1 乘 (A,b) 的行或列，不改变 $Ax=b$ 的符号可解性，设 $A=(a_{ij})_{n\times n}$，$b=(b_1,\cdots,b_n)^{\mathrm{T}}$，若 A 是 SNS 阵，我们可以通过上述初等变换，使 $Ax=b$ 满足下列条件：

(1) $a_{ii}<0\quad(i=1,\cdots,n)$；

(2) $b_i\leqslant0\quad(i=1,\cdots,n)$；

(3) $Ax=b$ 有一个所有元均非负的解．

满足上述 3 条件的线性方程组 $Ax=b$ (A 是 n 阶方阵)，称为标准型(standard form)．

在定理 4.9.6 中，在用有向图刻画 SNS 阵时，用到一类每个有向圈均负的符号图，我们把它称为 SNS 图(SNS digraph)．为了刻画标准型线性方程组的特征，我们引进下列概念．

在图 $S(A)$ 中的一个点 W，如果所有以 W 为终点的路皆正，则 W 称为 S 的正终点(positive terminus)．若令

$$W=\{i\mid 1\leqslant i\leqslant n,b_i<0\},$$

则 W 也是 $S(A)$ 的一个点集．显见，$(S(A),W)$ 完全确定了矩阵 (A,b) 的符号模式．从而也完全确定了 $Ax=b$ 的符号可解性．

对于标准型的线性方程组的符号可解性，有下列的图论描述(Bassett 等[67]，Manber[68])．

定理 4.9.10[67,68]　设 $Ax=b$ 是一个标准型线性方程组. $Ax=b$ 是符号可解的当且仅当 $S(A)$ 和 W 满足下列两个条件:

(1) $S(A)$ 的每个有向圈皆负;

(2) W 的每个点都是 $S(A)$ 的正终点.

对于 $S(A)$ 是强连通图的情形, J. Maybee[69] 于 1980 年和邵嘉裕[70] 于 2000 年先后给出了 $Ax=b$ 符号可解的图论刻画, 在文献[70]中, 还用 $S(A)$ 及 W 描述了一般有向图 $S(A)$ 的相应结果.

从上述讨论, 我们知道, 若一个方阵 A 是 SNS 阵当且仅当对所有 $\widetilde{A}\in Q(A)$, $\widetilde{A}^{-1}$ 存在. 一个自然产生的问题是: 若 A 是 SNS 阵, 那么 $\widetilde{A}^{-1}$ 有同样的符号模式吗? 答案是否定的, 考察下列例子.

$$\begin{pmatrix}-1 & 1 & 0\\ -1 & -1 & 1\\ -1 & -1 & -1\end{pmatrix} \quad 和 \quad \begin{pmatrix}-1 & 1 & 0\\ -1 & -1 & 1\\ -2 & -1 & -1\end{pmatrix}$$

是有同样符号模式的 SNS 阵, 但它们的逆在 (3,1) 位置的符号是不同的.

一个 SNS 阵 A, 使得所有 $\widetilde{A}^{-1}$ ($\widetilde{A}\in Q(A)$) 有同样的符号模式, A 称为强 SNS 阵 (strong SNS matrix), 简记为 S^2NS 阵. 于是, 一个 n 阶矩阵 A 是 S^2NS 阵当且仅当 $AX=I_n$ 是符号可解的. 若 P 是置换阵, D 是可逆对角阵, 则形为 $A=PD$ 的矩阵便是 S^2NS 阵.

由 Cramer 法则, 立即可得到如下定理.

定理 4.9.11[66]　n 阶矩阵 $A=(a_{ij})$ 是 S^2NS 阵当且仅当

(1) A 是一个 SNS 阵;

(2) 对每一个 $a_{ij}=0$, $n-1$ 阶子矩阵 $A(i\mid j)$ 是一个 SNS 阵或有恒零行列式.

定理 4.9.12　若 $AX=B$ 是一个符号可解方程组, 这里 A 和 B 是 n 阶方阵, B 没有恒零行列式, 则 A 是一个 S^2NS 阵.

证　因 B 无恒零行列式, 由推论 4.9.9, 存在一个可逆对角阵 D 和置换阵 P, 使得 $AX=PD$ 是符号可解的. 于是 $D^{-1}P^{-1}AX=I_n$ 是符号可解的.

故 $D^{-1}P^{-1}A$ 是 S^2NS 阵, 从而 A 是 S^2NS 阵. 证毕.

对于 S^2NS 阵, 我们也有类似于定理 4.9.6 的图论刻画 (Bassett 等[67], Brualdi 等[66], Thomassen[71]).

定理 4.9.13[67,66,71]　设 $A=(a_{ij})$ 是 n 阶带负主对角线的方阵, 则 A 是 S^2NS 阵当且仅当

(1) $S(A)$的每个有向圈皆负；

(2) 对每对有同样起点，同样终点的路 α,β 有 $\mathrm{sgn}\alpha=\mathrm{sgn}\beta$.

证 由定理 4.9.11, A 是 S^2NS 阵当且仅当 A 是 SNS 阵且对每个 $a_{ij}=0$, $A+E_{ij}$或$A-E_{ij}$是 SNS 阵.

由定理 4.9.6 和推论 4.9.7 立即可得定理结论. 证毕.

我们知道，一个 S^2NS 阵 A 是一个 SNS 阵，且 $Q(A)$的每个矩阵逆的元的符号被 A 的符号模式所确定，那么，如何确定 $Q(A)$的矩阵逆中的元的符号呢? G. Lady 和 J. Maybee 曾探讨过这个问题[72].

引理 4.9.14(Lady, Maybee[72]) 设 $A=(a_{ij})$是带负主对角线的 n 阶 SNS 阵，则存在$\widetilde{A}\in Q(A)$，使得$\widetilde{A}^{-1}$中的(r,s)元$(r\neq s)$是正(负)的当且仅当在 $S(A)$中存在一条从 r 到 s 的负(正)的路.

证 设存在一条从 r 到 s 的负路

$$r\rightarrow i_1\rightarrow\cdots\rightarrow i_{k-2}\rightarrow s.$$

又设 e_s 是一个仅在第 s 个位置是 1 的 $n\times 1$ 列向量. 则在 $\det A(r\leftarrow e_s)$的标准行列式展式中有下列的非零项

$$(-1)^{k-1}(1)a_{ri_1}\cdots a_{i_{k-2}s}(-1)^{n-k}=(-1)^{n-1}a_{ri_1}\cdots a_{i_{k-2}s}.$$

因 $a_{ri_1}\cdots a_{i_{k-2}s}$是负，故存在$\widetilde{A}\in Q(A)$使得 $\det\widetilde{A}(r\leftarrow e_s)$的符号是$(-1)^n$. 由 Cramer 法则. $\widetilde{A}^{-1}$的(r,s)元是正的.

现设有$\widetilde{A}\in Q(A)$使得$\widetilde{A}^{-1}$的(r,s)元是正的. 由 Cramer 法则可知，在 $\det\widetilde{A}(r\leftarrow e_s)$的展式中有一项 t_π，它的符号是$(-1)^n$，即存在整数 $i_1\cdots i_{k-2}$使得

$$t_\pi=(-1)^{k-1}(1)a_{ri_1}\cdots a_{i_{k-2}s}t',$$

这里 t'是$A(r,i_1,\cdots,i_{k-2},s\,|\,r,i_1,\cdots,i_{k-2},s)$的标准行列式展式中的一项. 于是

$$t_{\pi'}=(-1)^k t'$$

是 A 的标准行列式展式中的一个非零项. 因为 A 是 SNS 阵，

$$\mathrm{sgn}t_{\pi'}=(-1)^n,$$

故 t_π 和$t_{\pi'}$同号. $\mathrm{sgn}a_{ri_1}\cdots a_{i_{k-2}s}=-1$，且

$$r\rightarrow i_1\rightarrow\cdots\rightarrow i_{k-2}\rightarrow s$$

是 $S(A)$中从 r 到 s 的一条负路.

类似地，若有$\widetilde{A}\in Q(A)$使得$\widetilde{A}^{-1}$的(r,s)元为负，则有一条从 r 到 s 的正

路. 证毕.

对于 n 阶带负主对角线的 SNS 阵 A,因 $\mathrm{sgn}\det A=(-1)^n$ 且 $\mathrm{sgn}\det A(i|i)=(-1)^{n-1}(i=1,2,\cdots,n)$,故 $Q(A)$的每个矩阵的逆都有负主对角线. 而对于次主对角线上的元,有下列定理.

定理 4.9.15[72]　设 $A=(a_{ij})$是 n 阶带负主对角线的 SNS 阵. 整数 $r\neq s$ 且 $1\leqslant r,s\leqslant n$.

(1) 在$\{\tilde{A}^{-1}:\tilde{A}\in Q(A)\}$矩阵的$(s,r)$位置的元同号当且仅当在 $S(A)$中从 s 到 r 的所有路同号.

(2) 若 $S(A)$中从 s 到 r 的路有同一符号 ε(若不存在这种路,则 $\varepsilon=0$),则$\{\tilde{A}^{-1}:\tilde{A}\in Q(A)\}$中每一个矩阵的$(s,r)$位置的元的符号是$-\varepsilon$.

(3) 若 A 是完全不可分阵且 $a_{rs}\neq 0$,则$\{\tilde{A}^{-1}:\tilde{A}\in Q(A)\}$中每一矩阵的$(s,r)$位置元的符号也是 $\mathrm{sgn}a_{rs}$.

运用引理 4.9.14 和定理 4.9.5 不难证明此定理,定理的证明留给读者作为习题(习题 4.33).

从另一个方向,Thomassen[71]给出了强连通 S^2NS 有向图的禁用子图的特征,而 Brualdi 和 Shader[66]对一般情形,构造了 S^2NS 图的极小禁用构形(minimal forbidden configuration),接着邵嘉裕[73]找出了无限多个这类禁用构形.

在用矩阵法解线性方程组时,我们要用到 $n\times(n+1)$阶的增广矩阵. 若一个 $n\times(n+1)$阶矩阵 B 的每一个 n 阶子矩阵(即删去任一列所得的矩阵)都是 SNS 阵,则 B 称为 S^*矩阵,显然 S^*阵是 L 阵.

从定理 4.9.8 的证明中可知:$Ax=b$ 是符号可解的且它的定性解类的向量无零分量当且仅当 A 和每一个矩阵 $A(i\leftarrow b)$是 SNS 阵,也即矩阵$(A\ -b)$是一个 S^*矩阵.

由 Cramer 法则,我们可得到 S^*矩阵的特征.

定理 4.9.16[66]　设 B 是一个 $n\times(n+1)$矩阵,B 是 S^*阵当且仅当存在一个无零分量的向量 w,使得满足 $\tilde{B}x=0(\tilde{B}\in Q(B))$的 x 均在$\{0\}\cup Q(w)\cup Q(-w)$中.

从线性代数知识可知,定理 4.9.16 中的 x 集合成一个线性空间,我们称为 $\tilde{B}$的右零空间(right null space). 用$[\tilde{A},-\tilde{b}](\tilde{A}\in Q(A),\tilde{b}\in Q(b))$的右零空间,我们可以刻画 $Ax=b$ 的符号可解性.

定理 4.9.17[66]　线性方程组 $Ax=b$ 符号可解当且仅当对所有 $\tilde{A}\in$

$Q(A)$，$\tilde{b}\in Q(b)$，$\tilde{A}x=\tilde{b}$可解且存在一个向量 w 使得$[\tilde{A},-\tilde{b}]$的右零空间在$\{0\}\cup Q(w)\cup Q(-w)$中.

证 设 $Ax=b$ 符号可解，则对所有$\tilde{A}\in Q(A)$，$\tilde{b}\in Q(b)$，$\tilde{A}x=\tilde{b}$可解，由推论 4.9.2，A^{T} 是一个 L 阵. 设$[\tilde{A}-\tilde{b}]z=0$ 且 z 的最后一个分量是c. 又令 z' 是从 z 中删去c 所得的向量. 若 $c=0$，则因 A^{T} 是 L 阵，可得 $z=0$.

若 $c\neq 0$，则$\tilde{A}z'=cb$ 得$cz'\in Q(Ax=b)$.

反之，类似的方法可证得结论. 证毕.

下面，我们将看到，符号可解线性方程组的研究相当于 L 矩阵和 S^* 矩阵的研究.

定理 4.9.18(Manber[68]，Klee，Landner，Manber[74]) 设 $A=(a_{ij})$是 $m\times n$ 矩阵，b 是 $m\times 1$ 列向量，$z=(z_1,z_2,\cdots,z_n)^{\mathrm{T}}$ 是线性方程组 $Ax=b$ 的一个解.

$\beta=\{j:z_j\neq 0\}$，$\alpha=\{i:a_{ij}\neq 0$ 对某个 $j\in\beta\}$，

则 $Ax=b$ 是符号可解的当且仅当矩阵

$$[A[\alpha\mid\beta]\ -b[\alpha\mid\{1\}]]$$

是一个 S^* 阵且矩阵 $A(\alpha,\beta)^{\mathrm{T}}$ 是一个 L 阵.

证 不失一般性，设 $\beta=\{1,2,\cdots,l\}$，$\alpha=\{1,2,\cdots,k\}$，这里若 $l=0$，则 $k=0$. 从 α,β 的定义得

$$A=\begin{pmatrix}A_1 & A_3\\ 0 & A_2\end{pmatrix},$$

这里 A_1 是无零行的 $k\times l$ 阵. 设 $b'=b[\{1,2,\cdots,k\}\mid\{1\}]$，则线性方程组 $Ax=b$ 可写成

$$\begin{cases}A_1x^{(1)}+A_3x^{(2)}=b',\\ \qquad\qquad A_2x^{(2)}=0.\end{cases}$$

设 $Ax=b$ 符号可解，则在定性解类 $Q(Ax=b)$中的每个向量$(\tilde{x}^{(1)}\tilde{x}^{(2)})^{\mathrm{T}}$满足$\tilde{x}^{(2)}=0$，因而 $A_1x^{(1)}=b'$符号可解且$Q(A_1x^{(1)}=b')=Q((z_1,\cdots,z_l)^{\mathrm{T}})$. 由推论 4.9.2，$A^{\mathrm{T}}$ 是 L 阵. 若 $l=0$，则 $A_2=A$，由此 A_2^{T} 是 L 阵. 若 $l>0$，由 A^{T} 是 L 阵可知A_1^{T} 也是 L 阵且$k\geqslant l$. 我们将证明 $l=k$. 不失一般性，设 A_1 的前 l 行线性无关. 则方程组

$$A_1[\{1,2,\cdots,l\}\mid\{1,2,\cdots,l\}]x^{(1)}=b[\{1,2,\cdots,l\}\mid\{1\}]$$

有唯一解 $x^{(1)}=z[\{1,2,\cdots,l\}\mid\{1\}]$且无零分量. 如果 $k>l$，因 A_1 的每行有一个非零元，故存在$\tilde{A}_1\in Q(A_1)$使得$\tilde{A}_1[\{1,2,\cdots,l\}\mid\{1,2,\cdots,l\}]=A_1[\{1,2,$

$\cdots,l\}\mid\{1,2,\cdots,l\}]$且

$$\tilde{A}_1 z[\{1,2,\cdots,l\}\mid\{1\}]\neq b',$$

这和 $A_1x^{(1)}=b$ 的符号可解性矛盾,因此 $l=k$ 且

$$(A_1,\ -b')$$

是 S^* 阵.

现在,证明 A_2^{T} 是 L 阵. 设$\tilde{A}_2\in Q(A_2)$且$\tilde{A}_2\ \tilde{u}=0$. 因 A_1 是 L 方阵,故 $A_1x^{(1)}=b'-A_3\ \tilde{u}$有一个解. 设$\tilde{A}$是从 A 中用$\tilde{A}_2$ 替换 A_2 所得的矩阵,$\tilde{A}\in Q(A)$,因$\tilde{A}x=b$ 的解属于$Q(z)$,故$\tilde{u}=0$,因而 A_2^{T} 是 L 阵. 若 $Ax=b$ 是符号可解,则$(A_1,-b')$是 S^* 阵且 A_2^{T} 是 L 阵.

反之,设$(A_1,-b')$是 S^* 阵且 A_2^{T} 是 L 阵. 令$\tilde{A}\in Q(A)$且$\tilde{b}\in Q(b)$,则

$$\tilde{A}=\begin{pmatrix}\tilde{A}_1 & \tilde{A}_3\\ 0 & \tilde{A}_2\end{pmatrix},$$

这里$\tilde{A}_i\in Q(A_i)$,$i=1,2,3$. $\tilde{A}x=\tilde{b}$有如下形式

$$\tilde{A}_1x^{(1)}+\tilde{A}_3x^{(2)}=\tilde{b}',$$

$$\tilde{A}_2x^{(2)}=0.$$

因 A_2^{T} 是 L 阵,且$(A_1,-b')$是 S^* 阵,故上述方程组有唯一解$\bar{z}=(\bar{z}^{(1)}\bar{z}^{(2)})^{\mathrm{T}}$,这里$\bar{z}^{(2)}=0$ 且$\bar{z}^{(1)}$是符号可解方程$\bar{A}_1x^{(1)}=\tilde{b}'$的解. 于是 $Ax=b$ 符号可解. 证毕.

推论 4.9.19　设 $Ax=b$ 且A 为无零行的方阵. $Ax=b$ 符号可解且定性解类的向量无零分量当且仅当矩阵$(A-b)$是 S^* 阵.

由推论 4.9.19 可知:定理 4.9.16 的条件:B 是一个 $n\times(n+1)$矩阵,可用 B 无零行来代替.

现在,我们可以把推论 4.9.9 中系数矩阵 A 是方阵的约束去掉,不难证明(习题 4.36)如下推论.

推论 4.9.20　设 $Ax=b$ 是符号可解的,c 是用 0 代换 b 中的某些非零元所得到的向量,则 $Ax=c$ 也是符号可解的.

由定理 4.9.18 可知:若 $Ax=b$ 是符号可解的,则存在置换阵 P 和 Q 使得 $P(A-b)Q$有形式

$$\begin{pmatrix}B_1 & B_3\\ 0 & B_2\end{pmatrix},\qquad(4.9.1)$$

这里 B_1 是 $k\times(k+1)$ 的 S^* 阵，B_2^{T} 是 L 阵. 若 $b=0$ 则 B_1 是 0×1 S^* 阵($B_1=\varnothing$). 若 $Ax=b$ 有一个不含零分量的解且 A 是 $m\times n$ 矩阵，则 B_2 是一个空的 $(m-n)\times 0$ 阵. 下面定理将推导出：B_1 和 B_2 被唯一确定取决于它们的行、列置换，形如(4.9.1)形式的每一个矩阵对应于某个符号可解方程组 $Ax=b$.

定理 4.9.21 设 B 是形如(4.9.1)的矩阵，其中 $k\times(k+1)$ 矩阵 B_1 是 S^* 阵，B_2^{T} 是 L 阵. 设 b 是 B 的一列，A 是从 B 中删去列 b 所得到的矩阵，则 $Ax=b$ 符号可解当且仅当 b 是 B 的前面 $(k+1)$ 列中的一列.

证 若 b 不是 B 中前面 $(k+1)$ 列中之一列，则 A 的列向量线性相关，因而，由推论 4.9.2 $Ax=b$ 不是符号可解的. 现设 b 是 B 中前面 $(k+1)$ 列中之一列，由 B 的假设及定理 4.9.17 导出：$Ax=-b$，因而 $Ax=b$ 是符号可解的. 证毕.

定理 4.9.18 揭示了：判断线性方程组的符号可解问题等价于判断 S^* 矩阵和 L 矩阵问题. 而这些问题，本质上是 $(0,1,-1)$ 矩阵的组合性质.

符号模式矩阵的研究从 20 世纪 40 年代的经济问题开始，其研究内容已涉及线性方程组的符号可解性，符号稳定性，及具有特定性质的符号模式矩阵类的组合性质，由于它在经济学，生物学，化学，社会学和理论计算机科学中的广泛应用背景，它的研究，正成为当今组合矩阵论的前沿课题[66].

习 题 4

4.1 用(0,1)矩阵的方法解决下列问题：在一次舞会上，男女青年双双起舞，已知任何一个男青年都未能同所有的女青年跳过舞，而每个女青年至少同一男青年跳过舞. 试证：一定有这样的两对舞伴 bg 和 $b'g'$，而 bg'，$b'g$ 都不是舞伴.

4.2 著名的 Fibonacci 数列 $\{f_n\}$ 的递归关系是

$$f_{k+2}=f_{k+1}+f_k,\quad k=0,1,2,$$
$$f_0=0,\quad f_1=1.$$

试用矩阵特征值的方法，求它的通项公式.

4.3 解递归式

$$F_{n+3}=2F_{n+1}+F_n+n,$$
$$F_0=1,\ F_1=0,\ F_3=1.$$

4.4 证明定理 4.2.11.

4.5 设 $k_t=(2,1,1,1)$，$D_t=(d_1,d_2,d_3,d_4)$，$d_i>1$，$i=1,2,3,4$. 求证 $f(k_t,D_t)=4$.

4.6 设 $k_t(2,2)$，$D_t=(d_1,d_2)$，$d_i>1$，$i=1,2$. 求证 $f(2,d,2)=5$.

4.7 证明引理 4.3.7.

4.8 若 G 有一个 d 维的正交代表，求证 $\beta(G)\leqslant d$.

4.9　若 G 的自同构群是点可迁的,求证 $\theta(G*\overline{G})=|V(G)|$.

4.10　证明4.4节的性质1～3.

4.11　证明定理4.4.5.

4.12　已知

$$A=\begin{pmatrix} 0 & a_{12} & a_{13} & 0 \\ 0 & a_{22} & a_{23} & 0 \\ 0 & 0 & a_{33} & a_{34} \\ a_{41} & 0 & 0 & 0 \end{pmatrix},$$

用行列式的有向图形式,求 $\det A$.

4.13　设 $A=(a_{ij})_{n\times n}$ 和 $B=(b_{ij})_{n\times n}$,其中 a_{ij} 是复数,$b_{ij}\in\{0,1\}$,证明:A 和 B 是对角相似当且仅当存在复数 $d_1,d_2,\cdots,d_n$,这里 $d_i\neq 0$, $i=1,2,\cdots,n$,使得对每个非零 $a_{ij}=d_id_j^{-1}$.

4.14　设 A 是一个 n 阶不可约方阵,求 A 对角相似于一个 n 阶(0,1)方阵的充分必要条件.

4.15　给出一个例子,说明习题4.14中的不可约条件是必要的.

4.16　证明引理4.6.4.

4.17　证明引理4.6.5.

4.18　设 $M=(m_{ij})$ 是 n 阶非负实数矩阵 $\|M\|=\sum\limits_{i,j}m_{ij}$,记 r_i 和 s_i 为 M 的第 i 行行和及第 i 列列和,$i=1,2,\cdots,n$.求证 $\|M^2\|=\sum\limits_{v=1}^{n}r_vs_v$.

4.19　证明定理4.7.8.

4.20　证明推论4.7.9.

4.21　证明定理4.7.12.

4.22　证明定理4.8.6.

4.23　证明推论4.8.7.

4.24　若 $Ax=b$ 是符号可解的,求证 $Q(Ax=b)$ 也是一个定性矩阵(向量)类.

4.25　若 $Ax=b$ 是符号可解的,求证 $Ax=-b$ 也是符号可解的.

4.26　若 $A_{m\times n}$ 是 L 矩阵,求证 $m\leqslant n$.

4.27　证明推论4.9.2.

4.28　A 是一个 L 矩阵,则 A^{T} 也是 L 矩阵吗? 找出命题成立的充分必要条件.

4.29　证明引理4.9.4.

4.30　设 n 阶的下 Hessenberg 矩阵,$n\geqslant 2$.

$$H_n=\begin{pmatrix} -1 & 1 & 0 & \cdots & 0 & 0 \\ -1 & -1 & 1 & \cdots & 0 & 0 \\ -1 & -1 & -1 & \cdots & 0 & 0 \\ \vdots & \vdots & \vdots & & \vdots & \vdots \\ -1 & -1 & -1 & \cdots & -1 & 1 \\ -1 & -1 & -1 & \cdots & -1 & -1 \end{pmatrix},$$

求证 H_n 是一个 SNS 阵.

4.31 证明推论 4.9.7.

4.32 求证:下列 n 阶 Hessenberg 矩阵($n\geqslant 2$)是一个 S^2NS 阵.

$$G_n = \begin{pmatrix} 1 & -1 & 0 & \cdots & 0 & 0 \\ 0 & 1 & -1 & \cdots & 0 & 0 \\ \vdots & \vdots & \vdots & & \vdots & \vdots \\ 0 & 0 & 0 & \cdots & 1 & -1 \\ 1 & 0 & 0 & \cdots & 0 & 1 \end{pmatrix}.$$

4.33 证明 4.9.15.

4.34 已知 $A=\begin{pmatrix} 1 & -1 & 0 \\ 1 & 1 & -1 \\ 1 & 1 & 1 \end{pmatrix}$, $b=\begin{pmatrix} 0 \\ 0 \\ 1 \end{pmatrix}$,求证$(A-b)$是 S^* 矩阵.

4.35 若 B 是 S^* 阵且 D 是可逆对角阵,求证 BD 也是 S^* 阵.

4.36 证明推论 4.9.20.

参 考 文 献

[1] 张福基.广义线性差分方程及其反问题.科学通报,1986,31(7):492～494

[2] 曹汝成,柳柏濂.常系数线性齐次递归式的一般解公式.数学的实践与认识,1987,3:80～82

[3] Bolian Liu. A matrix method to solve linear recurrences with constant coeffients. Fibonacci Quarterly, Feb 1992,1～9

[4] 屠规彰.三项齐次递推式的一般解公式.数学年刊,1981,2(4):431～436

[5] R. L. Graham and H. O. Pollak. On the addressing problem for loop switching. Bell Syst. Tech. J., 1971,50:2495～2519

[6] H. Tverberg. On the decomposition of K_n into complete bipartite graphs. J. Graph Theory, 1982,6:493～494

[7] G. W. Peck. A new proof of a theorem of Graham and Pollak. Discrete Math., 1984, 49: 324～328

[8] R. L. Graham and H. O. Pollak. On Embedding Graphs in Squashed Cubes. Lecture Notes in Math, vol. 303, 99～110

[9] N. Alon, R. A. Brualdi and B. L. Shader. Multicolored trees in bipartite decompositions of graphs. J. Combin. Theory, Ser. B, 1991, 53(1): 143～148

[10] D. de Caen and D. G. Hoffman. Impossibility of decomposing the complete graph on n points into $n-1$ isomorphic complete bipartite graphs. SIAM. J. Disc. Math., 1989,2: 48～50

[11] D. de Caen and D. Gregory. On the decomposition of a directed graph into complete bipar-

tite subgraphs. Ars Combinatoria, 23B, 1987, 139～146

[12] D. F. Hsu. On disjoint multipaths in graphs, groups, and networks. IEICE Transations on Fundamental of Electronic, Communications and Computer science, 1994, E77 - A(4): 668～680

[13] Bolian Liu. On the (K_t, D_t)-decomposed number. Networks, to appear

[14] Qingxue Huang. On the decomposition of K_n into complete m-partite graphs. J. Graph Theory, 1991, 15:1～6

[15] C.E. Shannon. The zero-error capacity of a noisy channel. IRE Trans. Inform. Theory, Vol. 17-2, No.3, Sept, 1956,8～19

[16] L. Lovász. On the shannon capacity of a graph. IEEE Trans. Inform. Theory, 1979,17-25:1～7

[17] A. J. Hoffman. On eigenvalues and colorings of graphs. In Graph Theory and Its Applications (ed. B. Harris), Academic Press, New York-London, 1970, 79～91

[18] Aleksander Vesel and Jane Zerovik. Improved lower bound on the shannon capacity of G, Information processing Letters, 2002, 81:277～282

[19] P. Erdös, C. Ko, and R. Rado, Intersection theorems for systems of finite sets. Quart. J. Math. Oxford, 1961,12:313～320

[20] P. Erdös, A. Renyi, V., T. Sós. On a problem of graph theory. studia Sci. Math. Hungar, 1966,1:215～235

[21] R. C. Bose. Strongly regular graphs, partial geometries, and partially balanced designs. Pacific J. Math., 1963,13:389～419

[22] C. Godsil and G. Royle. Algebraic graph theory. New York: Springer-Verlag. 2001, 217～222

[23] Delong Zhang, Bolian Liu, Shangwang Tan. On the 4 - regular integeral graphs. Discrete Math., to appear

[24] Bolian Liu, Wen Jiang. On a conjecture of Lewin's problem. Linear Algebra Appl., 2001, 323:201～206

[25] P. J. Cameron. Strongly regular graphs. Selected Topics in Graph Theory (L.W. Beineke and R.J. Wilson, eds). New York: Academic Press. 1978, 337～360

[26] C. W. H. Lam and J. H. van Lint. Directed graph with unique paths of fixed length. J. of Combin. Theory (B), 1978, 24:331～337

[27] A. Duval. A directed graph vesion of strongly regular graphs. J. Combin. Theory (A), 1988,47: 71～100

[28] A. E. Brouwer. Table of parameters of directed strongly regular graphs. http://www.cwi.nl/acb/math/dsrg/dsrg.html

[29] 张里千.唯一和非唯一的三角结合方案.科学记录,新辑,1959,3:604～613

[30] 张里千. Association schemes of partially balanced designs with parameters $v=28$, $n_1=12$, $n_2=15$, $P_{11}^2=4$. 科学记录,新辑,1960,4:12～18

[31] A. J. Haffman. On the uniqueness of the triangular association scheme. Ann. Math. Statist., 1960,31:492～497

[32] S. S. Shrikhande. The uniqueness of the L_2 association scheme. Ann. Math. Statist., 1959, 30:781～798

[33] J. M. Goethals and J. J. Seidel. Strongly regular graphs derived from combinatorial designs. Canad. J. Math. Math., 1970, 22:597～614

[34] W. B. Jurkat and H. J. Ryser. Matrix factorizations of determinants and permanents. J. Algebra, 1966, 3:1～27

[35] R. A. Brualdi and B. L. Shader. Matrix factorizations of determinants and permanents. J. Combinatorial Theory (A), 1990, 54(1):132～134

[36] M. Fiedler and V. Ptak. Cyclic products and an inequality for determinants. Czech. Math. J., 1969,19:428～450

[37] Bit-Shun Tam. On matrices with cyclic structure. Linear Algebra Appl., 1999, 302－303: 377～410

[38] 邵嘉裕,程波.矩阵对角相似的图论判别法.数学杂志,1997,17:105～112

[39] J. Hadamard. Resolution dúne question relative and determinants. Bull. Sci. Math., 1893, 17:240～246

[40] H. J. Ryser. Combinatorial mathematics. Carus Math. Mon. No. 14, Math. No Assoc. of America, 1963

[41] A. P. Street and D. J. Street. Combinatorics of experimental design. Oxford: Clarendon Press, 1987

[42] H. Ehlich. Determinante nabschätzungen für binäre matrizen mit $n\equiv 3 \bmod 4$. Math., Zeitschr, 1964,84:438～447

[43] J. Williamson. Determinants whose elements are 0 and 1. Amer. Math. Monthly, 1946, 53:427～434

[44] H. J. Ryser. Maximal determinants in combinatorial investigations. Canad. J. Math., 1956,8:245～249

[45] R. A. Brualdi and E. S. Solheid. Maximum determinants of complementary acyclic matrices of zeros and ones. Discrete math., 1986, 61:1～19

[46] G. H. Hardy, J. E. Littlewood, G. Polya. Inequalities, Second edition. Cambridge, 1952

[47] B. Schwarz. Rearrangements of square matrices with nonnegative elements. Duke Math. J., 1964,31:45～62

[48] M. Katz. Rearrangements of (0,1) matrices. Isreal J. Math., 1971,9:53～72

[49] Bolian Liu. On a extremal problem concerning (0,1) matrices. to appear

[50] R. Aharoni. A problem in rearrangements of (0,1) matrices. Discrete. Math., 1980,30: 191～201

[51] R. A. Brualdi and E. S. Solheid. Some extremal problems concerning the square of a (0,1)-matrix. Linear and Multilin. Algebra, 1987, 22:57～73

[52] L. Lovász. A characterization of perfect graphs. J. Combin Theory B, 1972,13:95～98

[53] M. C. Golumbic. Algorithmic Graph Theory and Perfect Graphs. New York: Academic Press. 1980

[54] G. A. Dirac. On rigid circuit graphs. Abh. Math. Sem. Univ. Hamburg, 1961,25: 71～76

[55] C. G. Lekkerkerker and J. Boland. Representation of a finite graph by a set of intervals on the read Line. Fund. Math., 1962,51:45～64

[56] S. D. Nikolopoulos, S. D. Danielopoulos. Parallel computation of perfeet elimination schemes using partition techniques on triangulated graphs. Computers of Math. Appl., 1995, 29:47～57

[57] Jeremy D. Spinrad. Recongizing quasi-triangulated graphs. Discrete Applied Math, 2004, 138:203～213

[58] Anne Berry, Jean-Paul Bordat. Separability generalizes Dirac's theorem. Discrete Math., 1998, 84:43～53

[59] D. R. Fulkerson and O. A. Gross. Zncidence matrices and interval graphs. Pacific J. Math., 1965,15:835～855

[60] G. S. Leuker, D. J. Rose, and R. E. Tarjan. Algorithmic aspects of vertex eliminations on graphs. SIAM J. Comput., 1976, 5:226～283

[61] D. J. Rose. Triangulated graphs and the elimination process. J. Math. Anal. Appl., 1970, 32:597～609

[62] M. C. Columbic. A note on perfect Guassian elimination. J. Math. Anal. Appl., 1978, 64:455～457

[63] M. C. Columbic and C. F. Goss. Perfect elimination and chordal bipartite graphs. J. Graph Theory, 1978, 2:155～163

[64] P. A. Samuelson. Foundations of economic analysis. Harvard University Press, 1947

[65] K. Lancaster. The scope of qualitative economics. Rev. Econ., 1962,29:99～132

[66] R. A. Brualdi and B. L. Shader. Matrices of sign-solvable linear systems. Combridge University Press, 1995

[67] L. Bassett, J. Maybee and J. Quirk. Qualitative economics and the scope of the correspondence principle. Econometrica, 1968,36:544～563

[68] R. Manber. Graph-theoretical approach to qualitative solvability of linear system. Linear Algebra Appl., 1982,48:457～470

[69] J. Maybee. Sign solvable graphs. Discrete Appl. Math, 1980,2:57~63

[70] Jia-yu Shao. On the digraphs of sign solvable linear systems. Linear Algebra Appl., 2000, 313:115~126

[71] C. Thomassen. When the sign pattern of a square matrix determines uniquely the sign pattern of its inverse. Linear Algebra Appl., 1989, 119:27~34

[72] G. Lady and J. Maybee. Qualitatively invertible matrices. J. Math social sciences, 1983,6: 397~407

[73] Jia-yu Shao. On digraphs and forbidden configurations of strong sign nonsingular matrices. Linear Algebra Appl., 1998,282:221~232

[74] V. Klee, R. Landner and R. Manber. Signsolvability revisited. Linear Algebra Appl., 1984,59:131~157

习题提示或解答

习题 1

1.1 $A=J-I$. 注意到 $J^e=n^{e-1}J$ 计算 A^k.

1.2 B 的第 i 行和第 j 行的内积($i\neq j$)等于边 v_iv_j 的重数,B 的第 i 行自身的内积等于顶点 v_i 的度数.

1.3 应用定理 1.1.3 于矩阵 B 和 $R_2=\phi$ 的情形.

1.4 若 G 是二部图,则 G 有两部分(独立)点集,即 B 满足定理 1.1.3 条件,故 B 是全单模.

若 B 是全单模,假设 G 不是二部图,则 G 有一个奇长 r 的圈.故 B 包含一个 r 阶子矩阵 B',且 $\det(B')=\pm 2$,与 B 是全单模矛盾.

1.5 由定理 1.1.7,因 $\det K_1=0$,故 $c_1=0$,又 $c_2=\det K_2 t(G,K_2)=-t(G,K_2)=-q$. $c_3=(-1)^3\sum_H \det H t(G,H)=(-1)^3\det K_3\cdot t(G,K_3)=-2m(\Delta)$.

1.6 计算相应的行列式.注意(5)和(6)的等价性.又 $\mathrm{spec}(P_n)=\mathrm{spec}(C_{2n+2})$.

1.7 若 $\lambda_1=\lambda_2=\cdots=\lambda_n=0$,即 $A^2=0$,$s=1$ 且 D 无圈.否则记 A 的不同特征值 $\lambda_1,\cdots,\lambda_s$,它们的重数分别是 $l_1,\cdots,l_s$.假设 D 中所有圈长大于 s,使得 $\mathrm{tr}A^k=0$,$k=1,\cdots,s$.则

$$\begin{pmatrix}\lambda_1 & \cdots & \lambda_s\\ \vdots & & \vdots\\ \lambda_1^s & \cdots & \lambda_s^s\end{pmatrix}\begin{pmatrix}l_1\\ \vdots\\ l_s\end{pmatrix}=\begin{pmatrix}0\\ \vdots\\ 0\end{pmatrix}.$$

这等价于

$$\begin{pmatrix}1 & 1 & \cdots & 1\\ \lambda_1 & \lambda_2 & \cdots & \lambda_s\\ \vdots & \vdots & & \vdots\\ \lambda_1^{s-1} & \lambda_2^{s-1} & \cdots & \lambda_s^{s-1}\end{pmatrix}\begin{pmatrix}\lambda_1 l_1\\ \lambda_2 l_2\\ \vdots\\ \lambda_s l_s\end{pmatrix}=\begin{pmatrix}0\\ 0\\ \vdots\\ 0\end{pmatrix}$$

方程只有零解.即 $\lambda_1 l_1=\lambda_2 l_2=\cdots=\lambda_s l_s=0$,不可能.所设不真.

1.8 类似 $t(P_5)$.

1.9 能够生成长为 6 的闭途径的子图有 $P_2,P_3,P_4,K_{1,3},C_4,G_2$.记 $Q(G_s)$为图 G_s 所生成的长为 6 的闭途径数.则

$$Q(P_2)=\mathrm{tr}(A^6(P_2))=2,\ Q(P_3)=\mathrm{tr}(A^6(P_3))-2Q(P_2)=12,$$

$$Q(P_4)=\mathrm{tr}(A^6(P_4))-2Q(P_3)-3Q(P_2)=6.$$

类似可得，

$$Q(K_{1,3})=12,\ Q(C_4)=48,\ Q(G_2)=12,\ Q(C_6)=12.$$

记 $\alpha(G_s)=t(G_s)Q(G_s)$. 由

$$2\left(k^6+\sum_{i=1}^{k-1}i^6d_i\right)=\alpha(P_2)+\alpha(P_3)+\alpha(P_4)+\alpha(K_{1,3})+\alpha(C_4)+\alpha(G_2)+\alpha(C_6),$$

结论得证.

1.10 $O(P_2)=\mathrm{tr}(A^8(P_2))=2, O(P_3)=\mathrm{tr}(A^8(P_3))-2, O(P_2)=28, O(P_4)=\mathrm{tr}(A^8(P_4))-2O(P_3)-3O(P_2)=32$.

类似可得，

$$O(K_{1,3})=72, O(K_{1,4})=48, O(G_1)=16, O(P_5)=8, O(C_4)=264, O(G_2)=112$$
$$O(G_3)=16, O(G_4)=32, O(G_5)=16, O(G_6)=16, O(C_6)=96, O(G_7)=16.$$

1.11 令 $\beta(G_s)=t(G_s)O(G_s)$.

$$\begin{aligned}2\left(k^8+\sum_{i=1}^{k-1}i^8d_i\right)\geqslant&\beta(P_2)+\beta(P_3)+\beta(P_4)+\beta(P_5)+\beta(K_{1,3})\\&+\beta(K_{1,4})+\beta(G_1)+\beta(C_4)+\beta(G_2)+\beta(G_3)\\&+\beta(G_4)+\beta(G_5)+\beta(G_6)+\beta(G_7)+\beta(C_6),\end{aligned}$$

用引理 1.2.7 和习题 1.10 可证.

1.12 由定义 $Q(G)=kI-A$. 对应 λ_i 的 A 的每个特征向量是对应 $k-\lambda_i$ 的 $L(G)$ 的特征向量.

1.13 用习题 1.12 的结论.

1.14 运用定理 1.1.2.

1.15 记 $G_1\bigtriangledown G_2$ 为连接两不交图 G_1,G_2 之间的每一对顶点所得的图. 设 G' 是一个 $n+k$ 阶图 G 的 n 阶导出子图，则对某一个 k 阶图 G_k，G 可以作为 $G'\bigtriangledown G_k$ 的一个生成子图. 又 $a(G')+k$ 是 $Q(G'\bigtriangledown G_k)$ 的一个特征值. 于是有 $a(G)\leqslant a(G'\bigtriangledown G_k)\leqslant a(G')+k$. 设 $v(G)=k$ 且 G_k 是 G 的一个点割集，则 G' 不连通，由定理 1.1.2，$a(G')=0$. 于是 $a(G)\leqslant k\leqslant v(G)$.

1.16 在定理 1.3.2 中，令 $y=(1,1,\cdots,1)^{\mathrm{T}}$.

1.17 在定理 1.3.2 中，令 $y=(\sqrt{\rho_1},\sqrt{\rho_2},\cdots,\sqrt{\rho_n})^{\mathrm{T}}$.

1.18 (1) 运用 Cauchy-Schwarz 不等式，推论 1.3.4 的上界 $\frac{1}{\rho_i}\sum\sqrt{\rho_i\rho_j}\leqslant\sqrt{\sum\rho_j}$.

(2) 用上述(1)，只须证 $\sum\limits_{ij\in E(G)}\rho_j\leqslant\frac{2q(n-1)}{n}$ 对每个 i 成立. 若 i 有 $nd_i\geqslant 2q$，则 $\sum\limits_{ij\in E(G)}\rho_j\leqslant 2q-d_i\leqslant\frac{2q(n-1)}{n}$. 若 i 有 $nd_i<2q$，则 $\sum\limits_{ij\in E(G)}\rho_j\leqslant\Delta(G)\frac{2q}{n}\leqslant\frac{2q(n-1)}{n}$.

1.19 直接用特征多项式的定义可证.

1.20 运用习题 1.19 的结果.

1.21 设 v_1 是 T 的一个顶点，若 $v=v_1$ 无所要求的性质，则 $T-v_1$ 或者有一个阶数大

于 $n-2-[(n-2)/k]$的连通片,或者至少有两个阶数大于$[(n-2)/k]+1$的连通片.

若 T_1 是 $T-v_1$ 的一个连通片且 T_1 的阶数大于$[(n-2)/k]+1$,则 $T-v_1$ 其余的连通片的总阶数小于 $n-2-[(n-2)/k]$.于是,若 v_2 是 v_1 在 T_1 中的邻点,则在 $T-v_2$ 中,v_1 所在的连通片的阶数不大于 $n-2-[(n-2)/k]$,且 $T-v_2$ 的其余的连通片在 $T-v_2$ 中,因而其阶数小于 T_1 的阶数.

若 $v=v_2$ 无所要求的性质,则 $T-v_2$ 有一个阶数大于$[(n-2)/k]+1$ 的连通片 T_2.设 v_3 是 v_2 在 T_2 中的邻点,则在 $T-v_3$ 中,v_2 所在的连通片的阶数不大于 $n-2-[(n-2)/k]$,且 $T-v_3$ 的其余连通片在 T_2-v_3 中,于是,它们的阶数小于 T_2 的阶数.若 T_2-v_3 有一个阶数大于$[(n-2)/k]+1$ 的连通片,重复上述过程,有限步后便得到一个符合要求的点 v.证得引理 1.3.8.由引理 1.3.8 令 $k=2$,得引理 1.3.9.

1.22　若 $k=2$,引理 1.3.9 已证.现考虑 $k\geqslant 3$ 情形.由引理 1.3.8 存在一个顶点 v_1,使得 $T-v_1$ 至多除了一个连通片外,所有连通片的阶都不大于$[(n-2)/k]+1$.用 T_1 记上述例外的连通片(如果存在的话).设 n_1 是 T_1 的阶.则

$$n_1\leqslant n-2-\left[\frac{n-2}{k}\right]\leqslant\left[\frac{(k-1)(n-2)}{k}\right]+1.$$

若 $n_1\leqslant k$,则可找到合要求的顶点集 V'.可设 $n_1>k$.由引理 1.3.8,存在一顶点 v_2,使得 $T-v_2$的所有连通片,至多除了一片 T_2 外,都有不大于$[(n_1-2)/(k-1)]+1$ 的阶,且

$$\left[\frac{n_1-2}{k-1}\right]+1\leqslant\left[\frac{n-2-[(n-2)/k]-2}{k-1}\right]+1\leqslant\left[\frac{n-2}{k}\right]+1.$$

设 T_2 的阶为 n_2,则

$$n_2\leqslant n_1-2-\left[\frac{n_1-2}{k-1}\right]\leqslant\left[\frac{(k-2)(n-2)}{k}\right]+1.$$

重复上述过程至多 $k-1$ 次,便得 $V'=\{v_1,v_2,\cdots,v_{k-1}\}$,它满足所要求的性质.

1.23　可以直接从线图定义得出,因为当 $i\neq j$ 时,若 G 的边 e_i 和 e_j 有公共顶点,则 $A(L(G))$的(i,j)位置元是 1,否则是零.易见 $B^{\mathrm{T}}B-2I_q$ 的(i,j)位置元也有同样关系.

1.24　由 $T(G)$的定义及 G 的正则性得

$$BB^{\mathrm{T}}=A+kI,\qquad B^{\mathrm{T}}B=L+2I,$$

其中 B 是G 的关联阵,L 是$L(G)$的邻接阵.

$T(G)$的邻接阵为

$$\begin{pmatrix}A & B\\ B^{\mathrm{T}} & L\end{pmatrix},$$

$$x_{T(G)}(\lambda)=\begin{vmatrix}\lambda I+kI-BB^{\mathrm{T}} & -B\\ -B^{\mathrm{T}} & \lambda I+2I-B^{\mathrm{T}}B\end{vmatrix}=\begin{vmatrix}(\lambda+k)I-BB^{\mathrm{T}} & -B\\ -(\lambda+k+1)B^{\mathrm{T}}+B^{\mathrm{T}}BB^{\mathrm{T}} & (\lambda+2)I\end{vmatrix}$$

$$=\begin{vmatrix}(\lambda+k)I-BB^{\mathrm{T}}+\dfrac{B}{\lambda+2}(-(\lambda+k+1)B^{\mathrm{T}}+B^{\mathrm{T}}BB^{\mathrm{T}}) & 0\\ -(\lambda+k+1)B^{\mathrm{T}}+B^{\mathrm{T}}BB^{\mathrm{T}} & (\lambda+2)I\end{vmatrix}$$

$$= (\lambda+2)^q \det(\lambda I - A + \frac{1}{\lambda+2}(A+kI)(A-(\lambda+1)I))$$
$$= (\lambda+2)^{q-n} \det(A^2 - (2\lambda - k + 3)A + (\lambda^2 - (k-2)\lambda - k)I)$$
$$= (\lambda+2)^{q-n} \prod_{i=1}^{n} (\lambda_i^2 - (2\lambda - k + 3)\lambda_i + \lambda^2 - (k-2)\lambda - k).$$

整理便得定理 1.4.4.

1.25 注意到 P_n 的谱中 $\lambda_1 < 2$. 假设 Γ 是 P_n 的同谱图,则 Γ 有 n 阶和 $n-1$ 边. 因圈 $K_{1,4}$ 都有一个特征值是 2,故它们都不是 Γ 的导出子图. 同理,在一条路的两个 1 度点的邻点,分别增加一条悬挂边,所得的图也不是 Γ 的导出子图. 于是 Γ 是一棵无 4 度以上的点,且至多一个 3 度点的树. 设 x 是该 3 度点,把 x 上的一枝移到 Γ 的一个端点上. 则把 Γ 变成 P_n,因 Γ 与 P_n 同谱. 故上述移动应不会改变长为 4 的闭途径数. 但显然,它改变了(因为在一个无 4 圈的图中,长为 4 的闭途径数等于边数的 2 倍加导出 P_3 数的 4 倍). 故 Γ 无 3 度点. 即 $\Gamma \cong P_n$.

1.26 设 $A = (a_{ij})$. r_i 是 A 的第 i 行行和. 又设 $x = (x_1, \cdots, x_n)^{\mathrm{T}}$ 是一个对应于 $\rho(A)$ 的单位向量. 由 $Ax = \rho(A)x$,得 $\rho(A)x_i = \sum_j a_{ij}x_j$. 由 Cauchy-Schwarz 不等式

$$\rho(A)^2 = (\sum_j a_{ij}x_j)^2 \leqslant r_i \sum_j a_{ij}x_j^2 \leqslant r_i(1 - x_i)^2,$$

对 i 求和

$$\rho^2(A) \leqslant 2e - \sum_i r_i x_i^2 = 2e - \sum_{i,j} a_{ij}x_i^2$$
$$= 2e - \sum_{i<j} a_{ij}(x_i^2 + x_j^2) \leqslant 2e - \sum_{i<j} 2a_{ij}x_i x_j$$
$$= 2e - x^{\mathrm{T}}Ax = 2e - \rho(A)$$

可导出定理的不等式.

要等式成立,上述不等式每步须成等式,得 $a_{ij} = 0$ 或 $x_i = x_j$,可知 A 置换相似于 $A_1 \dotplus A_2 \dotplus \cdots \dotplus A_j$,其中每个 A_i 有相等的行和. 故 $\rho(A)$ 是 A 的最大行和. $\sqrt{1+8e}$ 是整数,$e = \binom{k}{2}$,$\rho(A) = k - 1$,于是,有唯一的非零块 $A_1 = J_k^0$.

1.27 因 $My = \lambda X$ 和 $M^{\mathrm{T}}X = \lambda y$,可得 $X^{\mathrm{T}}M = \lambda y^{\mathrm{T}}$, $\lambda X^{\mathrm{T}}X = X^{\mathrm{T}}My = \lambda y^{\mathrm{T}}y$.

1.28 设 $MX = \rho(M)X$,这里 X 是某一个非零向量,则 $X^{\mathrm{T}}M^{\mathrm{T}} = \rho(M)X^{\mathrm{T}}$ 且

$$\rho(M^*) \geqslant \frac{(X^{\mathrm{T}}X^{\mathrm{T}})M^*\begin{pmatrix}X\\X\end{pmatrix}}{(X^{\mathrm{T}}X^{\mathrm{T}})\begin{pmatrix}X\\X\end{pmatrix}} = \frac{X^{\mathrm{T}}MX + X^{\mathrm{T}}M^{\mathrm{T}}X}{2X^{\mathrm{T}}X} = \rho(M).$$

1.29 不等式由定理 1.6.11 及习题 1.28 可得.

若等式成立且 M 是不可约. 设 X 是 M 对应于 $\rho(M)$ 的一个特征向量. 则 X 是正向量. 由习题 1.28, $\rho(M) = \rho(M^*)$ 且 $\begin{pmatrix}X\\Y\end{pmatrix}$ 是 M^* 对应于 $\rho(M)$ 的特征向量. 由定理 1.6.11, M 的

伴随有向圈是 r 正则或星 $K_{1,n-1}$. 反之,容易验证.

1.30　因 $\sum_{i=1}^{n}\lambda_i^2(G) = 2e$,由推论 1.6.15 可证.

1.31　注意到 G 或 $\bar{G}$ 必是连通图. 假设 G 连通,由推论 1.6.15 和定理 1.6.10,

$$\rho(G) + \rho(\bar{G}) \leqslant \sqrt{2e - n + 1} + \left[-\frac{1}{2} + \sqrt{\frac{1}{4} + n(n-1) - 2e}\right],$$

把 $-\frac{1}{2}$ 移到左边后,再两边平方. 用算本-几何平均不等式估值. 由上述结果,用 $\rho(G)\cdot\rho(\bar{G}) \leqslant \frac{1}{4}(\rho(G)+\rho(\bar{G}))^2$ 估值.

1.32　注意到:若 P 与 Q 置换相似,则

$$(PAQ)(PAQ)^{\mathrm{T}} = PAA^{\mathrm{T}}P^{\mathrm{T}}.$$

我们设

$$A = \begin{pmatrix} B & C \\ D & E \end{pmatrix} = \begin{pmatrix} X \\ Y \end{pmatrix},$$

则

$$A^{\mathrm{T}}A = X^{\mathrm{T}}X + Y^{\mathrm{T}}Y \text{ 且 } AA^{\mathrm{T}} = \begin{pmatrix} XX^{\mathrm{T}} & XY^{\mathrm{T}} \\ YX^{\mathrm{T}} & YY^{\mathrm{T}} \end{pmatrix}, \quad XX^{\mathrm{T}} = BB^{\mathrm{T}} + CC^{\mathrm{T}}.$$

因 YY^{T} 和 CC^{T} 是半正定,

$$\begin{aligned}\lambda_2(A^{\mathrm{T}}A) + \lambda_3(A^{\mathrm{T}}A) &\geqslant \lambda_2(X^{\mathrm{T}}X) + \lambda_3(X^{\mathrm{T}}X) = \lambda_2(XX^{\mathrm{T}}) + \lambda_3(XX^{\mathrm{T}}) \\ &\geqslant \lambda_2(BB^{\mathrm{T}}) + \lambda_3(BB^{\mathrm{T}}),\end{aligned}$$

故

$$\begin{aligned}\rho^2(A) &\leqslant \lambda_1(A^{\mathrm{T}}A) = \mathrm{tr}(A^{\mathrm{T}}A) - \sum_{i=2}^{n}\lambda_i(A^{\mathrm{T}}A) \leqslant \mathrm{tr}(A^{\mathrm{T}}A) - \lambda_2(A^{\mathrm{T}}A) - \lambda_3(A^{\mathrm{T}}A) \\ &\leqslant \mathrm{tr}(A^{\mathrm{T}}A) - \lambda_2(BB^{\mathrm{T}}) - \lambda_3(BB^{\mathrm{T}}).\end{aligned}$$

习题 2

2.1　对 k 作数学归纳法. 删去 A_k 所含的行和列后,所得的子矩阵,作归纳论证.

2.2　由极小强连通图的定义可证.

2.3　若 $D[W]$ 中有一弧 a,使 $D[W]-a$ 仍是强连通的,则 $D-a$ 是强连通,D 便不是极小强连通图.

2.4　相当于考虑下列的更列个数:把 $1,2,\cdots,n$ 作排列 $(a_1,a_2,\cdots,a_n)$ 使得 $a_i\neq i$, $i=1,2,\cdots,n$.

注意到至少有 k 个元 $(0\leqslant k\leqslant n)$ 放在原位的排列数为 $\binom{n}{k}(n-k)!$ 用组合数学中的容斥原理便得结论.

2.5　令

$$\sigma_{ij} = \begin{cases} -1, & \text{当 } j = i+1, \\ 1, & \text{其余}. \end{cases}$$

得$\tilde{A}=(\sigma_{ij}a_{ij})$,易见 per$A=\det\tilde{A}$.

2.6 由 Frobenius-König 定理(定理 2.2.1).若 per$A=0$,则 A 含有一个$s\times(n-s+1)$的零子阵,该子阵至少有 $n-m+1$ 列,引出矛盾.

2.7 由条件知,A 的每个$k\times(n-1)$的子矩阵至少有 k 个非零列.由 Frobenius-König 定理,per$(A')>0$.

2.8 对 n 作归纳法.当 $n=1$,显然.设对 $n-1$,结论成立.对 n 阶几乎可分阵,由定理 2.5.8,可设

$$A=\left(\begin{array}{ccccc|c} 1 & 0 & \cdots & 0 & 0 & \\ 1 & 1 & 0 & 0 & 0 & \\ 0 & 1 & 1 & & & F_1 \\ \vdots & \vdots & & \ddots & & \\ 0 & 0 & \cdots & 1 & 1 & \\ \hline & & F_2 & & & B \end{array}\right),$$

这里,B 是 m 阶几乎可分方阵,$1\leqslant m\leqslant n-1$,$F_1$ 和 F_2 分别恰含一个 1.由归纳假设,并注意到(定理 2.2.3,定理 2.3.5)n 阶(0,1)矩阵是完全不可分的当且仅当 per$A(i|j)>0$,$i,j=1,2,\cdots,n$. 可得 per$A\geqslant$per$B+1\geqslant\sigma(B)-2m+2+1=\sigma(A)-2n+2$.

2.9 在习题 2.8 的基础上,只须考虑 A 不是几乎可分的情形.因 A 是完全不可分,故存在一个 n 阶(0,1)阵 C,使得 $A-C$ 是一个几乎可分阵,由习题 2.8,

$$\mathrm{per}A\geqslant\mathrm{per}(A-C)+\sigma(C)\geqslant\sigma(A-C)-2n+2+\sigma(C)=\sigma(A)-2n+2.$$

2.10 若 A 是一个(0,1)阵,由定理 2.6.6 得证.

设 A 的某个元$a_{rs}>1$,又 B 是从A 的元素 a_{rs}减去 1 所得的矩阵.对矩阵的元素之和作归纳法,得

$$\mathrm{per}A=\mathrm{per}B+\mathrm{per}A(r|s)\geqslant\sigma(B)-2n+2+1=\sigma(A)-2n+2.$$

2.11 因 A 是完全不可分且 $n\geqslant2$,故存在一个整数 $t\neq s$ 使得 $a_{rt}\geqslant1$.把 A 按第 r 行作 Laplace 展开得

$$\begin{aligned}\mathrm{per}A&=\sum a_{rk}\mathrm{per}(A(r\mid k))\\&\geqslant a_{rs}\mathrm{per}(A(r\mid s))+a_{rt}\mathrm{per}(A(r\mid t))\\&\geqslant 2\mathrm{per}(A(r\mid s))+1.\end{aligned}$$

2.12 用数学归纳法.$n=3$,结论正确.设$(n-1)!<2^{(n-1)(n-3)}$.只须证 $n\leqslant2^{2(n-2)}$便可.

考察函数 $f(x)=2(x-2)-\log_2x$.注意到 $f(3)=2-\log_23>2-\log_24=0$ 且 $f'(x)>0$.于是 $f(x)>0$,便得 $3\leqslant n\leqslant2^{2(n-2)}$.

2.13 设 $r_1,r_2,\cdots,r_n$ 为 A 的行和.若 $r_i\geqslant3$,$i=1,\cdots,n$,则由定理 2.6.11 和习题

2.12,

$$\operatorname{per}(A) \leqslant \prod_{i=1}^{n} (r_i!)^{1/r_i} < \prod_{i=1}^{n} 2^{r_i-2} = 2^{\sigma(A)-2n}.$$

2.14　不失一般性,设 $A = A_1 \dotplus A_2 \dotplus \cdots \dotplus A_t$,这里 A_i 是 $n_i \geqslant 1$ 阶完全不可分矩阵($i = 1,2,\cdots,t$),则

$$\operatorname{per} A = \prod_{i=1}^{t} \operatorname{per} A_i.$$

若对某个 i 有 $n_i = 1$ 且 $A_i = (1)$ 则 $2^{\sigma(A_i)-2n_i+1} = 1$ 且 $\operatorname{per} A_i = 1$. 由此,可设 $\sigma(A_i) - 2n_i \geqslant 0 (i = 1,2,\cdots,t)$. 若对于某个 i,有 $n_i = 1$ 和 $A_i = (2)$,则 $2^{\sigma(A_i)-2n_i+1} = 2$ 和 $\operatorname{per} A_i = 2$. 因此,可设 $\sigma(A_i) - 2n_i \geqslant 1, i = 1,2,\cdots,t$. 由定理 2.6.13

$$\begin{aligned}\operatorname{per} A &= \prod_{i=1}^{t} \operatorname{per} A_i \leqslant \prod_{i=1}^{t} (2^{\sigma(A_i)-2n_i} + 1) \\ &\leqslant 2^{\sum_{i=1}^{t}(\sigma(A_i)-2n_i)+t-1} + 1 \\ &= 2^{\sigma(A)-2n+t-1} + 1 < 2^{\sigma(A)-2n+t}.\end{aligned}$$

2.15　把 $s^{(1)}$ 与 s' 作比较,前 $\mu - 1$ 个分量一样,仅第 μ 个分量 $s_{\mu}^{(1)}$ 比 s'_{μ} 较小,因而,若各取前 k 个分量,$k \leqslant \lambda - 1$,比较其和,则 $s^{(1)}$ 的分量和比 s' 的分量和要小. 若 $k \geqslant \lambda$,则其分量和相等. 故有 $s^{(1)} \prec s'$.

把 s'' 与 $s^{(1)}$ 比较,若取前 k 个分量,比较其和,当 $k \leqslant \mu - 1$ 时,相当于 s'' 与 s' 比较,而第 μ 个分量有关系 $s_{\mu}^{(1)} \geqslant s''_{\mu}$,又因第 λ 个分量 $s_{\lambda}^{(1)} > s'_{\lambda}$,故 $s'' \prec s'$,可导出 $s'' \prec s^{(1)}$.

2.16　用定理 2.7.2 可得结果.

2.17　若 A, B 是随机阵,则 $AJ = BJ = J$,于是

$$(AB)J = A(BJ) = AJ = J.$$

若 A, B 是双随机阵,当且仅当 $JA = AJ = J$,仿照上述证明,可得结论.

2.18　设 A 是 n 阶可约双随机阵,则 A 置换相似于

$$B = \begin{pmatrix} X & Y \\ 0 & Z \end{pmatrix},$$

其中 X 是 k 阶方阵,Z 是 $n - k$ 阶方阵,B 是双随机阵. 因此,

$$\sigma(X) = k, \quad \sigma(Z) = n - k,$$

但

$$n = \sigma(B) = \sigma(X) + \sigma(Y) + \sigma(Z) = k + \sigma(Y) + n - k = n + \sigma(Y),$$

因此 $\sigma(Y) = 0$,即 $Y = 0$. 得 A 置换相似于 $X + Z$,显然,X 与 Z 是双随机的.

2.19　若存在一个双随机矩阵 $B = (b_{ij})_{2\times 2}$ 使得仅有 $b_{21} = 0$,则由 $JB = BJ = J$ 的性质,可知 $b_{12} = 0$. 矛盾.

2.20　$A \in \mathscr{U}_n(k)$,$\frac{1}{k}A$ 是双随机阵,由定理 2.8.11,

$$\operatorname{per} \frac{1}{k}A \geqslant \frac{n!}{n^n}.$$

2.21 设 $A_1=A(G_1)$且 $A=A(G)=\begin{pmatrix}A_1 & 0\\ 0 & 0\end{pmatrix}$. 取 $X_1\in\Omega_{n-m}(A_1)$. 有 $A_1X_1=X_1A_1$. 设

$$X=\begin{pmatrix}X_1 & 0\\ 0 & X_2\end{pmatrix},$$

此处 X_2 是任意 m 阶双随机矩阵. 则 $AX=XA, X\in\Omega_n$.

因 G 是紧的, 故 $X\in\Omega_n(A)=\mathscr{P}(A)$. 于是存在非负整数 c_i, $\sum c_i=1$, $Q_i\in\mathscr{R}(A_1)$且 m 阶置换阵 π_i 使得

$$X=\sum c_i\begin{pmatrix}Q_i & 0\\ 0 & \pi_i\end{pmatrix}.$$

由此得 $X_1=\sum c_iQ_i\in\mathscr{P}(A_1)$. 证得 $\Omega_{n-m}(A_1)\subseteq\mathscr{P}(A_1)$. 又因为 $\mathscr{P}(A_1)\subseteq\Omega_{n-m}(A_1)$. 故 $\mathscr{P}(A_1)=\Omega_{n-m}(A_1)$.

2.22 设 $A_1=A(G_1)$且 $A=A(G)=\begin{pmatrix}A_1 & 0\\ 0 & 0\end{pmatrix}$. 取 $X\in\Omega_n(A)$, 我们有 $AX=XA$ 且 $X\in\Omega_n$. 记

$$X=\begin{pmatrix}X_1 & X_2\\ X_3 & a\end{pmatrix},$$

这里 X_1 是 $n-1$ 阶. 则 $A_1X_1=X_1A_1, A_1X_2=0$ 且 $X_3A_1=0$. 因 A_1 是非奇异的, 我们有 $X_2=0$ 且 $X_3=0$. 便得 $A_1X_1=X_1A_1, X_1\in\Omega_{n-1}$且 $a=1$. 因为 G_1 是紧的, 故 $X_1\in\Omega_{n-1}(A_1)=\mathscr{P}(A_1)$. 有非负整数 c_i, $\sum c_i=1$ 且 $Q_i\in\mathscr{R}(A_i)$使得 $X_1=\sum c_iQ_i$. 设

$$P_i=\begin{pmatrix}Q_i & 0\\ 0 & 1\end{pmatrix},$$

易见 $P_i\in\mathscr{R}(A)$且 $X=\sum c_iP_i\in\mathscr{P}(A)$. 因此

$$\Omega_n(A)\subseteq\mathscr{P}(A).$$

注意到 $\mathscr{P}(A)\subseteq\Omega_n(A)$, 得 $\mathscr{P}(A)=\Omega_n(A)$. G 是紧的.

2.23 设 α 为 $1\times(n-1)$的全 1 矩阵, 则

$$A(K_{1,n-1})=\begin{pmatrix}0 & \alpha\\ \alpha^{\mathrm{T}} & 0\end{pmatrix},\quad \overline{P(A)}=\begin{pmatrix}1 & 0\\ 0 & P\end{pmatrix},$$

这里 P 是 $n-1$ 阶置换矩阵. 只须证明 $\Omega_n(A)\subseteq\overline{P(A)}$. 设 $Q\in\Omega_n(A)$, 则因 $A=Q^{-1}AQ$,

$$Q=\begin{pmatrix}1 & 0\\ 0 & Q_1\end{pmatrix},$$

这里 $Q_1\in\Omega_{n-1}$. 于是 $Q_1=\sum_i c_iQ'_i$, 其中 Q'_i 是$(n-1)$阶置换方阵. 便得 $Q=\sum_i c_iP_i\in\overline{P(A)}$, 这里 $P_i=\begin{pmatrix}1 & 0\\ 0 & Q'_i\end{pmatrix}$.

2.24 因$\hat{\mathscr{P}}(A)\subseteq\mathrm{Cone}(A)$. 只须证明 $\mathrm{Cone}(A)\subseteq\hat{\mathscr{P}}(A)$. 参见定理 2.9.3.

2.25　在习题 2.23 证明的基础上,易见$\hat{\mathscr{P}}(A)\neq\mathrm{Cone}(A)$. 因为当 $n\geqslant 3$ 时,$K_{1,n-1}$不是正则.

2.26　W_{n+1}的补图是 $C_n^c\cup K_1$,注意到紧图的补图是紧的,只需证明 $C_n^c\cup K_1$ 是紧图.

因 $\det A(C_n^c)=(n-3)\prod_{i=1}^{n-1}\left(-1-2\cos\frac{2\pi i}{n}\right)\neq 0,(n\not\equiv 0 \bmod 3)$,由习题 2.22,便得结论.

习题 3

3.1　矩阵每个元的取值只有两种可能. 共有方阵 2^{n^2}个. 按半群定义可证明结论.

3.2　对任意整数 t_1,t_2 把(3.2.6)代入(3.2.5),易知(3.2.6)是(3.2.5)的一组解.

反之,设 x,y,z 是(3.2.5)的一组解,由

$$ax_0+by_0+cz_0=n,$$

$$ax+by+cz=n,$$

可得

$$d(a_1(x-x_0)+b_1(y-y_0))=-c(z-z_0). \tag{1}$$

由$(d,c)=1$,故有整数 t_2,使 $z=z_0+dt_2$.　(2)

把(2)代入(1)得

$$a_1(x-x_0)+b_1(y-y_0)=-ct_2. \tag{3}$$

因 $-u_1ct_2$ 和 $-u_2ct_2$ 是 $a_1X+b_1Y=-ct_2$ 的一组解,由(3)存在整数 t_1,使

$$x=x_0+b_1t_1-u_1ct_2,\quad y=y_0-a_1t_1-u_2ct_2.$$

于是证明了,(3.2.5)任一组解可表为形式(3.2.6).

3.3　先对 $\lambda=2$ 证明结论,由$(u_1-u_2)/u_2\leqslant u_1-u_2$,便得

$$\frac{u_1}{u_2}-1+u_2\leqslant u_1.$$

再用数学归纳法,证明结论.

3.4　由定理 3.2.3 中等式成立的条件及定理 3.2.2 可证.

3.5　因 $\gamma\lambda>\frac{\lambda\mu\cdot\mu\gamma}{\mu^2}-\frac{\lambda\mu}{\mu}-\frac{\mu\gamma}{\mu}=\gamma\lambda-\lambda-\gamma$,由定理 3.2.3,

$$\phi(a,b,c)=\frac{\lambda\mu\mu\gamma}{\mu}+\mu\gamma\lambda-\lambda\mu-\mu\gamma-\gamma\lambda+1=2\mu\gamma\lambda-\lambda\mu-\mu\gamma-\gamma\lambda+1.$$

3.6　若令 $a_3=28$,用定理 3.2.3,因

$$28>\frac{12\times 13}{(12,13)^2}-\frac{12}{(12,13)}-\frac{13}{(12,13)},$$

故只能估计 $\phi(12,13,28)$的上界. 注意到 12,13,28 可以轮换. 故可令 $a_3=13$. 由定理 3.2.3,

$$13>\frac{28\times 12}{(28,12)^2}-\frac{28}{(28,12)}-\frac{12}{(28,12)}=21-7-3=11,$$

故

$$\phi(12,13,28)=\frac{28\times 12}{(28,12)}+13(28,12)-28-12-13+1=84.$$

3.7 只须证 $D(A)$是强连通图.即 $D(A)$中的任两点都有途径相连.

3.8 类似于习题 3.7 的证明.

3.9 提示:即证明 $D(A)$的每个点均有一条长为 k 的闭途径.也可参见定理 2.3.1.

3.10 由定理 2.3.1,知有多项式 $f(x)$使 $f(XY)>0$.取 $g(x)=xf(x)$并注意到 $YX\cdot(YX)^k=Y\cdot(XY)^kX$,可证 $g(YX)>0$.由定理 2.3.1 知 YX 也不可约.

3.11 由定理 3.2.3 存在置换阵 P,使 PAP^{T} 是(3.3.2)形式.于是

$$PA^dP^{\mathrm{T}}=\begin{pmatrix}B_1 & & \\ & \ddots & \\ & & B_d\end{pmatrix}.$$

因 B_i 是本原阵,$i=1,\cdots,d$.则有正整数 m_i,使 $B_i^{m_i}>0$,且 m_i 是使不等式成立的最小正整数,令 $m=\max\limits_{1\leqslant i\leqslant d}m_i$,则 $B_i^m>0,B_i^{m+1}>0,i=1,2,\cdots,d$.于是$(PAP^{\mathrm{T}})^{dm}$和$(PAP^{\mathrm{T}})^{d(m+1)}$的对角块都是正方阵,易见,$d$ 是使 PAP^{T} 的幂出现周期变化的最小正整数.由定义 A 的周期是 d.

3.12 只须证明它的充分性,设 A 是(3.3.2)形式的矩阵,若 $d\neq 1$,则 A^d 可约(见引理 3.3.6 的证明部分).故 A 必为本原阵.

3.13 $\gamma(D_2)=\max\limits_{i,j\in V(D_2)}\gamma(i,j)=\gamma(1,n)=n-1+\phi(n-1,n)=(n-1)^2.$

3.14 由本原阵的定义可证.若 AB 是本原阵,设 $\gamma(AB)=k$,则$(BA)^{k+1}=B(AB)^kA=BJA=J$.

3.15 因 $D(A)$的任一点到 $D(A)$的任一点都有长 $n-1$ 的途径,便得 $\gamma(A)\leqslant n-1$.可取

$$A_0=\begin{pmatrix}1 & 1 & & 0 & \\ 1 & 1 & 1 & & \\ & 1 & 1 & 1 & \\ & \ddots & \ddots & \ddots & \\ & & & & 1\\ & 0 & & 1 & 1\end{pmatrix}.$$

3.16 $D(A^2)$是习题 3.15 的图,利用习题 3.15 的结论.

3.17 设有某个 $i,m=n_i$,因 $A_i(p)$是一个 $n_i\times n_i$ 的本原矩阵,且 $\gamma_i=\gamma(A_i(\rho))\leqslant n_i^2-2n_i+2=m^2-2m+2$(见 3.4 节),只须在引理 3.5.7 中取 $t=1,i_1=i$,便得

$$k(A)\leqslant p\gamma_i+p-1\leqslant p(m^2-2m+3)-1.$$

3.18 用数学归纳法可证.

3.19 对任一个 $i,1\leqslant i\leqslant p$,由 γ_i 定义可知

$$(A_i(p))^{\gamma_i-1}\lneqq J\Rightarrow A^{p(\gamma_i-1)}\lneqq B_0\Rightarrow k(A)>p(\gamma_i-1)$$

(注:方阵的零次幂是单位方阵).

要证 $k(A)<p(\gamma_i+1)$,只须证对任一个 j,$1\leqslant j\leqslant p$,$A_j(p(\gamma_i+1)-1)=J$.记 $i\equiv j+t(\mathrm{mod}\ p)$,这里 $0\leqslant t\leqslant p-1$,则 $A_i=A_{j+t}$,故$(A_{j+t}(p))^{\gamma_i}=J$,从而

$$\begin{aligned}A_j(p(\gamma_i+1)-1)&=A_j(p\gamma_i+p-1)\\&=(A_j\cdots A_{j+i}\cdots A_{j+p-1})^{\gamma_i}A_j\cdots A_{j+p-2}\\&=A_j(t)(A_{j+t}(p))^{\gamma_i}A_{j+t(p-1-t)}=J.\end{aligned}$$

3.20 由广义本原指数的定义可证.

3.21 对 n 阶本原阵A,设 $F(A,k)=\gamma$,则 A^γ 任意$k\times n$ 子阵都无零列.即 A^γ 每列零元个数$\leqslant k-1$.

我们可证 A^γ 中存在一个$x\times n$ 子矩阵不含零列.否则,每个 $x\times n$ 子阵都有零列,零列出现至少$\binom{n}{x}$次,有一个零列至少出现$\frac{1}{n}\binom{n}{x}$次.于是,有一列,例如第 j 列,以零列出现在至少$\frac{1}{n}\binom{n}{x}$个 $x\times n$ 子矩阵中,但第 j 列至多有 $k-1$ 个零,故以零列至多能出现在$\binom{k-1}{x}$个$x\times n$ 子矩阵中.于是$\frac{1}{n}\binom{n}{x}\leqslant\binom{k-1}{x}$,与所设矛盾.故 $F(n,k)\geqslant f(n,x)$.

3.22 当 $x\geqslant k-1$ 且 $k\neq n$,$x\neq n-1$ 时,$\frac{1}{n}\binom{n}{x}>\binom{k-1}{x}$.由习题 3.21 可得.

3.23 设 $\exp_A(n-k+1)=e$ 则A^e 有 $n-k+1$ 行全 1.此 $n-k+1$ 行所成的集记为R_{n-k+1}.从 A^e 中任取k 行记为 R_k,则至少存在一行 $r\in R_{n-k+1}\cap R_k$.于是 R_k 无零列.即 $F(A,k)\leqslant\exp_A(n-k+1)$.得 $F(n,k)\leqslant\exp(n,n-k+1)$.注意到 $\exp(n,k)=n^2-3n+k+2$,便得 $F(n,k)\leqslant n^2-2n-k+3$.

3.24 设 w 是C_s 中有最大出度为r 的一个顶点.w 的出邻点集记为V_1,则$|V_1|=r$.设 $V(C_s)\cap V_1=\{w_1\}$,从 w_1 到 V_1 中任一顶点都有长为 s 的路.设 A 是D 的邻接阵,在 $D(A^s)$中,w_1 是环点,且从 w_1 到 V_1 中的任一顶点都有弧相连.由 w_1 用长为 $n-r$ 的途径至多有一个顶点不能到达,设这一顶点为 x.显见,由 w_1 到 x 长为$n-r+1$ 的路必经过 V_1 中某顶点 z,于是,由 z 到x 有长为$n-r$ 的路.故在 D 中从w 到x 有经 V_1 中某点长为 $s(n-r)+1$ 的途径.又前面已证,从 w 到D 的其它顶点有经w_1 长为 $s(n-r)+1$ 的途径.故 $\exp_D(1)\leqslant\exp_D(w)\leqslant s(n-r)+1$.

3.25 由引理 3.7.9,

$$\begin{aligned}\exp_D(k)&\geqslant\exp_D(n)-(n-k)\\&=(n-1)^2+1-(n-k)\\&=n^2-3n+k+2,\end{aligned}$$

又由引理 3.7.9 及习题 3.2.4 并注意到对 n 阶本原图$s\leqslant n-1$,$r\geqslant 2$.得

$$\begin{aligned}\exp_D(k)&\leqslant\exp_D(1)+(k-1)\\&\leqslant s(n-r)+1+(k-1)\end{aligned}$$

$$\leqslant (n-1)(n-2)+1+k-1$$
$$= n^2-3n+k+2.$$

3.26 记图 3.7.1 的图为 D_n,则图 D_{n-1}增加一个点 n.连结弧$(n-1,n)$所成的图 D 不是本原图,但 $\exp_D(k)(1\leqslant k\leqslant n-1)$存在.

又用一弧连结 D_{n-2}的一点到圈 C_2 的一点,所成的 n 阶图D,有 $F(D,k)(k\geqslant 1)$,$f(D,k)(k\geqslant 3)$存在.

3.27 $D(A)$必含圈 C_r(r 为奇数).设$\varnothing\neq X\subsetneqq V_D(A)$且$|X|=k$,又取 $x^*\in X$,$y\in V(C_r)$.使 x^*到 y 的距离d 是X 到C_r 的最短距离.于是,$d\leqslant n-(r-1)-k$.又对 $m\geqslant n-(r-1)-k+\phi(2,r)=n-k$,从 x^*到 y 有长为m 的途径.因此,对 $t\geqslant(n-k)+k=n$,

$$|R_t(X)|\geqslant|R_t(x^*)|\geqslant\left|\bigcup_{a=0}^{k}R_a(y)\right|\geqslant k+1=|X|+1,$$
$$|R_t(X)|\geqslant|X|+1,\quad 对\ t\geqslant n.$$

便得 $f^*(A)\leqslant n$.

3.28 A^2 在主对角线上有 n 个 1.A^2 是一个 Hall 阵,即 $h(A)\leqslant 2$.令

$$A_1=\begin{pmatrix}1 & 1 & \cdots & 1\\ 1 & & & \\ \vdots & & 0 & \\ 1 & & & \end{pmatrix}_{n\times n},$$

A_1 是对称阵且 $A_1\in P_n$,但 A_1 不是一个 Hall 阵.于是 $h(A_1)=2$.

3.29 若 $A\in P_n$,则 $e_w(A)=1$.

若 $A\notin P_n$,则 $D(A)$强连通.设 c_i 是长为r_i 的一个圈,则 $r_i>1$ 且 $D(A+A^2)$必含长分别为 r_i 和r_i-1 的两个圈.显然$(r_i,r_i-1)=1$.$A+A^2\in P_n$.得 $e_w(A)=2$.

3.30 因 $D(A)$是强连通,故 $D(A+A^2+\cdots+A^l)$也是强连通并且有 n 个环.于是 $f_w(A)\leqslant l$.

3.31 设 $A=XY$,其中 X 是$n\times b$ 阵,Y 是$b\times n$ 阵.因 A 是本原,故 X,Y 无零行,零列.而 YX 是一个b 阶本原阵.由定理 3.5.4(或习题 3.14)

$$\exp(A)\leqslant\exp(YX)+1\leqslant(b-1)^2+2.$$

3.32 设 i 和j 是D 中的任两顶点.因 D 强连通,故存在从 i 到H 的每一个顶点,从 H 的每一个顶点到j 的一条途径,因仅存在不在 H 上的k 个点,故在 H 上有点u 和v 使得距离 $d(i,u)$和 $d(v,j)$至多是 k,若 $i,j\in V(H)$,最小距离是 0,于是 $d(i,u)+d(v,j)\leqslant 2k$,因 H 是本原的,存在从 u 到v 长为 $\exp(H)+\{2k-[d(i,u)+d(v,j)]\}$的一条途径.即存在从 i 到j 长为 $\exp(H)+2k$ 的一条途径便得结论.

3.33 在 $D(A^s)$中,对应 C_s 的s 个顶点均有环,这些环点到每个点用长至多为 $n-1$ 的途径可到达,即在 $D(A)$中,从 C_s 的任一点到其余每一顶点,用至多长为 $s(n-1)$的途径可到达而 $D(A)$中的任一点,用至多长为 d 的路便可接触到C_s 中的一个点,于是 $\gamma(A)\leqslant d+s(n-1)$.因 $s\leqslant d$,便得结论.

3.34　对任意 $i,j\in V(D(A))$，i 在一个长为 s 的圈上，$s\leqslant d+1$ 在 $D(A^s)$ 中，有环点 i，由引理 3.9.1，易见在 $D(A^s)$ $i\xrightarrow{d}j$. 即在 $D(A)$ 中 $i\xrightarrow{sd}j$. 于是由 j 的任意性，$i\xrightarrow{d(d+1)}j$.

3.35　对任意 $i,j\in V(D(A))$，i 位于一个长为 $d+1$ 的圈上，则 $D(A^{d+1})$ 有一个环点 i. 因 $d_{A^{d+1}}\leqslant d-1$，我们知道，在 $D(A^{d+1})$ 有 $i\xrightarrow{d-1}j$，即在 $D(A)$ 中有 $i\xrightarrow{d^2-1}j$.

3.36　对 G 的任一点 x，由已知，即 G 有含 x 的长为奇数的最短回路，设它的长为 $2g+1$，显然 $g\leqslant d$，由定理 3.9.5 得 $\gamma(G)\leqslant 2d$.

习题 4

4.1　设 m 个男青年 $b_1,b_2,\cdots,b_m$，n 个女青年 $g_1,g_2,\cdots,g_n$. 建立下列 $m\times n$ 的关联阵 $A=(a_{ij})$，其中

$$b_i \text{ 是 } g_j \text{ 舞伴} \Leftrightarrow a_{ij}=1,$$
$$b_i \text{ 不是 } g_j \text{ 舞伴} \Leftrightarrow a_{ij}=0,$$

故 A 的每一行至少有一个 0，每一列至少有一个 1. 只须证，A 中必有两行两列所成的子矩阵是 $\begin{pmatrix}1&0\\0&1\end{pmatrix}$ 或 $\begin{pmatrix}0&1\\1&0\end{pmatrix}$. 不妨设第 h 行有一个 0，$a_{hk}=0$，但在 k 列上至少有一个元为 1，设 $a_{sk}=1$，$s\neq h$. 若又有一列，不妨第 p 列，它的第 h 行元素为 1，第 s 行元素为 0，命题便得证.

取含 1 最多的一行为 h，则这样的第 p 列必存在，否则设第 s 行上每一元素为 0 的位置，在第 h 行上对应(同一列)位置也为 0，则 h 行的 0 的个数比第 s 行中的 0 的个数至少多一个，这与第 h 行含 1 最多的假设矛盾！

4.2　由

$$\begin{cases} f_{k+2} = f_{k+1} + f_k, \\ f_{k+1} = f_{k+1}, \end{cases} \quad k = 0,1,2,\cdots,$$

即

$$\alpha_{k+1} = A\alpha_k, \quad k = 0,1,2,\cdots,$$

其中

$$A = \begin{pmatrix}1&1\\1&0\end{pmatrix}, \quad \alpha_k = \begin{pmatrix}f_{k+1}\\f_k\end{pmatrix}, \quad \alpha_0 = \begin{pmatrix}f_1\\f_0\end{pmatrix} = \begin{pmatrix}1\\0\end{pmatrix}.$$

于是

$$\alpha_k = A^k\alpha_0, \quad k = 1,2,\cdots$$

由 $|\lambda I-A|=\lambda^2-\lambda-1=0$　得 $\lambda_1=\dfrac{1+\sqrt5}{2}$，$\lambda_2=\dfrac{1-\sqrt5}{2}$.

相应 λ_1,λ_2 的特征向量分别是 $X_1=\begin{pmatrix}\lambda_1\\1\end{pmatrix}$，$X_2=\begin{pmatrix}\lambda_2\\1\end{pmatrix}$.

取 $P=(X_1X_2)$，则 $P^{-1}=\dfrac{1}{\lambda_1-\lambda_2}\begin{pmatrix}1&-\lambda_2\\-1&\lambda_1\end{pmatrix}$. 于是

$$A^k = P\begin{pmatrix}\lambda_1^k & 0\\ 0 & \lambda_2^k\end{pmatrix}P^{-1} = \frac{1}{\lambda_1-\lambda_2}\begin{pmatrix}\lambda_1^{k+1}-\lambda_2^{k+1} & \lambda_1\lambda_2^{k+1}-\lambda_2\lambda_1^{k+1}\\ \lambda_1^k-\lambda_2^k & \lambda_1\lambda_2^k-\lambda_2\lambda_1^k\end{pmatrix},$$

$$\begin{pmatrix}f_{k+1}\\ f_k\end{pmatrix} = \alpha_k = A^k\alpha_0 = A^k\begin{pmatrix}1\\0\end{pmatrix} = \frac{1}{\lambda_1-\lambda_2}\begin{pmatrix}\lambda_1^{k+1}-\lambda_2^{k+1}\\ \lambda_1^k-\lambda_2^k\end{pmatrix}.$$

便得 $f_k=\frac{1}{\sqrt{5}}\left[\left(\frac{1+\sqrt{5}}{2}\right)^k-\left(\frac{1-\sqrt{5}}{2}\right)^k\right]$.

4.3 用推论 4.1.6, $k=3,r=1,\alpha=2,\beta=1,b_n=n,c_0=1,c_1=0,c_2=1$.

4.4 因完全 k_i+1 部图是 k_i-连通, $i=1,\cdots,t$. 如果 K_n 被分解为 t 个图 $F_1,F_2,\cdots,F_t$ 使得 F_i 是一个完全 (k_i+1) 部图, $i=1,2,\cdots,t$, 则 F_i 是 k_i-连通且 $d_{k_i}(F_i)\leqslant 2\leqslant d_i$, $i=1,2,\cdots,t$. 由定理 4.2.5,

$$f(K_t,D_t)\leqslant n\leqslant\sum_{i=1}^{t}k_i+1.$$

4.5 由(4.2.5), $4\leqslant f(K_t,D_t)\leqslant 6$, 因 K_4 可被分解为 $F_1\cong K_3,F_2\cong F_3\cong F_4\cong K_{1,1}$, 这里, F_1 是 2 连通, $d_2(F)\leqslant 2\leqslant d_1$, F_i 是 1 连通且 $d_1(F_i)=1\leqslant d_i$, $i=2,3,4$.

4.6 由(4.2.6), $4\leqslant f(2,d,2)\leqslant 5$. 易检验 $f(2,d,2)=5$, K_5 可被分解为 $F_1\cong K_3,F_3\cong K_{3,1,1}$, 这里 F_i 是 2 连通且 $d_2(F_i)\leqslant 2\leqslant d_i$, $i=1,2$.

4.7 由(4.9.2), 向量 $u_i\otimes v_i$ 满足

$$(u_i\otimes v_i)^{\mathrm{T}}(u_j\otimes v_j)=(u_i^{\mathrm{T}}u_j)(v_i^{\mathrm{T}}v_j)=\delta_{ij}.$$

于是,它们形成一个正交系,且

$$(c\otimes d)^2\geqslant\sum_{i=1}^{n}((c\otimes d)^{\mathrm{T}}(u_i\otimes v_i))^2.$$

又由(4.3.2)便得(4.3.9).

4.8 设 $u_1,\cdots,u_n$ 是 G 的 n 维正交代表,则 $u_1\otimes u_1,\cdots,u_n\otimes u_n$ 也是 G 的一个正交代表,设 $e_1,\cdots,e_d$ 是一个正交基,且

$$b=\frac{1}{\sqrt{d}}(e_1\otimes e_1+e_2\otimes e_2+\cdots+e_d\otimes e_d),$$

则 $|b|=1$ 且

$$(u_i\otimes u_i)^{\mathrm{T}}b=\frac{1}{\sqrt{d}}.$$

于是 $\beta(G)\leqslant d$.

4.9 注意到 $G*\overline{G}$ 的"对角线"是 $G*\overline{G}$ 的独立集,于是

$$\theta(G*\overline{G})\geqslant\alpha(G*\overline{G})\geqslant|V(G)|,$$

又由定理 4.3.4, 4.3.11 和 4.3.14,

$$\theta(G*\overline{G})\leqslant\beta(G*\overline{G})=\beta(G)\cdot\beta(\overline{G})=|V(G)|.$$

4.10 (1) 设 G 是一个 (n,k,λ,μ) 的强正则图. 令 $l=n-k-1$, 则 l 是 $\overline{G}$ 的每个顶点的

度.运用(4.4.1),由简单计算得

$$(J-I-A)^2 = lI + (l-k+\mu-1)(J-I-A) + (l-k+\lambda+1)A,$$

故$\overline{G}$也是强正则,参数为$\overline{n}=n,\overline{k}=l$,

$$\overline{\lambda} = l-k+\mu-1, \overline{\mu} = l-k+\lambda+1.$$

(2) 令 e_n 表示 n 维向量$(1,\cdots,1)^{\mathrm{T}}$,用 e_n 右乘(4.4.1)两边可得

$$k^2 = k + \lambda k + \mu(n-1-k),$$

即 $k(k-\lambda-1)=l\mu$.

(3) 由(4.4.3),$\mu=0$ 当且仅当 $\lambda=k-1$ 当且仅当任两个有一个公共邻点的顶点,它们必相邻,这等价于 G 的每个连通块是一个完全图.

4.11 设 G 是一个(n,k,λ,μ)本原强正则图,则 G 有 3 个不同特征值,故 G 的直径 $d\leqslant 3-1=2$,$\gamma(G)\leqslant 2d\leqslant 4$(见推论 3.9.6).

情形(1)$\lambda=0$,则 $g\geqslant 5$,$\gamma(G)\geqslant g-1\geqslant 4$,得 $\gamma(G)=4=g-1$.

情形(2)$\lambda\geqslant 1$,则 $g=3$,由强正则图定义,对任意 $u,v\in V(G)$,若 u adj v,则边 uv 在一个 C_3 上,否则 $d(u,v)=2$,于是,对任意 $u,v\in V(G)$,$u\xrightarrow{2}v$,$\gamma(G)=2=g-1$.

4.12 $D(A)$的 1 因子有 $F_{\pi_1}=\{(1\ 3\ 4)(2\ 2)\}$,$F_{\pi_2}=\{(1234)\}$,用(4.5.2)式及 $\det A=(-1)^n W_i D_n$ 可得结果.

4.13 注意到定理 4.5.2 的证明中,$a_{ij}=d_i b_{ij} d_j^{-1}$.

4.14 由定理 4.5.2 和习题 4.13 知,充分必要条件是对 $D(A)$的每个有向圈 C,$W_A(C)=1$.

4.15 考察下列的带权有向图 D, $V(D)=\{1,2,3,4\}$. $E=\{e_1,e_2,e_3,e_4\}$,其中 $e_1=(1,2)$,$e_2=(1,4)$,$e_3=(2,3)$,$e_4=(3,4)$.赋权 $w(e_1)=w(e_3)=w(e_4)=1$,$w(e_2)=2$,$w(e_5)=3$.则 D 满足 $W_D(C)=1$,但 $A(D)$不能对角相似于任何(0,1)矩阵.

4.16 假设有两个悬挂点与同一个顶点相邻,则 A 将有两个相同行或相同列,这与 A 的非奇异性矛盾.

4.17 不失一般性,设 A 的第一行,第一列是全 1.设 $A(1,1)$是由 A 删去第一行,第一列后所得的矩阵,因 $A(1,1)$是补无圈的.由引理 5.6.2,$A(1,1)$置换相抵于一个补三角形矩阵 T.因 $\rho_0(A(1,1))=n-1$,T 的主对角线仅有 0,因此,A 置换相抵于如下形式的矩阵

$$\left(\begin{array}{c|ccc} 1 & 1 & \cdots & 1 \\ \hline 1 & 0 & & 1 \\ \vdots & & \ddots & \\ 1 & & & 0 \end{array}\right)$$

,它的主对角线上方的元素均是 1.把此矩阵按第 n 行展开,便得到一个三角形矩阵,它的行列式值是$(-1)^{n+1}$,于是 $\det A=\pm 1$.

4.18 $\| M^2 \| = \sum\limits_{i,j=1}^{n}\sum\limits_{v=1}^{n} m_{iv}m_{vj} = \sum\limits_{v=1}^{n}\sum\limits_{i,j}^{n} m_{vj}m_{iv} = \sum\limits_{v=1}^{n} r_v s_v$.

4.19 把 k 个 1 放在 L_n 的主对角线上,则这 k 个元所在的行(列)无两个相同,满足引

理 4.5.7 的条件,又由(4.7.17)式知 $\Delta(e_{i_tj_t})$ 的最小值是 n. 于是由(4.7.16)式,定理得证.

4.20 $\sigma=\binom{n}{2}+n=\binom{n+1}{2}$, $\tilde{N}_n(\sigma)=\binom{n}{3}+n^2=\binom{n+2}{3}$.

4.21 在 $i_t\leqslant j_t-1$ 的约束条件下, $t=1,2,\cdots,r$, 当 $j_t-i_t=1$ 时, $\min(n+1+j_t-i_t)=n+2$. 当 k 个 1, $1\leqslant k\leqslant\left[\frac{n}{2}\right]$ 放在 L_n^* 的副对角线上,使之无两个 1 相邻,即 k 个 1 为 $e_{i_1,i_1+1},e_{i_2,i_2+1},\cdots,e_{i_k,i_{k+1}}$, $i_t+1\neq i_{t+1}$, $t=1,2,\cdots,k-1$, 满足引理 4.7.11 的条件. 这时,所有的 $(n+1+j_t-i_t)$ 有最小值,即 $\sum_{t=1}^{k}(n+1+j_t-i_t)$ 有最小值 $k(n+2)$. 由引理 4.7.11,

$$\tilde{N}_n(\sigma)=\binom{n+2}{3}+k(n+2).$$

4.22 设 z 是一个非孤立点,它不是任一条双简单边的端点. 不妨设 $z\in Y$; 令 x_0z 是任一边. 我们将构造一个 X 的子集的无限链 $X_0\subset X_1\subset\cdots\subset X_k\subset\cdots$ 这与 X 的有限性矛盾. 假设已知子集

$$X_k=\{x_0,x_1,\cdots,x_k\}\subseteq X,$$
$$Y_k=\{z,y_1,\cdots,y_k\}\subseteq Y,$$

使得 $x_iy_i\Leftrightarrow i<j$, 对所有 $0\leqslant i,j\leqslant k$ 且 $x_iz\in E$, 对所有 $0\leqslant i\leqslant k$(当 $k=0$, 任意边 x_0z 是归纳法的起点).

因 x_kz 不是双简单的,故存在点 x 和 $y(\neq z)$, 使得 $x_ky, xz\in E$ 但 $xy\notin E$. 因而 $y\notin Y_k$, 同时,对所有 $0\leqslant i<k$, 边 x_iy_{i+1} 和 x_ky 不是可分离,这就导出 $x_iy\in E$. 但 $xy\notin E$, 于是 $x\notin X_k$, 同时,剩下 $x=x_{k+1}$ 和 $y=y_{k+1}$ 且令 $X_{k+1}=X_k\cup\{x_{k+1}\}$ 和 $Y_{k+1}=Y_k\cup\{y_{k+1}\}$. 由此可作下一次迭代构造. 此算法可无限地继续,但 X 和 Y 是有限的,这是一个矛盾. 于是, H 必须有一个双简单边,它的一个端点是 z.

4.23 由定理 4.8.6 可知, H 有一个双简单边,于是由定理 4.8.5, 可得结论.

4.24 设 z 满足 $Az=b$, $w\in Q(z)$. 则存在一个可逆非负对角阵 D, 使得 $w=Dz$. 于是 w 满足 $(AD^{-1})w=bAD^{-1}\in Q(A)$. 即 $Q(Ax=b)=Q(z)$.

4.25 一般地,令 E 是一个可逆对角阵,则 $(AE)x=b$ 是符号可解且 $Q((AE)x=b)=Q(E^{-1}z)$. 令 $E=-I_n$. 结论得证.

4.26 由 A 的行向量组线性无关可证.

4.27 设 $Ax=b$ 符号可解但 A^{T} 不是 L 阵. 由定理 4.9.1 有 $\tilde{A}\in Q(A)$ 且 $z\neq0$ 使得 $\tilde{A}z=0$. 令 $\tilde{x}$ 是 $\tilde{A}x=b$ 的一个解,则 $\tilde{A}(\tilde{x}+cz)=b$, c 是任意实数. 可以选择 c 使得 $\tilde{x}+cz$ 和 $\tilde{x}$ 有不同的符号模式,于是,与 $Ax=b$ 的符号可解矛盾.

4.28 A 是 L 矩阵,则 A^{T} 也是 L 矩阵当且仅当 A 是方阵(即 SNS 阵). 证明由定义可得.

4.29 若(1)或(2)中之一成立,显然 A 有定号行列式.

设 A 有定号行列式且(1)不成立,令 $\pi=(\pi(1),\pi(2),\cdots,\pi(n))$ 是一个置换,它对应于 A 的行列式展开式中的非零项

$$t_\pi = \operatorname{sgn}\pi a_{1\pi(1)} a_{2\pi(2)} \cdots a_{n\pi(n)}.$$

用一个正数 ε 乘 A 中不出现在 t_π 中的各个元所得到的矩阵行列式的符号,对足够小的 ε 来说,与 t_π 的符号相同.因为 A 有定号行列式,(2)成立.

4.30　方法一.用对 n 的数学归纳法,考察按第一行展开 H_n,在 H_n 展式中每一个非零项是$(-1)^n$,由定理 4.9.5 得证.

方法二.符号有向图 $S(H_n)$有正弧$(1,2)(2,3),\cdots,(n-1,n)$和负弧$(i,j)$,这里 $i>j$.对某一对整数 $p,q,1\leqslant p<q\leqslant n-1$,每一个有向圈是 $p\to p+1\to p+2\to\cdots\to q\to p$ 形式,因而符号为负.由定理 4.9.6,H_n 是 SNS 阵.

4.31　因 A 是 SNS,由定理 4.9.6,$A\text{-}E_{rs}$是一个 SNS 阵当且仅当 $D(A-E_{rs})$的每个包含弧(r,s)的有向圈是负的.故 $A-E_{rs}$是 SNS 阵当且仅当在 $S(A)$中从 s 到 r 的所有路均正.类似地,$A+E_{rs}$当且仅当从 s 到 r 的所有路均负.

4.32　G_n 行列式展开式中的非零项是正的,故 G_n 是 SNS 阵.又因 G_n 的每一个 $n-1$ 阶子阵行列式展式恰有一个非零项,故也是 SNS 阵.由定理 4.9.11,得证.

4.33　由引理 4.9.16,立即可导出(1),(2).现证(3),因 $S(A)$是强连通,故有从 s 到 r 的路,连结弧(r,s)便得到有向圈,由定理 4.9.5,这些圈是负的.因此在 $S(A)$中从 s 到 r 的所有路的符号是 $-\operatorname{sgn}a_{rs}$.由(2)便得结论.

4.34　$Ax=b$ 是符号可解且 $Q(Ax=b)=Q((1,1,1)^{\mathrm{T}})$.

4.35　由定义可证.

4.36　由定理 4.9.18,$A(\alpha,\beta)^{\mathrm{T}}$ 是 L 阵,因此 $Ax=c$ 符号可解当且仅当$A[\alpha|\beta]x^{(1)}=c[\alpha|\{\beta\}]$是符号可解.由定理可知,$A[\alpha|\beta]$是方阵且 $A[\alpha|\beta]x^{(1)}=b[\alpha|\{1\}]$符号可解.从推论 4.9.9,结论得证.

附　　录

1. 线性代数

对于 n 个不同的元素，规定它们的一个标准次序(例如 n 个不同自然数的由小到大次序)，于是，在这 n 个元素的任一排列中，当某两个元素与标准次序不同时，就说有 1 个逆序. 一个排列中所有逆序的总数叫做此排列的逆序数. 逆序数为奇数(偶数)的排列叫奇(偶)排列.

$m\times n$ 矩阵 $A=(a_{ij})$，若 $a_{ij}\in\mathbf{C}$ 称为复矩阵，若 $a_{ij}\in\mathbf{R}$ 称为实矩阵，若 $a_{ij}\geqslant 0$，称为非负矩阵，若 $a_{ij}\in\{0,1\}$，称为(0,1)矩阵，若 $a_{ij}\in\{+,-,0\}$ 或 $\{1,-1,0\}$，称为符号模式矩阵. 把 A 的行、列互换而得到的 $n\times m$ 矩阵叫做 A 的转置矩阵，记为 A^{T}.

当 $m=n$ 时，A 称为方阵或称 n 阶矩阵，单位矩(方)阵记为 I. 方阵 A 的行列式记作 $\det A$. 并定义 $\det A=\sum(-1)^t a_{1p_1}\cdots a_{np_n}$，其中 $p_1,\cdots,p_n$ 是 $1,2,\cdots,n$ 的一个排列，t 是它的逆序数，$\sum$ 对 $\{1,\cdots,n\}$ 的所有排列(共 $n!$ 项)求和.

若 $A=A^{\mathrm{T}}$，称 A 为对称矩阵.

对 n 阶矩阵 A，若有 n 阶矩阵 B 存在，使 $AB=BA=I$，称 A 是一个非奇异矩阵，并说 B 是 A 的逆，记为 $B=A^{-1}$. 否则称 A 是奇异矩阵. A 是非奇异矩阵当且仅当 $\det A\neq 0$.

对一个 $m\times n$ 矩阵 $A=(a_{ij})$，它的非零子式的最大阶数称为 A 的秩，记作 $\operatorname{rank}A$ 又 $(a_{i1},a_{i2},\cdots,a_{in})$，$i=1,2,\cdots,m$ 称为 A 的行向量，$(a_{1j},a_{2j},\cdots,a_{mj})^{\mathrm{T}}$，$j=1,2,\cdots,n$，称为 A 的列向量. A_{ij} 表从 A 删去第 i 行第 j 列所得到的矩阵. 对一个 $m\times 1$ 列向量 u，$A(i\leftarrow u)$ 表示从 A 中用 u 代替第 i 列所得的矩阵.

考察线性方程组 $AX=b$，这里 A 是非奇异 n 阶方阵，$X=(x_1,x_2,\cdots,x_n)^{\mathrm{T}}$，$b$ 是 $n\times 1$ 列向量. Cramer 法则告诉我们，方程组有唯一解

$$x_i=\frac{\det A(i\leftarrow b)}{\det A},\quad i=1,2,\cdots,n.$$

记 e_j 为仅在 $(j,1)$ 位置有非零元 1 的 $n\times 1$ 向量，则 A^{-1} 的 (i,j) 位置元是

$$\frac{\det A(i\leftarrow e_j)}{\det A}=(-1)^{i+j}\frac{\det A_{j,i}}{\det A},\quad i,j=1,2,\cdots,n.$$

设 S 是一个非空集合，在 S 中定义一个二元运算"$\circ$". 如果 S 关于运算 $\circ$ 是封闭的且满足结合律，即对任意 $a,b,c\in S$，$a\circ(b\circ c)=(a\circ b)\circ c$，则称 S 关于 $\circ$ 是一个半群. 对半群 S，如果任意 $a,b\in S$，存在元素 x,y，使得 $a\circ x=b$ 和 $y\circ a=b$ 同时成立，则称 S 为一个群. 如果群 $(S,\circ)$ 满足交换律(即对任意 $a,b\in S$，$a\circ b=b\circ a$)，则 S 称为加法群.

设 F 是一个数域，V 是一个加法群，如果规定了一个 F 对 V 的纯量乘法，且满足下列性质：

(1) $a(u+v)=au+av$，(2) $(a+b)u=au+bu$，(3) $a(bu)=(ab)u$，(4) $1\cdot u=u$，

其中 $a,b\in F,u,v\in V$,则说 V 是 F 上的一个向量空间.并称 V 的元素是 F 上的向量.

一个平面上的所有向量,一条直线上的所有向量以及单独一个零向量 $\mathbf{0}$ 也都分别构成实数域上的向量空间.数域 F 上的线性方程组 $AX=0$,在 F 上的所有解构成 F 上的一个向量空间,称为该方程组在 F 上的解空间,或 A 的右零空间.

λ 称为 n 阶方阵 A 的特征值,如果存在非零 n 维列向量 X,使得

$$AX=\lambda X,$$

X 称为 A 的一个与特征值相应的特征向量.

从上述定义知,λ 是下列多项式的根

$$x_A(\lambda)=\det(\lambda I_n-A),$$

$x_A(\lambda)$称为 A 的特征多项式.它是关于 λ 的 n 次多项式.$\lambda I-A$ 称为 A 的特征矩阵.

由高斯定理,特征方程 $x_A(\lambda)=0$ 有 n 个根,$\lambda_1,\lambda_2,\cdots,\lambda_n$,因它们不一定互异.我们把重集$\{\lambda_1,\lambda_2,\cdots,\lambda_n\}$称为方阵 A 的谱.

记为 spec$A$ 或

$$\text{spec}A=\begin{pmatrix}\lambda_1 & \lambda_2 & \cdots & \lambda_s\\ m_1 & m_2 & \cdots & m_s\end{pmatrix},$$

这里 $\lambda_1,\lambda_2,\cdots,\lambda_s$ 互异,m_i 是 λ_i 的重数(即 λ_i 是 $x_A(\lambda)=0$ 的 m_i 重根),$\sum_{i=1}^{s}m_i=n$.

$x_A(A)=0$,这就是著名的 Cyler-Hamilton 定理.

对于每一个 λ_i,m_i 称为 λ_i 的代数重数,而 λ_i 所对应的所有特征向量加上零向量构成一个线性子空间,称为与 λ_i 相应的根空间.这即 $AX=\lambda X$ 所决定的齐次方程组的解空间.易知,它的维数 $n-\text{rank}(\lambda_i I_n-A)$,这称为特征值 λ_i 的几何重数.

λ_i 的代数重数不小于它的几何重数.

对 n 阶方阵 A,若首项系数为 1 的多项式 $m_A(\lambda)$能使 $m_A(A)=0$,但任何次数低于 $m_A(\lambda)$次数的非零多项式 $h(\lambda)$都不具备此性质,即 $h(A)\neq0$,则说 $m_A(\lambda)$是 A 的最小多项式.显然,$m_A(\lambda)\mid x_A(\lambda)$,且当每个 λ_i 的几何重数为 1 时 $x_A(\lambda)=m_A(\lambda)$.

对于两个 n 阶矩阵 A,B,若有非奇异阵 P,使 $P^{-1}AP=B$,则说 A 相似于 B,记为 $A\sim B$.

两个方阵相似的充要条件是它们有相同的 Jordan 标准形,也即有相同的初等因子(参见《线性代数》教材).

在相似变换下,矩阵的秩,特征多项式不变,从而谱,最小多项式,特征值的代数重数与几何重数也是不变量.

2. 图论

一个(无向)图 G 是一个非空有限集 $V=V(G)$和 V 中的无序对的集 $E(G)$所构成的二元组,V 称为顶点集,$|V|$称为图 G 的阶数,E 称为边集,E 中的无序对通常以连接两顶点的线的形式表现出来.称为边.$|E|$称为 G 的边数.

一个图 $G=(V,E)$,若 $u,v\in V$,而 $e=\{u,v\}\in E$. 也记作 $e=uv$,称 u 和 v 邻接,记作 u adj v,否则记作 u adj v,e 和 u,v 称为是关联的. u 和 v 均称为是 e 的端点,不与任何边关联的点称为孤立点. 若 $u=v$,则 e 称为环. 与一点 u 邻接的所有点的集称为 u 的邻域,记作 $N(u)$. 若 G 无环和重边,称 G 为简单图. 1 阶图称为平凡图.

设 $v\in V(G)$,G 中与 v 关联的边的数目称为 v(在 G 中)的度,记作 $d_G(v)$或 $d(v)$. n 阶图的 n 个无序数组称为它的度序列. $d(v)=0$,或 1 的点是孤立点或悬挂点. $\Delta(G)=\max\{d(v),v\in V(G)\}$,$\delta(G)=\min\{d(v),v\in V(G)\}$分别称为 G 的最大度,最小度. 若 $\Delta(G)=\delta(G)=r$,则 G 称为 r-正则图. n 阶的$(n-1)$-正则图,称为完全图,记作 K_n. 对于任一个图 G,有 $\sum\limits_{v\in V(G)} d_G(v)=2|E(G)|$.

若 $u_0,u_1,\cdots,u_k\in V(G)$,$e_1,e_2,\cdots,e_k\in E(G)$,而 $e_i=u_{i-1}u_i$,$i=1,2,\cdots,k$,则交替序列 $u_0e_1u_1e_2u_2\cdots e_ku_k$ 称为一条联结 u_0 和 u_k 的途径,也简记作 $u_0u_1\cdots u_k$. u_0 和 u_k 分别称为途径的起点和终点,边的数目 k 称作途径的长. 若 $u_0=u_k$ 称这条途径是闭的. 若一途径中所有边均不同,称它是一条迹. 若所有点 u_i 均不同(从而所有边均不同),称之为路. 闭途径中除 $u_0=u_k$ 外,所有点均不同,称为圈. 长度为 n 的路和圈分别记为 P_n 和 C_n.

对图 $G=(V,E)$,若 $V_1\subset V$,$E_1\subset E$,则图 $G_1=(V_1,E_1)$称为是 G 的子图,记作 $G_1\subset G$. 若子图 G_1 中无孤立点,G_1 由 E_1 唯一决定,称为由 E_1 的导出子图记作$\langle E_1\rangle$. 若对所有 $u,v\in V_1$,由 $uv\in E$ 得 $uv\in E_1$,则子图 G_1 由 V_1 唯一决定,称为由点集 V_1 导出子图,记作$\langle V_1\rangle$或 $G[V_1]$. 若 $S\subset V$,由 $V-S$ 导出子图$\langle V-S\rangle$称为由 G 中移去点集 S 得到子图,记作 $G-S$. 若 S 是单点集$\{v\}$,$G-\{v\}$简记作 $G-v$,称为 G 的一个主子图. 若 $V_1=V$,$E_1\subset E$,则称子图 $G_1=(V,E_1)$为 G 的一个生成(支撑)子图. 若 G 的子图 H 具有性质 P,且任何子图 $F\neq H$,$H\subset F\subset G$ 不具有性质 P,称 H 为 G 有性质 P 的极大子图.

若对 G 中任两点 u,v,均有一条路联结它们,则 G 称为连通的,否则是不连通的. 一个图 G 的极大连通子图称为 G 的连通支或连通片.

对 $S\subset V(G)$,若 $G-S$ 的连通支的数目比 G 中连通支的数目多,或 $G-S$ 是平凡图,称 S 是 G 的一个分离点集或割集. 若分离点集 $S=\{w\}$,则称 w 是 G 的一个割点,类似可定义分离线集 Y. 若 $Y=\{e\}$,则 e 称为 G 的一条桥.

一个连通的非平凡图 G 的连通度 $v(G)$是点数最少的分离点集中的点的数目. 若 G 不连通或平凡图,令 $v(G)=0$. 若 G 有一个割点,则 $v(G)=1$,而 $v(K_n)=n-1$.

类似,一个连通非平凡图 G 的线(边)连通度 $e(G)$是边数最少的分离线集中的边的数目,对不连通图和平凡图 G,定义 $e(G)=0$. 若 G 有一条桥,$e(G)=1$,而 $e(K_n)=n-1$.

对任何图 $v(G)\leqslant e(G)\leqslant\delta(G)$.

图 G 中极大的没有割点的连通子图称为 G 的块. 图 G 的极大的完全子图称为团,G 中最大的团的顶点数称为 G 的团数,记作 $\omega(G)$.

若 G 中存在联结两点 u 和 v 的路,则其中最短的路称为联结 u 和 v 的测地线,它的长度称为 u 和 v 的距离,记作 $d_G(u,v)$或 $d(u,v)$. 对一个连通图 $G=(V,E)$,$\max\{d(u,v);u,v\in V\}=d(G)$称为 G 的直径. 若 G 中有圈,分别称最长和最短圈的长度为 G 的周长 $C(G)$

和围长$g(G)$.

若图 G 的点集 V 有一个分划

$$V=\bigcup_{i=1}^{k}V_i,\quad V_i\cap V_j=\varnothing,\quad i\neq j,$$

所有 V_i 非空,且$\langle V_i\rangle$均为全不连通,则称 G 是一个k 部图.当 $k=2$ 时,称为二部图.可记为 $G=(V_1,V_2,E)$.G 是一个二部图当且仅当它不含有长为奇数的圈.一个没有圈的连通图称为树.若 G 是树当且仅当G 是连通的且$|V(G)|=|E(G)|+1$.若 G 可以画在一个平面上使得它无两边相交(不包括端点),则 G 称为平面图,平面图的阶数和边数有不等关系 $|E(G)|\leqslant 3|V(G)|-6$.

设 G 和 H 两个图,若存在由 $V(G)$ 到 $V(H)$上的一个一一对应 f,使对任何 $u,v\in V(G)$,$uv\in E(G)$当且仅当 $f(u)\cdot f(v)\in E(H)$,则称 G 和 H 是同构的,记作 $G\cong H$.这时两个图除了点的标号不同外,代表同样的组合结构.

简单图 G 的补图$\overline{G}$是指和 G 有相同顶点集 V 的一个简单图,在$\overline{G}$中两个顶点相邻当且仅当它们在 G 中不相邻.显然$\overline{\overline{G}}=G$.$\delta(G)+\Delta(\overline{G})=|V(G)|-1$.

设 $S\subset V(G)$,若 S 中任意两个顶点在G 中均不相邻,则称 S 为G 的一个独立集.G 的一个独立集S 称为G 的最大独立集,如果 G 不包含适合$|S'|>|S|$的独立集 S'.G 的最大独立集的顶点数称为G 的独立数,记为 $\alpha(G)$.显然 S 是G 的独立集当且仅当S 是$\overline{G}$的团.且 $\alpha(G)=\omega(\overline{G})$.

一个图 G 称为k(顶点)可着色是指用 k 种颜色去染G 的顶点,每个顶点恰有一种颜色,相邻顶点颜色各异.G 的色数$\chi(G)$是指 G 为 k 可着色的数 k 的最小值.显见,一个简单图 α 可着色当且仅当它是二部图.又 $\chi(K_n)=n$,已经证明,图 G 的色数与独立数有如下关系:$\chi(G)\cdot\alpha(G)\geqslant|V(G)|$.

把图 G 定义中的无序对换成有序对,即当 $u\neq v$ 时把$\{u,v\}$换成(u,v)或(v,u),就得到有向图,记为 $D=(V,E)$,(u,v)称为弧,(uu)仍称为环.u 和 v 分别称为弧(u,v)的起点和终点,统称为端点.两条弧(u,v)和(v,u)称为弧的一个对称对,没有对称对的有向图称为定向图.对 $D=(V,E)$,任何 $u,v\in V(D)$.$u\neq v$,(u,v)和(v,u)恰有一个在 E 中,称 D 为竞赛图.

在 $D=(V,E)$中,以一顶点 u 为起点的弧的数目称为u 的出度,记作 $d_D^+(u)$,以 u 为终点的弧的数目称为 u 的入度,记作 $d_D^-(u)$,显然,$\sum\limits_{u\in V(D)}d_D^-(u)=\sum\limits_{u\in V(D)}d_D^+(u)=|E(D)|$.

设有顶点与弧的有限交替序列 $v_0e_1v_1e_2\cdots e_kv_k$,任一弧 e_i 以 v_{i-1}和 v_i 为端点,$i=1,2,\cdots,k$,则称它为一条长度为 k 的半途径,若每一 e_i 以v_{i-1}为起点,v_i 为终点,则称这条半途径为有向途径或途径,类似地有半迹,半路,半圈与迹,路,圈的定义.

在图 G 的连通性的定义中把途径改为半途径,得到有向图 D 连通性的一种定义,称为弱连通,而把半途径改为途径,称为强连通.相应,我们不难知道弱连通支,强连通支(片)的概念.

符号索引

名词索引

《现代数学基础丛书》已出版书目

1 数理逻辑基础(上册) 1981.1 胡世华 陆钟万 著
2 数理逻辑基础(下册) 1982.8 胡世华 陆钟万 著
3 紧黎曼曲面引论 1981.3 伍鸿熙 吕以辇 陈志华 著
4 组合论(上册) 1981.10 柯 召 魏万迪 著
5 组合论(下册) 1987.12 魏万迪 著
6 数理统计引论 1981.11 陈希孺 著
7 多元统计分析引论 1982.6 张尧庭 方开泰 著
8 有限群构造(上册) 1982.11 张远达 著
9 有限群构造(下册) 1982.12 张远达 著
10 测度论基础 1983.9 朱成熹 著
11 分析概率论 1984.4 胡迪鹤 著
12 微分方程定性理论 1985.5 张芷芬 丁同仁 黄文灶 董镇喜 著
13 傅里叶积分算子理论及其应用 1985.9 仇庆久 陈恕行 是嘉鸿 刘景麟 蒋鲁敏 编
14 辛几何引论 1986.3 J.柯歇尔 邹异明 著
15 概率论基础和随机过程 1986.6 王寿仁 编著
16 算子代数 1986.6 李炳仁 著
17 线性偏微分算子引论(上册) 1986.8 齐民友 编著
18 线性偏微分算子引论(下册) 1992.1 齐民友 徐超江 编著
19 实用微分几何引论 1986.11 苏步青 华宣积 忻元龙 著
20 微分动力系统原理 1987.2 张筑生 著
21 线性代数群表示导论(上册) 1987.2 曹锡华 王建磐 著
22 模型论基础 1987.8 王世强 著
23 递归论 1987.11 莫绍揆 著
24 拟共形映射及其在黎曼曲面论中的应用 1988.1 李 忠 著
25 代数体函数与常微分方程 1988.2 何育赞 萧修治 著
26 同调代数 1988.2 周伯壎 著
27 近代调和分析方法及其应用 1988.6 韩永生 著
28 带有时滞的动力系统的稳定性 1989.10 秦元勋 刘永清 王 联 郑祖庥 著
29 代数拓扑与示性类 1989.11 [丹麦] I.马德森 著
30 非线性发展方程 1989.12 李大潜 陈韵梅 著

31　仿微分算子引论　1990.2　陈恕行　仇庆久　李成章　编
32　公理集合论导引　1991.1　张锦文　著
33　解析数论基础　1991.2　潘承洞　潘承彪　著
34　二阶椭圆型方程与椭圆型方程组　1991.4　陈亚浙　吴兰成　著
35　黎曼曲面　1991.4　吕以辇　张学莲　著
36　复变函数逼近论　1992.3　沈燮昌　著
37　Banach 代数　1992.11　李炳仁　著
38　随机点过程及其应用　1992.12　邓永录　梁之舜　著
39　丢番图逼近引论　1993.4　朱尧辰　王连祥　著
40　线性整数规划的数学基础　1995.2　马仲蕃　著
41　单复变函数论中的几个论题　1995.8　庄圻泰　杨重骏　何育赞　闻国椿　著
42　复解析动力系统　1995.10　吕以辇　著
43　组合矩阵论(第二版)　2005.1　柳柏濂　著
44　Banach 空间中的非线性逼近理论　1997.5　徐士英　李　冲　杨文善　著
45　实分析导论　1998.2　丁传松　李秉彝　布　伦　著
46　对称性分岔理论基础　1998.3　唐　云　著
47　Gel'fond-Baker 方法在丢番图方程中的应用　1998.10　乐茂华　著
48　随机模型的密度演化方法　1999.6　史定华　著
49　非线性偏微分复方程　1999.6　闻国椿　著
50　复合算子理论　1999.8　徐宪民　著
51　离散鞅及其应用　1999.9　史及民　编著
52　惯性流形与近似惯性流形　2000.1　戴正德　郭柏灵　著
53　数学规划导论　2000.6　徐增堃　著
54　拓扑空间中的反例　2000.6　汪　林　杨富春　编著
55　序半群引论　2001.1　谢祥云　著
56　动力系统的定性与分支理论　2001.2　罗定军　张　祥　董梅芳　著
57　随机分析学基础(第二版)　2001.3　黄志远　著
58　非线性动力系统分析引论　2001.9　盛昭瀚　马军海　著
59　高斯过程的样本轨道性质　2001.11　林正炎　陆传荣　张立新　著
60　光滑映射的奇点理论　2002.1　李养成　著
61　动力系统的周期解与分支理论　2002.4　韩茂安　著
62　神经动力学模型方法和应用　2002.4　阮　炯　顾凡及　蔡志杰　编著
63　同调论—— 代数拓扑之一　2002.7　沈信耀　著
64　金兹堡-朗道方程　2002.8　郭柏灵　黄海洋　蒋慕容　著

65 排队论基础 2002.10 孙荣恒 李建平 著
66 算子代数上线性映射引论 2002.12 侯晋川 崔建莲 著
67 微分方法中的变分方法 2003.2 陆文端 著
68 周期小波及其应用 2003.3 彭思龙 李登峰 谌秋辉 著
69 集值分析 2003.8 李 雷 吴从炘 著
70 强偏差定理与分析方法 2003.8 刘 文 著
71 椭圆与抛物型方程引论 2003.9 伍卓群 尹景学 王春朋 著
72 有限典型群子空间轨道生成的格(第二版) 2003.10 万哲先 霍元极 著
73 调和分析及其在偏微分方程中的应用(第二版) 2004.3 苗长兴 著
74 稳定性和单纯性理论 2004.6 史念东 著
75 发展方程数值计算方法 2004.6 黄明游 编著
76 传染病动力学的数学建模与研究 2004.8 马知恩 周义仓 王稳地 靳 祯 著
77 模李超代数 2004.9 张永正 刘文德 著
78 巴拿赫空间中算子广义逆理论及其应用 2005.1 王玉文 著
79 巴拿赫空间结构和算子理想 2005.3 钟怀杰 著
80 脉冲微分系统引论 2005.3 傅希林 闫宝强 刘衍胜 著
81 代数学中的 Frobenius 结构 2005.7 汪明义 著
82 生存数据统计分析 2005.12 王启华 著
83 数理逻辑引论与归结原理(第二版) 2006.3 王国俊 著
84 数据包络分析 2006.3 魏权龄 著
85 代数群引论 2006.9 黎景辉 陈志杰 赵春来 著
86 矩阵结合方案 2006.9 王仰贤 霍元极 麻常利 著
87 椭圆曲线公钥密码导引 2006.10 祝跃飞 张亚娟 著
88 椭圆与超椭圆曲线公钥密码的理论与实现 2006.12 王学理 裴定一 著
89 散乱数据拟合的模型、方法和理论 2007.1 吴宗敏 著
90 非线性演化方程的稳定性与分歧 2007.4 马 天 汪宁宏 著
91 正规族理论及其应用 2007.4 顾永兴 庞学诚 方明亮 著
92 组合网络理论 2007.5 徐俊明 著
93 矩阵的半张量积:理论与应用 2007.5 程代展 齐洪胜 著
94 鞅与 Banach 空间几何学 2007.5 刘培德 著
95 非线性常微分方程边值问题 2007.6 葛渭高 著
96 戴维-斯特瓦尔松方程 2007.5 戴正德 蒋慕蓉 李栋龙 著
97 广义哈密顿系统理论及其应用 2007.7 李继彬 赵晓华 刘正荣 著
98 Adams 谱序列和球面稳定同伦群 2007.7 林金坤 著

99　矩阵理论及其应用　2007.8　陈公宁　编著

100　集值随机过程引论　2007.8　张文修　李寿梅　汪振鹏　高　勇　著

101　偏微分方程的调和分析方法　2008.1　苗长兴　张　波　著

102　拓扑动力系统概论　2008.1　叶向东　黄　文　邵　松　著

103　线性微分方程的非线性扰动(第二版)　2008.3　徐登洲　马如云　著

104　数组合地图论(第二版)　2008.3　刘彦佩　著

105　半群的 S-系理论(第二版)　2008.3　刘仲奎　乔虎生　著

106　巴拿赫空间引论(第二版)　2008.4　定光桂　著

107　拓扑空间论(第二版)　2008.4　高国士　著

108　非经典数理逻辑与近似推理(第二版)　2008.5　王国俊　著

109　非参数蒙特卡罗检验及其应用　2008.8　朱力行　许王莉　著

110　Camassa-Holm 方程　2008.8　郭柏灵　田立新　杨灵娥　殷朝阳　著

111　环与代数(第二版)　2009.1　刘绍学　郭晋云　朱　彬　韩　阳　著

112　泛函微分方程的相空间理论及应用　2009.4　王　克　范　猛　著

113　概率论基础(第二版)　2009.8　严士健　王隽骧　刘秀芳　著

114　自相似集的结构　2010.1　周作领　瞿成勤　朱智伟　著

115　现代统计研究基础　2010.3　王启华　史宁中　耿　直　主编

116　图的可嵌入性理论(第二版)　2010.3　刘彦佩　著

117　非线性波动方程的现代方法(第二版)　2010.4　苗长兴　著

118　算子代数与非交换 L_p 空间引论　2010.5　许全华　吐尔德别克　陈泽乾　著

119　非线性椭圆型方程　2010.7　王明新　著

120　流形拓扑学　2010.8　马　天　著

121　局部域上的调和分析与分形分析及其应用　2011.4　苏维宜　著

122　Zakharov 方程及其孤立波解　2011.6　郭柏灵　甘在会　张景军　著

123　反应扩散方程引论(第二版)　2011.9　叶其孝　李正元　王明新　吴雅萍　著

124　代数模型论引论　2011.10　史念东　著

125　拓扑动力系统——从拓扑方法到遍历理论方法　2011.12　周作领　尹建东　许绍元　著

126　Littlewood-Paley 理论及其在流体动力学方程中的应用　2012.3　苗长兴　吴家宏　章志飞　著

127　有约束条件的统计推断及其应用　2012.3　王金德　著

128　混沌、Mel′nikov 方法及新发展　2012.6　李继彬　陈凤娟　著

129　现代统计模型　2012.6　薛留根　著

130　金融数学引论　2012.7　严加安　著

131　零过多数据的统计分析及其应用　2013.1　解锋昌　韦博成　林金官　著

132　分形分析引论　2013.6　胡家信　著
133　索伯列夫空间导论　2013.8　陈国旺　编著
134　广义估计方程估计方程　2013.8　周　勇　著
135　统计质量控制图理论与方法　2013.8　王兆军　邹长亮　李忠华　著
136　有限群初步　2014.1　徐明曜　著
137　拓扑群引论(第二版)　2014.3　黎景辉　冯绪宁　著
138　现代非参数统计　2015.1　薛留根　著